U0370272

"十三五"国家重点研发计划项目（2016YFC0502700）
国家社会科学基金重大项目（14ZDB140） 资助出版
国家社会科学基金重点项目（13AZD075）

资源、环境与生态系统评估丛书

转型中国：生态化视角与战略

Transforming China: Through Ecological Vision and Strategy

王祥荣　编著

By Xiangrong Wang

科　学　出　版　社

北　京

内 容 简 介

经济社会的生态化转型发展是当今国际社会的共识与重要举措。我国于20世纪80年代初提出环境保护的基本国策、90年代聚焦生态建设、21世纪初开始关注转型发展，当前正日益完善生态文明制度建设与绿色发展政策体系，为转型发展提供了强有力的保障，成为国家重大战略，这是基于国际社会大环境、我国严峻的资源环境国情需求，以及中国在全球环境与国际事务合作中勇于担当的正确抉择。

本书围绕国家战略需求，广泛搜集、分析了包括伦敦、纽约、东京等国际著名城市转型发展的经验与国内代表性城市的研究进展，对中国资源环境总体状况、特征与问题进行了评析，对生态文明制度建设、生态补偿、生态文明先行示范区、国家良好湖泊、新型城镇化、特色镇村规划、三线一单、国家公园体制试点、长江经济带生态环境保护战略、中国资源环境保护等政策体系及其应用进行了专题评估；对京津冀、长江三角洲（简称长三角）、珠江三角洲（简称珠三角）三大城市群生态安全状况，以及长三角城市群生态安全度进行了测评，对全国31个省、直辖市、自治区的资源环境与生态建设状况进行了剖析，对上海、天津、深圳、南京、杭州、重庆、武汉、成都、西安等代表性特大型城市进行了转型实证研究。

本书观点新颖、方法先进、数据翔实、分析有据、逻辑性强、政策体系完善，可为发改委、科委、建委、教育、环境保护、农林水利、规划国土、资源管理、自然保护、国家公园等政府部门以及高等院校、科研院所、智库咨询等科研与管理工作人员提供参考，也可作为教学参考书。

图书在版编目（CIP）数据

转型中国：生态化视角与战略/王祥荣编著. —
北京：科学出版社，2019.6
（资源、环境与生态系统评估丛书）
ISBN 978-7-03-061302-8

Ⅰ.①转… Ⅱ.①王… Ⅲ.①生态环境建设－研究－
中国 Ⅳ.①X321.2

中国版本图书馆CIP数据核字（2019）第105172号

责任编辑：许　健／责任校对：谭宏宇
责任印制：黄晓鸣／封面设计：殷　靓

科学出版社 出版
北京东黄城根北街16号
邮政编码：100717
http://www.sciencep.com
南京展望文化发展有限公司排版
上海万卷印刷股份有限公司印刷
科学出版社发行　各地新华书店经销
*
2019年6月第　一　版　　开本：787×1 092　1/16
2019年6月第一次印刷　　印张：21
字数：510 000

定价：150.00元
（如有印装质量问题，我社负责调换）

中文提要

经济社会的生态化转型发展是当今国际社会的共识与重要举措。近年来我国城市化快速发展，获得了令人瞩目的成就，以有限的资源和脆弱的生态环境支撑了全球五分之一的人口、贡献了全球第二大经济发展总量。我国自20世纪80年代初提出环境保护的基本国策、90年代聚焦生态建设、21世纪初开始关注转型发展。当前正日益完善生态文明制度建设与绿色发展政策体系，为转型发展提供了强有力的保障，成为国家重大战略，这是基于国际社会大环境、我国严峻的资源环境国情需求以及中国在全球环境与国际事务合作中勇于担当的正确抉择。

本书介绍了作者多年来承担国家级、省部级生态与环境研究项目以及国家智库和WWF（世界自然基金会）项目研究的最新成果与学术观点。全书共分五大部分15章：① 他山之石：生态化转型的国际视角；② 内禀动力：转型中国的资源环境视角；③ 转型政策与战略评估；④ 转型发展专题评估：指标体系建构、技术方法与政策应用；⑤ 我国特大型城市生态化转型发展实证研究。全书围绕国家战略需求，广泛搜集分析了包括伦敦、纽约、东京等国际著名城市转型发展的经验与国内代表性城市的研究进展，对中国资源环境总体状况、特征与问题进行了评析，对生态文明制度、生态补偿、生态文明先行示范区、国家良好湖泊、新型城镇化、特色镇村规划、三线一单、国家公园体制试点、长江经济带生态环境保护战略、中国资源环境保护政策十大政策体系及其应用进行了专题评估；对京津冀、长三角、珠三角三大城市群生态安全状况、长三角城市群生态安全度进行了测评，对全国

31个省、市、自治区资源环境与生态建设状况进行了剖析，对上海、南京、重庆、天津、深圳、杭州、武汉、成都、西安等代表性特大型城市进行了转型实证研究。

本书观点新颖、方法先进、数据翔实、分析有据、逻辑性强、政策体系完善，可为发改委、科委、建委、教育、环境保护、农林水利、规划国土、资源管理、自然保护、国家公园等政府部门、高等学校、科研院所、智库咨询等的科研与管理工作提供参考，也可作为教学参考书。

ABSTRACT

The ecological transformational development of economy and society are the consensus and important measurement of the international community today. In recent years, the rapid development of urbanization in China has made remarkable achievements in the world and also supporting one fifth of the people in the world which has limited resources and a fragile ecological environment. Since the beginning of 1980s, China has put forward a foundational national policy of environmental protection, focusing on ecological construction in 1990s and the transformational development at the beginning of the 21th century. At the present time, the policy system for ecological civilization institution construction and green development is being constantly improved and upgraded, providing a strong guarantee for transformational development, and it has become a major national strategy. This is right pathway that China has chosen, based on the joint requirements of the macro-environmental needs of international society and China's weak domestic resources and environmental status, as well as in the context of China's role of cooperation in global environmental and international affairs.

The author's latest achievements and academic viewpoints are introduced in this book from the participation in research projects at national and provincial level for ecological and environmental protection, a national think tank, and WWF (World Wildlife Foundation) for many years. The book is divided into five parts including 15 chapters: ① Experiences Internationally: An International Perspective of Ecological Transformation; ② Intrinsic Motivation: the Perspective of Resources and Environment in Transforming China; ③ Policy and Strategy Assessment of Transformation; ④ Thematic Assessment of Transformational Development: Indicator System Construction, Technical Methodology and Policy

Application; ⑤ Case Study on the Metropolitan Ecological Transformational Development in China. Focusing on the national strategic requirements, this book collects and analyzes experiences of the transformational development of key international cities, including London, New York, Tokyo, as well as the research progress of representative cities in China. The general status, characteristics and issues of China's resources and environment are also evaluated. The policies of ecological civilization institution, red-line institution of ecological protection, ecological compensation, pilot demonstration area of ecological civilization, national good lakes, new urbanization, characteristic town and village planning, "three lines and one list for environmental protection", are deeply analyzed, and the pilot project of the national park system, the ecological environment protection strategy of the Yangtze River Economic Zone, the comprehensive policy of China's resources and environmental protection, and its application, are reviewed. Measures are taken for the ecological security status of the three major urban agglomerations in Beijing, Tianjin and Hebei, the Yangtze River Delta and the Pearl River Delta. And the ecological security degree of the urban agglomeration in Yangtze River Delta and an analysis of the resources, environment and ecological construction of 31 provinces, metropolises and autonomous regions in China are provided as well. Case studies on the transformation of representative metropolises such as Shanghai, Nanjing, Chongqing, Tianjin, Shenzhen, Hangzhou, Wuhan, Chengdu, and Xi'an are presented.

This book has new and original viewpoints and advanced methodologies, and provides very rich data, sound analysis, strong logic, and perfect policies. It can be a reference text for many agencies such as the Development and Reform Commission, the Science and Technology Commission, the Construction Commission, and Agencies of Education, Environmental Protection, Agriculture and Forestry and Water Conservancy, Urban Planning and Land, Resource Management, and Natural Conservation, National Parks and other government departments, universities and research institutes and academies of both natural and social sciences, think-tank consultancies and other scientific research and management workers, and can be also used as the teaching reference book.

前 言/Preface

　　近年来,中国的崛起和发展举世瞩目,看好中国和唱衰中国之声不绝于耳。以有限的国土资源和脆弱的生态环境支撑的中国,承载了全球近1/5的人口[①]、贡献了全球第二大经济发展总量,中国经济发展的引擎之一是加速的城市化。当下,中国城市化进程仍在快速推进,城市人口迅速膨胀,城市化的规模和强度不断加剧,城市已由个体的作用演变为集群和巨型城市带与网的作用。今后的中国,路向何方?当传统的耗能耗水、资源依托型的增长方式不再持续时,生态化转型是否会曙光乍现,继而阳光灿烂?

　　转型发展,尤其是经济社会的生态化转型发展已成为当今国际社会的共识与重要举措,发达国家甚至早行了50~60年。我国自20世纪80年代提出环境保护的基本国策、90年代聚焦生态建设、21世纪初开始关注转型发展,从党的十七大、十八大到十九大,生态文明制度建设与绿色发展政策体系日益深化完善,并确定为新时代国家的长期战略,为转型发展提供了强有力的政策与技术保障,这是基于国际社会的大环境需求以及我国严峻的资源环境国情和中国在全球环境事务与国际合作中勇于担当的正确抉择。但是人均资源与环境质量都很不足的中国,仍面临发展中的巨大挑战;突破瓶颈、转型生态中国,我们任重道远。自"十二五"以来,在"十三五"国家研发计划重点项目"长三角城市群生态安全保障关键技术研究及集成示范"(2016YFC0502700)等项目的支持下,笔者及其科研团队围绕国家战略需求,广泛搜集分

---

① 据联合国估计,2018年全球人口约76亿,其中中国约占18.62%。http://www.zswxy.cn/articles/17365.html。

析了国际著名城市转型发展的经验与国内代表性城市的研究进展，基于生态化转型的国际视角、资源环境的国情视角、转型政策体系与战略视角、中国资源环境总体状况与特征等开展了评析研究，对31个省、直辖市、自治区环境与生态建设状况进行了分析，对上海、天津、深圳、南京、成都、重庆等特大型城市，京津冀、长三角、珠三角三大城市群的生态安全状况，以及长三角城市群生态安全度等进行了剖析；并围绕生态文明制度建设、生态补偿、新型城镇化、国家良好湖泊、三线一单、国家公园体制试点方案等政策及其应用进行了评估。本书的成果还包括近年作者团队在承担国家智库相关咨询项目、复旦大学一带一路及全球治理研究院项目部分地方政府研究项目，以及WWF（世界自然基金会）气候变化与韧性城市项目的研究工作。在写作过程中，作者得到了环境保护部（2018年3月改为生态环境部）、科学技术部、教育部、杭州、南京、深圳等城市政府部门和全国31个省、自治区、直辖市政府相关部门在统计资料和环境数据等方面的大力支持。作者指导的博士生李昆、彭国涛与硕士生徐艺扬、朱敬烽、丁宁等协助整理、分析了部分资料，博士生孙伟、方清、刘亚风、李镕汐与硕士生凌焕然、钱敏蕾、李响、鲁逸等参加了部分调研与资料收集分析工作，作者的同事谢玉静博士、樊正球博士等参与了专题讨论与部分调研，Maire K. Harder教授审校了英文摘要与目录，在此一并表示衷心的感谢。

由于撰写时间紧、研究涉及面广，以及作者政策水平有限，书中疏漏和不足之处在所难免，欢迎各位读者批评指正。

王祥荣

2019年5月于上海江湾复旦新校园

目 录 / Contents

中文提要

Abstract

前　言

绪　论 ·· 001

第一篇　他山之石：生态化转型的国际视角

第 1 章　国际大都市生态化转型的历程与现状 ·· 011

第 2 章　国际城市生态化转型的案例比较 ··· 013

  2.1　英国伦敦 ···013

  2.2　美国纽约 ···017

  2.3　日本东京 ···022

  2.4　新加坡 ··025

  2.5　美国波士顿 ···028

  2.6　巴西库里蒂巴 ··031

  2.7　日本北九州 ···033

  2.8　日本富山 ···034

  2.9　国际特大型城市生态化转型的主要模式分析 ·····························035

第二篇　内禀动力：转型中国的资源环境视角

第 3 章　背景述评 ··· 041

  3.1　中国城市转型发展的历程与现状 ··041

  3.2　推动生态文明建设的意义 ··043

  3.3　加强资源环境保护的意义 ··045

第 4 章　中国资源环境国情概述 ·· 046

  4.1　中国生态资源总体发展状况 ··046

  4.2　中国环境质量总体发展状况 ··055

第 5 章   31 个省（自治区、直辖市）资源环境发展现状评述 069

5.1   北京 069

5.2   天津 071

5.3   上海 073

5.4   重庆 074

5.5   河北 076

5.6   山西 079

5.7   辽宁 081

5.8   吉林 084

5.9   黑龙江 086

5.10 江苏 088

5.11 浙江 090

5.12 安徽 092

5.13 福建 095

5.14 江西 097

5.15 山东 098

5.16 河南 099

5.17 湖北 101

5.18 湖南 103

5.19 广东 105

5.20 海南 106

5.21 四川 108

5.22 贵州 110

5.23 云南 112

5.24 陕西 115

5.25 甘肃 116

5.26 青海 117

5.27 内蒙古 119

5.28 广西 121

5.29 西藏 123

5.30 宁夏 124

5.31 新疆 126

第 6 章   中国资源环境状况评估 129

6.1   全国污染物排放现状评估 130

6.2   大气环境质量现状评估 136

6.3　水环境质量现状评估..137

6.4　自然生态现状评估..139

6.5　中国资源环境主要问题评估..145

第三篇　转型政策与战略评估

第7章　推进生态文明制度建设的政策评估..153

7.1　加快生态文明制度建设..154

7.2　实行资源有偿使用制度和生态补偿制度................................156

7.3　国家生态文明先行示范区建设方案..157

7.4　国家良好湖泊生态保护专项政策..160

7.5　新型城镇化推进战略..161

7.6　国家美丽宜居小镇、美丽宜居村庄示范建设........................164

7.7　"三线一单"编制技术指南..166

7.8　国家公园体制试点战略..168

7.9　长江经济带生态环境保护战略..176

7.10　中国资源环境保护对策建议..179

第四篇　转型专题评估：指标体系、技术方法与政策应用

第8章　基于PSR模式的城市生态文明建设评价指标体系建构研究.....185

8.1　我国生态文明建设评价指标体系的瓶颈................................187

8.2　评价模型选择..188

8.3　指标筛选流程..188

8.4　数据标准化处理..189

8.5　指标权重计算..189

8.6　各级指数评估..190

8.7　评价等级确定..190

8.8　指标体系构建结果..191

8.9　上海城市生态文明建设指标体系建构实证研究....................192

第9章　城市群生态文明建设评价指标体系研究................................197

9.1　三大城市群功能定位及城镇体系规划分析............................198

9.2　三大城市群环境质量现状..201

9.3　城市群生态文明建设现状评估..202

第 10 章 基于 DPSIR 模型的城市群生态文明建设评估 205
  10.1 DPSIR 模型指标体系的构建流程 205
  10.2 基于 DPSIR 模型指标体系的构建 206
  10.3 基于 DPSIR 模型的城市群现状分析 208
第 11 章 我国生态保护红线战略评述及建议 212
  11.1 国内外生态保护红线发展概况 212
  11.2 当前我国生态保护红线的相关实践 218
  11.3 我国生态保护红线存在的问题和政策建议 222
第 12 章 新常态下我国土壤污染与生态修复战略评估报告 227
  12.1 国内外土壤生态修复发展态势 227
  12.2 当前我国土壤污染现状及污染防治存在的问题 230
  12.3 我国土壤生态修复面临的挑战和政策建议 233
第 13 章 气候变化与中国韧性城市发展对策研究 236
  13.1 韧性城市发展的背景与意义 236
  13.2 气候变化背景下城市脆弱性评价方法 238
  13.3 国际韧性城市典型案例分析与经验借鉴 239
  13.4 我国韧性城市的发展战略与方法 240
  13.5 上海城市韧性案例研究 242

第五篇 我国特大型城市生态化转型发展实证研究

第 14 章 研究进展及方法比选 257
  14.1 研究进展 257
  14.2 评价方法比选 259
第 15 章 我国特大型城市生态化转型发展案例研究 261
  15.1 上海 261
  15.2 南京 278
  15.3 重庆 286
  15.4 天津 294
  15.5 深圳 299
  15.6 杭州 301
  15.7 武汉 303
  15.8 成都 306
  15.9 西安 309
  15.10 国内案例指标体系小结 311

主要参考文献 312

Contents

Abstract in Chinese

Abstract in English

Preface

Introduction 001

Part I. Experiences Internationally:
An International Perspective of Ecological Transformation

Chapter 1 The Course and Present Status of Ecological Transformations in Metropolises Internationally 011

Chapter 2 Case Studies and Comparisons of Ecological Transformations in Metropolises Internationally 013

    2.1 London, United Kingdom 013

    2.2 New York, United States 017

    2.3 Tokyo, Japan 022

    2.4 Singapore 025

    2.5 Boston, United States 028

    2.6 Curitiba, Brazil 031

    2.7 Kitakyushu, Japan 033

    2.8 Toyama City, Japan 034

    2.9 Analysis of the main models of the international metropolis in ecological transformation 035

Part II. Intrinsic Motivation:
A Resource and Environmental Perspective in the Transformation of China

Chapter 3 Commentary on the Background 041

    3.1 The course and present status of urban transformational development in China 041

    3.2 The significance of the promotion of the construction of ecological civilization and environment 043

    3.3 The significance of strengthening resources and environmental protection 045

Chapter 4 Overview of the National Conditions of China's Resources and Environment 046

    4.1 Background of ecological resources in China 046

    4.2 Background of environmental quality in China 055

Chapter 5   The Current Status of Resources and the Environment in 31 Provinces, Municipalities and Autonomous Regions in China 069

5.1   Beijing 069

5.2   Tianjin 071

5.3   Shanghai 073

5.4   Chongqing 074

5.5   Hebei 076

5.6   Shanxi 079

5.7   Liaoning 081

5.8   Jilin 084

5.9   Heilongjiang 086

5.10   Jiangsu 088

5.11   Zhejiang 090

5.12   Anhui 092

5.13   Fujian 095

5.14   Jiangxi 097

5.15   Shandong 098

5.16   Henan 099

5.17   Hubei 101

5.18   Hunan 103

5.19   Guangdong 105

5.20   Hainan 106

5.21   Sichuan 108

5.22   Guizhou 110

5.23   Yunnan 112

5.24   Shanxi 115

5.25   Gansu 116

5.26   Qinghai 117

5.27   Inner Mongolia 119

5.28   Guangxi 121

5.29   Tibet 123

5.30   Ningxia 124

5.31   Xinjiang 126

Chapter 6   Assessments of the Status of Resources and the Environment in China 129

6.1   Assessment of the current status of pollutant emissions throughout the country 130

6.2   Assessment of the current status of atmospheric environmental quality 136

6.3   Assessment of the current status of water environmental quality 137

6.4   Assessment of the current status of natural ecology 139

6.5   Assessment of the major resource and environmental issues in China 145

Part III. Transformational Policy and Strategic Assessment

Chapter 7 Policy Assessment on the Promotion of the Construction of Ecological Civilization Institution 153
7.1 The construction of the ecological civilization institution 154
7.2 The system of compensatory use of resources and the system of ecological compensation 156
7.3 A Pilot Zone Construction Program for national ecological civilization 157
7.4 A national special policy for the ecological protection of good-quality lakes 160
7.5 New urbanization strategies 161
7.6 A national policy for beautiful livable towns, beautiful livable villages demonstration 164
7.7 Technical guidance for the preparation of "Three Lines and One List for Environmental Protection" 166
7.8 A National Park System Pilot Strategy 168
7.9 Strategy for the protection of the ecological environment in the Yangtze River Economic Zone 176
7.10 China's resources and environment protection countermeasures 179

Part IV. Thematic Assessment of the Transformational Development: Indicator System Construction, Technical Methodologies and Policy Application

Chapter 8 On the Construction of an Evaluation Index System of Urban Ecological Civilization Construction Based on the PSR Model 185
8.1 Bottlenecks of the current evaluation index system for the construction of ecological civilization in China 187
8.2 Evaluation model selection 188
8.3 Indicator screening process 188
8.4 Standardization of data processing 189
8.5 Index weight calculation 189
8.6 Index assessment at all levels 190
8.7 Evaluation rating determination 190
8.8 Results of indicator system construction 191
8.9 Case study on the index system for the construction of ecological civilization in Shanghai 192
Chapter 9 A Study on the Evaluation Index System of Ecological Civilization Construction for Urban Agglomeration 197
9.1 Functional positioning of the three urban agglomerations and analysis of the city-town system planning 198
9.2 Status of environmental quality in three urban agglomerations 201
9.3 Assessment of the current status of ecological civilization construction in urban agglomerations 202
Chapter 10 Evaluation of Ecological Civilization Construction of Urban Agglomeration Based on the DPSIR Model 205
10.1 The process of constructing an indicator system of the DPSIR model 205

10.2 The construction of an indicator system based on the DPSIR model 206

10.3 Analysis of the current status of urban agglomeration based on the DPSIR Model 208

Chapter 11 Review and Proposal of a Red Line Strategy of Ecological Protection in China 212

11.1 Overview of the development of the Red Line of Ecological Protection at home and abroad 212

11.2 Current practice of the Red Line of Ecological Protection in China 218

11.3 Issues and policy recommendations on the Red Line of Ecological Protection in China 222

Chapter 12 Strategic Assessment of Soil Pollution and Ecological Restoration in China under the New Normal 227

12.1 The status of the development of soil ecological restoration at home and abroad 227

12.2 The current situation and issues of soil pollution and its control in China 230

12.3 Challenges and policy recommendations for soil ecological restoration in China 233

Chapter 13 Study on Climate Change and Countermeasures for the Development of Resilient Cities in China 236

13.1 Background and significance of the development of resilient cities 236

13.2 Assessment methodologies for urban vulnerability under the background of climate change 238

13.3 Case studies and experiences of international resilient cities 239

13.4 Strategies and methodologies for the development of resilient cities in China 240

13.5 A case study of urban resilience in Shanghai 242

Part V. A Case Study on Metropolitan Ecological Transformation and Development in China

Chapter 14 Research Progress and Comparison of Methodologies 257

14.1 Research progress 257

14.2 Comparison of evaluation methodologies 259

Chapter 15 Case Studies on Ecological Transformational Development of Metropolises in China 261

15.1 Shanghai 261

15.2 Nanjing 278

15.3 Chongqing 286

15.4 Tianjin 294

15.5 Shenzhen 299

15.6 Hangzhou 301

15.7 Wuhan 303

15.8 Chengdu 306

15.9 Xi'an 309

15.10 Index system summary of domestic cases 311

References 312

绪　论

　　国际经验表明,当一个国家或一个地区人均GDP达到4 000美元时,也同时是资源环境问题十分尖锐和脆弱之时;当人均GDP达到8 000美元时,也正是其经济增长方式迫切需要转型发展的关键时期;在此时期中,城市化与经济增长的相互促进,使得城市在气候变化、环境影响及生态演替中扮演着关键角色。快速的城市化过程通过改变城市土地利用方式与结构,以及空间结构、能源结构、人口结构、产业结构与布局以及地形地貌结构,对城市可持续发展带来深刻影响。2016年5月18日,联合国人类住区规划署(The United Nations Human Settlements Programme)发布了主题为"城镇化与发展:新兴未来"的《2016年世界城市状况报告》。该报告指出,目前排名前600位的城市中居住着1/5的世界人口,对全球GDP的贡献高达60%。如果不进行适当的规划和管理,迅速的城镇化会导致不平等、贫民窟和气候变化等社会问题的增长。该报告建议,联合国各成员国应通过一个全新的城市议程,进一步释放城镇的变革力量,推进可持续的城市发展①。联合国经济和社会事务部在《世界城镇化展望》(2014年修订版)中也指出,到2050年,世界城镇人口预期将超过60亿。截至2015年底,居住人口超过1 000万的"超级城市"数量已从之前的14个增加到28个,其中22个集中在拉丁美洲、亚洲和非洲。位居世界超大城市之首的是东京,其次是德里、上海、墨西哥城、孟买和圣保罗。同时,人口在100万以下的中小城市发展速度最快,居住人数占到世界城市人口的59%。未来城镇人口增加最多的国家是印度、中国和尼日利亚,到2050年这3个国家的城市人口将分别增加4亿、3亿和2亿。

　　城市是人类碳排放的重要源头;同时,在人类经济社会发展的蓝图上,城市又是资源的汇。在全球气候变化的背景下,城市极易受到极端气候事件、环境污染、水资源改变等众多气候变化影响因素的影响,是脆弱性和敏感性极高的区域,也是气候变化对社会经济影响尤为显著的大都市区域。据国际能源机构(2008)估计:2006年全球城市能耗达7.9×10^9吨油当量,占全球总能耗的2/3,这一比例到2030年将上升至3/4;到2030年,由能耗产生的二氧化碳排放中将有76%来自城市。美国能源信息署(EIA)在《全球能源消耗预计报告》(2014)中称,到2030年,全球能源消耗将在目前的基础上增长70%。国际能源署2014年7月报道,以及《世界能源统计年鉴》(2014)报告显示,中国已于2013年成为全球最大的能源消费国,占全球能源消费量的22.4%。到2045年,世界城镇人口预期将超

---

① 联合国人类住区规划署.2016世界城市状况报告.http://www.un.org/chinese/News/story.asp?NewsID=26177。

过60亿,大部分城镇人口的增长将发生在发展中国家,特别是非洲国家。随着人口的不断增长,这些国家将在住房、基础设施、交通、能源、就业、教育和医疗需求方面面临巨大的挑战。

联合国经济和社会事务部人口司司长约翰·威尔莫斯(John Wilmoth)指出,管理好城镇地区已经成了21世纪世界面临的最重要的发展挑战之一。威尔莫斯认为:"成功的城镇规划需要关注规模不同的城镇。如果得到恰当管理,城镇将能够为经济增长带来契机,扩大众多人口获得基础服务的渠道,包括医疗保健、教育,因为为居住密集的城镇人口提供公共交通、住房、电力、水和卫生设施要比为分散的农村人口提供同等水平的服务更便宜,而且对环境的损害更小。"

纵观历史,人类文明的发展已经历了3个阶段。从浅黄色的原始文明到黄色的农耕文明,再到黑色的工业文明,人类文明不断进步,社会结构发生深刻变革,经济水平逐步提升。20世纪60年代以来,西方发达国家针对人与自然和谐相处的、绿色的可持续发展模式开展了大量的研究和实践,人类文明逐渐步入第四代文明模式——绿色的生态文明。尽管国外并没有"生态文明"这一综合概念,但其尊重自然,崇尚人与自然、环境与经济、人与社会和谐共生的理念却与我国推进"生态文明"建设的宗旨不谋而合,绿色发展已成为国际社会发展的总趋势。

中国的快速城市化进程始于20世纪70年代末,经历了社会经济的高速发展,以及人口资本的过度累积阶段,正逐渐步入工业化高级阶段向后工业化转型的关键阶段。世界经济信息网(2017)报道[①],当前阶段,中国内地(大陆)人均GDP已达9 000美元(表0-1),已超国际社会经验证明的转型经济指标(8 000美元):从我国各省(自治区、直辖市)[②] 人均GDP与世界各国人均GDP情况的比较来看,人均GDP在5 000 ~ 20 000美元不等,各省(自治区、直辖市)经济社会面临转型门槛,面临的生态环境问题也正是西方发达国家在20世纪70年代在探索转型发展时期遇到的问题。

表0-1　人均GDP排名前70位的国家和地区

人均GDP排名	国家或地区	人均GDP/美元	人均GDP/元
1	卢森堡	111 062.792	694 142.45
2	瑞士	84 864.287	530 401.937 5
3	挪威	77 918.894	486 993.087 5
4	卡塔尔	77 856.6	486 603.75
5	美国	60 014.895	375 093.093 75
6	新加坡	58 664.982	366 656.137 5
7	丹麦	55 822.677	348 891.731 25
8	冰岛	55 636.456	347 727.85
9	爱尔兰	53 804.268	336 276.675

① https://baijiahao.baidu.com/s?id=1595694300341384006.
② 本书在统计我国各省(自治区、直辖市)数据时未包含港澳台。

（续表）

人均GDP排名	国家或地区	人均GDP/美元	人均GDP/元
10	澳大利亚	52 976.044	331 100.275
11	圣马力诺	52 068.172	325 426.075
12	瑞典	51 061.48	319 134.25
13	英国	49 104.498	306 903.112 5
14	荷兰	48 016.088	300 100.55
15	奥地利	46 684.996	291 781.225
16	加拿大	46 172.119	288 575.743 75
17	中国香港	45 847.836	286 548.975
18	芬兰	44 571.558	278 572.237 5
19	德国	43 793.547	273 709.668 75
20	比利时	42 669.835	266 686.468 75
21	法国	39 914.885	249 468.031 25
22	阿联酋	37 737.022	235 856.387 5
23	以色列	36 853.091	230 331.818 75
24	新西兰	36 702.46	229 390.375
25	日本	34 486.474	215 540.462 5
26	科威特	32 649.615	204 060.093 75
27	意大利	31 505.041	196 906.506 25
28	韩国	30 285.161	189 282.256 25
29	文莱	30 110.101	188 188.131 25
30	西班牙	28 509.113	178 181.956 25
31	巴哈马	25 649.314	160 308.212 5
32	巴林	25 500.245	159 376.531 25
33	马耳他	24 098.021	150 612.631 25
34	中国台湾	23 940.894	149 630.587 5
35	塞浦路斯	22 629.221	141 432.631 25
36	斯洛文尼亚	22 275.088	139 219.3
37	特立尼达和多巴哥	21 894.771	136 842.318 75
38	沙特阿拉伯	21 269.118	132 931.987 5
39	葡萄牙	20 348.534	127 178.337 5
40	爱沙尼亚	19 760.596	123 503.725
41	捷克	18 663.086	116 644.287 5
42	希腊	18 607.126	116 294.537 5
43	斯洛伐克	17 685.042	110 531.512 5

（续表）

人均GDP排名	国家或地区	人均GDP/美元	人均GDP/元
44	乌拉圭	17 431.43	108 946.437 5
45	立陶宛	16 631.428	103 946.425
46	巴巴多斯	16 556.278	103 476.737 5
47	塞舌尔	15 994.816	99 967.6
48	阿曼	15 972.713	99 829.456 25
49	贝劳	15 644.275	97 776.718 75
50	拉脱维亚	15 596.388	97 477.425
51	圣基茨和尼维斯	15 380.165	96 126.031 25
52	安提瓜和巴布达	15 194.082	94 963.012 5
53	波兰	14 216.943	88 855.925
54	智利	13 648.261	85 301.631 25
55	巴拿马	13 441.467	84 009.168 75
56	阿根廷	13 385.879	83 661.743 75
57	匈牙利	13 305.954	83 162.212 5
58	黎巴嫩	12 799.894	79 999.337 5
59	赤道几内亚	12 340.031	77 125.193 75
60	克罗地亚	12 321.442	77 009.012 5
61	马来西亚	12 192.378	76 202.362 5
62	哈萨克斯坦	10 719.747	66 998.418 75
63	毛里求斯	10 242.976	64 018.6
64	苏里南	10 112.801	63 205.006 25
65	墨西哥	10 100.585	63 128.656 25
66	格林纳达	9 808.801	61 305.006 25
67	马尔代夫	9 685.19	60 532.437 5
68	土耳其	9 594.038	59 962.737 5
69	土库曼斯坦	9 574.079	59 837.993 75
70	中国内地（大陆）	9 481.881	59 261.756 25

资料来源：世界经济信息网（2017）。

　　20世纪70年代末以来，中国城市开始面临着西方国家曾经面临的诸多城市问题，尤其是快速城市化所带来的诸如交通拥挤、环境退化、生态脆弱、房价上涨等"城市病"问题。根据这些问题的不同表现，改革开放后我国"城市病"具体可以分为3个阶段（表0-2）。解决这些问题的关键是转型期生态化战略能否顺利落地,关系到城市可持续发展战略决策能否得以全面保障。

表0-2 中国城市问题的产生阶段

城市化进程	城市化水平	城 市 问 题
"城市病"初现期 (1979～1995年)	低于30%	城市经济发展水平整体不高,导致城市基础设施和公共资源供给不足、城市物资短缺,给城市人口带来一定的居住和交通等问题
"城市病"加重期 (1996～2010年)	30%～50%	大量农村人口在短时间内进入城市,城市的基础设施和公共资源很难在短时间内与之匹配,供需失衡带来人口拥挤、房价高涨、交通拥堵和环境污染严重等问题
"城市病"集中爆发期 (2011年至今)	超过50%	虽然城市化水平很高,但城市中将近1/5的人口是流动人口,绝大部分流动人口为农民工,他们在城市工作,却居住在棚户区,无法享受均等的公共资源。农民工返乡时出现空城,而他们在城市打工时人口拥挤、交通拥堵、环境污染等"城市病"会集中爆发

未来几十年,我国大部分城市仍将继续保持快速的城市化进程。2016年底中国的城市化率水平为57.4%,预计2020年将超过60%,到2030年达到70%,2050年左右全国城市化达到峰值。东部沿海地区将是城市化的聚焦点,可能在2030年左右迎来峰值,2050年前后达到英、美等世界发达国家的城市化水平。京津冀、长三角、珠三角以及中原都市圈和成渝都市圈仍将是人口快速增长的区域,而广大中西部地区则是人口迁出的主要地区[①]。如果解决不好城市化带来的生态环境问题,不仅阻碍城市长远发展,最终也将危及人类的生存环境。实施城市生态化转型发展战略势在必行,这是主动解决城市生态环境问题最重要的手段,是协调人类社会发展与生态环境保护关系、实现城市可持续发展的必然要求,这对于推进我国生态文明建设、促进绿色发展具有十分重要的现实意义和深远的历史意义。

2014年3月16日,国务院发布《国家新型城镇化规划(2014—2020年)》,将市辖区总人口超过500万的城市定为特大型城市。我国正在崛起"十大城镇群",这是加快城镇化发展,提高经济增长的质量和效益,实现集约发展、可持续发展的重要抉择,但也面临巨大的资源环境压力。我国现有特大型城市80个,以10.6%的土地面积集聚了全国47.16%的人口,创造了占全国的63.19%的GDP;京津冀、长三角、珠三角三大城市群,以2.8%的国土面积集聚了18%的人口,创造了36%的GDP,成为带动我国经济快速增长和参与国际经济合作与竞争的主要平台。

自中共十八大报告明确提出把生态文明建设融入经济建设、政治建设、文化建设、社会建设各方面和全过程的"五位一体"中国特色社会主义建设格局起,中共十八届三中、四中、五中和六中全会精神始终引领着我国生态文明建设与绿色发展,目前加强生态文明建设已成为各级政府高度重视的重要工作抓手,这对于促进城市可持续发展,实现城市转型期的平稳快速发展具有重要的现实意义。中共十九大报告又进一步明确了生态文明建设与绿色发展将是我国经济、社会和环境发展的长期战略。

[①] 智研咨询.2017.2017—2023年中国共享经济市场深度评估及投资前景评估报告.http://www.chyxx.com/industry/201708/548547.html.

　　在转型发展、创新驱动、推进生态文明建设的进程中，我国城市，如北京、上海、天津、重庆、深圳、广州、南京、武汉、成都、西安等，都面临着新一轮城市总体发展的战略需求，承担着更加重大的历史使命，但目前这些城市在转型发展过程中还存在不少问题，亟须对其高度重视，采取对策与行动。

　　继2008年"全国生态文明建设试点"（环境保护部）、2011年"西部地区生态文明示范工程试点"（国家发展和改革委员会等）之后，2013年12月17日，国家发展和改革委员会联合财政部、国土资源部、水利部、农业部、国家林业局制定发布了《国家生态文明先行示范区建设方案》（试行），中共十八大进一步提出了加强"生态文明建设"的国策，《国家生态保护红线——生态功能基线划定技术指南》（试行）也于2014年1月颁布，这对城市的转型发展、生态化发展提出了进一步的刚性约束与发展机遇，具有重大的战略意义。2013年11月，中共十八届三中全会做出重大决议，进一步明确了"建立系统完整的生态文明制度"的具体要求，为今后一段时期加强我国生态文明建设指明了方向。2014年10月，中共十八届四中全会提出，用严格的法律制度保护生态环境，加快建立有效约束开发行为和促进绿色发展、循环发展、低碳发展的生态文明法律制度，强化生产者环境保护的法律责任，大幅度提高违法成本。2015年8月，中共中央办公厅、国务院办公厅印发了《党政领导干部生态环境损害责任追究办法》（试行）。2015年10月，中共十八届五中全会提出，坚持绿色发展，必须坚持节约资源和保护环境的基本国策，坚持可持续发展，坚定走生产发展、生活富裕、生态良好的文明发展道路，加快建设资源节约型、环境友好型社会，形成人与自然和谐发展现代化建设新格局，推进美丽中国建设，为全球生态安全作出新贡献；"生态文明建设"（美丽中国）首度写入我国五年发展规划。2016年10月，中共十八届六中全会强调，"从严治党"与贯彻落实"问责条例"，为生态文明建设和绿色发展进一步保驾护航。2017年10月，中共十九大提出"加快生态文明体制改革，建设美丽中国"理念，报告指出：建设生态文明是中华民族永续发展的千年大计；坚持人与自然和谐共生，必须树立和践行"绿水青山就是金山银山"的理念，像对待生命一样对待生态环境。要形成绿色发展方式和生活方式，为生态文明建设和绿色发展进一步保驾护航。

　　随着经济持续高速增长，资源消耗严重、生态环境脆弱、生活品质下降等诸多城市问题日益突出，在人类对生态文明的认识不断加深的情况下，城市的生态文明建设日益成为城市转型发展的重要趋势。2017年8月，环境保护部为进一步推进环境保护和生态文明建设，指导各地加快建立"生态保护红线、环境质量底线、资源利用上线、环境准入负面清单"（简称三线一单），依据《中华人民共和国环境保护法》《中华人民共和国环境影响评价法》《生态文明体制改革总体方案》《"十三五"生态环境保护规划》《"十三五"环境影响评价改革实施方案》，制定了编制技术指南①。

　　生态文明城市是一个以人的行为为主导、以自然环境为依托、以资源流动为命脉、以社会体制为经络的"社会－经济－自然"复合系统，是资源高效利用、环境友好、经济高效、社会和谐、发展持续的人类居住区。在当今世界快速城市化和城市人口加速增长的大背景下，城市生态文明建设是城市化发展的结果，是自然、城市与人融合为一个有机整体所形成的互惠

---

① "三线一单"见《"生态保护红线、环境质量底线、资源利用上线和环境准入负面清单"编制技术指南》（征求意见稿），环境保护部，2017年8月。

共生结构,满足了实现社会与自然和谐的要求。

　　在新的历史时期,我国城市应在借鉴国外城市生态建设战略思路与经验的基础上,结合自身特点和实际情况,提出生态承载力的空间分布、空间控制要素及生态安全格局框架,按照"确保生态效益、拓展社会效益、兼顾经济效益"的原则和"三线一单"技术指南的要求,落实好土地利用总体规划中确定的市域生态空间布局体系、调整产业与布局结构,注重体制机制建设、管理制度创新。从资源能源节约利用、生态建设与环境保护、经济发展质量、生态文化培育、体制机制创新建设等方面加快生态化转型发展,在生态基础设施、城市人居环境、城市生态代谢网络和城市生态文明能力建设四大方面形成人、自然和城市之间的平衡关系,为提升城市能级,促进宜居、低碳、生态型城市的规划建设,以及实现美丽中国的目标提供依据。

他山之石：生态化转型的国际视角

第 1 章
国际大都市生态化转型的历程与现状

　　城市是以空间和环境资源利用为基础,以人类社会进步为目的的一个空间地域系统,是经济实体、政治社会实体、科学文化实体和自然环境实体的综合体,也是一个国家或地区经济、科技、文化和政治的中心,是当代人口聚居生活的主要场所。随着生产力水平的不断提高和现代化工业的扩展,城市化已成为社会发展的重要动力,也是全球社会经济发展的必然趋势。然而,城市化在促进人类社会经济繁荣发展的同时,也给人类的生存和发展带来了诸多生态环境问题,如人口压力催生的资源短缺、分配不均、交通拥挤、住房紧张、废气废水噪声和垃圾等城市环境公害、城市热岛效应、城市生态失衡与生态服务功能退化等问题。

　　20世纪60年代以来,为切实改善人口过剩、资源耗竭、环境污染和生物物种灭绝等日益严峻的生态环境问题,西方发达国家迫于严峻的环境问题,针对人与自然和谐相处的、绿色的生态文明转型发展、环境管理模式开展了大量的研究和实践,被称为人类文明的第四代发展模式,如英国伦敦,美国纽约、伯克利、波特兰,德国埃尔朗根,日本东京、北九州,丹麦卡伦堡等,成为国际上探索城市生态文明建设、社会绿色转型发展的成功案例。随着各国生态文明建设的步伐日益加快,人类社会的文明形态也必然由工业文明模式转向生态文明模式。

　　面对严峻的环境挑战,发达国家的政府不得不出台相应的政策,如日本于1966年制定的《公害对策基本法》,美国的《联邦水污染控制法》(1948年制定、1972年修订),荷兰于1999年制定的《阿姆斯特丹条约》等。到20世纪80年代,污染进一步发展的势头已经基本得到控制;90年代,可持续发展理念得到西方国家的普遍认可,如德国、英国、法国、荷兰等国家在探索生态转型、绿色发展方面做出了积极的努力。

　　英国伦敦于1999年组织编制了《大伦敦空间发展战略》,包括伦敦经济发展战略、空间战略、交通战略、文化战略、城市噪声战略、空气质量战略、市政废物管理战略和生物多样性战略八大战略,在城市总体规划、城市生态规划、城市绿色网络构建,以及城市的生物多样性保护等建设和管理方面积累了成功的实践经验。

　　巴西库里蒂巴在1990年被联合国命名为"巴西生态之都""城市生态规划样板"。该市以可持续发展的城市规划受到世界的赞誉,尤其是公共交通发展受到国际公共交通联合会的推崇,世界银行和世界卫生组织也给予库里蒂巴极高的评价。该市的废物回收和循环使用措施及能源节约措施也分别得到了联合国环境规划署和国际能源署的嘉奖。库里蒂巴的建设经验包括对市民进行环境教育、公交导向式的城市开发规划、关注社会公益项目等,这些管理措施使得该市在环境与社会协调发展方面走上了一条健康、可持续之路。

德国弗莱堡是全球城市生态转型的典范,2004年弗莱堡通过了《阿尔堡宪章》,通过政府与居民共同寻求降低能源消耗、提高可再生能源比例的发展模式,将环境保护与能源、交通、贸易、农林业发展和垃圾处理等相结合,在城市规划中突出强调可持续发展的原则,完成了城市发展的成功转型。"弗班论坛"广泛发动民众积极参与各类气候项目,推动社区可持续发展模式计划,并在全民参与的背景下不断调整和改进政策实施的方案,实现政策的最优化,这一点十分值得借鉴。

荷兰强调长期与自然和谐共处,确保自然资源利用和生态文明发展并行不悖,其水平已位居世界前列。面对土地面积有限、气候条件不利、水资源管理复杂等因素,荷兰人利用高新科技逐项弥补不足,形成了高度发达的农业产业,并很好地保护了生态环境。例如,壳牌石油公司在靠近鹿特丹港口的炼油厂每年排放大量二氧化碳,如果直接排放到空气中对环境非常不利,该市通过管道将这些废气直接输送到大棚基地,这样不仅保护了生态环境,同时也对废物进行了再利用。另外,有些垃圾场在焚烧垃圾的过程中会释放大量热量,他们将这些热量输送到大棚内,对果蔬的生长极为有利,使农业和生态方面实现可持续发展。荷兰人的实践证明,经济建设与生态文明的发展并不矛盾,而注重生态文明更能促进经济发展,帮助实现人与自然的和谐相处。

从发达国家生态转型的发展历程来看,20世纪70年代,政府的生态文明建设、主要依靠刚性约束机制,在战略定位上强调国家责任;80年代,由于逐渐认识到直接管制政策的成本负担,政府开始引入了一些市场化的激励手段,由约束转向了以预防为主的市场性政策激励阶段,在战略定位上强调地区责任,在政策手段上采用税费政策、交易许可等举措;90年代,市场化手段日益丰富,并逐渐出现了多个主体共同参与环境治理的对话合作机制,开启了环境合作全球化的序幕,在战略定位上强调全球责任,在政策约束手段上多采用自愿协议等形式。21世纪,随着全球生态文明建设意识的普遍提升和循环经济实践的迅速推广,区域间参与、协作的趋势得到增强,新的激励及约束机制理念和治理模式不断出现,环境管理与生态转型的激励与约束机制的理论与实践得到了极大的丰富和发展。

2012年5月,联合国政府间气候变化专门委员会(IPCC)发布了《管理极端事件和灾害风险,推进适应气候变化》特别报告,提醒国际社会气候变化将增加灾害风险发生的不确定性,未来全球极端天气和气候事件及其影响将持续增多、增强。这一警示绝非空穴来风,在气候变化背景下,许多极端事件超出了人类知识和经验的范畴,即使是拥有完备的防灾减灾和应急管理能力的发达国家,也难免应对失措。在遭遇到台风、洪涝等极端气候事件打击下,美国、英国、荷兰等国家的城市决策者意识到应对气候灾害风险的重要性,先后制订了城市防灾计划或适应计划等重要管理措施,低碳城市、海绵城市、韧性城市的发展模式相继面世,其中的经验和教训值得借鉴和汲取。

研究分析国际社会与国际城市的发展道路,对比国内外生态化转型发展的基本路径、目标、激励与约束机制、对策等,对于指导我国经济与社会、区域与城市的转型发展、完善环境管理,推进生态文明建设,促进绿色发展,实现经济转型期的平稳快速发展具有现实意义。

第2章
国际城市生态化转型的案例比较

2.1 英国伦敦

伦敦的生态化转型与绿色发展在城市总体规划、生态规划、绿色网络构建和城市的生物多样性保护等建设及管理方面积累了成功的实践经验。19世纪初伦敦开始探索城市转型发展与环境保护、城市生态文明建设,制订了系统的城市发展规划,并实施了一系列生态城市建设工程。

(1) 城市规划

19世纪以来,伦敦先后制订和实施了《田园城市规划》《伦敦规划》等多个规划,在以自然保护政策约束开发建设行为的同时,强调保护自然对居民提高生活质量的意义,以及给当地社区带来的潜在灵活性和娱乐性,以此激励民众关注生态保护、鼓励专业人员和普通市民参与城市自然保护活动。

(2) 城市绿网构建

为保护伦敦行政区内的绿洲免受工业及建筑业发展的不利影响,伦敦于1938年正式颁布了《绿带法》,以授予伦敦郡议会以及其他有关方面和人士相应权力。确定在伦敦市区周围保留2 000多平方千米的绿带面积,绿带宽13～35千米(图2-1);在绿地建设过程中,重视提高绿地的连接性,增加绿地的公众可达性,为居民提供了更好的工作、生活和休闲空间,同时在约束城市过度向外扩张上起到了一定的作用;城市绿地的三级管理体系(市级、区级和小区级)共同协作,既能达到科学指导、按规划进行,又促进了公众参与和政府与民众的交流。

(3) 生物多样性保护

伦敦主要通过对自然和半自然保留地的保护来实现对城市生物多样性的保护,其自然保护地与社区相连接,即使在建筑密集区也尽量保留或划出自然区域;英国禁止偷猎的法案也非常完备,甚至有重典之法。以泰晤士河为例,泰晤士河污水处理系统得到了极大改善,英国现行法律禁止随意伤害或者杀死天鹅;一系列约束性政策措施显著提高了泰晤士河生态系统的价值,使其成为伦敦最大的野生动植物保护点。伦敦中心城区大型公园绿地,如海德公园、格林公园、肯盛顿公园、摄政公园等,也为生物多样性的保护和市民接触自然提供了绝佳场所。伦敦在城市生物多样性保护方面取得了令世人瞩目的成绩,值得我们借鉴。

图2-1   伦敦行政区绿地系统分布示意图

资料来源：https://image.baidu.com/search/detail?ct=503316480

伦敦城市规划发展阶段及其主要政策发展如图2-2所示。

图2-2   伦敦城市规划发展阶段及主要政策发展轴

资料来源：上海市规划和国土资源管理局.2012.转型上海规划战略.上海：同济大学出版社

表 2-1　英国伦敦——从雾都到绿城的转型举措

时间	背景	生态化转型建设举措		成效分析
		政策措施	技术措施	
20世纪50年代	英国工业文明进程中出现"伦敦烟雾事件"等突发性灾难，酿成"伦敦烟雾事件"的两大元凶为冬季取暖燃煤与工业排放的烟雾及形成的逆温层。煤炭为当时工业和家庭使用的核心燃料，工厂大多建在市内	1956年世界上第一部空气污染防治法《清洁空气法》出台，确定了烟雾控制区，对工业和民用烟雾排放进行了限制。该法律规定伦敦城内的电厂都必须关闭，只能在大伦敦区重建。要求留在市内的工厂不得烧煤，烟囱不得低于200米，若有工厂烟囱冒黑烟，则重罚与迁出并举	在工业污染方面，调整工业布局，在源头上减少煤烟污染。在民用方面，大规模改造城市居民的传统炉灶，减少煤炭用量，逐步实现居民生活天然气化。居民家庭用煤改为用气或用电，用集中供暖方式逐渐取代传统的一家一户的冬季采暖方式	《清洁空气法》未能实现预期目标，主要原因为烟雾治理政策受到户主经济支付能力的制约，使用者缺乏自愿将他们的住房转化成无烟燃烧的利益动机。另外，普通民众对空气污染的心理认知对其总体取向也有极大影响
20世纪60年代	天然气等较清洁能源的大量使用和重工业的逐渐减少，大大降低了英国的烟尘污染	1968年以后英国出台了一系列空气污染防控法案，这些法案针对各种废气排放进行了严格约束，制定了明确的处罚措施	生产优质无烟燃料，设计制造出能实现完全燃烧的各种炊具和锅炉	有效减少了烟尘和颗粒物
20世纪70年代	天然气等较清洁能源的大量使用和重工业的逐渐减少，大大降低了英国的烟尘污染	1974年出台《空气污染控制法案》，规定工业燃料里的含硫上限等。《工作场所健康和安全法》等法规规定，污染工业必须采取手段，避免将有害气体排入大气中，否则将面临严厉处罚	70年代后，伦敦市内改用煤气和电力，并把火电站迁至城外	有效减少了烧煤产生的烟尘和二氧化硫污染，大气污染程度降低了80%。1975年伦敦的雾日由以前每年的几十天减少到15天，1980年降到5天
20世纪80年代	20世纪80年代后，传统的煤烟尘埃问题基本解决，交通污染取代工业污染成为伦敦空气质量的首要威胁	英国交通管理部门采取了一系列改善公共交通的措施，如在城市主要公路上开辟供公共汽车行驶的专用车道、加强对地铁设施的检修维护、在地铁站附近修建免费或收费低廉的停车场，鼓励公众改乘公共交通工具等	尝试运用抑制灰尘机来清除道路灰尘，在伦敦市内污染最严重的街道使用一种类似胶水的钙基黏合剂治理空气污染，可吸附空气中的尘埃	发达的公众交通，以及政府对非公交系统用车的高压手段，让公众更乐意选择地铁或公交系统出行。伦敦的雾日从19世纪末期每年90天左右减少到不到10天。但是，由于英国的公共交通系统年代久远，设施老化，再加上罢工和管理不善等因素，停开停运的现象时有发生，影响了公众公共交通的信心
20世纪90年代	英国人此时已经对抗雾形成了社会共识	1995年起英国制定了国家空气质量战略，规定各个城市都要进行空气质量的评价与回顾，对达不到标准的地区，政府必须划出空气质量管理区域，并强制在规定期限内达标，欧盟要求其成员国2012年空气不达标的天数不能超过35天，否则将面临4.5亿美元的巨额罚款	在伦敦交通流量大的道路旁设置固定监测站，如克洛伊顿（Croydon）设置了14个综合监测站，分别对一氧化氮、二氧化氮、一氧化碳、硫氧化物、可吸入颗粒物、臭氧等物质进行24小时不间断监测，对不能达到国家标准的区域进行重点整治，另外，还设有14个专门针对二氧化氮的监测点	空气中的一氧化碳量急剧下降，苯、一氧化碳、铅、二氧化氮、臭氧、二氧化硫等8种主要污染物得到了有效控制

（续表）

时间	背景	生态化转型建设举措		成效分析
		政策措施	技术措施	
2000年以后	伦敦大气中的可吸入颗粒物和氮氧化物含量仍高于国家空气质量目标限定的最高含量，其中分别有76%和78%来自交通工具。2000年以后，伦敦开始关注空气中的PM$_{2.5}$问题	2003年，为控制市区内的汽车数量，通过收取交通堵塞费的手段限制私家车进入市区。该制度根据二氧化碳排放量将车辆分为A～G级，并收取相应的费用，零排放的电动汽车免费	对二氧化碳排放进行摸底调查，划出了二氧化碳排放重点区域，认为伦敦的碳排放3/4来自建筑物，其中住宅区排放量占38%，商业楼及政府办公楼占33%，其他1/4则来自交通和少量的工业排放	每天进入塞车收费区的车辆数目减少了6万辆，交通拥堵程度减少了30%，废气排放量降低了12%。目前，伦敦的空气质量已达到一个世纪以来的最好水平。通过设立LEZ，伦敦驾驶污染较大的车辆得到遏制，空气质量得到改善
		2006年11月，英国政府和伦敦市议会共同制定了《关于控制建筑工地扬尘及污染气体排放的指导》		
		2010年12月14日出版的《清洁空气：市长的空气质量策略》规定，从2012年1月1日起，超过15年车龄的黑色出租汽车将不能获得行车证，任何新出租车需要满足欧V标准	2011年启动"资源伦敦"（Source London）电动汽车试点项目，这是伦敦首个全市范围内的纯电动汽车试点项目，该项目对低排车辆实行100%的折扣	
		伦敦市长和交通局宣布用100万英镑来鼓励出租车主对车辆升级换代，进行车辆升级的车主可用该资金更换最清洁的车辆	2012年1月3日开始建立交通低排放区（LEZ），大型货车和小巴的PM排放为欧Ⅲ标准，3.5吨以上的火车、公共汽车和客车的PM排放为欧Ⅳ标准，不符合排放标准的车辆在区域内驾驶必须以天为单位缴费	

　　我国城市在推进生态化转型、完善环境管理过程中，还存在产业发展不平衡、资源紧缺、生态网络不健全、生物多样性保护不力、人口增长过快等严重影响问题。就我国大都市而言，伦敦的发展经验具有以下几点启示。

（1）建立环境承载力，确定城市规模的理念

　　当人口总量和密度超过一定限度的时候，即使人均污染排放很低，居民生活和相关企业的污染排放总量还是很高，减排措施就变成了治标不治本的举措。2012年，伦敦人口密度为每平方千米5 100人，在发达国家大城市中排名是比较靠前的。但是与我国北京、上海、广州、深圳等大都市相比，情况则要好得多。例如，同期上海城市人口密度为每平方千米13 400人。人口总量方面，2012年伦敦人口为827万，同期上海中心城区人口超过1 360万。纵观世界城市人口密度排行榜，名列前茅的城市都属于发展中国家和地区。从公共政策层面看，造成这种现象的主要原因是政府在城市规划与管理方面对环境承载力重视不足。

（2）规划和构建城市绿网，保护生物多样性

伦敦自1938年正式颁布《绿带法》以来，十分重视提高绿地的连接性，增加绿地的公众可达性，为居民提供了更好的工作、生活和休闲空间，同时在约束城市过度向外扩张上起到了一定作用；城市绿地的三级管理体系（市级、区级和小区级）共同协作，既能达到科学指导、按规划进行的目的，又促进了公众参与和政府与民众的交流。在城市生物多样性保护方面，伦敦主要通过对自然和半自然保留地的保护来实现城市生物多样性保护，自然保护地与社区相连接，即使在建筑密集区也尽量保留或划出自然区域；英国禁止偷猎的法案也非常完备，甚至有重典之法。

目前我国大多数大城市人均公园绿地面积小于8平方米，森林覆盖率低于18%，近年虽然增长加快，但与国际先进城市相比差距仍较大，从而影响绿地整体生态效益的发挥。在构建城市绿网方面，建议以现有城市绿地、森林、湿地、河流、道路等为依托，构建城市绿道网路，提高森林覆盖率，为动植物提供通畅的栖息空间，保护自然和半自然保留地，在提高生物多样性的同时，改善城市生态环境。

（3）分级管理，全民参与

我国城市的环境管理、生态文明建设受到人口因素的极大影响，中心城区人口密度远高于伦敦、纽约、巴黎等，老年人口对社会保险、社会福利和社会服务等的需求大，就业人口文化素质不高；因而，在城市转型发展过程中，应注重提高公众知识水平和环保意识、扩大公众参与程度。

在探索绿色发展过程中，应采取内外激励相结合、精神激励与物质激励相结合的方式。以激发社会公众内心深处的参与意识为基础，让他们看到自己的意愿受重视的程度，或者所提建议的影响力，再辅之以配套的激励措施。例如，实施环境污染有奖举报制度、开展为生态城市建设献计活动以及自发进行的生态环保行为等，查实或采纳后就给予一定的物质奖励。从长期看，此举能在一定程度上降低政府管理环境的成本。就公众参与机制本身而言，可以分为政府主导的合作式参与和民间主导的独立式参与两种形式，如参加政府组织的听证会、投票等是合作式参与，而由非政府组织独立发起的公众参与就是独立式参与。为更好地实现公众参与，应该构建两者相结合的机制，优势互补，相得益彰。作为对政府职能的有益补充和重要配合的民间组织的独立式参与，政府应该加大对其的扶持、引导和管理力度，加大彼此之间的沟通与交流，必要时以适当的方式协助其筹措一定的活动资金，以使其在宣教、听证、政策制定等方面发挥更加积极的作用。

2.2　美国纽约

纽约作为美国第一大都市和第一大商港，是美国乃至全球的金融中心，也居世界一级城市之首。纽约大都市地区（New York Metropolitan Region）包括美国纽约州、康涅狄格州与新泽西州的一部分，共31个县，783个城镇，面积约为13 000平方英里[①]

---

① 1平方英里≈2.59平方千米。

图 2-3　纽约大都市地区范围示意图

资料来源：http://www.upnews.cn/archives/27695

（约 33 670 平方千米），是美国最重要的社会经济区域之一（图 2-3）。

20 世纪后期，全美开始面临城市蔓延的问题。城市的蔓延虽然为纽约市的发展来了空间，但也带来了一些始料不及的后果：低密度住宅沿公路向城区外蔓延，占用大量森林和农田，浪费了土地资源；人们居住地与工作地越来越远，对汽车的依赖程度不断提高，大量时间和能源被消耗在交通上；中心城区衰败，设施落后，政府和社会各界不得不开始聚焦城市蔓延问题。根据美国环境保护署（EPA）全国有害气体评估研究，纽约市民受空气中化学物质影响患癌症的风险位列全美第三。美国肺脏协会 2009 年年报把纽约排在全美颗粒悬浮物污染最严重 25 个地区的第 22 位，在臭氧污染最严重的 25 个城市中，纽约位列第 17 位。纽约政府开始通过制定法规，加强规划，寻求实现可持续发展的对策。纽约区域规划协会（Regional Plan Association，RPA）分别于 1929 年、1968 年和 1996 年三次编制纽约大都市区区域规划，这些规划在区域发展方面发挥了重要作用。第一次规划为解决城市爆炸，确定了"再中心化"及 10 项具体政策。第二次世界大战结束以后，经济复苏，第二次区域规划提出"再集中"，将就业集中于卫星城，恢复区域公共交通体系，解决郊区蔓延和城区衰落。为实现可持续发展，第三次区域规划的核心是重建"3E"——经济、公平和环境（economy，equity and environment），并提出植被、中心、机动性、劳动力和管理五大战役。总体看来，纽约大都市地区的这三次规划取得了一定的成效，但是气候变化、基础设施落后与恶化、公共机构负债制约管理等问题仍然威胁着市民生活，环境、旅游模式和商业活动需要跨越行政边界进行区域合作，失业、住房成本、物业税和自然灾害等问题受到居民的普遍关注①。

2013 年 4 月，RPA 启动纽约大都市地区第四次规划，规划重点是"区域转型"，确定了"经济机会、宜居性、可持续性、治理和财政"4 个议题，旨在创造就业、改善商业环境、促进经济增长、减少家庭的住房开支、解决贫穷问题，为居民提供更加富裕的生活，以及更多、更便利的社会服务设施；为居民营建更加安全、健康和有活力的社区；从区域视野解决气候、基础设施等问题；在区域层面进行改革，建立更好的决策和更有效的治理。2014 年 RPA 对纽约大都市地区发展发表了题为《脆弱的成功》的评估报告，指出当前所面临的问题与威胁，包括州政府决策割裂、地方与区域经济结构脱节、3/4 的工薪阶层工资停滞不前、住房供给缺乏、科技发展和区域气候变化等，必须开展新的区域规划加以应对。

自 20 世纪 70 年代以来，纽约市在城市转型发展历程上具体可以划分为 3 个阶段：第一阶段为 80 年代，纽约致力于推动经济的恢复性增长，金融服务业迅速发展，基本完成了迈向后工业时代的以信息服务业为主导的产业结构转型，确定了全球城市的地位；第二阶段为 90 年代，城市经济进入全盛时期，全球城市地位和功能得到强化和巩固；第三阶段为 2000 年以后，城市发展面临多重危机，进入经济调整期，绿色经济和创意产业成为新一轮的发展重点。

2012年11月，飓风"桑迪"横扫美国东海岸1000英里①范围内的地区，位于哈得逊河口、拥有820万人口的纽约是其中的重灾区，其导致了43人死亡、190亿美元的经济财产损失。2013年6月，美国开始着眼于寻求整个受灾区域今后抵御灾害的综合而统筹的新途径，实施了《纽约适应计划》。该计划包括飓风"桑迪"及其影响、气候分析、城市基础设施及人居环境、社区重建及韧性规划、资金和实施等内容。其中城市基础设施及人居环境又包括海岸带防护、建筑、经济恢复（保险、公用设施、健康等）、社区防灾及预警（通信、交通、公园）、环境保护及修复（供水及废水处理等）。2013年11月1日正值"桑迪"飓风袭击1周年，奥巴马发布了"为美国应对气候变化影响做好准备"的总统令，作为"总统气候变化行动"的重要组成部分，以全面加强美国防范气候灾害的能力。其中包括：加强联邦政府与地方不同主体的合作行动与规划，确保经济、基础设施、环境和自然资源的安全，成立白宫领导的跨部门的"气候预警和韧性委员会"（Council on Climate Preparedness and Resilience），由不同级别地方政府组成的"适应气候变化特别工作组"，鼓励和支持各种"气候韧性投资"项目，加强土地和水资源的韧性管理，为各级政府和社会提供科学信息、数据及政策工具，共七大部分内容②。

2015年4月，纽约市发布了极具指导与借鉴意义的纽约生态化转型发展规划《一个纽约——规划一个强大而公正的城市》，主要面向2050年提出了4项发展愿景，规划总人口由840万增至900万。

其中愿景三为"我们可持续发展的城市"，如下所述：

整体层面：
1. 2050年与2005年相比，温室气体排放量减少80%（最近一年为19%）。
2. 纽约市2030年将实现城市垃圾"零填埋"的目标：
   * 与2005年360万吨的基准相比，垃圾总量减少90%（最近一年为319.38万吨）③。
3. 纽约市2030年将是所有美国大城市中空气品质最佳的：
   * 空气质量在美国主要城市中的排名由第4名上升至第1名（图2-4）；
   * SO_2浓度街区差异以全市各区冬季平均值计，2013年为4.51 μg/m³，2030年减少50%；
   * $PM_{2.5}$浓度街区差异以全市各区年平均值计，2013年为6.65 μg/m³，2030年减少20%。
4. 纽约将清理污染土地，减少其在低收入社区极高的暴露性和危害性，使土地转为对居民而言安全和有益的：
   * 到2019年一季度完成750片棕地的修复（2014年1月至2016年已修复71片）。
5. 纽约市将减轻城市内涝并提供高质量的给水服务：
   * 违反安全饮水法案的案例为0（最近一年为0）；

---

① 1英里=1 609.344米。
② 郑艳.2015.推动城市适应规划,构建韧性城市发达国家的案例与启示.世界环境,06: 50-53.
③ 北京市2013年为672万吨。

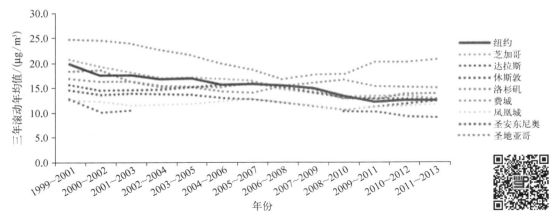

图2-4　纽约及其他美国大城市PM$_{2.5}$历史发展变化

资料来源：一个纽约——规划一个强大而公正的城市 .https://zhidao.baidu.com/question/1948678240621334108.html

- 积压的窨井维修量保持＜1%（最近一年为0.25%）；
- 下水道合流获取率增加（最近一年为78%）。

6. 所有纽约居民将受益于实用、可达、优美的开敞空间：
- 住所步行距离以内有公园的居民比例由79.5%增至85%（2030年）。

愿景四为"我们有韧性的城市"，摘录如下。

整体层面：
- 2050年消除因自然灾害导致的市民长时间撤离家园的情况；
- 降低全市街坊的社会脆弱性指数；
- 降低与气候相关的活动所受到的年均经济损失（最近一年为17亿美元）。

1. 通过增强社区、社会和经济的弹性使每个街坊更加安全：
- 社区可达的紧急避难所人口容量由1万增至12万；
- 市民志愿者人数比例由18%增至25%（2020年）。

2. 纽约市建筑将进行升级改造，以应对气候变化的影响：
- 百年洪泛区内建筑执行洪水保险政策比例在当前55%的基础上有所增加。

3. 区域基础设施系统将进行适应性改造，以提供持续的服务：
- 与天气有关的公用事业和运输服务的中断时间减少；
- 在设施弹性增强改造计划中受益的医院和长期护理床位比例由79%增至100%（2020年）。

4. 纽约将强化海防线，以应对洪水和海平面上涨：
- 增加建成的海防线总长度（当前为36 500英尺[①]），修复的滨海生态系统面积增加；
- 增加受益于海防和生态系统修复的居民数量（当前为20万人）。

---

① 1英尺=0.304 8米。

纽约希望在城市未来的长期发展中保持经济繁荣的同时,建构更公平、公正的社会,对全体市民的健康和幸福更加负责,提升可持续发展能力,以及更具有抵抗各种灾害和风险的弹性。按照这个规划,2050年的纽约,90%居民日常通勤低于45分钟,离家200米即可接入免费WiFi,90%的居民能获得满意的医疗服务,城市垃圾总量极低,空气质量在美国大城市中排名第一,85%的居民可以步行到达公园,饮用水安全有保障,避免暴雨时在城市里"看海"①。

纽约城市生态化转型发展的经验可为我国城市提供以下借鉴。

(1) 优化城市布局与完善绿色公共交通

城市布局的合理性直接决定了城市交通系统和通勤距离的长短。由于人口密度较高,纽约从1982年开始耗资720亿美元,建成了北美最大的公共交通系统。我国大多数城市的中心城区人口密度过高,交通过于拥堵,公共交通(特别是轨道交通)覆盖不够,借鉴纽约经验模式具有重要意义。不同交通工具的碳排放量差距极大,鼓励市民尽可能采用公共交通出行,有利于提高公共交通资源的使用效率,从而降低交通方面的碳排放水平。因此,我国城市转型与绿色发展必须避免单中心集聚和人口、产业过度集中的核心城区模式,并大力发展地铁等公共交通系统,将轨道交通延伸到城乡接合部、远郊区县和周边城区,促进城乡协调、均衡发展。

(2) 构建低碳创新系统,促进绿色转型与绿色发展

纽约高度重视城市绿化和屋顶绿化、建筑节能改造、绿色交通发展等,倡导资源循环利用和低碳发展。我国城市建设生态文明,解决当前环境污染严重、资源能源瓶颈性危机等问题,需要构建绿色转型的战略规划框架,加快转变经济发展方式,制订绿色发展中长期规划,把绿色技术作为重点内容纳入未来科技发展规划与相关技术产业发展规划,加强能源技术和减排技术的低碳创新,加强建筑节能、屋顶绿化建设,强化清洁能源、绿色能源的开发和利用,加强清洁生产和绿色消费,鼓励公众参与植树造林增加碳汇,强化绿色转型的社会责任,构建绿色低碳创新示范区和区域低碳创新系统,建设绿色宜居的世界城市。

(3) 推广绿色GDP考核

纽约政府在生态环境保护中起到了重要的引导作用,主要体现在制定环境保护法案、税收政策倾斜、政府采购和支持环境友好型产业的发展等方面。要发挥政府在建设生态文明上的作用,就要改革当前的政绩考核制度。目前GDP总量的考核模式容易造成对内部产业结构和环境效益的忽视。绿色GDP是从现行的GDP核算中扣除由环境污染、资源退化、教育不足、人口失控、管理不善等因素引起的经济损失成本,从而得出真实的国民财富总量。与政绩考核挂钩的绿色GDP考核能迫使政府在发展经济的同时重视环境效应,提高对环境污染治理的投入。

(4) 高瞻远瞩的战略视野

《纽约适应计划》采用了IPCC第五次科学评估报告的气候模式,对纽约市2050年之前的气候风险及其潜在损失进行了评估,其指出如果未来发生与"桑迪"同等规模的飓风,经济损失将高达900亿美元,为目前经济损失的5倍,海平面上升及飓风导致的洪水淹没人口数字则是传统评估结果的两倍。针对未来可能影响纽约安全的几个主要风险,包括海平面

① 一个纽约——规划一个强大而公正的城市.https://zhidao.baidu.com/question/1948678240621334108.html.

上升、飓风、洪水、高温热浪,详细列举了250条适应气候变化战略的行动计划,明确了各个重点领域、优先工作等,体现出纽约计划坚实的可操作性。

（5）加大资金投入

《纽约适应计划》设计了总额高达129亿美元的投资项目。其中80%的资金用于受灾社区重建,包括修复住宅和道路,提升医疗、电力、地铁、航运和饮水系统等城市公共基础设施;20%的资金将用于研究改进和新建防洪堤,恢复沼泽和沙丘及其他沿海防洪设施。巨大投资将推动旧城更新改造,尤其是边缘群体居住的老旧社区,通过基础设施建设,既可以消除灾害隐患,也可以创造就业计划、减小城市社会阶层的分化,增强城市凝聚力。

2.3　日本东京

东京是日本的政治中心和经济中心,是具有国际影响力的世界城市。一直以来,其通过政治体制与中央政府保持着紧密的联系,并在一定程度上代表国家参与国际竞争。由于东京曾一度忽视环境保护和一味追求经济的高速增长,其环境不断恶化。市民要求加强对公害进行治理和限制的呼声越来越高。为此,东京政府采取了一系列可持续发展政策措施。

受地理环境等自然条件的制约,气候变化对日本的影响远大于其他发达国家。因此,日本在应对气候变化方面采取了积极的应对措施。日本在低碳经济发展方面主张创建低碳社会,即低能耗社会,使人们在享受富裕、舒适的城市生活的同时,最小化地消耗能量。日本建设低碳社会基于两个原则:第一,通过采取节能措施和积极利用自然光和风等能源,努力减少能源消耗;第二,积极利用可再生能源和未曾开发的新能源。

（1）促进低碳与绿色发展

东京是日本建设低碳城市的典型代表之一。2007年6月东京政府发布了《东京气候变化战略——低碳东京十年计划的基本政策》,提出到2020年温室气体排放要比2000年减少25%的目标。为实现这一目标,东京在工业、建筑、交通、生活等方面采取了一系列措施,包括:通过引入排放限额贸易（Cap & Trade）体系、二氧化碳减排计划、鼓励利用可再生能源、碳减排与污染物治理相结合等措施促进私营企业参与减排;通过规定新建大型建筑具备一定的节能效果,并引入节能绩效项目活动,制定节能建筑规范等措施促进建筑部门减排;通过推广使用混合动力汽车、鼓励使用绿色燃料、完善交通规划和建设等措施促进交通部门减排等;通过鼓励家庭减少白炽灯的使用、建立促进太阳能等自然资源利用技术推广的机制、推广节能住宅、促进节能设备的推广使用等手段实现家庭减排。

（2）推行行政评价制度

东京的生态文明建设实践和环境管理之所以能得到良好的开展并取得丰硕的成果,得益于其行之有效的政府绩效评估系统。在世界城市中,东京的政府导向发展模式最具典型性,其环境管理措施与政府行为的内在关联度更高,其政府的绩效评估更不容忽视。2002年初《东京都行政评价规则》的公布,标志着东京行政评价制度正式步入实施阶段。

1）推行行政评价制度的目的

首先,重新构建PDCA循环体系,即规划立案(plan)→公共事业项目的执行(do)→检验评价(check)→政策实施及公共事业项目的行动(action)这一循环过程,有助于东京行政朝着重视行政评价成果转变,从而便于政策实施,使公共事业项目不断得到改善。其次,由东京政府承担向市民说明行政评价结果的责任,以此提高市民的监督作用。最后,这一制度通过经济学理论中成本与收益的分析,对行政活动进行全方位的系统评价,从而使政府财政的有限资金得到充分、有效的利用,并决定行政行为的取舍。

2）政府绩效评估种类与内容

东京的政府绩效评估种类与内容如表2-2所示。

表2-2　东京政府绩效评估种类与内容

绩效评估种类	具体内容与方法
政策评价	分析和检测东京政策实施的效果,根据客观的判断,为今后政策的立案与实施提供准确的信息。其原则是,被评价的政策是否有必要,是否有效率,是否有效果,是否公平和是否具有优先性。评价的方法是,让东京各局、部完成评价书,由行政评价事务所向市议会汇报,并向市民公开评价结果
行政评价与监督	在行政机关内部设立专门机关,对行政内部的行政职能进行监督和评价,以确保政府重要行政项目的实施,以评价结果为基础,对各部、局进行劝告,以改善东京政府运营
独立行政法人评价	评价各独立行政法人在业务运营中效率化和所提供服务的质量,以及财务状况是否达到了其主管局、部的目标。中央政府在总务省下设政策评价·独立行政法人评价委员会,与之对应,东京设立独立行政法人评价委员会对市内各独立行政法人的业务实绩进行考评
行政上访	一种是由中央政府总务省行政评价局在东京设立行政评价局事务所,接待上访的市民,听取他们对东京政府的意见和希望,以公正、中立的立场和相关的行政机构进行斡旋,以图促进问题的解决,改善东京政府的运营状况;另一种则是市民来信上访或利用电话、网络或传真上访

3）行政评价方法

东京的行政评价方法(表2-3)反映了东京行政评价制度的手段、组织方法及目的。通过这一方法,最终达到较为满意的行政评价效果,即财政支出的缩减、行政权力配置的调整以及服务质量的提高。例如,东京在城市规划和建设中实行环境影响评价制度,使大型项目的实施所造成环境恶化的情况得以防患于未然。根据这一制度,在进行公路和铁路的新建、工厂的设置、高层建筑建设、土地、分区整治等工程时,在办理手续的各个阶段,要积极安排对有关居民的说明会、公听会等,以便集思广益。

表2-3　东京行政评价方法示意表

手　段	组织方法	目　的
数值指标化	事前、事中、事后评价	投资服务的最优化
费用效果分析评价基准设定	给付形态的适当化	行政服务的效率化
目标达成管理	强化行政组织业绩能力工资化	人事预算工资的变革化,行政活动评比的公开化

资料来源：高寄升三.2000.自治体的行政评价导入的实际.日本：学阳书房.

（3）注重城市空间规划

与伦敦、纽约相比，东京在转型发展的探索中，更加注重宏观层面的规划引导，以此来推动城市的空间发展，其《第三次首都圈规划》确立了"多核心型"城市结构的设想，提出在首都圈中分散中枢管理功能，建立区域多中心城市，以适当减少东京人口流入、合理增加周边地区的人口、控制首都圈内人口的总体增长。这一思想在此后的规划中得以延续。《首都改造规划》提出构建"多中心、多圈层"的区域结构，在东京大都市圈内进一步构建"联合都市圈型"。《第四次首都圈规划》进一步提出以商务核心城市为中心的自立型都市圈，构筑"多核多圈层"的区域结构。

20世纪90年代以来，东京又相继颁布了多轮空间规划。2000年发表的《首都圈大都市区构想》提出了"21世纪的新首都"蓝图，包括建设聚集3 300万人口的世界最大的首都、经济实力雄厚及世界领先的经济型城市、与丰富的自然环境共生的环境性城市、能够克服各种自然灾害的防灾型城市等内容。2011年为了应对大地震灾后重建的需求，东京政府发布城市再生战略——《东京2020年规划：更加成熟的世界城市》，提出八大目标、22项推进措施。

（4）对我国城市的启示——以上海为例

上海是著名的国际大都市，全国最大的综合性工业城市，以及中国最大经济区"长三角经济圈"的龙头，也是中国的经济、交通、科技、工业、金融、贸易、会展和航运中心。为加强生态文明建设，努力建成国际金融、航运和贸易中心，上海可在借鉴东京、伦敦、纽约等国际大都市生态文明建设经验的基础上，发展出具有上海特色的绿色发展之路。

上海与东京、伦敦、纽约各城市的主要特征比较如表2-4所示。

表2-4　上海与各国际大都市主要特征的比较

主要特征		上　海	东　京	伦　敦	纽　约
人口/万人		2 380（2012年）	1 301（2010年）	817（2012年）	834（2011年）
单位GDP能耗/（吨标准煤/万元）		0.618（2011年）	0.04（2007年）	0.28（2007年）	0.06（纽约州，2007年）
地理区位	经济地理区位	长江三角洲经济发达的城市群区的龙头城市，经济中心	日本临海工业区、东京湾城市群最大的国际性城市	世界上最重要的经济中心之一，欧洲最大的经济中心	世界经济中心之一，美国经济中心
	自然地理区位	位于长江口南岸，长江三角洲的东端，面向太平洋	位于东京湾到京阪神地区的中枢地位	跨泰晤士河下游两岸，东临北海，南临英吉利海峡	位于纽约州东南部哈得逊河口东岸，濒大西洋
经济区位	国际交通区位	亚太地区重要的枢纽港之一，位于国际主航道的西侧	世界主航道与亚太地区的航线枢纽	英国的铁路枢纽，世界最大的国际港口所在地	国际航运中心，美国最大的交通枢纽，接近全球最繁忙的北大西洋航线
	市场区位	中国最大的金融、贸易中心，中国最主要的集装箱港口	国际金融中心之一（国际贸易港口）	欧洲最大金融中心城市，世界最大的航运市场所在地	国际贸易中心、世界三大金融中心之首

资料来源：《2011年分省区市万元地区生产总值（GDP）能耗等指标公报》，中华人民共和国国家统计局，2012年8月；《2012年上海市国民经济和社会发展统计公报》，上海统计局，2013年3月；美国人口调查局，2012年；维基百科等。

在上海深入完善环境管理、寻求绿色发展的过程中，应建立起政府自身与公众相结合的评估机制来进行行政评估，并采用上下级协商的方式进行人事评估，形成将日常管理和绩效管理融为一体的控制过程，以期养成全民参与和有关部门协调、审计的360度评估意识。另外，政府的行政测评结果必须及时反馈给民众，以利于监督和推进政府绩效的提高。与此同时，建设性协商必须得到强化，个人绩效也应与组织绩效统一起来。绩效管理的内容应尽量涵盖政府所有的日常管理活动，使得绩效评估确立起更好地为民众服务的全新理念，确保客观和公正。

2.4　新加坡

基于国土面积小、资源匮乏和多元文化等国情，新加坡在城市可持续发展的道路上探索出一条具有自身特色的发展之路。新加坡城市发展在其独特的核心价值观下，通过对城市及环境的规划、建设、管理和运营实施动态治理，实现了生态化和低碳化，发展成一个井然有序的花园城市。

（1）新加坡的城市规划——公交导向的综合组团开发模式

新加坡因其国小人多，尤其重视城市规划。新加坡在建国之初就聘请联合国专家，历时4年，于1971年高起点编制了概念性规划，形成了以公交为导向的综合组团开发模式，并以此为总纲，制定城市开发总体规划等项目，为未来30～50年城市空间布局、交通网络、产业发展等提供战略指导。概念性规划每10年修改一次，但都是在1971年概念性规划基础上的修订完善。2011版的概念规划，通过填海等措施，使新加坡规划最终用地规模达到800平方千米，终极人口规模为800万人左右。在概念性规划中，新城环绕核心区构成"星座式"节点网络，其间通过大容量、高性能的轨道交通相联系，新城之间通过绿带相隔离。各新城作为功能鲜明的节点，与沿走廊分布的混合土地利用区域产生了双向的交通流。快速公交导向的空间模式带来了巨大的综合收益，公交出行比例高，小汽车出行率低，既提高了通行效率，又减少了交通污染。

（2）新加坡的城市建设——绿色家园

独立伊始，新加坡就确定了打造花园城市的计划，并开始了绿色家园的建设历程：20世纪60年代，在道路、空地上大量种植生长快、树冠大的高大乔木，目的是在最短的时间内达到较高的绿化覆盖率；70年代，制定了道路绿化规划，加强环境绿化中彩色植物的应用，强调特殊空间（灯柱、人行过街天桥、挡土墙等）的绿化，在新开发区域植树造林，开展停车场绿化措施；80年代，提出种植果树，引进色彩鲜艳、香气浓郁的植物种类；90年代，提出建设生态平衡的公园，发展多种多样的主题公园，建设连接各公园的廊道系统，加强人行道遮阴树的种植，提高机械化操作程度。通过绿化"无孔不入""新式"管理方法和垂直园艺等措施，绿化覆盖率从1986年的36%增加到现在的50%，使新加坡比周边国家的平均气温低2℃左右。这不仅为人们居住提供了优雅的环境，也使新加坡成为2 000多种植物、370种鸟类、280种蝴蝶和98种爬虫类动物的乐园。新建的滨海湾（Marina Bay）大型植物园，引进和培育了许多世界各地的名贵植物，使新加坡成为全球著名的植物王国。

（3）新加坡的城市管理——A Fine City

新加坡在城市管理上强调以人为本、服务为先、法治保障的理念。良好的城市管理效果在很大程度上得益于其健全的法律制度和严格的执法环境。针对城市管理建立了一整套严格、具体、周密、切合实际、操作性强、没有回旋余地的法律体系，对城市中的建筑物、广告牌、园林绿化、烟气排放等方面均作了具体规定，监督内容、办法和惩罚都有章可循。依据完善的法律体系，新加坡制定了渗透到城市管理方方面面的罚款制度，罚款名目繁多、数额较大，执行严格。"a fine city"中的"fine"有两个含义：其一是"好的"；其二是"罚款"，意即新加坡是一个靠罚款来治理的城市。严格的罚款制度在培养国民良好的行为、使城市管理富于经济色彩以及增加城市管理经费等方面都起到了很大作用。尽管完全法制化是新加坡城市管理的成功经验，但新加坡政府仍然认为法制化管理只能"治标"，广大公众的主动参与才能从根本上减少城市环境的破坏行为，达到"治本"的效果。因此，新加坡在城市管理中采取了多种促进公民参与的方法，如成立由国会议员和普通居民共同组成的市镇理事会，使居民以管理者的身份参与商讨城市管理中的具体问题，同时也使城市管理更加符合公众的需求；开展各种形式的城市管理宣传教育、评比活动和全国运动，使公众从思想上认识到遵守各项法律规章、维护城市环境的重要性。

（4）新加坡的城市运营——可持续发展

可持续发展是新加坡城市运营的核心。所采取的措施主要针对两个方面：环境保护和资源利用。在环境保护方面，制定了完备的环境污染管制法令，对各类废物处理和排放都规定了明确标准，同时设立了相应的专门机构，负责确保各项建设和社会活动不会引起不可控制的健康、安全和污染问题（表2-5）。针对废弃物管理，制定了"迈向零点废物堆置、迈向零点废物"的垃圾处理政策，主要措施是减少垃圾产量—焚化—再循环—填埋。目前新加坡废弃物可循环再利用率为58%，2020年、2030年将分别达到65%和70%。针对废水、废气问题，新加坡要求工业废水必须经处理达标后再排放，经净化的再生水重新用作工业用水；在主要马路上设立汽车尾气监测体系，不符合欧Ⅱ标准的车辆禁止行驶。在资源利用方面，为提高能源利用效率，成立了能源效率计划委员会，针对企业提出了"能源效率提升援助计划"，发起全国性的"10%能源挑战"运动，力求在经济效益和环境可持续性间取得平衡。为解决缺水问题，策划推行了"维持可持续性的水供"新策略，并通过雨水收集、向马来西亚购水、新生水和海水淡化四大措施，建立多渠道的城市水源保障体系。其中最具战略性的是"新生水"计划，用户废水100%都排入废水管网，输送到供水回收厂，通过先进的膜处理和紫外线消毒后成为新生水，目前新生水约占供水的13%。

2009年《可持续的新加坡蓝图》发布，提出未来5年在可持续发展相关领域投资10亿新元，确立了一系列重点开发利用的新能源领域，包括太阳能、电动汽车等，要求2030年前80%的建筑达到"绿色建筑标志"标准，并将环境与水资源、清洁能源研究确定为未来科技研发的战略重点。

总体而言，新加坡在国家治理和城市转型发展中实施的是一条动态治理，即"善治"的道路，经过持续不断的治理—反馈—治理机制及多次自组织过程，完成了城市从无序到有序的转变，形成了全球城市生态转型发展的一种新模式。新加坡城市发展的成功经验可概括为：城市规划引领城市发展的路向；城市建设保证城市质量的水平；城市管理提升城市竞争的能力；城市运营增强城市发展的可持续性。新加坡城市的规划、建设、管理、运营四位一体的发展模式,实现了低碳生态化发展,使得新加坡发展成为一个自然、经济、社会协调发展,物质、能量、信息高效利用,技术、文化与景观充分融合,人与自然的潜力得到充分发挥,居民幸福健康,生态持续和谐的集约型聚居地。

表2-5　新加坡生态化转型举措

领　域	生态文明建设举措	成效分析
国土空间及生态规划	严格按环境功能分区要求进行生态规划,并颁布了详细的环境质量标准体系,统筹考虑污水处理、垃圾收集、焚烧厂选址等环保基础设施规划,实现环境规划的全覆盖	避免了各功能区的交叉影响,有效控制和减少了污染。目前新加坡建有大小公园337个,绿地率达到46.5%
	政府要求工业发展规划必须同环境规划紧密衔接,必须集约发展工业,建立独立的工业区,并与住宅区之间设立足够的缓冲带,同时利用缓冲带建设公园、停车场、垃圾收集站、康乐和体育设施等非居住场所	
	对于每个规划项目的审批,新加坡普遍采用首办负责制,按不同项目类别由某个部门牵头办理相关业务,会同其他相关部门定期或不定期召开专门理事会或部门联席会议,详细商讨每个项目的具体细节,在实际操作前就有关原则问题,特别是环保要求,基本达成一致	这种机制能够在很大程度上确保在规定的时限内完成所有审批程序,节约纳税人的时间和精力,提高政府的办事效率
自然生态系统和环境保护	依据完善的法律体系,新加坡制定了渗透到城市管理方方面面的罚款制度,罚款名目繁多、数额较大,执行严格,尤其对破坏资源环境的行为均会严厉处罚,开出巨额罚单,或勒令停产整顿	严格的罚款制度在培养国民良好的行为、使城市管理富于经济色彩、增加城市管理经费等方面都起到了很大作用,保障了全社会环保优先理念的落实
	注重吸收和运用国际领先标准,先后制定了一系列细致、完备、具体的环境保护法规和相关标准,如机动车排放采用欧盟标准、工业污染物排放标准参照美国相应标准制定、饮用水标准比欧美目前执行的标准更严格	
	在主要马路上设立汽车尾气监测体系,不符合"欧Ⅱ"标准的车辆禁止行驶	
	采取各种优惠政策鼓励发展阳台绿化和屋顶花园,建设城市"空中花园",利用雨水渠、高速公路、铁路以及海岸线和河岸附近建设绿色廊道	进一步提高了城市的绿化覆盖率
经济发展方式	在各个领域和行业的建设发展过程中,新加坡政府首要考虑的是环境的建设和保护,在引进外资企业时,也实行严格的环保准入制度	确保了环境优先
资源集约与节约	新加坡于2008年制定了最新的环保法规,规定了节能环保优惠政策。开发商若超过了当初的规划要求,进一步提高用水效率、排放标准能源效率等指标,政府就给予优惠奖励	进一步推动了规划执行,确保了环保优先
	2001年新加坡的组屋、有地住宅、商店垃圾等的收集、运输产业全部实行私有化,并实行了核发收集执照制度进行管理(该制度始于1989年)。任何机构都必须聘用有执照的垃圾收运公司来提供服务,并根据垃圾产地的不同向能源公司缴纳垃圾收运费,该费用纳入水、电费一并交纳,再由能源公司向垃圾收运公司转移支付	该捆绑式的收费方式简便有效,如果用户拒交垃圾费,能源公司可断水断电进行处罚,这样就保证了垃圾收运公司的有效运营。目前新加坡的制造业废料有40%已得到再循环使用。高效的生活垃圾收集系统和固体废弃物处理系统有助于把新加坡城市和海岸线的污染降到最低

资料来源:据(蓝文全,2015-8-14)等文献整理。

新加坡成功的城市生态化转型与环境管理经验对我国城市具有一定的启示作用。

(1) 完备、具体而详细的、切合实际的法律法规体系

城市的生态化转型体现在城乡规划、设计、建设和管理的各个环节中。完备、具体且切合实际的法律法规体系才具有可操作性，新加坡严格、严密的法制体系对监督和处罚都规定清晰、详尽明了，具有极强的可操作性和约束效果。

(2) 有效的政企合作和合理的市场化运作模式

在实施生态化转型发展过程中，公共机构和私人企业界应紧密合作、优势互补。政府提供新的环境基础设施，私人企业界提供服务。除大型环保建设项目以外，新加坡垃圾收集和运输方面的政企合作也值得关注。例如，新加坡垃圾收集和运输产业实行私有化，核发执照进行严格管理，企业通过投标并签订合约，业主可自行雇佣收运公司，垃圾收费与能源收费捆绑，就解决了用户拒交垃圾费的问题，垃圾收运公司的有效运行得到了保障，垃圾分类回收也取得了显著效果。

(3) 较高的公众参与水平

实行信息公开制度、公众参与制度的法制化等；政府应通过各种现代化的媒体，如电视、微博、微信等，有计划、有步骤、有层次、多形式地开展环保知识宣传和科普教育，让民众理解、支持生态文明建设，以及投入生态文明建设的行列，使生态文明的观念深入人心，使环境保护成为全民自觉的行动。

(4) "生态文明优先"的理念

在产业方面，新加坡经济突出发展服务业；在产业规划布局上首先考虑环保问题，以确保发展不影响环境质量作为前提；在产业功能区上，新加坡对各功能区实行严格的环境管控，将生态安全放在首位。在城市发展方面，新加坡从建国以来就以花园城市为定位，以生态建设为主线，用生态文明理念引领城市的规划、设计、建设和管理。在环境保护方面，新加坡长期坚持经济发展与环境保护并重的政策，并在二者产生矛盾和冲突时，有限考虑生态环境保护；在环境保护规划上，严格按照环境功能分区进行规划；在环保基础设施上坚持采用国际最先进的技术；此外，新加坡将环保教育作为国民的终生教育。在体制和政策法规方面，新加坡的机构设置优先考虑和保障生态环境建设，相关政策法规也十分详细完备。总之，"生态环境保护优先"贯穿了新加坡发展的始终。

2.5　美国波士顿

波士顿位于美国东北部大西洋沿岸，创建于1630年，是美国马萨诸塞州的首府和东北部新英格兰地区的最大城市，也是美国最古老、最有文化价值的城市之一。该市总面积为89.6平方英里（约232.1平方千米），其中陆地面积为48.4平方英里（125.4平方千米），水域面积为41.2平方英里（约106.7平方千米，占46.0%）。波士顿大都会区人口为447万人，2013年市区人口为645 966人，GDP为4 029.63亿美元。波士顿是美国东北部高等教育和医疗保健中心，是全美人口受教育程度最高的城市。它的主导产业是科研、金融与技术，特别是生物工程,其被认为是一个全球性城市或世界性城市①。

19世纪中叶,波士顿的制造业在重要性上压倒了国际贸易。此后,直到20世纪初,波士顿仍然是美国最大的制造业中心之一,其中特别以服装、皮革制品和机械工业著称,环境质量一度受到影响。该市通过附近的小型河流连接了附近地区,方便的货运使工厂的增设成为可能。后来,密集的铁路网更加促进了该地区的工商业繁荣。

1630～1890年,通过填平沼泽、海滨泥滩和码头之间的缝隙,波士顿的城市规模扩大了3倍。19世纪波士顿进行了巨大的"削山填海"的改造工程。1807年开始,灯塔山的山顶被用于填平一个面积为50英亩②的池塘,形成了后来的干草市场广场。

1872年波士顿大火之后,工人用碎石重建了濒水的市中心地区。19世纪中后期,工人们从尼达姆高地取来泥土,填平了波士顿西面大约600英亩的查尔斯河沼泽地。20世纪早期和中期,波士顿由于工厂陈旧老化等开始衰落,工厂纷纷迁往劳动力更低廉的地区。波士顿做出了回应,开始建造各种城市更新项目,包括拆除业已陈旧的西区,建造波士顿政府中心。70年代,波士顿在长达30年的经济低迷时期之后恢复了繁荣,21世纪初,波士顿已经成为一个智力、技术与政治思想中心。

波士顿的绿地网络系统具有特色,由著名的景观规划师弗雷德里克·劳·奥姆斯泰德(Frederick Law Olmsted,1822～1903)设计。波士顿公园(Boston Common)位于金融区和灯塔山附近,是美国最古老的公园,连同附近的波士顿公共花园共同属于"翡翠项链公园"(一系列环绕城市的公园)的一部分,主要公园还有沿着查尔斯河的河岸休闲公园,其他公园则散布全市。主要的公园与海滩都靠近查尔斯镇、城堡岛,或沿着多尔切斯特、南波士顿和东波士顿的海岸线分布。该市最大的公园是富兰克林公园,包括动物园、阿诺德植物园和石溪国家保留地。查尔斯河将波士顿市区和剑桥、水城以及邻近的查尔斯镇分隔开来,东面是波士顿港和波士顿港岛国家休闲区,成功的绿地建设为波士顿生态化转型发展提供了重要的支撑。

波士顿在转型发展中,除十分重视绿地网络系统建设以外,在应对气候变化方面也富有特色。尽管其拥有科德角和海港群岛的天然屏障,但其在历史上也经历了多次大型飓风和东北风暴的侵袭。在过去一个世纪中,波士顿的海平面已上升30厘米。据预测,到21世纪中叶,海平面将升高50厘米,而到2100年时,其将升高约152厘米。为了应对海平面上升,波士顿提出在其海岸线区域按照一种长期的韧性策略进行城市规划建设。Sasaki设计事务所提出了波士顿Sea Change城市规划方案。

(1) 强调对关键城市系统的考量

波士顿城市的交通路网、能源网、商业区和历史街区等城市系统错综复杂,在考量规划区中,不仅考虑了波士顿地区的海平面上升范围,还对波士顿土地利用、人口、交通系统及其他可能遭受侵袭的系统影响范围进行识别。

(2) 多尺度的韧性设计及规划

波士顿在建筑、城市和地域等尺度上提出前瞻性设计和规划战略。从浮动公寓楼到可吸收、引导洪水的公园等应对海平面上升的韧性解决方案,可以令波士顿的建筑和基础设施

---

① https://baike.baidu.com/item/%E6%B3%A2%E5%A3%AB%E9%A1%BF/81031?fr=aladdin.

② 1英亩≈4 046.86平方米。

在风暴侵袭后迅速恢复,并适应上涨的潮水。此方案在保护波士顿地区边缘地带不受海水侵袭的同时,也提升了滨水地带的活力和连接性,并推动了经济发展。

(3) 记录公众对海平面上升的意识

该规划方案将公众对海平面上升的意识纳入总体规划的设计中,注重社区参与在城市总体建设中的作用。建立互动平台,来自各行各业的从业者能对城市弹性规划各抒己见,吸取各方面建议促进城市更好地建设。

除波士顿市以外,国际上还有很多城市针对不同的气候风险,设计了不同的适应目标和重点领域(表2-6)。各城市发展适应规划各有特色,覆盖的范围和领域广泛,强调城市对未来气候风险的综合防护能力,以打造安全、韧性、宜居的城市为目标。

表2-6　全球6个极具代表性的韧性城市发展适应规划

城市	对应策略	发布时间	主要气候风险	目标及重点领域	投资/美元
美国纽约	《一个更强大、更有韧性的纽约》	2013年6月	洪水、风暴潮	修复"桑迪"飓风影响,改造社区住宅、医院、电力、道路、供排水等基础设施,改进沿海防洪设施等	195亿
英国伦敦	《管理风险和增强韧性》	2011年10月	持续洪水、干旱和极端高温	管理洪水风险、增加公园和绿化,到2015年100万户居民家庭的水和能源设施得以更新改造	23亿
美国芝加哥	《芝加哥气候行动计划》	2008年9月	酷热夏天、浓雾、洪水和暴雨	目标:人居环境和谐的大城市典范。特色:用以滞纳雨水的绿色建筑、洪水管理、植树和绿色屋顶项目	—
荷兰鹿特丹	《鹿特丹气候防护计划》	2008年12月	洪水、海平面上升	目标:到2025年对气候变化影响具有充分的韧性,建成世界最安全的港口城市。重点领域:洪水管理、船舶和乘客的可达性、适应性建筑、城市水系统、城市生活质量。特色:应对海平面上升的浮动式防洪闸、浮动房屋等	4 000万
厄瓜多尔基多	《基多气候变化战略》	2009年10月	泥石流、洪水、干旱、冰川退缩	重点领域:生态系统和生物多样性、饮用水供给、公共健康、基础设施和电力生产、气候风险管理	3.5亿
南非德班	《适应气候变化规划:面向韧性城市》	2010年11月	洪水、海平面上升、海岸带侵蚀等	目标:2020年建成非洲最富关怀、最宜居城市。重点领域:水资源、健康和灾害管理	3 000万

资料来源:郑艳.2013.推动城市适应规划,构建韧性城市——发达国家的案例与启示.世界环境,06: 50-53.

发达国家城市应对气候风险的经验和教训提醒我们,必须在城市长远规划中充分考虑气候变化风险。

首先,学习反思、提高规划前瞻性。在充满变数的未来,气候变化风险、全球经济危机、环境和发展的压力等不断提醒全球城市的决策者,前瞻性、务实性、创新性的规划,以及强有力的领导、科学的决策支持,是最理性的选择。

其次,将危机转化为机遇,提升城市形象和城市竞争力。例如,纽约适应计划试图通过投资驱动,不仅打造更安全的城市,还要发掘投资机会,提升城市在未来全球竞争中的地位,以强大韧性的城市形象吸引潜在的投资者。

最后，动员一切社会力量，形成共识。未来社会将是风险社会，气候变化引发的灾害将成为风险的放大器，对于传统的防灾减灾，从理念到实践都提出了诸多挑战。从灾害风险管理到治理，需要政府转变角色，改变传统的以单一部门、单一灾种为主导的模式。中国政府在四川汶川、青海玉树等地震灾害中发挥了巨大的国家动员力量，体现了具有中国特色的救灾优势。发达国家和发展中国家可以互相学习、取长补短，动员从政府、企业到社会的一切力量，共同应对未来风险。

2.6　巴西库里蒂巴

享有"世界生态之都"美誉的库里蒂巴位于巴西南部东南沿海地区，是巴拉那州的首府和巴西第三大城市。大都市区人口约280万、面积为15 622平方千米；市区人口约160万，面积为432平方千米。1990年库里蒂巴、温哥华、巴黎、罗马、悉尼成为首批联合国评选出的"最适合人类居住城市"。2001年库里蒂巴又被联合国评为"巴西生活水平指数最高的城市"。库里蒂巴在城市化进程中，最突出的是政府用较少的投入解决了城市中心区人口密度过高带来的种种弊端。该市的主要做法是，20世纪60年代末开始城市发展新规划，主要措施是优先发展公共交通，以结合自然的规划设计、合理的商业住宅分布、完善的土地资源信息，以及积极鼓励市民参与的机制，避免了城市污染、就业，甚至犯罪等问题。该市的经验值得发展中国家的超百万人口城市借鉴。

（1）持续实施城市的长远发展目标规划

库里蒂巴一体化公共交通系统的成功主要归功于周密的城市规划和决策者的英明决策。城市决策者最初就确立了城市未来发展的理想居住模式，即一个线型城市，然后采用一个集成的、由主干线和支线组合的公交网络来促成城市的发展形态。明确城市长远发展目标，然后取得社区民众的支持，之后按规划持续实施，最终建设一个让很多城市羡慕的、创新的和集成的公交网络体系。同时根据城市土地利用和社区发展的目标，保障公共建设投资合理高效，选择最合适的公共交通服务类型和规模。

（2）融合自然的设计理念

库里蒂巴在成功治理城市水患问题时，通过法律手段将排水系统合理地保护起来，并对其加以有效利用，在河的两岸修建了有蓄水作用的人工湖和公园，并种植大量的草坪和树木，提高了城市的绿化水平。政府将河岸两侧以往废弃的厂房和建筑改建成了休闲和体育设施供居民使用，自行车道和公交车专用道把公园和城市的公交系统联系在一起。这种"融合自然"的建设策略，不但减少了城市在防洪方面的巨大开支，还大大改善了城市居民的生活环境。

（3）交通规划与城市土地利用规划紧密结合

交通规划与城市土地利用规划紧密结合在库里蒂巴一体化公共交通系统的发展过程中起到了举足轻重的作用。库里蒂巴规划充分考虑了土地使用强度与已有城市结构相匹配的原则，其目标是调整小区划分和土地利用，以使交通需求适应社会经济和城市的发展。城市规划运用了线性市中心的概念，整个城市被划分为若干小区，每个小区都根据允许的土地利用性质和土地开发强度确定了特殊的土地使用管理制度。此外，不同的土地利用性质也将产生不同的公共交通需求。在那些鼓励土地高强度使用的居住用地和商业用地附近，公交专用道使得公交系统能够达到与小区公交需求相一致的较高的运送能力。而对于人口密度仅为中等或低密度的居住区，为了提高运营效益和公交服务的便捷性，使公交乘客能够方便地到达其他居住区或者交通节点，需要规划运送能力相对较低而灵活性更高的线路。

（4）基于BRT引导下的城市空间发展结构与土地开发模式

库里蒂巴的城市空间结构非常清晰，是以快速公交（Bus Rapid Transit, BRT）系统为支撑的、公交走廊引导形成的、单中心放射状轴向带形布局模式。城市土地开发也以BRT走廊引导为显著特征，5条BRT走廊沿线呈现高密度、高强度开发的态势，高层公共建筑、多层和高层住宅集中布置在BRT走廊两侧，其余地区是低层低密度住宅或公园绿地。城市主要的商务、商业和公共活动等都集中在这5条轴线上。轴线与轴线之间是严格控制的低容积率居住区，禁止高层建筑的开发。可以说，库里蒂巴非常完整且成功地体现了公交引导、有机疏散、田园城市等国际先进规划理念。

（5）科学的公共交通管理制度设计

库里蒂巴公共交通管理通过立法由政府全权委托URBS公司担当。URBS公司拥有库里蒂巴全部公交线路及场站资源，自负盈亏。同时URBS还负责该市的出租汽车、校车等服务管理。公交线路的经营采取市场化运作，URBS公司通过招标向公交线路运营公司出让线路经营权，并负责监管线路经营服务质量。公交线路运营公司承担公交车辆购置及维修保养，但不直接承担线路盈亏责任。URBS公司根据各家公交线路运营公司的公交运营车公里数及其服务质量考核情况，支付他们的经营收益回报。

经历了多年的城市建设实践，库里蒂巴的生态城市发展模式得到了全世界的认可，认为其发展模式具有良好的可持续性，其成功的生态城市建设经验得到了国际社会的广泛赞誉。其中最重要的启示，也是值得世界多个城市所借鉴的经验，是优先发展公共交通而不是私人汽车，优先发展步行交通而不是机动化交通。库里蒂巴的规划师还认为不能个别地、孤立地对待纷繁复杂的城市问题，因为它们之间是相互关联的。任何一个计划都需要协作，包括私营企业家、民间组织、政府机构、公用事业、居民组织、社区团体和个人的协作、参与。创新和劳力密集型的思路，在存在失业问题的地区，往往比传统的资金密集型思路更可行。

库里蒂巴的成功经验对我国城市公共交通发展的启示主要包括以下内容。

（1）深化公共汽车专有经营改革

参照库里蒂巴公共交通管理做法，通过立法由政府全权委托一家或几家公司担当公共汽车运营管理。管理公司拥有指定区域公交线路及场站资源，自负盈亏。公交线路的经营采取市场化运作，管理公司通过招标向公交线路运营公司出让线路经营权，并负责监管线路经营服务质量。公交线路运营公司承担公交车辆购置及维修保养，但不直接承担线路盈亏责任。管理公司根据各家公交线路运营公司的公交运营车公里数及其服务质量考核情况，支付他们的经营收益回报。

（2）确保公交路权优先

公交专用道要达到路网全覆盖。没有公交路权优先的保障，再多的公交也只能拥堵在车流中不得前行,公交没有了快捷优势,部分人将会放弃使用公交,选择私家车通勤和出行,让路面更加拥堵,从而将拥堵问题打成死结。解开这一死结的办法,就是要确保公交路权。一方面要保证公交专用道路网全覆盖;另一方面要加大处罚力度,降低对占用公交专用道的容忍度,提高违法成本。

(3) 推动深化智能交通建设

系统化整合综合公交系统,将不同的公交系统在硬件和软件上集合为一个有机的整体网络。人流、车流可以实时得到评估、监控、疏导,及时把实时路况提示给司乘人员,在网络上实时发布,方便行人出行时选择恰当的工具和线路,确保出现突发事件的快速应对。

(4) 建设城市公共自行车系统

北京、上海、深圳、广州、成都、武汉和杭州等城市在建设公共自行车方面已经取得成功,摩拜单车、哈罗单车等项目赢得了国内外广泛的关注。

(5) 居民参与

居民是城市居住、生活、生产的主体,他们的有效参与可以减少政府在地区内的重大决策失误;好的激励政策可以使企业、组织和个人积极地参与到城市建设中,减少建设阻力,发挥群众优势。

2.7　日本北九州

近代以来,北九州作为日本主要的工业地带之一成长起来,第二次世界大战后其高速成长及以重化学工业为中心的产业结构,带来了严重的公害问题。北九州采取官民一体的措施,积极治理公害,并加强对环境的重视,积极谋求与环境共生的方法,将环保事业和生态化推上了新的台阶。北九州环境与社会协调发展的成功转型,离不开其政府所制定的适时的激励与约束机制。北九州的经验可给我国城市提供以下借鉴。

(1) 激励与约束机制的与时俱进

由北九州的转型发展历程可以看出,政府在制定激励与约束机制时,都以解决当时全市所面临的主要环境公害问题为首要目的。20世纪50年代,传统经济增长方式与环境容量有限性的矛盾被迅速激化时,北九州认识到"大量生产、大量消费、大量废弃"的传统经济增长方式的缺陷,以及其对城市可持续发展的威胁,因而积极探索解决环境问题的生产方式变革,并由此发展出了著名的"北九州模式"。80年代,为了破解资源、能源匮乏和废弃物剧增引起的环境公害的困局,日本又制订了"新千年计划",提出了21世纪以循环经济为基调的发展目标。

当前我国不少城市面临着复合型大气污染、土地重金属污染、水质性缺水、能源外部和化石能源结构依赖等风险,应将此类风险的防治提升到生态文明建设过程中前所未有的高度,并重点对此类风险采取针对性防治措施。面对转型发展期所带来的机遇,我国应逐渐提出宜居城市建设及可持续发展社会建设的目标和相关政策机制,为生态、绿色转型发展的有序开展奠定良好的基础。

（2）完善配套的法律、政策保障体系

20世纪90年代，日本在立法上采取了基本法统率综合法和专项法的模式，搭建起多层面的环境保护法律体系。70年代，北九州还制定了比国家条例规定更为严格的《北九州市公害防治条例》。为弥补当时国家法律上的漏洞，市政府还与市内的骨干企业签订了《公害防治协议书》。通过完善的立法体系，政府规定了企业和公众的"排放者责任"，同时，也规范了产（企业）、官（政府）、学（大学及科研机构）、民（市民）在环境保护方面的责任和行为规范，从而保证污染治理、资源能源利用的有法可依。

因此，我国城市应尽快形成完备的循环经济法律体系，对资源回收、绿色采购、行业排污标准等内容制定详细的规范。针对污染强度及影响较大的企业制定严格的"污染防治条例"，并签订"污染防治协议"，作为对法律条例不完备之处的补充。比起政府单方面的规制，官民协作的环境问题对策推行起来将更易操作，再加上大型企业资金相对充裕，更容易实施治理；而且若从大规模工厂开始采取治理措施，污染将得到大幅削减。

（3）积极推进财政税收扶持力度，保证充足的资金投入

日本各级政府在财政预算、融资税制等方面制定了一系列支持生态转型发展的优惠政策，如建立生态工业园区补偿金制度、对污染较少的汽车实行减轻税金等税制上的支援措施等。在日本环境公害爆发的后期，财政环保支出大幅上升，公共事业开支中用于环境治理的比例从20世纪60年代初的5%上升到70年代末的25%，并一直稳定在30%左右。

城市转型发展离不开政府的财政税收扶持，目前我国城市正处于经济发展转型的关键时期，政府更应充分对其生态环境治理、社会保障、基础设施建设、接替产业发展等方面给予支持，待经济进入正轨后再逐步减少或取消扶持。通过财政资助、税收减免、金融服务、企业用地等一系列招商引资的优惠政策，吸引大批企业的迁入。吸引投资不仅能带来公共利益和社会福利的改善，还可以优化地方的市场结构，促进技术更新改造，能够对地方的就业、消费、教育、生活等方面带来明显改善。具体可采取以下对策。

1）建立和完善循环经济产品的标示制度，鼓励公众绿色消费。

2）推动政府绿色采购，如规定各级政府上报绿色采购计划，并公布执行情况。

3）调整产业政策，促进产业融合与升级，重点是落实投资和税收等的"绿色化"措施，如对废弃物回收处理与资源化行业、新能源、环保新材料产业等，采取税收优惠和财政补贴措施，对企业新增的环保投资实行税收抵扣，并鼓励企业采用节能降耗和改善环境的新工艺及新技术，以加快传统产业的生态化技术改造和设备更新。

4）设立循环型技术研发专项基金，在节能减排、资源综合利用及废物资源化等领域给予重点支持。

2.8　日本富山

日本富山市也是日本低碳城市规划建设中的先行者。富山市制订的减排目标为：到2030年二氧化碳排放量比2005年减少30%，到2050年减少50%。为实现这一目标，富山市在交通、生活方式和城市建设等各方面采取了多种措施，包括积极推动公共交通建设，对市中心购买住宅的居民给予补贴,大力引进清洁能源交通工具,大力发展新能源,在市郊的生态城建立回收加工各种废弃油料、木料和厨余垃圾的设施等。

2.9 国际特大型城市生态化转型的主要模式分析

以特大型城市为主体,尤其是作为经济中心和政治中心的国际特大城市,探讨世界不同国家、地区的典型特大型城市生态化转型理论,分析各种理论的异同点和侧重点,辅以案例研究,总结各种理论的优点、缺点及借鉴经验,吸取教训,将对我国经济社会与城市转型发展起到较好的借鉴作用。概括起来看,国际城市生态化转型发展主要有以下几种模式。

(1) 可持续发展模式

可持续发展是指既能满足当代人的需求又不损害子孙后代满足其需求能力的发展,它所追求的目标是既要使人类的各种需要得到满足,个人得到充分发展,又要保护资源和生态环境,不对后代人的生存与发展构成威胁。可持续发展涉及可持续经济、可持续生态和可持续社会3个方面的协调统一,要求人类在发展中讲究经济效率、关注生态和谐及追求社会公平,最终达到人的全面发展。经济的可持续发展要求重视经济增长的数量,更追求经济发展的质量,改变传统的以“高投入、高消耗、高污染”为特征的生产模式和消费模式(谷树忠等,2013),实施清洁生产和文明消费,以提高经济效益,节约资源和减少废物。

(2) 生态城市模式

1984年联合国教育、科学及文化组织在“人与生物圈”(MAB)报告中首次提出了生态城市(eco-city)规划的原则(刘某承等,2014)。该发展模式的提出受到了各界的广泛关注,理念迅速发展,成为一种城市发展的新概念。生态城市是指按生态学原理建立起来的人类社会、经济、自然协调发展,物质、能量、信息高效利用,生态良性循环的人类聚居地,即高效、和谐的人类栖息环境。生态城市侧重人与自然的和谐,强调系统的生态理念,对于现阶段只是一种理想的发展目标。

(3) 宜居城市模式

新加坡是国际上较早提出宜居城市(livable city)目标的国际城市,自1993年开始,新加坡政府大力提倡并积极推进宜居城市建设,在国际社会形成了巨大反响。2005年中国政府在国务院批复的《北京城市总体规划》中首次明确了相关概念,引导中国城市规划的新方向。广义的宜居城市是一个全方位的概念,强调城市在经济、社会、文化、环境等各个方面都能协调发展,人们在此工作、生活和居住都感到满意,并愿意长期继续居住下去。狭义的宜居城市指气候条件宜人、生态景观和谐、适宜人们居住的城市。

(4) 资源节约型和环境友好型社会/城市模式

建设资源节约型和环境友好型社会/城市模式是近年来我国为加快转变经济增长方式,缓解资源约束和环境压力,提高经济增长的质量和效益,实现节约发展、清洁发展、安全发展和可持续发展提出的一种发展模式;也是从源头上减少污染、改善生态环境的重要途径。王祥荣等(2012)在国家社科基金重大项目的支持下,开展了“建设资源节约型和环境友好型社会(简称"两型社会")的理论与政策"研究。

项目组从"两型社会"建设效果具有重要影响的两大系统——产业系统和公众系统入手,构建了能够反映"两型社会"本质特征的评价指标体系。在产业系统首次使用"贡献度"的概念,从效率水平的角度来综合反映包括环境容量在内的资源节约效果,指标具有合理的层次结构、明确的内容表达,所应用的数据全部都来源于权威统计数据,保证评估结果的真实性、客观性和权威性,并使评价结果具有地区的可比性和可持续性。该成果是对"可持续发展"和我国所提出的"新型工业化"与"生态文明"建设的理论体系的补充和完善,也进一步丰富了"两型社会"评价指标体系的理论内涵。其成果内容包括以下方面。

1)建设资源节约型和环境友好型社会的预警系统构建。根据科学性原则、可操作性原则、动态性原则、定性与定量评价相结合原则、区域性原则,采用5项一级指标、26项二级指标,确定了以中国31个省、自治区、直辖市(简称各省区)为研究对象的生态预警评价指标体系,进行了生态预警评价研究,分析了各省区在自然资源禀赋、社会经济发展水平、城市基础设施完善程度、生态环境保护与治理,以及环境污染与生态压力方面存在的主要问题,并提出了相应的对策与建议。

2)全球经济一体化的开放格局下,中国资源节约型和环境友好型社会建设模式的国际比较。以全球经济一体化为背景,考察这一背景下的各国经济发展,以及以能源为代表的资源和环境问题。在重点论述美国、欧洲、日本、拉丁美洲4个主要国家或地区建设"两型社会"的经验和教训的基础上,归纳总结其对中国的启示。主要的启示和政策建议包括:①市场机制下的法律与制度建设的重要性;②应在排污权等环境交易方面建立全国性大市场;③积极开展与周边国家(地区)的交易与合作;④广泛地签订环境协议;⑤绿色GDP值得中国借鉴;⑥开展全民节约意识教育;⑦日本环境保全型农业和循环型农村建设;⑧要协调经济发展和资源与环境问题,坚持科学发展、可持续发展;⑨重视全球经济一体化下的城市化问题。

(5) 低碳城市模式

低碳城市模式是2008年初住房和城乡建设部与世界自然基金会联合推出的模式。其指以低碳经济为发展模式及方向、市民以低碳生活为理念和行为特征、政府公务管理层以低碳社会为建设标本和蓝图的城市发展模式(赵志凌,2010)。低碳城市的内涵包括以下内容。

1)从城市碳排放构成上强调建筑、交通及生产三大领域内的低碳发展模式,并涉及新能源利用、碳汇及碳捕捉。

2)在城市发展中尽可能利用可再生能源,如太阳能、地热及风能等零排放能源,替代常规能源。

3)关注碳捕捉问题,在城市中加强森林、沼泽及湿地等生态系统的规模,最大限度地吸收、储存二氧化碳,减少已经释放到大气中的二氧化碳含量。

(6) 绿色城市模式

绿色城市(green city)是在为保护全球环境而掀起的"绿色运动"过程中提出的(崔大鹏,2009b)。它基于自然与人类协调发展的角度,将"绿色"融入城市设计中,注重城市的自然保护、绿色建筑、绿色交通、绿色景观等;绿色城市已突破了绿化、美化的旧框架,贯彻整体优先、遵循自然的原则,从这个意义上说,绿色城市与生态城市是一致的。

(7) 生态文明型城市模式

生态文明型城市模式作为一种全新的城市发展模式,同样也是以可持续发展理念为基础,并朝全社会生态化方向发展的模式(崔大鹏,2009b);但生态文明型城市更强调人的行为对环境的影响。可以说,生态文明型城市概念的提出,丰富了城市可持续发展的内涵,使其更具有可操作性和目的性,是实现城市可持续发展的重要方面(张坤民,2010)。同时生态文明型城市弥补了绿色城市、健康城市、园林城市的不足,其创建又不背离城市向生态化发展的前进方向,其目标的可达性使生态城市的构想更具现实意义。

内禀动力：转型中国的
资源环境视角

第3章
背景述评

3.1 中国城市转型发展的历程与现状

我国是宣布实施可持续发展战略最早的发展中国家,政府非常重视城市的环境管理问题,着力推进生态文明建设;环境管理制度是我国环境保护的重要内容,在中国的环境监管与生态转型发展中发挥了重要作用。总体而言,我国在生态转型与加强环境管理的过程中主要采取了以下5个方面的激励与约束政策措施,并取得了一定成效。

1) 在法规和政策体系方面,20世纪80年代初,中国开始将环境保护作为基本国策,从1994年发布《中国21世纪议程》,到中共十八大将生态文明建设独立成章,再到中共十九大强化生态文明制度建设的举措,提出"绿水青山就是金山银山"的观点和"人与自然生命共同体"概念,生态文明已经成为党的纲领和国家的重大战略。为落实这些战略目标,国家出台了一系列法律法规和政策,如《中华人民共和国循环经济促进法》《中华人民共和国清洁生产促进法》《中华人民共和国可再生能源法》《中华人民共和国环境影响评价法》等20多部法律,《消耗臭氧层物质管理条例》《太湖流域管理条例》《排污费征收使用管理条例》等行政法规,《环境监察办法》《秸秆禁烧和综合利用管理办法》《环境信息公开办法》《环境保护损益的干部考核制度》《国家良好湖泊》《生态保护红线划定技术指南》《"生态保护红线、环境质量底线、资源利用上线和环境准入负面清单"编制技术指南》(试行)等规章制度,还有"绿色信贷""脱硫电价补贴政策""上市公司的环保核查制度""环保项目实施企业所得税减免政策"等环境经济政策,"水质测定方法""水环境标准""环境保护产品技术要求""大气污染防治行动计划""水污染防治行动计划""土壤污染防治行动计划"等多项环境保护标准和生态技术要求,以及多项国家、部门规范性文件。

目前我国环境管理的制度措施主要有八项:① "老三项"制度,即环境影响评价制度、"三同时"制度和排污收费制度。② "新五项"制度,即环境保护目标责任制度、城市环境综合整治定量考核制度、排污许可证制度、污染集中控制制度和污染源限期治理制度。

其中,"老三项"制度产生于我国环境保护工作的初创时期,在我国环境保护工作中,尤其是在开创阶段,对预防和控制环境污染的发展、保护生态环境、加强环境管理和环保队伍的建设起到了巨大的作用,被称为环境管理的"三大法宝"。"新五项"制度则是适应了中国国情的社会实践的产物,是强化环境管理的客观要求,标志着中国的环境管理已经跨入实行定量和优化管理的新阶段,并开始为领航中国生态转型的政策体系建设奠定基础。

2）在节能减排方面，我国深入开展节能减排工作，采取了强化目标责任、调整产业结构、实施重点工程、推动技术进步、强化政策激励、加强监督管理、开展全民行动等一系列强有力的政策措施；《中华人民共和国节约能源法》中明确提出，"国家实行有利于节能和环境保护的产业政策，限制发展高耗能、高污染行业，发展节能环保产业"，"激励措施"中明确提出，国家运用税收等政策，鼓励先进节能技术、设备的进口，控制生产过程中耗能高、污染重的产品的出口；引导金融机构增加对节能项目的信贷支持；实行有利于节能的价格政策等。

3）在发展循环经济方面，2005年国务院印发了《关于加快发展循环经济的若干意见》，提出了发展循环经济的主要目标、重点工作和重点环节。"十一五"以来，经过不断的循环经济实践探索，逐步形成了独具特色的循环经济发展模式。

4）在生态环境保护方面，"十一五"以来，我国先后发布了《国家重点生态功能保护区规划纲要》（2007）、《全国生态功能区划》（2008）、《全国主体功能区划》（2010）、《生态文明建立先行示范区建设方案（试行）》（2013）、《国家生态保护红线——生态功能基线划定技术指南（试行）》（2014）、《生态保护红线划定技术指南》（2015）、《党政领导干部生态环境损害责任追究办法（试行）》（2015）、《建立国家公园体制试点方案》（2015）、《国家公园体制总体方案》（2017）、《国家环境保护"十二五"规划》（2011）、《国家"十三五"环境保护与生态建设规划》（2015）和《全国生态保护"十三五"规划纲要》（2016）等一系列生态保护政策文件。"全国生态环境保护大会"也于2018年5月18～19日在北京召开。通过建设湿地保护网络体系、防沙治沙工程、生物多样性保护、生态环境监测网络体系、国家公园试点体系等措施，全国生态恶化的趋势得到控制。

5）在应对气候变化方面，我国已把应对气候变化纳入国民经济社会发展中长期规划中。2007年制定并实施了应对气候变化的国家方案，2009年确定了到2020年单位国内生产总值二氧化碳排放比2005年下降40%～45%的行动目标。在适应气候变化方面，通过提高重点领域适应气候变化的能力，减轻了气候变化对农业、水资源和公众健康等的不利影响。"十二五"规划首次将碳排放强度作为约束性指标纳入规划，确立了绿色、低碳发展的政策导向。

目前，我国已经初步建立起促进资源节约型、环境友好型社会建设和保障可持续发展的法律法规与政策体系，以及由新老制度构成的环境管理制度体系框架（图3-1）。仅"十一五"期间就有100多部国家和地方环境管理及生态建设相关的法律法规、环境标准先后出台或实施，使之能落到具体的实践行动；"十一五"和"十二五"期间，节能减排、生物多样性保护、自然湿地保护、水土流失治理都取得了显著成效；发展循环经济已成为我国走新型工业化道路、促进结构优化、转变经济发展方式的有效途径。"十三五"时期是全面深化改革和推进经济转型升级的关键时期，需要把五大发展理念真正地落实到环保工作

图3-1　我国环境管理制度体系层次——金字塔结构

中,以创新突破瓶颈,以协调促进平衡,以绿色补缺生态,以开放加强融合,以共享激发动力,补齐社会发展中的短板,让良好生态环境成为全面小康社会普惠的公共产品和民生福祉。2016年11月通过的《"十三五"生态环境保护规划》将为"以提高环境质量为核心,实施最严格的环境保护制度,打好大气、水、土壤污染防治三大战役,提高生态环境管理系统化、科学化、法治化、精细化和信息化水平"提供有力支撑,同时,更能促进生态文明领域改革取得更大的、新的进展①。

以国家环境保护局《生态县、生态市、生态省建设指标》(试行)(2003年颁布,2005年修订)为指导,"十一五"期间,全国有1 000多个县(区、市)开展了生态县(区、市)的建设;"十二五"期间,全国有多个地区进一步开展了生态县(区、市)和生态村的建设;环境管理和生态建设试点促进了区域的转型发展,实现了由环境换取增长向环境优化增长方式的转变,有效地促进了生态环境、经济发展、社会进步的良性互动和良性循环。近年来,在住房和城乡建设部及国家发展和改革委员会的倡导下,我国又有多个城市开展了生态文明先行示范区建设、低碳城市规划、海绵城市和韧性城市建设。总体上看,东部沿海地区由于具有较雄厚的经济基础、较先进的环境理念要求、较高的环境公共服务需求和较完善的制度保障,其环境管理、生态建设和绿色发展各领域都走在了全国前列。通过调整产业结构和能源结构、节约能源提高能效、增加碳汇等多种途径有效控制了温室气体排放。

当前,我国的生态转型和绿色发展之路仍然任重道远。生态建设意识还有待提高,人们还存在认识模糊、责任感不强、行动不积极的问题;环境管理制度与生态转型保障措施不完善、机制不健全、政策不配套和激励不到位的问题仍然突出,约束政策措施多,激励措施少;在转变经济发展方式上还有诸多障碍,节能减排的压力重重,环境状况总体恶化的趋势尚未得到根本遏制,重点区域的生态环境问题十分严重,在一定程度上制约了经济的可持续发展,威胁社会稳定、国家安全和党的执政地位,影响全面建设小康社会战略目标的实现。

3.2　推动生态文明建设的意义

目前我国经济发展与资源环境之间的矛盾极为尖锐,是生态转型的最大挑战。与此同时,随着生活水平的提高,环境问题日益成为影响居民生活品质的重要因素,居民对环境的要求也越来越高,人们越来越关注人与资源环境之间的关系。20世纪60年代,人与自然之间的探索和反思开始快速发展。1972年联合国大会通过了《联合国人类环境会议宣言》;90年代,一系列有关环境问题的国际公约和文件相继问世,如《21世纪议程》《关于森林问题的原则声明》《联合国气候变化框架公约》《生物多样性公约》等,标志着人与自然和谐发展已经是全球共识。90年代以来,中国在全球关注生态问题的大背景下,开始关注经济、社会与环境协调发展的问题,《中国21世纪议程——中国21世纪人口、环境与发展白皮书》《全国生态环境保护纲要》《可持续发展科技纲要》等一系列相关重要文件相继通过,标志着中国

---

① 提高生态环境质量、补齐生态环境保护短板,环境保护部副部长赵英民解读《"十三五"生态环境保护规划》.http://www.gov.cn/zhengce/2016-12/06/content_5143872.htm[2016-12-6].

对资源环境保护的重视。

中共十五大报告明确提出在现代化建设中必须实施可持续发展战略；中共十六大提出"推动整个社会走上生产发展、生活富裕、生态良好的文明发展道路"；中共十六届六中全会提出构建和谐社会、建设资源节约型社会和环境友好型社会的战略主张；中共十七大首次将建设生态文明写入党的报告，报告中提出的"建设生态文明"就是实现全面建设小康社会奋斗目标的新要求之一，表明它不仅是实现全面建设小康社会奋斗目标的新要求，也是中国特色社会主义未来发展的必然归宿。当下中国一代人的生活与之有关系，而且后代人的福祉也被涉及。中共十七届五中全会明确提出提高生态文明水平。绿色建筑、绿色施工、绿色经济、绿色矿业、绿色消费模式、政府绿色采购不断得到推广。"绿色发展"被明确写入"十二五"规划并独立成篇，表明我国走绿色发展道路的决心和信心。

中共十八大报告首次独立成章，把生态文明建设纳入中国特色社会主义事业"五位一体"总布局，其地位更加突出，内涵也更加丰富，在"五位一体"总体布局下，生态文明建设与经济建设、政治建设、文化建设和社会建设这四大建设一起，共同构成社会主义建设总体事业，这就把生态文明建设提升到前所未有的战略高度。同时明确指出："建设生态文明，是关系人民福祉、关乎民族未来的长远大计。"习近平强调："环境就是民生，青山就是美丽，蓝天也是幸福。""像保护眼睛一样保护生态环境，像对待生命一样对待生态环境。"生态文明建设是一项利国利民的大事业，它关系到人民的切身利益，更关乎整个中华民族的永续发展与繁荣。

中共十八届三中全会通过《中共中央关于全面深化改革若干重大问题的决定》（简称《决定》），提出紧紧围绕建设美丽中国深化生态文明体制改革，加快建立生态文明制度，健全国土空间开发、资源节约利用、生态环境保护的体制机制，推动形成人与自然和谐发展现代化建设新格局。立足平衡发展需求和资源环境有限供给之间的矛盾，着力解决当前生态环境保护的突出问题。同时，建设生态文明的目标进一步指向"建设美丽中国"和"实现中华民族永续发展"，使生态文明的内涵更为直观和具象，也更加具有时代意义。中共十八届五中全会将"生态文明建设"首次写入"十三五"规划中。中共十八届五中全会提出，"坚持绿色发展，必须坚持节约资源和保护环境的基本国策，坚持可持续发展，坚定走生产发展、生活富裕、生态良好的文明发展道路，加快建设资源节约型、环境友好型社会，形成人与自然和谐发展的现代化建设新格局。"绿色发展理念以问题为导向，从基本国情出发，切中制约发展的突出问题，为破解促进发展和保护生态环境的世界性难题提供了值得期待的中国方案。把绿色发展作为"十三五"，乃至今后更长时期必须坚持的重要发展理念。

"十二五"，特别是中共十八大以来，从加快建立系统完整的生态文明制度体系，用严格的法律制度保护生态环境，再到中共十八届五中全会提出用绿色发展理念指导未来发展，中国共产党对生态文明建设的认识不断深化，生态文明建设各项决策部署相继落地、有序推进。按照中共十八届五中全会部署，遵循绿色发展理念，在促进人与自然和谐共生、加快建设主体功能区、推动低碳循环发展、全面节约和高效利用资源、加大环境治理力度和筑牢生态安全屏障6个方面加大工作力度，花大气力、下真功夫狠抓落实，构建科学合理的发展格局，建立绿色低碳的产业体系，形成勤俭节约的社会风尚，实行垂直管理的严格制度，把生态文明建设融入经济、政治、文化、社会建设的各个方面和全过程，就一定能形成五位一体协同推进的合力，推动生态文明建设取得更多成果和更大进展，让中华大地青山常在、绿水长流、蓝天永驻。中共十九大进一步强调了生态文明制度改革和绿色发展的深化,这是在国际社会大环境背景、我国严峻的资源环境挑战和快速城镇化发展下的必然选择。十九大报告指出:加快生态文明体制改革,建设美丽中国;人与自然是生命共同体,人类必须尊重自然、顺应自然、保护自然;必须坚持节约优先、保护优先、自然恢复为主的方针,形成节约资源和保护环境的空间格局、产业结构、生产方式、生活方式,还自然以宁静、和谐、美丽。

我国幅员辽阔,各地区自然生态环境存在很大差异;作为一个发展中大国,各地区的经济发展水平有巨大差异。因此,我国的生态文明水平要整体提升,各省区的生态化转型需要及时推进、生态文明建设需要切实加强,为实现科学发展提供政策依据和技术保障。坚持生态文明建设,保护资源环境是实现全面小康和可持续发展的必然选择,也是达到人与自然和谐相处状态的必由之路,为推进美丽中国建设,以及为全球生态安全做出新贡献。

3.3　加强资源环境保护的意义

工业革命之后,由于全球经济总量和人口总量的迅猛增长,各种资源危机爆发,其中石油危机特别突出,各地区的环境状况持续恶劣,这一系列问题在世界各国中都引起了强烈的讨论和关注。因此,在可持续发展已成为社会各界共识的今天,如何取得人口、资源、环境、经济、发展(PREED)等各个方面的协调和共赢已成为当今社会最为迫切的问题。

改革开放以来,我国较快地步入工业化进程,社会各方面都取得了巨大的进步,特别是经济一直保持高速增长。在过去的近40年间,我国GDP总量实现了年均9.8%的高速增长,2017年我国GDP总量更是超70万亿元。然而,在我国经济建设取得巨大成就的同时,自然资源和环境也承受了过重的压力,局部地区出现了较为严重的资源破坏和环境污染问题。同时由于我国属于发展中国家,一定程度上决定了在发展经济的过程中为了追求经济利益难免会以资源消耗和环境破坏为代价。在2004年世界银行公布的全球污染最严重的二十大城市中,我国占16个;在2014年世界卫生组织公布的全球1 600个城市环境调查中,其中$PM_{2.5}$浓度从高至低的排名中,中国有9个城市进入前100名,分别为兰州(第36名)、乌鲁木齐(第61名)、西安(第71名)、西宁(第73名)、北京(第77名)、济南(第82名)、合肥(第90名)、南京(第93名)、郑州(第99名)。能源方面,国家统计局的数据显示,2013年我国各种能源消耗(包括可再生能源)的总量相当于22.37亿吨标准煤,消耗强度较大,达到了同期美国的两倍、日本的4倍。

因此,以高消耗资源和高污染环境为代价来换取经济利益的做法是不可取的,对于整体经济水平的发展和人类身心健康都有不同程度的危害。而为了使资源环境与经济社会能够达到双赢、和谐友好的共同发展,实现经济高效发展和资源环境的不断改善,就需要科学评价我国各个时期各个区域资源环境的发展状况,以此来诊断我国不同区域存在的不同问题,提出科学可行的建议,为我国及时推进经济社会生态化转型与加强生态文明建设提供决策参考。

第4章
中国资源环境国情概述[①]

4.1 中国生态资源总体发展状况

4.1.1 土地资源发展现状

根据《2014年中国国土资源公报》，至2013年底，全国共有农用地64 616.84万公顷，其中耕地13 516.34万公顷（20.27亿亩[②]），林地25 325.39万公顷，牧草地21 951.39万公顷；建设用地3 745.64万公顷，其中城镇村及工矿用地3 060.73万公顷（图4-1）。

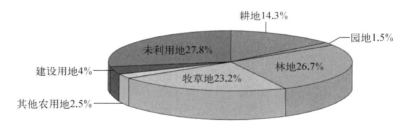

图4-1 2013年全国土地利用现状图

资料来源：《2014年中国国土资源公报》

4.1.2 矿产资源发展现状

1. 矿产资源储量现状

截至2013年底，全国主要矿产查明资源储量保持增长，在矿产资源勘查中新发现大中型矿产地144处，其中油气矿产28处、固体矿产116处，长庆新安边油田、塔里木克拉苏气田、山东兰陵铁矿等均有收获，天然气、铜矿、钨矿、磷矿等重要矿产均获得了较多的新增查明资源储量。根据全国常规油气资源潜力系统评价（2008～2014年），我国常规油气资源总量丰富，全国常规石油地质资源量为1 085亿吨，累计探明360亿吨，探明程度为33%，处于勘探中期；常规天然气地质资源量为68万亿立方米，累计探明12万亿立方米，探明程度

① 本章研究人员：王祥荣、李昆、徐艺扬等。
② 1亩≈666.67平方米。

为18%，处于勘探早期。我国常规天然气资源潜力大于石油，剩余可采资源量约为石油的
1.7倍，未来我国将进入天然气储量产量快速增长的发展阶段[①]。

2. 矿产品生产与消费

2014年主要矿产品国内生产平稳增长，大部分矿产品消费持续增加。矿产品进出口总额
为1.09万亿美元。原油、铁矿石、铜矿、氯化钾等矿产品进口量较上年保持增长，而铝土矿、镍
矿、铬矿等矿产品进口量有较大幅度下降，特别是铝土矿进口量下降近一半。图4-2、图4-3分
别为我国近年一次能源产量与消费量变化情况，以及我国石油生产量与消费量变化情况。

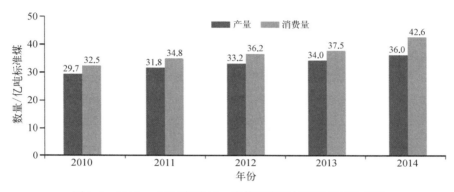

图4-2　2010～2014年我国一次能源产量与消费量变化情况

资料来源：《2014年中国国土资源公报》

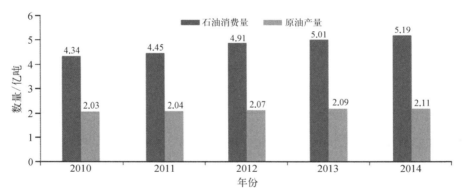

图4-3　2010～2014年我国石油生产量与消费量变化情况

资料来源：《2014年中国国土资源公报》

4.1.3　水资源发展现状

1. 水资源量

（1）降水量

《2014年中国水资源公报》公布，2014年全国平均降水量为622.3毫米（表4-1），与常年

---

① 国土资源部，2014中国国土资源公报。

值基本持平。从水资源分区看,松花江区、辽河区、海河区、黄河区、淮河区、西北诸河区6个水资源一级区(简称北方6区)平均降水量为316.9毫米,长江区(含太湖流域)、东南诸河区、珠江区、西南诸河区4个水资源一级区(简称南方4区)平均降水量为1 205.3毫米。从行政分区看,东部11个省级行政区(简称东部地区)平均降水量为1 045.8毫米,中部8个省级行政区(简称中部地区)平均降水量为925.4毫米,西部12个省级行政区(简称西部地区)平均降水量为501.0毫米。

表4-1　2014年各水资源一级区水资源量

水资源一级区	降水量/毫米	地表水资源量/亿立方米	地下水资源量/亿立方米	地下水与地表水资源不重复量/亿立方米	水资源总量/亿立方米
全国	622.3	26 263.9	7 745.0	1 003.0	27 266.9
北方6区	316.9	3 810.8	2 302.5	847.7	4 658.5
南方4区	1 205.3	22 453.1	5 442.5	155.3	22 608.4
松花江区	511.9	1 405.5	486.3	207.9	1 613.5
辽河区	425.5	167.0	161.8	72.7	239.7
海河区	427.4	98.0	184.5	118.3	216.2
黄河区	487.4	539.0	378.4	114.7	653.7
淮河区	784.0	510.1	355.9	237.9	748.0
长江区	1 100.6	10 020.3	2 542.1	130.0	10 150.3
其中太湖流域	1 288.3	204.0	46.4	24.9	228.9
东南诸河区	1 779.1	2 212.4	520.9	9.8	2 222.2
珠江区	1 567.1	4 770.9	1 092.6	15.5	4 786.4
西南诸河区	1 036.8	5 449.5	1 286.9	0.0	5 449.5
西北诸河区	155.8	1 091.1	735.6	96.3	1 187.4

(2) 地表水资源量

2014年全国地表水资源量为26 263.9亿立方米,折合年径流深277.4毫米。从水资源分区看,北方6区地表水资源量为3 810.8亿立方米,折合年径流深62.9毫米;南方4区为22 453.1亿立方米,折合年径流深657.9毫米。从行政分区看,东部地区地表水资源量为5 022.9亿立方米,折合年径流深471.3毫米;中部地区地表水资源量为6 311.6亿立方米,折合年径流深378.3毫米;西部地区地表水资源量14 929.4亿立方米,折合年径流深221.7毫米。从境外流入我国境内的水量为187.0亿立方米,从我国流到境外的水量为5 386.9亿立方米,流入界河的水量为1 217.8亿立方米;全国入海水量为16 329.7亿立方米。

(3) 地下水资源量

全国矿化度小于等于2克/升地区的地下水资源量为7 745.0亿立方米。其中,平原区地下水资源量为1 616.5亿立方米;山丘区地下水资源量为6 407.8亿立方米;平原区与山丘区之间的地下水资源重复计算量为279.3亿立方米。我国北方6区平原浅层地下水计算面积占全国平原区面积的91%,2014年地下水总补给量为1 370.3亿立方米,是北方地区的重要供水水源。在北方6区平原地下水总补给量中,降水入渗补给量、地表水体入渗补给量、山前侧渗补给量和井灌回归补给量分别占50.4%、35.8%、8.1%和5.7%。

（4）水资源总量

2014年全国水资源总量为27 266.9亿立方米。地下水与地表水资源不重复量为1 003亿立方米,占地下水资源量的12.9%（地下水资源量的87.1%与地表水资源量重复）。从水资源分区看,北方6区水资源总量为4 658.5亿立方米,占全国的17.1%;南方4区水资源总量为22 608.4亿立方米,占全国的82.9%。从行政分区看,东部地区水资源总量为5 332.3亿立方米,占全国的19.6%;中部地区水资源总量为6 768.8亿立方米,占全国的24.8%;西部地区水资源总量为15 165.8亿立方米,占全国的55.6%。全国水资源总量占降水总量的45.2%,平均单位面积产水量为28.8万立方米/平方千米。从总体情况看,水资源分布时空不均,南多北少。

2. 水资源开发利用现状

（1）供水量

根据《2014年中国水资源公报》,2014年全国总供水量为6 095亿立方米,占当年水资源总量的22.4%。其中,地表水供水量为4 921亿立方米,占总供水量的80.7%;地下水供水量为1 117亿立方米,占总供水量的18.3%;其他水源供水量为57亿立方米,占总供水量的0.9%（表4-2）。在地表水供水量中,蓄水工程供水量占32.7%,引水工程供水量占32.1%,提水工程供水量占31.3%,水资源一级区间调水量占3.9%。在地下水供水量中,浅层地下水占85.8%,深层承压水占13.9%,微咸水占0.3%。其他水源供水量主要为污水处理回用量和集雨工程利用量,分别占80.9%和15.3%。

表4-2　2014年各水资源一级区供用水量　　　　　　（单位：亿立方米）

水资源一级区	供水量				用水量					
	地表水	地下水	其他	总供水量	生活	工业	其中直流火（核）电	农业	生态环境	总用水量
全　国	4 921	1 117	57	6 095	767	1 356	478	3 869	103	6 095
北方6区	1 750.5	989.3	40.3	2 780.2	259.4	326.8	39.6	2 126.9	67.1	2 780.2
南方4区	3 169.9	127.7	17.1	3 314.7	507.2	1 029.3	438.7	1 742.1	36.1	3 314.7
松花江区	288.5	218.6	0.9	507.9	29.8	54.7	13.7	414.7	8.8	507.9
辽河区	97.7	103.7	3.4	204.8	30.2	32.6	0.0	135.7	6.3	204.8
海河区	132.9	219.7	17.8	370.4	59.3	54.0	0.1	239.5	17.6	370.4
黄河区	254.6	124.7	8.2	387.5	43.1	58.6	0.0	274.5	11.3	387.5
淮河区	452.6	156.4	8.3	617.4	81.2	105.9	25.8	421.0	9.3	617.4
长江区	1 919.7	81.3	11.7	2 012.7	282.2	708.2	363.4	1 002.6	19.7	2 012.7
其中太湖流域	338.2	0.3	5.0	343.5	52.8	206.6	162.0	81.9	2.3	343.5

（续表）

水资源 一级区	供 水 量				用 水 量					
	地表水	地下水	其他	总供 水量	生活	工业	其中直流火 （核）电	农业	生态 环境	总用 水量
东南诸河区	326.9	8.3	1.4	336.5	63.9	115.1	16.5	150.2	7.3	336.6
珠江区	824.6	33.1	3.9	861.6	152.6	196.1	58.8	504.6	8.3	861.6
西南诸河区	98.7	5.0	0.1	103.8	8.6	10.0	0.0	84.6	0.7	103.8
西北诸河区	524.4	166.3	1.6	692.2	15.8	21.0	0.0	641.5	13.8	692.2

注：生态环境用水不包括太湖的引江济太调水10.6亿立方米、浙江的环境配水27.4亿立方米，以及新疆的塔里木河向大西海子以下河道输送生态水、阿勒泰地区向乌伦古湖及科克苏湿地补水共9.7亿立方米。

南方4区供水量为3 314.7亿立方米，占全国总供水量的54.4%；北方6区供水量为2 780.2亿立方米，占全国总供水量的45.6%。南方省份地表水供水量占总供水量的比例均在86%以上；北方省份地下水供水量则占有相当大的比例，其中河北、河南、北京、山西和内蒙古5个省（自治区、直辖市）地下水供水量占总供水量约一半以上。

全国海水直接利用量为714亿立方米，主要作为火（核）电的冷却用水。海水直接利用量较多的为广东、浙江、福建、江苏和山东，分别为286.7亿立方米、155.3亿立方米、58.4亿立方米、56.3亿立方米和55.7亿立方米，其余沿海省份也大都有一定的海水直接利用量。

（2）用水量

2014年全国总用水量为6 095亿立方米。其中，生活用水占总用水量的12.6%，工业用水占22.2%，农业用水占63.5%，生态环境补水占1.7%。

按水资源分区统计，南方4区用水量为3 314.7亿立方米，占全国总用水量的54.4%，其中生活用水、工业用水、农业用水、生态环境补水分别占全国同类用水的66.2%、75.9%、45.0%、35.0%；北方6区用水量为2 780.2亿立方米，占全国总用水量的45.6%，其中生活用水、工业用水、农业用水、生态环境补水分别占全国同类用水总量的33.8%、24.1%、55.0%、65.0%。

按东、中、西部地区统计，用水量分别为2 194.0亿立方米、1 929.9亿立方米、1 971.0亿立方米，相应占全国总用水量的36.0%、31.7%、32.3%。生活用水比例东部高、中部及西部低，工业用水比例东部及中部高、西部低，农业用水比例东部及中部低、西部高，生态环境补水比例基本一致。

（3）用水指标

2014年全国人均综合用水量为447立方米，万元国内生产总值用水量为96立方米。耕地实际灌溉亩均用水量为402立方米，农田灌溉水有效利用系数为0.530，万元工业增加值用水量为59.5立方米，城镇人均生活用水量（含公共用水）为213升／天，农村居民人均生活用水量为81升／天。

按东、中、西部地区统计分析，人均综合用水量分别为389立方米、451立方米、537立方米；万元国内生产总值用水量差别较大，分别为58立方米、115立方米、143立方米，西部比东部高近 1.5 倍；耕地实际灌溉亩均用水量分别为 363 立方米、357 立方米、504 立方米；万元工业增加值用水量分别为 41.9 立方米、64.1 立方米、47.9 立方米。

4.1.4　森林资源发展现状

（1）现状分析

2013 年底结束的第八次全国森林资源清查结果显示，我国森林资源进入了数量增长、质量提升的稳步发展时期，表明国家实施的林业发展和生态建设一系列重大战略决策，以及实施的一系列重点林业生态工程，取得了显著成效。全国森林面积为 2.08 亿公顷，森林覆盖率为 21.63%。活立木总蓄积 164.33 亿立方米，森林蓄积 151.37 亿立方米。天然林面积为 1.22 亿公顷，蓄积 122.96 亿立方米；人工林面积为 0.69 亿公顷，蓄积 24.83 亿立方米。森林面积和森林蓄积分别位居世界第 5 位和第 6 位，人工林面积仍居世界首位，表明我国森林资源呈现出数量持续增加、质量稳步提升、效能不断增强的良好态势。但是，我国森林覆盖率远低于全球 31% 的平均水平，人均森林面积仅为世界人均水平的 1/4，人均森林蓄积只有世界人均水平的 1/7，森林资源总量相对不足、质量不高、分布不均的状况仍未得到根本改变，林业发展还面临着巨大的压力和挑战。同时对谷歌和马里兰大学等机构的全球森林监察（Global Forest Watch）系统提供的全球森林情况数据进行比较分析，发现中国的森林覆盖率远远低于全球大多数国家，区域分布差异性较大，保护森林资源迫在眉睫。

（2）森林资源变化特点

一是森林总量持续增长。森林面积由 1.95 亿公顷增加到 2.08 亿公顷，净增 1 223 万公顷；森林覆盖率由 20.36% 提高到 21.63%，提高了 1.27 个百分点；森林蓄积由 137.21 亿立方米增加到 151.37 亿立方米，净增了 14.16 亿立方米，其中天然林蓄积增加量占 63%，人工林蓄积增加量占 37%。

二是森林质量不断提高。森林每公顷蓄积量增加 3.91 立方米，达到 89.79 立方米；每公顷年均生长量增加 0.28 立方米，达到 4.23 立方米。混交林面积比例上升两个百分点。随着森林总量增加、结构改善和质量提高，森林生态功能进一步增强。全国森林植被总生物量为 170.02 亿吨，总碳储量达 84.27 亿吨；年涵养水源量为 5 807.09 亿立方米，年固土量为 81.91 亿吨，年保肥量为 4.30 亿吨，年吸收污染物量为 0.38 亿吨，年滞尘量为 58.45 亿吨。

三是天然林稳步增加。天然林面积从原来的 11 969 万公顷增加到 12 184 万公顷，增加 215 万公顷；天然林蓄积从原来的 114.02 亿立方米增加到 122.96 亿立方米，增加 8.94 亿立方米。其中，天保工程区天然林面积增加了 189 万公顷，天然林蓄积量增加了 5.46 亿立方米，对天然林增加的贡献较大。

四是人工林快速发展。人工林面积从原来的 6 169 万公顷增加到 6 933 万公顷，增加了 764 万公顷；人工林蓄积从原来的 19.61 亿立方米增加到 24.83 亿立方米，增加了 5.22 亿立方米。人工造林对增加森林总量的贡献明显。

五是森林采伐中人工林比例继续上升。森林年均采伐量为 3.34 亿立方米。其中，天然林年均采伐量为 1.79 亿立方米，减少了 5%；人工林年均采伐量为 1.55 亿立方米，增加了 26%；人工林采伐量占森林采伐量的 46%，上升了 7 个百分点。森林采伐继续向人工林转移。

4.1.5　湿地资源发展现状

（1）现状分析

2013年结束的第二次全国湿地资源调查结果显示，全国湿地面积为5 360.26万公顷，湿地率为5.58%。其中，调查范围内湿地面积为5 342.06万公顷，收集的香港、澳门和台湾湿地面积为18.20万公顷。《2011年中国统计年鉴》显示，我国水稻田面积为3 005.70万公顷。自然湿地面积为4 667.47万公顷，占87.37%；人工湿地面积为674.59万公顷，占12.63%。自然湿地中，近海与海岸湿地面积为579.59万公顷，占12.42%；河流湿地面积为1 055.21万公顷，占22.61%；湖泊湿地面积为859.38万公顷，占18.41%；沼泽湿地面积为2 173.29万公顷，占46.56%。按照全国水资源区划一级区统计，各流域湿地分布分别为：西北诸河区湿地面积为1 652.78万公顷，西南诸河区湿地面积为210.81万公顷，松花江区湿地面积为928.07万公顷，辽河区湿地面积为192.20万公顷，淮河区湿地面积为367.63万公顷，黄河区湿地面积为392.92万公顷，东南诸河区湿地面积为185.88万公顷，珠江区湿地面积为300.82万公顷，长江区湿地面积为945.68万公顷，海河区湿地面积为165.27万公顷。

调查结果显示，我国已初步建立了以湿地自然保护区为主体，湿地公园和自然保护小区并存，其他保护形式为补充的湿地保护体系。纳入保护体系的湿地面积为2 324.32万公顷，湿地保护率为43.51%。其中，自然湿地保护面积为2 115.68万公顷，自然湿地保护率为45.33%。

（2）变化特点

一是湿地面积减少。近十年来，我国湿地面积减少了339.63万公顷，其中自然湿地面积减少了337.62万公顷，减少率为9.33%。此外，河流、湖泊湿地沼泽化，河流湿地转为人工库塘等情况也很突出。二是湿地保护面积增加。湿地保护面积增加了525.94万公顷，湿地保护率由30.49%提高到43.51%。新增国际重要湿地25块，新建湿地自然保护区279个，新建湿地公园468个，初步形成了较为完善的湿地保护体系。三是湿地受威胁压力进一步增大。从重点调查湿地对比情况来看，威胁湿地生态状况的主要因子已从10年前的污染、围垦和非法狩猎三大因子，转变为现在的污染、过度捕捞与采集、围垦、外来物种入侵以及基建占用五大因子，威胁因子出现频次增加了38.72%。主要威胁因素增加，影响频次和面积都呈增加态势。

4.1.6　海洋资源发展现状

1.海洋生物多样性现状

《2014年中国国土资源公报》显示，在海洋生物多样性监测区域内共鉴定出浮游植物687种，浮游动物673种，大型底栖生物1 479种，海草6种，红树植物9种，造礁珊瑚77种。渤海鉴定出浮游植物212种，主要类群为硅藻和甲藻；浮游动物85种，主要类群为桡足类和水母类；大型底栖生物390种，主要类群为环节动物、软体动物和节肢动物。黄海鉴定出浮游植物230种，主要类群为硅藻和甲藻；浮游动物107种，主要类群为桡足类和水母类；大型底栖生物374种，主要类群为环节动物、软体动物和节肢动物。东海鉴定出浮游植物298种，主要类群为硅藻和甲藻；浮游动物341种，主要类群为桡足类和水母类；大型底栖生物623种，主要类群为环节动物、节肢动物和软体动物。南海鉴定出浮游植物487种，主要类群为硅藻和甲藻；浮游动物551种，主要类群为桡足类和水母类；大型底栖生物901种，主要类群为环节动物、节肢动物和脊索动物；海草6种，红树植物9种，造礁珊瑚77种。

2. 海洋经济发展现状

2014年全国海洋生产总值为59 936亿元，海洋生产总值占国内生产总值的9.4%。其中，海洋产业增加值为35 611亿元，海洋相关产业增加值为24 325亿元。海洋第一产业、第二产业、第三产业增加值占海洋生产总值的比例分别为5.4%、45.1%和49.5%（图4-4）。

从区域上看，环渤海地区海洋生产总值为22 152亿元，占全国海洋生产总值的比例为37.0%；长三角地区海洋生产总值为17 739亿元，占全国海洋生产总值的比例为29.6%；珠三角地区海洋生产总值为12 484亿元，占全国海洋生产总值的比例为20.8%。

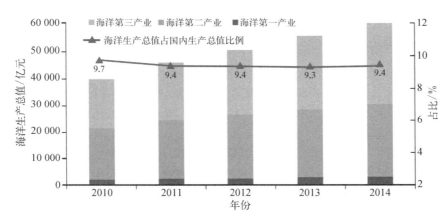

图4-4 2010～2014年全国海洋生产总值变化情况

资料来源：2014年中国国土资源公报

3. 海域管理现状

全年颁发海域使用权证书8 669本，其中初始登记颁发5 011本，新增确权海域面积374 148.37公顷，征收海域使用金85.02亿元。核报国务院批准的重大建设项目共计21个，批准用海面积合计2 606.98公顷，总投资规模为1 500.87亿元。目前完成南海区海籍调查试点，推进市县海洋功能区划编制，开展全国海域使用管理工作大检查，控制围填海规模，严格区域用海规划审批，加强区域用海规划项目审查管理。2014年全国各用海类型确权海域面积比例见图4-5。

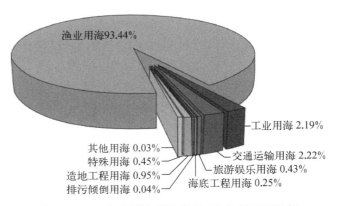

图4-5 2014年全国各用海类型确权海域面积比例

资料来源：2014年中国国土资源公报

4. 海岛管理现状

根据《2014年中国国土资源公报》，目前我国已组织开展了《全国海岛保护规划》实施情况评估，对规划的目标、任务及重大工程实施情况进行了全面评价。组织实施无居民海岛保护与开发利用示范工程，共批准实施项目14个，中央财政支持资金为13.9亿元。组织开展了全国海域海岛地名普查，在对我国主张管辖海域内所有海域、海岛等进行调查的基础上，编制了《中国海域海岛标准名录》《全国海域海岛地名普查数据集》《中国海域海岛地名志》《中国海域海岛地名图集》等。组织沿海地方开展领海基点保护范围选划工作，江苏、广东和海南省人民政府共批准公布11个领海基点保护范围，完成6个领海基点实时监测系统建设。

4.1.7 生物多样性资源发展现状

1. 生物多样性现状

根据《2014年中国环境状况公报》，在生态系统多样性方面，中国具有地球陆地生态系统的各种类型，森林类型212类、竹林36类、灌丛113类、草甸77类、荒漠52类。中国淡水水域生态系统复杂，自然湿地有沼泽湿地、近海与海岸湿地、河滨湿地、湖泊湿地四大类，近海有黄海、东海、南海和黑潮流域4个大海洋生态系统，近岸海域分布有滨海湿地、红树林、珊瑚礁、河口、海湾、潟湖、岛屿、上升流、海草床等典型海洋生态系统，以及海底古森林、海蚀与海积地貌等自然景观和自然遗迹。在人工生态系统方面，主要有农田生态系统、人工林生态系统、人工湿地生态系统、人工草地生态系统和城市生态系统等。在物种多样性方面，中国拥有高等植物34 792种，其中苔藓植物2 572种、蕨类2 273种、裸子植物244种、被子植物29 703种。此外，几乎拥有温带的全部木本属。中国约有脊椎动物7 516种，其中，哺乳类562种、鸟类1 269种、爬行类403种、两栖类346种、鱼类4 936种。列入国家重点保护野生动物名录的珍稀濒危野生动物共420种，大熊猫、朱鹮、金丝猴、华南虎、扬子鳄等数百种动物为中国所特有。已查明真菌种类10 000多种。在遗传资源多样性方面，中国有栽培作物528类，1 339个栽培种，经济树种达1 000种以上，中国原产的观赏植物种类达7 000种，家养动物576个品种。

2. 受威胁物种

根据《2014年中国环境状况公报》，通过对34 450种高等植物进行评估，结果显示，绝灭等级（EX）27种，野外绝灭等级（EW）10种，地区绝灭等级（RE）15种，中国高等植物受威胁的物种共计3 767种，约占评估物种总数的10.9%；此外，属于近危等级（NT）的高等植物有2 723种，属于数据缺乏等级（DD）的有3 612种。需要重点关注和保护的高等植物达10 102种，占评估物种总数的29.3%。

3. 自然保护区

截至2014年底，全国共建立各种类型、不同级别的自然保护区2 729个，总面积约14 699万公顷。其中陆域面积为14 243万公顷，占全国陆地面积的14.84%。国家级自然保护区428个，面积约为9 652万公顷。

4. 外来入侵物种

2014年中国自然生态系统受外来入侵物种破坏的形势仍然严重。目前外来入侵物种有544种,比2010年增加了11.5%。在世界自然保护联盟(IUCN)公布的全球100种恶性外来入侵物种中,已有50余种入侵中国。常年大面积发生危害的物种有120多种,每年仅水花生、福寿螺等20种主要农业外来入侵物种造成的经济损失就达840亿元人民币。外来物种入侵危害区域涉及农田、森林、湿地、草原等各个生态系统,造成野生生物资源濒危。

4.2 中国环境质量总体发展状况

4.2.1 污染物排放现状

1. 废水、废气、固体废物中主要污染物排放现状

根据《2014年中国环境状况公报》,2014年在废水污染物排放中,化学需氧量(COD_{Cr})排放总量为2 294.6万吨,氨氮排放总量为238.5万吨。在废气污染物排放中,二氧化硫排放总量为1 974.4万吨,氮氧化物排放总量为2 078.0万吨。在固体废物排放中,全国工业固体废物产生量为325 620.0万吨,综合利用量(含利用往年储存量)为204 330.2万吨,综合利用率为62.13%。

2. 城市生活污染物排放现状

截至2014年底,全国设市城市污水处理厂达1 797座,污水处理能力为1.31亿立方米/天,同比增加了611万立方米/天。全国城市污水处理厂累计处理污水382.7亿立方米,城市污水处理率达到90.2%。2014年全国设市城市粪便清运量为1 546万吨,处理量为691万吨,粪便处理率为44.7%。全国共建有公共厕所124 244座,其中东、中、西部各有63 011座、34 883座、26 350座,分别占50.7%、28.1%、21.2%。全国设市城市生活垃圾清运量为1.79亿吨,城市生活垃圾无害化处理量为1.62亿吨,无害化处理率达90.3%。无害化处理能力为52.9万吨/天。其中,卫生填埋处理量为1.05亿吨,占65%;焚烧处理量为0.53亿吨,占33%;其他处理方式占2%。2014年全国生活垃圾焚烧处理设施无害化处理能力为18.5万吨/天,占总处理能力的35.0%。

4.2.2 淡水环境质量现状

1. 河流

2014年,长江、黄河、珠江、松花江、淮河、海河、辽河七大流域和浙闽片河流、西北诸河、西南诸河的国控断面中,Ⅰ类水质断面占2.8%,Ⅱ类占36.9%,Ⅲ类占31.5%,Ⅳ类占15.0%,Ⅴ类占4.8%,劣Ⅴ类占9.0%。主要污染指标为COD_{Cr}、五日生化需氧量和总磷。2001～2014年,长江、黄河、珠江、松花江、淮河、海河、辽河七大流域和浙闽片河流、西北诸河、西南

诸河总体水质明显好转，Ⅰ～Ⅲ类水质断面比例上升了32.7个百分点，劣Ⅴ类水质断面比例下降了21.2个百分点。

1）长江流域。国控断面中，Ⅰ类水质断面占4.4%，Ⅱ类占51.0%，Ⅲ类占32.7%，Ⅳ类占6.9%，Ⅴ类占1.9%，劣Ⅴ类占3.1%（图4-6）。

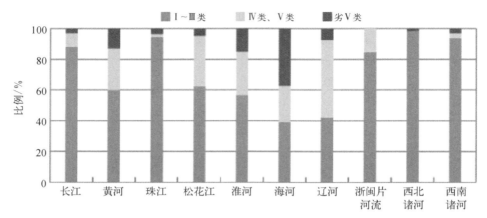

图4-6　2014年七大流域和浙闽片河流、西北诸河、西南诸河水质状况

资料来源：《2014年中国环境状况公报》

2）黄河流域。国控断面中，Ⅰ类水质断面占1.6%，Ⅱ类占33.9%，Ⅲ类占24.2%，Ⅳ类占19.3%，Ⅴ类占8.1%，劣Ⅴ类占12.9%。主要污染指标为COD_{Cr}、氨氮和五日生化需氧量。

3）珠江流域。国控断面中，Ⅰ类水质断面占5.6%，Ⅱ类占74.1%，Ⅲ类占14.8%，Ⅳ类占1.8%，无Ⅴ类断面，劣Ⅴ类占3.7%。

4）松花江流域。国控断面中，无Ⅰ类水质断面，Ⅱ类占6.9%，Ⅲ类占55.2%，Ⅳ类占28.7%，Ⅴ类占4.6%，劣Ⅴ类占4.6%。主要污染指标为COD_{Cr}、高锰酸盐指数和五日生化需氧量。

5）淮河流域。国控断面中，无Ⅰ类水质断面，Ⅱ类占7.5%，Ⅲ类占48.9%，Ⅳ类占21.3%，Ⅴ类占7.4%，劣Ⅴ类占14.9%。主要污染指标为COD_{Cr}、五日生化需氧量和高锰酸盐指数。

6）海河流域。国控断面中，Ⅰ类水质断面占4.7%，Ⅱ类占14.1%，Ⅲ类占20.3%，Ⅳ类占14.1%，Ⅴ类占9.3%，劣Ⅴ类占37.5%。主要污染指标为COD_{Cr}、五日生化需氧量和总磷。

7）辽河流域。国控断面中，Ⅰ类水质断面占1.8%，Ⅱ类占34.5%，Ⅲ类占5.5%，Ⅳ类占40.0%，Ⅴ类占10.9%，劣Ⅴ类占7.3%。主要污染指标为COD_{Cr}、五日生化需氧量和石油类。

8）浙闽片河流。国控断面中，Ⅰ类水质断面占6.7%，Ⅱ类占26.7%，Ⅲ类占51.1%，Ⅳ类占11.1%，Ⅴ类占4.4%，无劣Ⅴ类断面。

9）西北诸河。国控断面中，Ⅰ类水质断面占3.9%，Ⅱ类占84.3%，Ⅲ类占9.8%，无Ⅳ类、Ⅴ类断面，劣Ⅴ类占2.0%。

10）西南诸河。国控断面中，无Ⅰ类水质断面，Ⅱ类占67.8%，Ⅲ类占25.8%，无Ⅳ类断面，Ⅴ类占3.2%，劣Ⅴ类占3.2%。

11）省界水体。Ⅰ～Ⅲ类、Ⅳ～Ⅴ类和劣Ⅴ类水质断面比例分别为64.9%、16.5%和18.6%。主要污染指标为氨氮、总磷和COD_{Cr}。

2. 湖泊（水库）

（1）水质状况

2014年全国62个重点湖泊（水库）中，7个湖泊（水库）水质为Ⅰ类，11个为Ⅱ类，20个为Ⅲ类，15个为Ⅳ类，4个为Ⅴ类，5个为劣Ⅴ类。主要污染指标为总磷、COD_{Cr}和高锰酸盐指数。

2014年太湖湖体20个国控点位中，Ⅳ类水质占90.0%，Ⅴ类水质占10.0%，全湖平均为Ⅳ类水质，主要污染指标为COD_{Cr}和总磷。环湖河流34个国控断面中，Ⅱ类水质占5.9%，Ⅲ类水质占38.2%，Ⅳ类水质占32.4%，Ⅴ类水质占14.7%，劣Ⅴ类占8.8%。

2014年巢湖湖体8个国控点位中，Ⅲ类水质占12.5%，Ⅳ类水质占50.0%，Ⅴ类水质占37.5%，全湖平均为Ⅳ类水质。主要污染指标为总磷和COD_{Cr}。环湖河流11个国控断面中，Ⅱ类水质占9.1%，Ⅲ类水质占63.6%，劣Ⅴ类水质占27.3%。

2014年滇池湖体10个国控点位水质均为劣Ⅴ类。主要污染指标为COD_{Cr}、总磷和高锰酸盐指数。环湖河流16个国控断面中，Ⅱ类水质占6.2%，Ⅲ类水质占6.2%，Ⅳ类水质占18.8%，Ⅴ类水质占50.0%，劣Ⅴ类水质占18.8%。

（2）营养状况

2014年开展营养状态监测的61个湖泊（水库）中，贫营养的有10个，中营养的有36个，轻度富营养的有13个，中度富营养的有两个（图4-7）。2014年太湖湖体平均为轻度富营养状态，北部沿岸区、西部沿岸区、湖心区、东部沿岸区和南部沿岸区均为轻度富营养状态；巢湖湖体平均为轻度富营养状态，其中西半湖为中度富营养状态，东半湖为轻度富营养状态；滇池湖体平均为中度富营养状态，其中草海为重度富营养状态，外海为中度富营养状态。

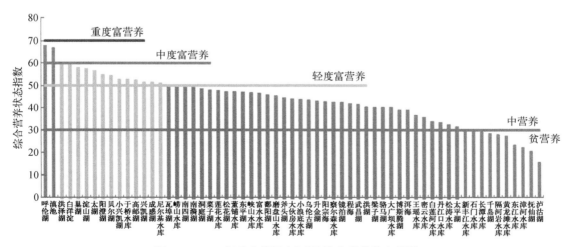

图4-7　2014年重点湖泊（水库）综合营养状态指数

资料来源：《2014年中国环境状况公报》

3. 地下水

根据《2014年中国环境状况公报》，2014年全国202个地级及以上城市开展了地下水水质监测工作，监测点总数为4 896个，其中国家级监测点为1 000个。水质为优良级的监测点比例为10.8%，良好级的监测点比例为25.9%，较好级的监测点比例为1.8%，较差级的监测点比例为45.4%，极差级的监测点比例为16.1%（图4-8）。主要超标指标为总硬度、溶解性总固体、铁、锰、"三氮"（亚硝酸盐氮、硝酸盐氮和氨氮）、氟化物、硫酸盐等，个别监测点有砷、铅、六价铬、镉等重（类）金属超标现象。2014年地下水质稳定的占65.3%，变好的占16.7%，变差的占18.0%（图4-9）。

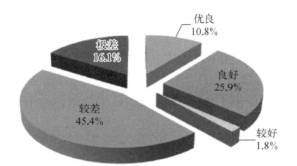
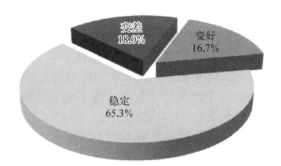

图4-8　2014年地下水水质状况　　　　　　图4-9　2014年地下水水质年际比较

资料来源：《2014年中国环境状况公报》　　　　资料来源：《2014年中国环境状况公报》

2014年北京、天津、河北、山东、河南和辽宁典型农业种植区的1 857个取样点监测结果表明，地下水硝酸盐（以氮计，下同）平均含量为10.9毫克/升。其中，蔬菜种植区地下水硝酸盐平均含量最高，为15.6毫克/升；其次为其他农田利用类型（主要包括花卉、棉花等农业利用类型），地下水硝酸盐平均含量为12.8毫克/升；再次为粮食作物种植区，地下水硝酸盐平均含量为9.7毫克/升；果树种植区地下水硝酸盐平均含量最低，为6.1毫克/升。样点总体地下水硝酸盐平均含量和不同农田利用类型地下水硝酸盐平均含量均符合《地下水质量标准》（GB /T 14848—2017）Ⅲ类水质标准要求，适用于集中式生活饮用水水源，以及工、农业用水的水质要求。

4. 全国地级及以上城市集中式饮用水水源地

根据《2014年中国环境状况公报》，2014年全国有329个地级及以上城市的集中式饮用水水源地统计取水情况，全年取水总量为332.55亿吨，服务人口为3.26亿人。其中，达标取水量为319.89亿吨，达标率为96.2%。地表水水源地主要超标指标为总磷、锰和铁，地下水水源地主要超标指标为铁、锰和氨氮。

5. 重点水利工程

1）三峡库区。水质良好，3个国控断面均为Ⅲ类水质。长江一级支流水体综合营养状态指数范围为50.1 ～ 72.1，富营养断面占监测断面总数的29.4%。

2）南水北调（东线）。南水北调东线36个考核断面已有35个水质达标，达标率97%。

输水干线水质基本达到地表水 III 类标准。江苏省境内 14 个控制断面全部达到地表水 III 类标准。山东省通过不断完善流域治理体系，输水干线上 9 个测点已基本达到 III 类标准。入输水干线的 22 个支流断面，有 21 个达标。针对不稳定达标断面，国家补充了 200 亿元的治理项目，并纳入 重点流域水污染防治"十二五"规划，重点项目已全面开工。

　　3）南水北调（中线）。南水北调中线取水口陶岔断面为 II 类水质。丹江口水库 5 个点位均为 II 类水质，营养状态为中营养。入丹江口水库的 9 条支流 18 个断面中：汉江两个断面为 I 类水质，其余 5 个断面为 II 类水质；天河、金钱河、浪河、堵河、老灌河和淇河断面均为 II 类水质；丹江 3 个断面为 II 类水质，1 个断面为 III 类水质；官山河断面为 III 类水质。

4.2.3　海洋环境质量现状

　　根据《2014 年中国海洋环境状况公报》，2014 年我国海洋生态环境状况基本稳定。近岸局部海域海水环境污染依然严重，春季、夏季和秋季劣 IV 类海水水质标准的海域面积分别为 52 280 平方千米、41 140 平方千米和 57 360 平方千米（表 4-3）。河流排海污染物总量较高，陆源入海排污口达标率仅为 52%。监测的河口和海湾生态系统仍处于亚健康或不健康状态。赤潮和绿潮灾害影响面积较上年有所增大。局部砂质海岸和粉砂淤泥质海岸侵蚀程度加大，渤海滨海地区海水入侵和土壤盐渍化依然严重。海洋保护区生态状况基本保持稳定。海水增养殖区和旅游休闲娱乐区环境质量总体良好。

表 4-3　2014 年我国管辖海域未达到 I 类海水水质的各类海域面积　（单位：平方千米）

海　区	季　节	II 类水质海域面积	III 类水质海域面积	V 类水质海域面积	劣 IV 类水质海域面积	合　计
渤海	春季	17 710	7 470	4 540	6 160	35 880
	夏季	8 180	6 600	3 770	5 750	24 300
	秋季	38 720	6 190	3 620	6 000	54 530
黄海	春季	16 390	10 230	6 050	2 710	35 380
	夏季	12 510	13 540	4 990	2 970	34 010
	秋季	27 310	10 450	7 140	4 260	49 160
东海	春季	19 020	9 210	7 580	37 800	73 610
	夏季	17 470	10 700	11 200	28 330	67 700
	秋季	27 220	11 330	11 670	43 200	93 420
南海	春季	6 880	8 880	1 570	5 610	22 940
	夏季	5 120	11 900	1 590	4 090	22 700
	秋季	7 150	8 740	1 080	3 900	20 870
全海域	春季	60 000	35 790	19 740	52 280	167 810
	夏季	43 280	42 740	21 550	41 140	148 710
	秋季	100 400	36 710	23 510	57 360	217 980

1. 海水质量状况分析

2014年全海域开展了春季、夏季和秋季3个航次的海水质量监测，海水中无机氮、活性磷酸盐、石油类和COD_{Cr}等要素的综合评价结果显示，近岸局部海域海水环境污染依然严重，近岸以外海域海水质量良好。春季、夏季和秋季，劣Ⅳ类海水水质标准的海域面积分别为52 280平方千米、41 140平方千米和57 360平方千米，主要分布在辽东湾、渤海湾、莱州湾、长江口、杭州湾、浙江沿岸、珠江口等近岸海域。近岸海域主要污染要素为无机氮、活性磷酸盐和石油类。与上年同期相比，渤海、黄海和南海夏季劣Ⅳ类海水水质标准的海域面积分别减少了2 740平方千米、530平方千米和3 440平方千米，东海劣Ⅳ类海水水质标准的海域面积增加了3 510平方千米。

在重点监测的44个海湾中，20个海湾春季、夏季和秋季均出现了劣Ⅳ类海水水质标准的海域，主要污染要素为无机氮、活性磷酸盐、石油类和COD_{Cr}。

我国管辖海域海水放射性水平和海洋大气γ辐射空气吸收剂量率未见异常。辽宁红沿河、江苏田湾、浙江秦山、福建宁德、广东阳江和广东大亚湾核电站邻近海域海水、沉积物和海洋生物中的放射性核素含量处于我国海洋环境放射性本底范围之内。在建的山东海阳、广西防城港和海南昌江核电站邻近海域的放射性背景监测数据未见异常。

2. 海水富营养化状况

春季、夏季和秋季，呈富营养化状态（依据富营养化指数计算）的海域面积分别为85 710平方千米、64 400平方千米和104 130平方千米。夏季呈重度、中度和轻度富营养化的海域面积分别为12 800平方千米、15 840平方千米和35 760平方千米（表4-4）。重度富营养化海域主要集中在辽东湾、长江口、杭州湾、珠江口等近岸区域。

表4-4　2014年我国管辖海域富营养化海域面积　　　　　　（单位：平方千米）

海 区	季 节	轻度富营养化海域面积	中度富营养化海域面积	重度富营养化海域面积	合 计
渤海	春季	7 870	2 140	1 210	11 220
	夏季	7 460	2 920	600	10 980
	秋季	9 050	4 960	520	14 530
黄海	春季	16 480	5 420	220	22 120
	夏季	8 520	1 750	380	10 650
	秋季	21 000	6 900	0	27 900
东海	春季	15 540	13 860	13 190	42 590
	夏季	15 980	9 350	10 520	35 850
	秋季	22 420	18 360	14 440	55 220
南海	春季	5 760	2 700	1 320	9 780
	夏季	3 800	1 820	1 300	6 920
	秋季	3 940	1 670	870	6 480

（续表）

海　区	季　节	轻度富营养化海域面积	中度富营养化海域面积	重度富营养化海域面积	合　计
全海域	春季	45 650	24 120	15 940	85 710
	夏季	35 760	15 840	12 800	64 400
	秋季	56 410	31 890	15 830	104 130

3. 主要入海污染源状况

（1）河流入海断面水质状况

枯水期、丰水期和平水期，72条河流入海监测断面水质劣Ⅴ类地表水水质标准的比例分别为51%、53%和53%，劣Ⅴ类地表水水质标准的污染要素主要为COD_{Cr}、总磷、氨氮和石油类。

（2）主要河流污染物排海状况

72条河流入海的污染物量分别为：COD_{Cr} 1 453万吨；氨氮（以氮计）30万吨；硝酸盐氮（以氮计）237万吨；亚硝酸盐氮（以氮计）5.8万吨；总磷（以磷计）27万吨；石油类4.8万吨；重金属2.1万吨（其中锌14 620吨、铜4 026吨、铅1 830吨、镉120吨、汞44吨）；砷3 275吨。其中，COD_{Cr}、氨氮和硝酸盐氮入海量分别较上年增加了5%、3%和7%，总磷入海量减少了1%。

（3）入海排污口及邻近海域环境质量状况

在实施监测的445个陆源入海排污口中，工业排污口占35%，市政排污口占40%，排污河占21%，其他类排污口占4%。3月、5月、7月、8月、10月和11月的入海排污口达标排放比率分别为51%、50%、52%、52%、53%和53%，全年入海排污口的达标排放次数占监测总次数的52%。图4-10为2010～2014年不同类型入海排污口达标排放次数比例。111个入海排污口全年各次监测均达标，占监测排污口总数的25%，113个入海排污口全年各次监测均超标。入海排污口排放的主要污染物为总磷、COD_{Cr}、悬浮物和氨氮。不同类型入海排污口中，工业和市政排污口达标排放次数比率分别为65%和48%，排污河和其他类排污口达标排放次数比率分别为40%和47%。入海排污口邻近海域环境质量状况总体较差（图4-11），90%以上无法满足所在海域海洋功能区的环境保护要求。

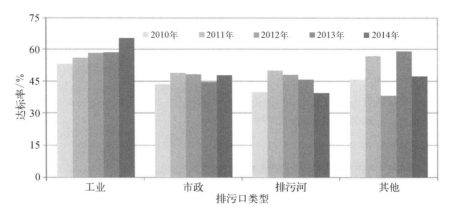

图4-10　2010～2014年不同类型入海排污口达标排放次数比例

资料来源：《2014年中国海洋环境状况公报》

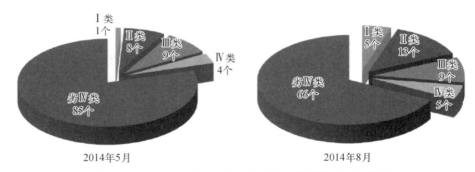

图4-11　2014年5月和8月入海排污口邻近海域水质等级

资料来源:《2014年中国海洋环境状况公报》

(4) 沉积物质量状况

2014年8月对全国94个入海排污口邻近海域沉积物质量进行监测,其中31个排污口邻近海域沉积物质量不能满足所在海洋功能区沉积物质量要求,主要污染要素为石油类、铜、铬、汞、镉、硫化物和粪大肠菌群。与上年相比:15个排污口邻近海域沉积物中石油类、汞、镉、铅等含量降低,沉积物质量有所改善;12个排污口邻近海域沉积物中铜、铬和硫化物等含量升高,沉积物质量下降。

(5) 生物质量状况

根据《2014年中国海洋环境状况公报》,62%的排污口邻近海域贝类生物质量不能满足所在海洋功能区生物质量要求,主要污染要素为粪大肠菌群、石油烃、铅和镉。

4. 海洋垃圾分布状况

根据《2014年中国海洋环境状况公报》,海洋垃圾密度较高的区域主要分布在旅游休闲娱乐区、农渔业区、港口航运区及邻近海域,旅游休闲娱乐区海洋垃圾多为塑料袋、塑料瓶等生活垃圾,农渔业区内塑料类、聚苯乙烯泡沫类等生产生活垃圾数量较多(图4-12)。

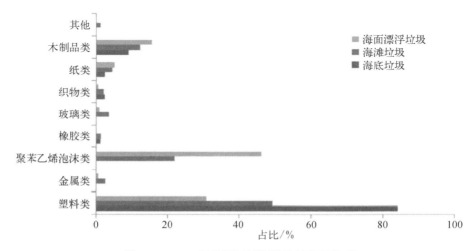

图4-12　2014年监测区域海洋垃圾主要类型

资料来源:《2014年中国海洋环境状况公报》

（1）海面漂浮垃圾

海面漂浮垃圾主要为聚苯乙烯泡沫塑料碎片、塑料袋和塑料瓶等。大块和特大块漂浮垃圾平均30个/平方千米；中块和小块漂浮垃圾平均2 206个/平方千米，平均密度为20千克/平方千米。聚苯乙烯泡沫塑料类垃圾数量最多，占46%；其次为塑料类和木制品类，分别占31%和16%。91%的海面漂浮垃圾来源于陆地，9%的来源于海上活动。

（2）海滩垃圾

海滩垃圾主要为塑料袋、聚苯乙烯泡沫塑料碎片和塑料瓶等。平均个数为50 142个/平方千米，平均密度为3 119千克/平方千米。塑料类垃圾数量最多，占49%；其次为聚苯乙烯泡沫塑料类和木制品类，分别占22%和12%。86%的海滩垃圾来源于陆地，14%来源于海上活动。

（3）海底垃圾

海底垃圾主要为塑料袋和塑料瓶等，平均个数为720个/平方千米，平均密度为100千克/平方千米。其中塑料类垃圾数量最多，占84%；其次为木制品类，占9%。

4.2.4　大气环境质量现状

1. 空气质量

《2014年中国环境状况公报》显示，2014年在新标准第一、第二阶段监测实施的城市中，开展空气质量新标准监测的地级及以上城市有161个，其中74个为第一阶段实施城市，87个为第二阶段新增城市。监测结果显示，161个城市中，舟山、福州、深圳、珠海、惠州、海口、昆明、拉萨、泉州、湛江、汕尾、云浮、北海、三亚、曲靖和玉溪共16个城市空气质量达标（好于国家Ⅱ级标准），占9.9%；145个城市空气质量超标，占90.1%。从各指标来看，SO_2年均浓度范围为2～123微克/立方米，平均为35微克/立方米，达标城市比例为88.2%，日均浓度达标率范围为74.4%～100.0%，平均为98.3%，平均超标率为1.7%。NO_2年均浓度范围为14～67微克/立方米，平均为38微克/立方米，达标城市比例为62.7%，日均浓度达标率范围为78.3%～100.0%，平均为96.8%，平均超标率为3.2%。PM_{10}年均浓度范围为35～233微克/立方米，平均为105微克/立方米，达标城市比例为21.7%，日均浓度达标率范围为30.9%～100.0%，平均为81.0%，平均超标率为19.0%。$PM_{2.5}$年均浓度范围为19～130微克/立方米，平均为62微克/立方米；达标城市比例为11.2%；日均浓度达标率范围为32.1%～99.7%，平均为73.4%，平均超标率为26.6%。O_3日最大8小时平均值第90百分位数浓度范围为69～210微克/立方米，平均为140微克/立方米；达标城市比例为78.2%；日最大8小时达标率范围为68.7%～100.0%，平均为93.9%，平均超标率为6.1%。CO日均值第95百分位数浓度范围为0.9～5.4微克/立方米，平均为2.2微克/立方米；达标城市比例为96.9%；日均值达标率范围为88.4%～100.0%，平均为99.3%，平均超标率为0.7%。

2. 74个新标准第一阶段监测实施城市

2014年，京津冀、长三角、珠三角等重点区域及直辖市、省会城市和计划单列市共74个城市继续按照新标准开展监测。监测结果显示，海口、拉萨、舟山、深圳、珠海、福州、惠州和昆明8个城市空气质量年均值达标，66个城市空气质量不同程度超标。全年空气质量相对较好的10个城市分别是海口、舟山、拉萨、深圳、珠海、惠州、福州、厦门、昆明和中山，空气质量相对较差的10个城市分别是保定、邢台、石家庄、唐山、邯郸、衡水、济南、廊坊、郑州和天津。2014年新标准第一、二阶段各指标不同浓度区间城市比较见图4-13。

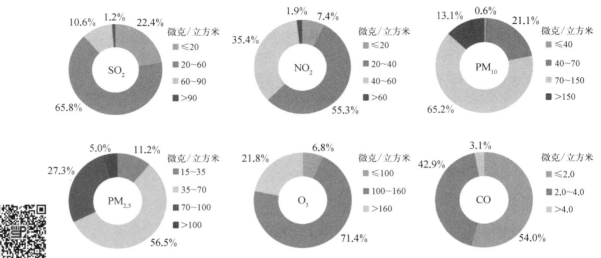

图4-13   2014年新标准第一、第二阶段各指标不同浓度区间城市比例

资料来源：《2014年中国环境状况公报》

2014年，京津冀区域13个地级及以上城市 $PM_{2.5}$ 年均浓度为93微克/立方米，仅张家口达标，其他12个城市均超标；PM_{10} 年均浓度为158微克/立方米，有13个城市均超标；SO_2 年均浓度为52微克/立方米，有4个城市超标；NO_2 年均浓度为49微克/立方米，有10个城市超标；CO日均值第95百分位浓度为3.5毫克/立方米，有3个城市超标；O_3 日最大8小时均值第90百分位浓度为162微克/立方米，有8个城市超标。全年以 $PM_{2.5}$ 为首要污染物的污染天数最多，其次为 PM_{10} 和 O_3。

2014年，长三角区域25个地级及以上城市 $PM_{2.5}$ 年均浓度为60微克/立方米，仅舟山达标，其他24个城市均超标；PM_{10} 年均浓度为92微克/立方米，有22个城市超标；SO_2 年均浓度为25微克/立方米，25个城市均达标；NO_2 年均浓度为39微克/立方米，有11个城市超标；CO日均值第95百分位浓度为1.5毫克/立方米，有25个城市均达标；O_3 日最大8小时均值第90百分位浓度为154微克/立方米，有10个城市超标。全年以 $PM_{2.5}$ 为首要污染物的污染天数最多，其次为 O_3 和 PM_{10}。

2014年珠三角区域9个地级及以上城市 $PM_{2.5}$ 年均浓度为42微克/立方米，有3个城市达标；PM_{10} 年均浓度为61微克/立方米，仅肇庆超标，其他8个城市均达标；SO_2 年均浓度为18微克/立方米，9个城市均达标；NO_2 年均浓度为37微克/立方米，有3个城市超标；CO日均值第95百分位浓度为1.5毫克/立方米，9个城市均达标；O_3 日最大8小时均值第90百分位浓度为156微克/立方米，有4个城市超标。全年以 O_3 为首要污染物的污染天数最多，其次为 $PM_{2.5}$ 和 NO_2。图4-14为2014年新标准第一阶段监测实施城市平均浓度和达标城市的比例。

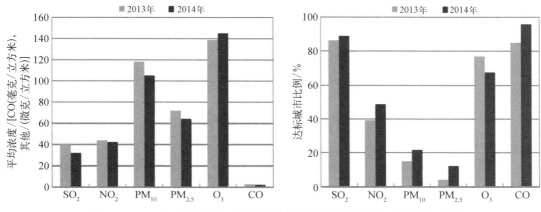

图4-14　2014年新标准第一阶段监测实施城市平均浓度和达标城市比例

资料来源:《2014年中国环境状况公报》

3. 酸雨

（1）酸雨频率。2014年470个监测降水的城市（区、县）中,酸雨频率均值为17.4%。出现酸雨的城市比例为44.3%,酸雨频率在25%以上的城市比例为26.6%,酸雨频率在75%以上的城市比例为9.1%。降水酸度情况为,2014年降水pH年均值低于5.6（酸雨）、低于5.0（较重酸雨）和低于4.5（重酸雨）的城市比例分别为29.8%、14.9%和1.9%。酸雨、较重酸雨和重酸雨的城市比例同比均基本持平。

（2）化学组成。2014年降水中的主要阳离子为钙离子和铵离子,分别占离子总当量的25.1%和13.6%；主要阴离子为硫酸根,占离子总当量的26.4%；硝酸根占离子总当量的8.3%。硫酸盐为主要致酸物质。

（3）酸雨分布。2014年酸雨污染主要分布在长江以南—青藏高原以东地区,主要包括浙江、江西、福建、湖南、重庆的大部分地区,以及长三角、珠三角地区。

4.2.5　土壤环境质量现状

1. 总体情况

根据全国土壤污染状况调查公报（2005年4月至2013年12月）,全国土壤环境状况总体不容乐观,部分地区土壤污染较重,耕地土壤环境质量堪忧,工矿业废弃地土壤环境问题突出。工矿业、农业等人为活动以及土壤环境背景值高,是造成土壤污染或超标的主要原因。全国土壤总的超标率为16.1%,其中轻微、轻度、中度和重度污染点位比例分别为11.2%、2.3%、1.5%和1.1%。污染类型以无机型为主,有机型次之,复合型污染比例较小,无机污染物超标点位数占全部超标点位的82.8%。从污染分布情况看,南方土壤污染重于北方；长三角、珠三角、东北老工业基地等部分区域土壤污染问题较为突出,西南、中南地区土壤重金属超标范围较大；镉、汞、砷、铅4种无机污染物含量分布呈现从西北到东南、从东北到西南方向逐渐升高的态势。

2. 污染物超标情况

（1）无机污染物

镉、汞、砷、铜、铅、铬、锌、镍8种无机污染物点位超标率分别为7.0%、1.6%、2.7%、2.1%、1.5%、1.1%、0.9%、4.8%（表4-5）。

表4-5　无机污染物超标情况

污染物类型	点位超标率/%	不同程度污染点位比例/%			
		轻　微	轻　度	中　度	重　度
镉	7.0	5.2	0.8	0.5	0.5
汞	1.6	1.2	0.2	0.1	0.1
砷	2.7	2.0	0.4	0.2	0.1
铜	2.1	1.6	0.3	0.15	0.05
铅	1.5	1.1	0.2	0.1	0.1
铬	1.1	0.9	0.15	0.04	0.01
锌	0.9	0.75	0.08	0.05	0.02
镍	4.8	3.9	0.5	0.3	0.1

（2）有机污染物

六六六、DDT、多环芳烃3类有机污染物点位超标率分别为0.5%、1.9%、1.4%。

3. 不同土地利用类型土壤的环境质量状况

耕地：土壤点位超标率为19.4%，其中轻微、轻度、中度和重度污染点位比例分别为13.7%、2.8%、1.8%和1.1%，主要污染物为镉、镍、铜、砷、汞、铅、DDT和多环芳烃。

林地：土壤点位超标率为10.0%，其中轻微、轻度、中度和重度污染点位比例分别为5.9%、1.6%、1.2%和1.3%，主要污染物为砷、镉、六六六和DDT。

草地：土壤点位超标率为10.4%，其中轻微、轻度、中度和重度污染点位比例分别为7.6%、1.2%、0.9%和0.7%，主要污染物为镍、镉和砷。

未利用地：土壤点位超标率为11.4%，其中轻微、轻度、中度和重度污染点位比例分别为8.4%、1.1%、0.9%和1.0%，主要污染物为镍和镉。

4. 典型地块及其周边土壤污染状况

（1）重污染企业用地

在调查的690家重污染企业用地及周边的5 846个土壤点位中，超标点位占36.3%，主要涉及黑色金属、有色金属、皮革制品、造纸、石油煤炭、化工医药、化纤橡塑、矿物制品、金属制品、电力等行业。

（2）工业废弃地

在调查的81块工业废弃地的775个土壤点位中，超标点位占34.9%，主要污染物为锌、汞、铅、铬、砷和多环芳烃,主要涉及化工业、矿业、冶金业等行业。

(3) 工业园区

在调查的146家工业园区的2 523个土壤点位中,超标点位占29.4%。其中,金属冶炼类工业园区及其周边土壤主要污染物为镉、铅、铜、砷和锌,化工类园区及周边土壤的主要污染物为多环芳烃。

(4) 固体废物集中处理处置场地

在调查的188处固体废物处理处置场地的1 351个土壤点位中,超标点位占21.3%,以无机污染为主,垃圾焚烧和填埋场有机污染严重。

(5) 采油区

在调查的13个采油区的494个土壤点位中,超标点位占23.6%,主要污染物为石油烃和多环芳烃。

(6) 采矿区

在调查的70个矿区的1 672个土壤点位中,超标点位占33.4%,主要污染物为镉、铅、砷和多环芳烃。有色金属矿区周边土壤镉、砷、铅等污染较为严重。

(7) 污水灌溉区

在调查的55个污水灌溉区中,有39个存在土壤污染。在1 378个土壤点位中,超标点位占26.4%,主要污染物为镉、砷和多环芳烃。

(8) 干线公路两侧

在调查的267条干线公路两侧的1 578个土壤点位中,超标点位占20.3%,主要污染物为铅、锌、砷和多环芳烃,一般集中在公路两侧150米范围内。

4.2.6　声环境质量现状

(1) 区域声环境

根据《2014年中国环境状况公报》,区域声环境质量为一级的城市占1.8%,为二级的城市占71.6%,为三级的城市占26.3%,为四级的城市占0.3%,无五级城市(图4-15)。

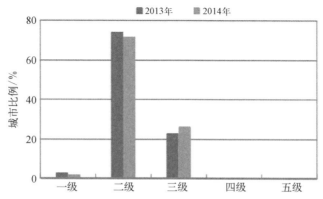

图4-15　2014年和2013年地级及以上城市区域声环境质量状况年际比较

资料来源:《2014年中国环境状况公报》

（2）道路交通声环境

2014年325个进行昼间监测的城市中，道路交通声环境质量为一级的城市占68.9%，为二级的城市占28.1%，为三级的城市占1.8%，为四级的城市占0.9%，为五级的城市占0.3%（图4-16）。

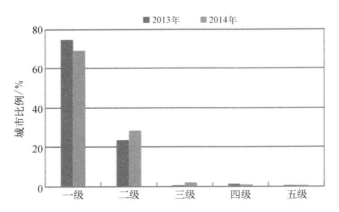

图4-16   2014年与2013年地级及以上城市道路交通声环境质量状况年际比较

资料来源：《2014年中国环境状况公报》

（3）城市功能区声环境

2014年296个开展监测的城市中，昼间监测点次达标率平均为91.3%，夜间监测点次达标率平均为71.8%，各类功能区声环境质量昼间达标率均高于夜间，4a类功能区（道路交通两侧区域）全国城市夜间监测点次达标率为49.4%，4b类功能区（铁路干线两侧区域）全国城市夜间监测点次达标率为35.3%。

第5章
31个省（自治区、直辖市）资源环境发展现状评述^①

5.1　北京

5.1.1　水环境现状

（1）河流

根据《2014年北京市环境状况公报》，2014年共监测五大水系有水河流94条段，长2 274.6千米，其中Ⅱ类、Ⅲ类水质河长占监测总长度的46.9%，Ⅳ类、Ⅴ类水质河长占监测总长度的7.3%，劣Ⅴ类水质河长占监测总长度的45.8%。主要污染指标为COD_{Cr}、生化需氧量和氨氮等，污染类型属于有机污染类型。五大水系中，潮白河系水质最好，永定河系和蓟运河系次之，大清河系和北河系水质总体较差。

（2）湖泊

北京市2014年共监测有水湖泊22个，水面面积为720万平方米，其中Ⅱ类、Ⅲ类水质湖泊占总监测水面面积的6.4%，Ⅳ类、Ⅴ类水质湖泊占总监测水面面积的53.6%，劣Ⅴ类水质湖泊占总监测水面面积的40%。主要污染指标为COD_{Cr}、生化需氧量和总磷。北京市湖泊营养级别数量图见图5-1。

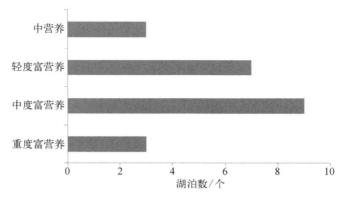

图5-1　北京湖泊营养级别数量图
资料来源：《2014年北京市环境状况公报》

---

① 本书中未统计港澳台数据；本章研究人员：王祥荣、李昆、徐艺扬等。

（3）水库

全年共监测水库16座，平均总蓄水量为16.5亿立方米，其中Ⅱ类、Ⅲ类水质水库占总监测总库量的84.1%，Ⅳ类水质水库占总监测总库量的15.9%。主要污染指标为COD_{Cr}和总磷。

（4）城市集中式地表水饮用水水源

北京市地表水水质总体稳定，其中集中式地表水饮用水水源水质符合国家饮用水水源水质标准。2014年全市地表水体监测断面高锰酸盐指数年均浓度值为8.05毫克/升，氨氮年均浓度值为5.94毫克/升（表5-1）。

表5-1 河流、湖泊、水库高锰酸盐指数、氨氮年平均值　　　　　（单位：毫克/升）

类　型	高锰酸盐指数		氨　氮	
	2013年	2014年	2013年	2014年
总体	7.89	8.05	6.17	5.94
河流	8.45	8.57	7.42	7.13
湖泊	6.08	6.43	0.63	0.56
水库	3.57	3.61	0.40	0.21

5.1.2　大气环境现状

北京市空气中$PM_{2.5}$年平均浓度值为85.9微克/立方米，超过国家标准1.45倍，SO_2年平均浓度值为21.8微克/立方米，达到国家标准。NO_2年平均浓度值为56.7微克/立方米，超过国家标准42%。PM_{10}年平均浓度值115.8微克/立方米，超过国家标准65%。全市空气中CO 24小时平均第95百分位浓度值为3.2毫克/立方米，达到国家标准，O_3日最大8小时滑动平均的第90百分位浓度值为197.2微克/立方米，超过国家标准23%。臭氧超标出现在4～9月，全日高浓度时段集中于下午到傍晚。北京全年$PM_{2.5}$来源中区域传输贡献占28%～36%，本地污染排放贡献占64%～72%。在本地污染贡献中，机动车、燃煤、工业生产、扬尘为主要来源，分别占31.1%、22.4%、18.1%和14.3%，餐饮、汽车修理、畜禽养殖、建筑涂装等其他排放约占14.1%。全市大气降水pH年平均值为5.76，酸雨频率为19.0%。

5.1.3　污染物排放现状

全年主要污染物中COD_{Cr}排放总量为16.88万吨；氨氮排放总量为1.90万吨；SO_2排放总量为7.89万吨；氮氧化物排放总量为15.10万吨。

5.1.4　声环境现状

北京建成区区域环境噪声平均值为53.6分贝（A）。各区县建成区区域环境噪声数值范围为51.3～55.3分贝（A）。建成区道路交通噪声平均值为69.1分贝（A）。各区县建成区道路交通噪声数值范围为63.6～72.2分贝（A）。城市功能区声环境质量中，1类区昼间等效声级年平均值超过国家标准，2类区、3类区和4a类区昼间等效声级年平均值符合国家标准[①]。

5.1.5　生态环境质量现状

2014年北京市生态环境质量级别为良，生态环境质量指数（EI）为66.9，其中生物丰度指数、植被覆盖指数和环境质量指数明显升高，水网密度指数较上年略有降低，土地退化指数基本持平。从区域分布来看，北部的怀柔、密云生态环境质量最好。

5.2　天津

5.2.1　水环境现状

根据《2014年天津市环境状况公报》，2014年共监测25条河流，全长1 360千米，其中干枯河长占监测总长度的5.1%，Ⅲ类水质河长占监测总长度的12.3%，Ⅳ类、Ⅴ类水质河长占监测总长度的21.7%，劣Ⅴ类水质河长占监测总长度的60.9%。主要污染指标为COD_{Cr}、生化需氧量和高锰酸盐指数。

主要水库中，尔王庄水库为中营养，于桥水库、团泊洼水库、北大港水库为轻度富营养。于桥水库总体为Ⅲ类水质，综合营养状态指数为52.2，处于轻度富营养状态。

全市饮用水水源地宜兴埠泵站水质符合国家饮用水水源水质标准，水质达标率保持在100%。引滦河道水质状况良好。

全市近岸海域环境质量监测点位中，Ⅱ类、Ⅳ类水质点位分别占30%和40%，劣Ⅳ类点位占30%。主要污染因子为无机氮和石油类。2014年近岸海域功能区水质达标率为33.3%。

5.2.2　大气环境现状

天津市空气中$PM_{2.5}$年平均浓度值为83微克/立方米，超过国家标准1.4倍，SO_2年平均浓度值为49微克/立方米，低于国家标准（60微克/立方米）。NO_2年平均值为54微克/立方米，超过国家标准（40微克/立方米）35%。PM_{10}年平均浓度值为133毫克/立方米，超过国家标准（70微克/立方米）90%。空气中CO 24小时平均第95百分位浓度值为2.9毫克/立方米，低于国家24小时平均浓度标准，O_3日最大8小时滑动平均的第90百分位浓度值为157微

---

① 在声环境功能区中，1类区指以居民住宅、医疗卫生、文化教育、科研设计、行政办公为主要功能，需要保持安静的区域；2类区指以商业金融、集市贸易为主要功能，或者居住、商业、工业混杂，需要维护住宅安静的区域；3类区指以工业生产、仓储物流为主要功能，需要防止工业噪声对周围环境产生严重影响的区域；4类区指交通干线两侧一定距离之内，需要防止交通噪声对周围环境产生严重影响的区域，其中4a类为高速公路、一级公路、二级公路、城市快速路、城市主干路、城市次干路、城市轨道交通（地面段）、内河航道两侧区域，4b类为铁路干线两侧区域。

克/立方米,低于国家年平均浓度标准。自2013年国家实行《环境空气质量标准》(GB 3095—2012)以来,天津市SO_2、PM_{10}、$PM_{2.5}$和CO有所下降,NO_2持平,O_3略有上升(图5-2)。

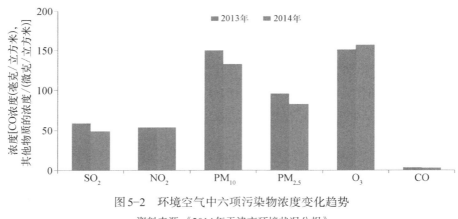

图5-2 环境空气中六项污染物浓度变化趋势

资料来源:《2014年天津市环境状况公报》

全年$PM_{2.5}$来源中区域传输贡献占22% ~ 34%,本地污染排放贡献占66% ~ 78%。在本地污染贡献中,机动车、燃煤、工业生产、扬尘为主要来源,分别占20%、27%、17%和30%;餐饮、汽车修理、畜禽养殖、建筑涂装等其他排放约占6%。全市大气降水pH范围为3.91 ~ 8.24,酸雨频率为6.1%。

5.2.3 污染物排放现状

天津主要污染物排放情况为,COD_{Cr}排放总量为21.43万吨;氨氮排放总量为2.45万吨;SO_2排放总量为20.92万吨;氮氧化物排放总量为28.23万吨。

5.2.4 声环境现状

天津建成区区域环境噪声昼间平均值为53.8分贝(A),建成区区域环境噪声昼间声级范围为50.4 ~ 56.5分贝(A),其中国控点位平均值为53.9分贝(A),市控点位平均值为53.8分贝(A)。建成区道路交通噪声昼间平均值为65.6分贝(A),道路交通噪声昼间声级范围为62.7 ~ 69.3分贝(A),其中国控点位平均值为67.5分贝(A),市控点位平均值为64.7分贝(A)。城市功能区声环境质量中1类区、2类区、3类区昼间、夜间等效声级和4a类昼间等效声级年平均值符合《声环境质量标准》(GB 3096—2008),4a类区夜间等效声级年平均值超过国家标准。

5.2.5 生态环境质量现状

2013年天津市生态环境质量级别为良,生态环境质量指数(EI)为56.18,从区域分布看,滨海新区、西青区、东丽区、蓟县和宁河县生态环境状况良好。

5.3　上海

5.3.1　水环境现状

根据《2014年上海市环境状况公报》，2014年上海市主要河流断面水质达到Ⅲ类的占25%，Ⅳ类、Ⅴ类占26%，其余为劣Ⅴ类，主要污染指标为总磷和氨氮。长江流域河流水质明显优于太湖流域（图5-3）。

全市主要河流高锰酸盐指数和氨氮平均浓度分别为4.55毫克/升和2.40毫克/升，总磷平均浓度为0.313毫克/升。2014年全市河流水质较2013年有所改善。淀山湖处于轻度富营养状态，与2013年基本持平。黄浦江有6个断面水质，1个为Ⅲ类，5个为Ⅳ类，主要污染指标为总磷、氨氮和溶解氧。苏州河有7个

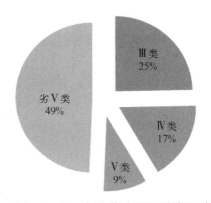

图5-3　2014年上海主要河流断面水质类别比例

资料来源：《2014年上海市环境状况公报》

断面水质均为劣Ⅴ类，主要污染指标为总磷、氨氮和溶解氧。长江口7个断面水质均达到Ⅲ类。其他骨干河道有57个断面水质，Ⅲ类占19.3%，Ⅳ类占14.0%，Ⅳ类占12.3%，劣Ⅴ类占54.4%，主要污染指标为总磷、氨氮和溶解氧。

5.3.2　大气环境现状

2014年全市空气中$PM_{2.5}$年平均浓度值为52微克/立方米，超过国家二级标准17微克/立方米；SO_2年平均浓度值为18微克/立方米，达到国家环境空气质量二级标准；NO_2年平均浓度值为45微克/立方米，超过国家二级标准5微克/立方米；PM_{10}年平均浓度值为71微克/立方米，超过国家二级标准1微克/立方米。全市空气中CO 24小时平均第95百分位浓度值范围为0.36～1.8毫克/立方米，达到国家二级标准，全市年平均浓度为0.77毫克/立方米。O_3日最大8小时滑动平均的第90百分位浓度值为149微克/立方米，达到国家标准。上海大气降水pH年平均值为4.9，酸雨频率为72.4%。近5年的监测数据表明，上海酸雨污染基本持平。

5.3.3　声环境现状

2014年上海区域环境噪声昼间时段的平均等效声级为55.6分贝（A）；夜间时段的平均等效声级为48.1分贝（A）。昼间时段有90.4%的测点达到好、较好和一般水平，夜间时段有80.3%的测点达到较好和一般水平。上海道路交通噪声昼间时段的平均等效声级为69.8分贝（A），夜间时段的平均等效声级为65.6分贝（A）。昼间时段评价为好、较好和一般水平的路段占监测总路长的76.8%，夜间时段评价为好、较好和一般水平的路段占监测总路长的26.6%。2014年上海昼间时段和夜间时段区域环境噪声等级分布见图5-4和图5-5。

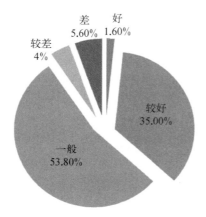

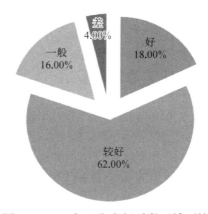

图5-4   2014年上海昼间时段区域环境
噪声等级分布

资料来源：《2014年上海市环境状况公报》

图5-5   2014年上海夜间时段区域环境
噪声等级分布

资料来源：《2014年上海市环境状况公报》

5.4   重庆

5.4.1   水环境现状

(1) 河流

2014年重庆全市地表水总体水质为良好，161个监测断面中，Ⅰ类、Ⅱ类、Ⅲ类、Ⅳ类、Ⅴ类和劣Ⅴ类水质的断面比例分别为0.6%、30.4%、48.5%、11.8%、5.6%和3.1%，其中Ⅰ～Ⅲ类水质的断面比例为79.5%（图5-6）；水质满足水域功能要求的断面占86.3%。

2014年长江干流总体水质为优，15个监测断面中，Ⅲ类水质的断面比例为100%。长江支流总体水质为良好，146个监测断面中，Ⅰ类、Ⅱ类、Ⅲ类、Ⅳ类、Ⅴ类和劣Ⅴ类水质的断面比例分别为0.7%、33.6%、43.1%、13.0%、6.2%和3.4%，其中Ⅰ～Ⅲ类水质的断面比例为77.4%；水质满足水域功能要求的断面占86.3%。

(2) 库区一级支流回水区营养状况

2014年三峡库区36条一级支流回水区水质呈中营养的断面比例为55.6%；呈富营养的断面比例为44.4%（中度富营养为5.5%，轻度富营养为38.9%）。

(3) 城市集中式饮用水水源

2014年重庆市61个集中式生活饮用水水源地水质达标率为97.3%。主城区14个集中式生活饮用水水源地水质达标率为91.1%；主要原因是，长江上游四川来水总磷浓度超标，导致重庆长江饮用水水源地部分月份水质不达标。其他区县城区47个集中式生

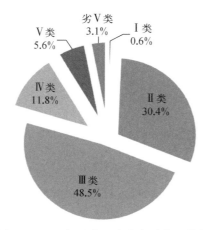

图5-6   2014年重庆地表水水质类型分布

资料来源：《2014年重庆市环境状况公报》

活饮用水水源地水质达标率为99.1%。

5.4.2 大气环境现状

主城区按空气质量新标准评价。2014年重庆主城区空气质量达标天数为246天（占67.4%），比2013年增加了40天。超标天数为119天（32.6%），超标天数中首要污染物为$PM_{2.5}$、O_3的天数分别为101天、18天。主城区空气中PM_{10}年平均浓度为98微克/立方米，超标0.40倍；$PM_{2.5}$年平均浓度为65微克/立方米，超标0.86倍；SO_2年平均浓度为24微克/立方米，达标；NO_2年平均浓度为39微克/立方米，达标；CO年平均浓度为1.8毫克/立方米，达标；O_3浓度为146微克/立方米，达标。其他区县仍按空气质量老标准评价，31个区县（经济开发区）中空气质量达标天数均在323天以上。2014年31个区县（经济开发区）城区空气中PM_{10}、SO_2、NO_2平均浓度为72微克/立方米、28微克/立方米、33微克/立方米，3项污染物年平均浓度均达标。

2014年重庆市酸雨频率为41.4%，降水pH范围为3.01～8.35，年平均值为5.02。与2013年相比，酸雨频率下降了6.1个百分点，降水pH年平均值上升了0.16，酸雨污染有所减轻。

5.4.3 污染物排放现状

全年主要污染物排放情况为，COD_{Cr}排放总量为38.64万吨，其中工业源5.33万吨，城镇生活源21.27万吨，集中式治理设施0.07万吨，农业源11.97万吨；氨氮排放总量为5.13万吨；SO_2排放总量为52.69万吨；氮氧化物排放总量为35.50万吨；烟（粉）尘排放量为22.61万吨。工业固体废物产生量为3 067.78万吨，处置量为407.45万吨，储存量为72.37万吨，丢弃量为6.70万吨，一般工业固废处置利用率为97.48%。危险废物产生量为37.62万吨，综合利用量为14.99万吨，储存量为1.04万吨。重庆市城市生活垃圾无害化处理率达到99%，城镇生活垃圾无害化处理率达到88.6%。

5.4.4 声环境现状

2014年重庆市区域环境噪声平均等效声级为53.6分贝（A）；道路交通噪声平均等效声级为66.1分贝（A）。主城区区域环境噪声平均等效声级为53.7分贝（A），比2013年上升了0.3分贝（A）；道路交通噪声平均等效声级为66.6分贝（A），比2013年下降了0.8分贝（A）。其他区县城区区域环境噪声平均等效声级为53.5分贝（A），与2013年持平；道路交通噪声平均等效声级为65.7分贝（A），与2013年持平。

5.4.5 生态环境质量现状

（1）园林绿化

2014年重庆建成区绿地面积达到54 983公顷，绿化覆盖面积达到59 615公顷，公园绿地面积达到25 175公顷。全市建成区绿化覆盖率为40.55%，绿地率为37.40%，人均公园面积（含暂住人口）为16.36平方米。

（2）森林与草地

重庆市林地面积为436.73万公顷，占全市辖区面积的52.96%，森林面积为355.60万公顷，森林覆盖率为43.1%；天然草地面积为212.69万公顷，占全市辖区面积的25.81%。编制实施了《重庆市林地保护利用规划》（2010—2020年），划定420万公顷林地红线和373.33万公顷森林红线。建成市级以上森林公园87个，其中国家级森林公园26个；森林公园总面积为18万公顷。

（3）自然保护区与生物多样性

截至2014年，重庆自然保护区总数为58个，面积为85.68万公顷，占全市辖区面积的10.4%，其中国家级自然保护区7个，市级18个，区县级33个，保护着全市90%以上的野生动植物及栖息地、90%以上的陆地生态类型、85%的野生动植物种群。全市风景名胜区有36处，其中国家级风景名胜区7处，面积为2 497.72平方千米；世界遗产3处。建立了全市自然保护区空间管理系统，实施《重庆市生物多样性保护策略与行动计划》。

重庆现有野生维管植物6 000余种，其中中国特有植物498种、珍稀濒危及国家重点保护野生植物85种、受威胁种类355种。现有野生脊椎动物866种，无脊椎动物4 368种，其中中国特有动物206种；国家Ⅰ级保护动物11种，国家Ⅱ级保护动物47种，IUCN红色名录全球濒危野生动物27种。

5.5 河北

5.5.1 水环境现状

（1）河流

2014年七大水系水质总体为中度污染。Ⅰ～Ⅲ类水质比例为46.04%，Ⅳ类水质比例为16.55%，Ⅴ类水质比例为5.04%，劣Ⅴ类水质比例为32.37%，与上年相比基本持平（图5-7）。全省七大水系的氨氮浓度均值与上年相比下降了3.37%，COD_{Cr}浓度均值上升了4.67%。

2014年河北省河流水质总体为中度污染，主要污染物为COD_{Cr}、五日生化需氧量和总磷。七大水系中，永定河水系和滦河水系为轻度污染，大清河水系为中度污染，北三河水系、漳卫南运河水系、子牙河水系和黑龙港运东水系为重度污染。河北与北京、天津、山东、山西和河南相邻，共有36个省界断面，其中包括17个入境断面和19个出境断面，2014年共监测28个断面，其中揣骨疃、桑园桥、白庙、落宝滩、淋河桥、来家庄、青县桥和东港拦河闸8个断面断流。出境断面水质好于入境断面水质。监测的15个出境断面中，承德

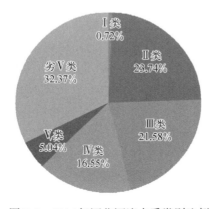

图5-7 2014年河北河流水质类别比例
资料来源：《2014年河北省环境状况公报》

入北京的水质和唐山入天津的水质较好；13个入境断面中，辽宁、山西来水水质较好，河南、北京、山东来水水质较差。

（2）湖泊（水库）

2014年对15座水库和白洋淀、衡水湖进行了监测。不计总氮，黄壁庄水库、东武仕水库、安格庄水库水质达到了Ⅲ类水质标准，龙门水库水质为Ⅳ类，主要污染物为总磷，其余11座水库水质均达到了Ⅱ类水质标准；衡水湖水质为Ⅲ类，水质良好；白洋淀水质为劣Ⅴ类，其中南刘庄由于氨氮和总磷超过地表水Ⅴ类标准，端村由于化学需氧量超过地表水Ⅴ类标准，水质为劣Ⅴ类，其他断面水质在Ⅳ～Ⅴ类，主要污染物是COD_{Cr}、总磷和五日生化需氧量。对湖库淀水质进行富营养化评价，岗南水库、黄壁庄水库、陡河水库、邱庄水库、石河水库、洋河水库、王快水库、西大洋水库、安格庄水库、龙门水库、东武仕水库、岳城水库、临城水库、大浪淀水库和朱庄水库为中营养，白洋淀为轻度富营养，衡水湖为中度富营养。

（3）近岸海域水环境

2014年河北近岸海域海水环境质量基本保持良好，以Ⅰ类、Ⅱ类水质为主。全省共8个海水环境质量监测点位，其中秦皇岛4个点位，总体水质为良；唐山3个点位，水质为良；沧州1个点位，水质为Ⅲ类，无机氮超过Ⅱ类标准，水质为一般。

5.5.2　大气环境现状

根据《环境空气质量标准》(GB 3095—2012)评价，2014年全年河北设区市达到或优于Ⅱ级的优良天数平均为152天，占全年总天数的41.64%，重度污染及以上天数平均为66天，占全年总天数的18.08%。张家口、承德和秦皇岛3个设区市的优良天数在200天以上，其余各设区市全年优良天数均在160天以下。超标天数中各市以$PM_{2.5}$和PM_{10}为首要污染物的较多，其日均值全省平均超标率分别为48.7%和45.5%。除张家口、承德和秦皇岛外，其他各设区市$PM_{2.5}$和PM_{10}的达标率都较低。按照《环境空气质量评价技术规范》(试行)(HJ 663—2013)中规定的城市环境空气综合质量指数年度评价方法对各设区市空气质量进行排名，各设区市空气质量由好到差依次为张家口、承德、秦皇岛、沧州、廊坊、唐山、邯郸、衡水、石家庄、邢台和保定。2014年河北空气优良天数和重度污染及以上天数见图5-8。

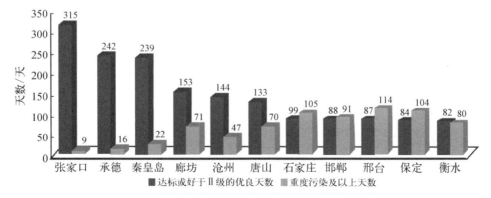

图5-8　2014年河北设区市空气优良天数和重度污染及以上天数

资料来源：《2014年河北省环境状况公报》

PM$_{2.5}$全省日均值达标率为51.3%，浓度年均值为95微克/立方米。除张家口以外，其余10个设区市PM$_{2.5}$年均值均超过国家二级标准。PM$_{10}$全省日均值达标率为54.5%，浓度年均值为165微克/立方米，11个设区市PM$_{10}$年均值均超过国家二级标准。O$_3$全省平均达标率为88.2%，浓度年均值为159微克/立方米。NO$_2$全省日均值达标率为89.3%，浓度年均值为48微克/立方米。SO$_2$全省日均值达标率为94.4%。CO日均值第95百分位数全省日均值达标率为95.5%，浓度年均值为3.6毫克/立方米。2014年各设区市主要污染物浓度见图5-9。

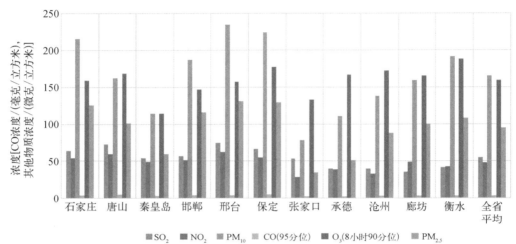

图5-9　2014年各设区市主要污染物浓度

资料来源:《2014年河北省环境状况公报》

2014年河北共获得459个降水样本，pH范围在3.99～8.50，pH最低值出现在秦皇岛，最高值出现在石家庄。全省酸雨发生频率为1.31%，秦皇岛、承德共出现6次酸降，其他设区市未出现酸雨。

5.5.3　污染物排放现状

全年主要污染物排放情况为，COD$_{Cr}$排放总量为126.85万吨；氨氮排放总量为10.27万吨；SO$_2$排放总量为118.99万吨；氮氧化物排放总量为151.25万吨。工业固体废物产生量为41 928万吨，处置量为22 927万吨，综合利用量为18 228万吨。危险废物产生量为39万吨，处置量为19万吨，综合利用量为20万吨。

5.5.4　声环境现状

（1）城市区域声环境

2014年全省区域环境噪声昼间平均值是53.9分贝（A）。昼间区域环境噪声平均等效声级分布在50.3～60.5分贝（A），承德为较差，秦皇岛和保定为一般，其他8个设区市区域声环境均为较好。

(2) 城市道路交通声环境

2014年全省道路交通噪声昼间平均值为66.5分贝（A）。全省11个设区市道路交通噪声平均等效声级分布在64.5～69.4分贝（A），全部达到国家标准。邯郸和石家庄道路交通声环境为较好，其余9个设区市为好。

(3) 城市环境噪声源构成

2014年影响昼间城市区域环境的噪声源主要分为生活噪声、交通噪声、工业噪声和施工噪声4类，分别占61.97%、24.35%、9.96%和3.72%。影响面广的噪声源是生活噪声和交通噪声，两者之和占了86.32%。

5.5.5 生态环境质量现状

(1) 生态环境质量

2014年河北生态环境质量总体为一般。其中承德和秦皇岛两个设区市生态环境质量为良，其余9个设区市生态环境质量为一般。

(2) 自然保护区

截至2014年底，河北省森林面积达到了8 220万亩，森林覆盖率达到了29.2%。湿地公园数量达30处，其中国家湿地公园10处（含试点9处），省级湿地公园20处，面积为5.96万公顷，湿地自然保护区11处，面积为20.87万公顷，全省湿地保护率达38.00%。河北省政府印发了《河北省湿地保护规划》（2015—2030年）。完成了张家口坝上、白洋淀两块国家重要湿地，以及围场坝上、永年洼、黄骅滨海、海兴、曹妃甸南堡5块省级重要湿地的认定工作。批准建立省级湿地公园10处，晋升国家湿地公园（试点）两处（河北怀来官厅水库国家湿地公园、河北香河潮白河大运河国家湿地公园），新增湿地保护面积2.3万公顷。

(3) 水资源状况

2014年河北省平均降水量为406.0毫米，比上年减少了125.2毫米，比多年平均值少125.7毫米，属于偏枯年份。全省大部分河道天然年产水量与上年相比减少较多，除漳卫河水系清漳河为平水以外，其余各河为偏枯或枯水，全省地表水资源量约为38.83亿立方米，水资源总量约为102.49亿立方米。

5.6 山西

根据《2014年山西省环境状况公报》，山西省大气环境质量保持稳中有升，NO_2年均浓度上升6.1%，PM_{10}、$PM_{2.5}$年均浓度分别下降了3.4%、16.9%，SO_2年平均浓度基本持平。全省地表水水质属于中度污染，在监测的96个省控断面中，水质优良断面占47.9%，重度污染（劣V类）断面占25.0%。2014年全省功能区昼间达标率为86.0%，夜间达标率为70.1%，辐射环境质量总体保持安全稳定。

5.6.1 水环境现状

（1）地表水水质

2014年山西省地表水水质属于中度污染。按照《地表水环境质量标准》（GB 3838—2002）对地表水水质进行评价，监测的96个省控断面中，水质优良（Ⅰ～Ⅲ类）的断面有46个，占监测断面总数的47.9%；重度污染（劣Ⅴ类）的断面有24个，占监测断面总数的25.0%（图5-10）。

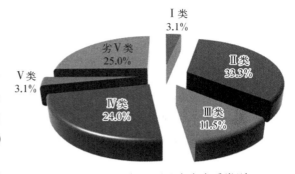

图5-10　2014年山西地表水水质类别

资料来源:《2014年山西省环境状况公报》

（2）城市地下水水质

2014年9个地级市共监测55眼井，按《地下水质量标准》（GB/T 14848—2017）进行评价，地下水总体水质为良好。其中吕梁、朔州、晋中3市水质优良，太原、晋城、长治、大同4市水质良好，临汾水质较好，阳泉水质较差。

（3）城市集中式生活饮用水水源地水质

2014年11个地级市共监测23个集中式饮用水水源地，总体水质达标率为87.4%。其中太原、大同、长治、晋城、朔州、忻州、晋中、运城、吕梁9市集中式饮用水水源地水质达标率为100%，临汾、阳泉两市水质达标率为0。

5.6.2 大气环境现状

按照《环境空气质量标准》（GB 3095—2012）评价，2014年11个地级市空气质量达标天数平均为222天，占全年有效监测天数的63.3%。11个地级市中，大同、吕梁、朔州、晋中、临汾、长治6市空气质量达标天数比例高于全省平均水平，占地级市的54.5%。11个地级市重污染天数平均为32天，占全年有效监测天数的8.8%。11个地级市中，有6个城市重污染天数比例达10%以上，占地级市的54.5%。11个地级市环境空气SO_2、NO_2、PM_{10}、$PM_{2.5}$年平均浓度分别为65微克/立方米、35微克/立方米、114微克/立方米、64微克/立方米。

5.6.3 声环境现状

（1）城市区域环境噪声

2014年全省城市区域环境噪声平均等效声级为53.0分贝（A），声环境质量为二级。按照《环境噪声监测技术规范　城市声环境常规监测》（HJ 640—2012）进行评价，各城市区域声环境质量均为二级。

（2）城市道路交通噪声

2014年全省城市道路交通噪声平均等效声级为66.9分贝（A），声环境质量为一级。按照《环境噪声监测技术规范　城市声环境常规监测》（HJ 640—2012）进行评价，临汾市道路交通声环境质量为二级，其余10个城市道路交通声环境质量均为一级。

(3) 城市功能区噪声

全省功能区昼间达标率为86.0%，夜间达标率为70.1%，按照功能区统计，除0类功能区昼夜间达标率为0以外（全省仅1个0类功能区监测点位），其余各类功能区昼夜间达标率在55.0%～100%，各类功能区昼间达标率均高于夜间。

5.6.4　主要污染物排放情况

2014年山西省SO_2排放总量为120.82万吨，氮氧化物排放总量为106.99万吨，COD_{Cr}排放总量为44.13万吨，氨氮排放总量为5.37万吨，工业固体废物产生量为30 198.7万吨；综合利用量为19 680.9万吨；处置量为7 716.4万吨，综合利用率为65.09%。

5.6.5　生态环境质量现状

截至2014年底，山西省共建成自然保护区46个，其中国家级8个，省级38个。自然保护区面积为116万公顷，占全省面积的7.4%。建成国家级生态示范区16个，省级生态功能保护区两个，省级生态乡镇239个，省级生态村1 300个，省级生态县两个，国家级生态乡镇8个，国家级生态村3个。野生动植物种类共有2 602种。野生维管束植物2 121种，其中蕨类植物95种，裸子植物14种，被子植物2 012种。野生脊椎动物481种，其中哺乳类65种，鸟类329种，爬行类27种，两栖类12种，鱼类48种。山西境内的中国特有种635种，野生维管束植物特有种591种，野生脊椎动物特有种44种。有国家一级保护动物7种，二级保护动物51种；国家一级保护植物1种，二级保护植物7种。维管束植物中属于极危物种的有1种，濒危物种10种，易危物种53种。野生脊椎动物中属于极危物种的有两种，濒危物种11种，易危与近危物种62种。

5.7　辽宁

根据《2014年辽宁省环境状况公报》，全省城市环境空气中SO_2、NO_2年均浓度符合《环境空气质量标准》（GB 3095—2012）二级标准，PM_{10}年均浓度超标0.41倍。辽河流域为轻度污染，90个干流、支流断面中八成断面达到预期目标；15座水库和45个城市集中式生活饮用水水源地水质基本保持良好；近岸海域水质总体良好；全省道路交通声环境质量等级为好和较好。全省生态环境质量为良，在全国处于中等水平，总体上较适宜居住。

5.7.1　水环境现状

辽河流域的辽河、浑河、太子河、大辽河、大凌河、小凌河6条河流36个干流断面，32个符合或好于Ⅳ类水质标准；54条主要支流河，42条符合或好于Ⅴ类水质标准。鸭绿江干流、支流保持Ⅱ类水质。监测的45个集中式生活饮用水水源地总达标率为95.8%。其中,地表水水源地水质达标率为95.4%,地下水水源地水质达标率为97.2%。15座水库水质总体保持良好,碧流河、观音阁、铁甲、石门、汤河、柴河、清河、宫山嘴和乌金塘水库为Ⅱ类水质,参窝水库为Ⅲ类水质,均达到功能区水质标准;大伙房、桓仁、白石和阎王鼻子水库因总磷,闹德海水库因高锰酸盐指数略超标为Ⅲ类水质,15座水库均为中营养。

辽宁近岸海域水质以优、良为主,Ⅰ类、Ⅱ类海水面积之和占监测总面积的82.1%。6个沿海城市中,丹东海域水质为优,Ⅰ类海水面积占监测总面积的91.9%;葫芦岛海域水质为良,全部为Ⅰ类和Ⅱ类海水,分别占监测总面积的15.9%和84.1%;大连海域水质为良,Ⅰ类、Ⅱ类海水面积之和占监测总面积的89.8%;锦州海域水质一般,Ⅲ类海水面积占97.7%;营口海域水质差,以Ⅲ类和Ⅳ类海水为主,分别占监测总面积的47.9%和40.6%;盘锦海域水质极差,以劣Ⅳ类海水为主,占监测总面积的84.2%,主要超标指标为无机氮。全省功能区水质总达标率为93.0%,丹东和葫芦岛海域功能区水质达标率为100%,大连海域为98.5%,锦州海域为83.3%,营口海域为66.7%,盘锦海域为零。

5.7.2　大气环境现状

2014年辽宁省14个城市首次全面实施《环境空气质量标准》(GB 3095—2012)。按照新标准评价,全省城市环境空气质量达标天数比例平均为70.9%,超标天数比例平均为29.1%,其中重度及以上污染天数比例为2.7%。

全省城市环境空气中SO_2、NO_2年均浓度分别为46微克/立方米、36微克/立方米,均符合年均Ⅱ级标准;$PM_{2.5}$、PM_{10}年均浓度分别为58微克/立方米、99微克/立方米,分别超标0.66倍、0.41倍;CO 24小时第95百分位数浓度为2.6毫克/立方米,O_3日最大8小时平均第90百分位数浓度为144微克/立方米,均符合日均Ⅱ级标准。与2013年相比,PM_{10}、SO_2和NO_2年均浓度分别上升了15.1%、9.5%和12.5%(图5-11)。

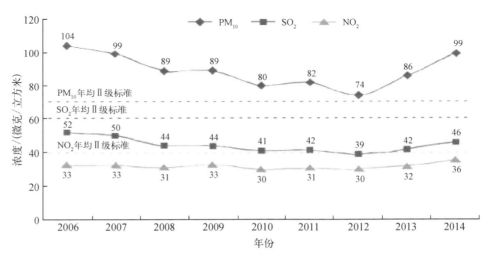

图5-11　辽宁省空气污染状况变化趋势

资料来源:《2014年辽宁省环境状况公报》

辽宁省14个城市 PM_{10}、$PM_{2.5}$ 年均浓度均超标；沈阳、锦州 SO_2 年均浓度超标；沈阳、锦州、葫芦岛3个城市 NO_2 年均浓度超标；沈阳、抚顺 O_3 日最大8小时平均第90百分位数浓度超标；各城市 CO 24小时平均第95百分位数浓度均符合日均 II 级标准。2014年辽宁省空气污染情况如图5-12所示。

全省酸雨频率为2.9%。大连、丹东、锦州和铁岭4个地级市出现酸雨,占监测城市总数的12.9%,酸雨频率分别为25.4%、15.2%、9.1%和4.1%。

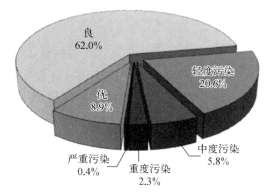

图5-12　辽宁省空气污染情况

资料来源:《2014年辽宁省环境状况公报》

5.7.3　声环境现状

辽宁省道路交通声环境平均等效声级为67.6分贝(A),低于国家交通干线两侧区域标准,多年保持稳定水平。14个城市道路交通声环境等效声级均符合国家交通干线两侧区域标准,大连、鞍山、本溪、丹东、营口、阜新、辽阳、盘锦、铁岭、朝阳10个城市为好,沈阳、抚顺、锦州、葫芦岛4个城市为较好。

5.7.4　主要污染物排放情况

2014年辽宁主要污染物 COD_{Cr}、氨氮、SO_2、氮氧化物的减排比例分别为2.85%、3.13%、3.16%、5.59%。

5.7.5　生态环境质量现状

辽宁生态环境质量为良,生态环境质量指数(EI)为59.3,在全国各省(自治区、直辖市)中处于中等水平,总体上较适宜居住。58个市(县、市辖区)的生态环境质量为优、良和一般,其中,生态环境质量为优的有大连、长海、抚顺、新宾、清原、本溪、桓仁和宽甸8个市(县),占全省面积的17.9%,主要分布在东部地区;环境质量为良的有辽中、瓦房店等26个市(县),占38.5%,分布在中东部及沿海地区;生态环境质量为一般的有沈阳、康平等24个市(县),占43.6%,分布在西部及西北部地区。与上年相比,辽宁生态环境质量为优的面积增加了7.6%,为良的面积减少了3.1%,一般的面积减少了4.5%。

地级城市辖区由于植被覆盖相对较差、污染物排放较为集中,生态环境质量略低于所在行政区的其他县及县级市。14个地级城市中,只有大连市辖区生态环境质量为优,其他城市辖区生态环境质量均为良和一般,各占一半;而44个市(县)生态环境质量以优、良为主,占56.8%。

辽宁省已建成国家级自然保护区17个,省级自然保护区29个,市(县)级自然保护区50个,全省自然保护区总面积为191.7万公顷。

5.8　吉林

根据《2014年吉林省环境状况公报》，2014年全省环境质量状况总体保持稳定。全省17个主要集中式饮用水水源地水质稳定达标，主要湖泊（水库）水质状况良好，主要江河水环境质量保持稳定。城市环境空气中主要污染物年均浓度均达到国家现行环境空气质量Ⅱ级标准。城市区域声环境质量、道路交通声环境质量和功能区声环境质量保持稳定。全省辐射环境水平保持在天然本底值范围之内。生态环境质量状况总体良好。全省主要污染物COD$_{Cr}$、氨氮、SO$_2$和氮氧化物排放量均有所下降。

5.8.1　水环境现状

（1）主要江河水环境质量状况

2014年吉林省主要江河水环境质量保持稳定。全省20条江河共设置国、省控75个监测断面，74个监测断面参加了评价。Ⅰ～Ⅲ类水质监测断面50个，占断面总数的67.5%，其中，Ⅱ类水质监测断面20个，占断面总数的27.0%；Ⅲ类水质监测断面30个，占断面总数

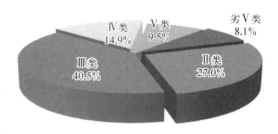

图5-13　2014年吉林省四大水系水质类别比例图

资料来源：《2014年吉林省环境状况公报》

的40.5%。Ⅳ类水质监测断面11个，占断面总数的14.9%。Ⅴ类水质监测断面7个，占断面总数的9.5%。劣Ⅴ类水质监测断面6个，占断面总数的8.1%（图5-13）。

（2）主要湖泊（水库）水环境质量状况

2014年吉林省12个主要湖泊（水库）水质状况良好。石头口门水库、海龙水库和曲家营水库为Ⅱ类水质，水质状况为优；松花湖水库、新立城水库、红石水库、二龙山水库、下三台水库、山门水库、月亮湖水库、杨木水库和五道水库9个水库均为Ⅲ类水质，水质状况良好（图5-14）。

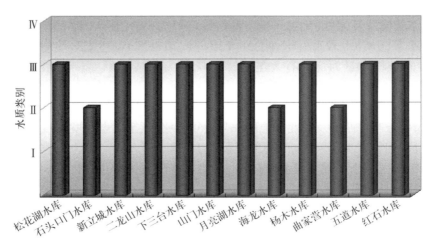

图5-14　2014年吉林省主要湖泊（水库）水质状况图

资料来源：《2014年吉林省环境状况公报》

（3）主要集中式饮用水水源地水质状况

2014年吉林省主要城市17个集中式饮用水源地水质状况良好。其中，地表水水源地15个，地下水水源地两个（图5-15中标注*）。Ⅱ类水质的水源地8个，Ⅲ类水质的水源地9个。

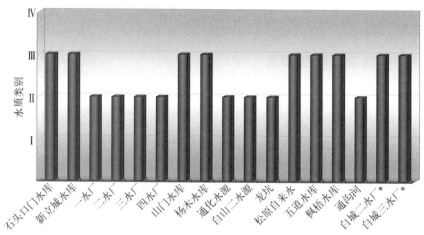

图5-15　2014年吉林省集中式饮用水源地水质状况图

资料来源：《2014年吉林省环境状况公报》

5.8.2　大气环境现状

2014年长春、吉林、通化按《环境空气质量标准》（GB 3095—2012）开展环境空气质量监测，辽源市、白城市、白山市和延吉市按《环境空气质量标准》（GB 3095—1996）开展监测。按照《环境空气质量标准》（GB 3095—2012）开展监测的城市达标天数平均比例为74.2%。在超标天数中以$PM_{2.5}$为首要污染物的天数最多，其次是PM_{10}。

按《环境空气质量标准》（GB 3095—1996）评价，2014年吉林省各城市空气中SO_2年均浓度为31微克/立方米，比上年下降3.1个百分点；NO_2年均浓度为30微克/立方米，比上年下降了9.1个百分点；PM_{10}平均年均浓度为80微克/立方米，除PM_{10}外均达到Ⅱ级标准。

2014年吉林省各城市降水pH年均值为6.53，呈中性。酸雨主要集中在图们和珲春。

5.8.3　声环境现状

（1）城市区域声环境质量状况

2014年吉林省9个市（州）政府所在地城市区域环境噪声等效声级分布范围在52.0～56.7分贝（A），平均值为54.2分贝（A）。

（2）城市道路交通声环境质量状况

2014年吉林省9个市（州）政府所在地城市道路交通噪声平均等效声级范围在61.2～69.5分贝（A），平均值为67.2分贝（A），比上年下降了0.6分贝（A）。

（3）城市功能区声环境质量

2014年吉林省9个城市各类功能区共监测110个测点。城市疗养区、居住区、混合区、工业区、交通干线两侧区域、铁路干线两侧区域昼间平均达标率分别为100.0%、87.0%、93.0%、98.9%、93.8%、100.0%。

城市疗养区、居住区、混合区、工业区、交通干线两侧区域、铁路干线两侧区域夜间平均达标率分别为50.0%、60.2%、75.0%、87.9%、30.2%、20.0%。

5.8.4　主要污染物排放情况

（1）全省主要水污染物排放情况

2014年吉林省废水排放量为11.89亿吨，其中，工业废水排放量为4.27亿吨，城镇生活废水排放量为7.62亿吨。全省COD_{Cr}排放量为74.30万吨，其中，工业源6.65万吨，城镇生活源18.16万吨，农业源48.41万吨，集中式治理设施1.08万吨。氨氮排放量为5.31万吨，其中，工业源0.41万吨，城镇生活源3.13万吨，农业源1.65万吨，集中式治理设施0.12万吨。

（2）全省主要废气污染物排放情况

2014年吉林省SO_2排放量为37.23万吨，其中，工业源31.97万吨，城镇生活源5.26万吨。氮氧化物排放量54.92万吨，其中，工业源36.35万吨，城镇生活源1.20万吨，机动车17.37万吨。烟粉尘排放量为47.51万吨。

（3）全省工业固体废物产生及利用情况

2014年吉林省一般工业固体废物产生量为4 944.11万吨。一般工业固体废物综合利用量为3 477.91万吨，一般工业固体废物处置量为1 115.57万吨，一般工业固体废物储存量为592.51万吨，一般工业固体废物无排放。

5.8.5　生态环境质量现状

2013年吉林省生态环境状况指数为71.2，等级为"良"，与2012年相比，略有变好。全省9个市（州）中，通化、白山和延边的生态环境状况指数等级为"优"。吉林和辽源生态环境状况指数等级为"良"。长春、四平、松原和白城生态环境状况指数等级为"一般"。全省生态环境状况等级呈自西向东递增趋势。

5.9　黑龙江

5.9.1　水环境现状

（1）河流

黑龙江河流水质状况总体为轻度污染，达标率为65.6%，同比升高了11.3个百分点；

Ⅱ～Ⅲ类水质占56.6%，同比升高了9.9%；劣Ⅴ类占5.6%，同比降低了0.9%；主要污染指标为高锰酸盐指数、COD$_{Cr}$和总磷（图5-16）。松花江及其干流水质状况均为轻度污染；嫩江、牡丹江水质为良好，同比有所好转，由轻度污染转为良好；牡丹江干流Ⅲ类比例为100%，水质良好。黑龙江、乌苏里江均为轻度污染。2014年黑龙江水污染防治取得显著成效。松花江流域断面达标率为71.9%，提高了6.1%。19个规划断面全部达到考核目标要求，其中12个断面达标率为100%。

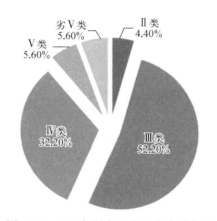

图5-16　2014年黑龙江省河流水质类别比例

资料来源：《2014年黑龙江省环境状况公报》

（2）湖库

黑龙江湖库点位达标率为57.6%。全省主要湖库为轻度富营养、中营养。主要湖泊水质见表5-2。

表5-2　黑龙江省湖泊污染状况

湖库名称	水质	营养状态	主要污染指标
镜泊湖	Ⅳ类	中营养	总磷
兴凯湖	Ⅳ类	轻度富营养	—
磨盘山水库	Ⅲ类	中营养	总磷、高锰酸盐指数、总氮
尼尔基水库	Ⅳ类	轻度富营养	总磷、高锰酸盐指数、总氮
莲花水库	Ⅴ类	中营养	总磷、总氮

（3）城市集中式饮用水水源

黑龙江13个市（区）中，有92.3%的饮用水水源地水质主要指标达到国家标准，其中12个市（区）饮用水水源地主要指标达标率为100%。

5.9.2　大气环境现状

根据《2014年黑龙江省环境状况公报》，2014年全省平均空气优良比例为89.7%，略好于2013年。PM$_{10}$平均浓度下降了1.4%，SO$_2$平均浓度有所升高，NO$_2$年均浓度同比无变化。全省13个市（区）年达标天数范围为242～360天，达标天数比例在66.3%～100%；其中哈尔滨、齐齐哈尔、牡丹江和大庆4个城市均未达到Ⅱ级标准，4个城市平均达标天数比例为78.4%。其他9个城市均优于Ⅱ级标准。

5.9.3　污染物排放现状

2014年黑龙江废气中主要污染物SO$_2$排放量为47.22万吨，氮氧化物排放量为73.05万吨，烟（粉）尘排放量为79.35万吨。

5.9.4 声环境现状

（1）城市区域声环境

2014年黑龙江省平均等效声级为54.4分贝（A）。城市等效声级范围为49.7～59.3分贝（A）。城市区域声环境质量为Ⅰ级的城市共1个，Ⅱ级城市有9个，Ⅲ级城市3个。

（2）城市道路交通声环境

2014年黑龙江省城市道路交通噪声平均等效声级为66.3分贝（A），城市道路噪声平均等效声级范围在54.3～73.4分贝（A）。

5.9.5 生态环境质量现状

2014年黑龙江生态环境质量总体为良好，其中生态环境质量为优秀的市（县）有9个，为良好的市（县）有40个。

5.10 江苏

5.10.1 水环境现状

（1）地表水

根据《2014年江苏省环境状况公报》，全省地表水环境质量总体处于轻度污染。列入国家地表水环境质量监测网的83个国控断面中，水质符合Ⅲ类水质的断面比例为45.8%，Ⅳ～Ⅴ类水质断面比例为53.0%，劣Ⅴ类水质断面比例为1.2%。国控断面高锰酸盐指数年均浓度为4.0毫克/升，氨氮平均浓度为0.51毫克/升。

（2）饮用水源

江苏饮用水以集中式供水为主。2014年全省县级以上集中式饮用水水源地取水总量约为50.93亿吨，88个地表水水源地和4个地下水水源地取水量分别占98.7%和1.3%，其中，长江和太湖取水量分别占取水总量的60.0%和15.3%，全省集中式饮用水水源地水质全部达标。

（3）太湖流域

太湖湖体高锰酸盐指数和氨氮年均浓度均达到Ⅱ类标准；总磷年均浓度符合Ⅳ类标准；总氮年均浓度为1.96毫克/升，达到Ⅴ类标准。湖体综合营养状态指数为55.8，总体处于轻度富营养状态。

（4）淮河流域

江苏淮河干流水质较好，4个监测断面水质均符合Ⅲ类标准。主要支流水质总体处于轻度污染，符合Ⅲ类、Ⅳ～Ⅴ类和劣Ⅴ类水质的断面分别占66.5%、27.6%和5.9%，影响水质的主要污染物为氨氮、总磷和高锰酸盐指数。

（5）长江流域

江苏长江干流水质较好，10个监测断面水质均符合Ⅲ类标准，主要入江支流水质总体处于轻度污染，41条主要入江支流的45个控制断面中，水质符合Ⅲ类、Ⅳ～Ⅴ类和劣Ⅴ类水质的断面分别占54.6%、31.8%和13.6%，影响水质的主要污染物为氨氮和总磷。

2014年全省近岸海域16个国控海水水质测点中，符合或优于《海水水质标准》（GB 3097—1997）Ⅱ类标准的比例为62.5%。

31条主要入海河流河口监测断面中，水质符合《地表水环境质量标准》（GB 3838—2002）Ⅲ类标准的断面有13个，占41.9%，Ⅳ类、Ⅴ类和劣Ⅴ类断面分别占38.7%、6.5%和12.9%。

5.10.2 大气环境现状

2014年13个省辖城市环境空气质量均未达到国家Ⅱ级标准要求。全省环境空气中$PM_{2.5}$、PM_{10}、SO_2、NO_2年均浓度分别为66微克/立方米、106微克/立方米、29微克/立方米和39微克/立方米；CO和O_3按年评价规定计算，浓度分别为1.7毫克/立方米和154微克/立方米。

按照《环境空气质量标准》（GB 3095—2012）Ⅱ级标准对空气质量进行年评价，13个省辖城市环境空气质量均未达标，超标污染物为$PM_{2.5}$、PM_{10}、O_3和NO_2。其中，13个省辖城市$PM_{2.5}$和PM_{10}均超标，各有5市出现O_3和NO_2超标。

江苏省省辖城市酸雨平均发生率为27.8%，酸雨年均pH为4.56。南京、无锡、苏州、常州、南通、扬州、镇江和泰州8市监测到不同程度的酸雨污染，酸雨发生率介于8.2%～49.3%。徐州、连云港、淮安、盐城和宿迁5市未采集到酸雨样品。

5.10.3 声环境现状

江苏省城市声环境质量总体较好，各类声源声强及分布情况未发生明显变化，其中生活噪声和道路交通噪声仍是影响全省声环境质量的主要因素。

（1）区域环境噪声

全省区域声环境质量总体较好，昼间噪声平均等效声级为54.6分贝（A）。根据《环境噪声监测技术规范 城市声环境常规监测》（HJ 640—2012）对区域环境噪声进行评价，13个省辖城市中有10个达到城市区域环境噪声昼间Ⅱ级水平。

（2）功能区噪声

依据国家《声环境质量标准》（GB 3096—2008）对功能区噪声进行评价，江苏省1～4（4a、4b）类功能区声环境昼间达标率分别为95.9%、97.8%、99.3%、98.8%和100%，夜间达标率分别为85.8%、95.6%、93.4%、82.1%和100%。城市交通干线两侧区域夜间噪声是影响功能区声环境质量的主要因素。

（3）道路交通噪声

江苏省城市道路交通昼间声环境质量总体评价为好，平均等效声级为66.7分贝（A），达道路交通噪声强度等级一级。全省超过70分贝（A）（国家昼间标准限值）的路段长度占监测道路总长的比例为11.2%。

5.10.4　主要污染物排放情况

2014年废水中COD$_{Cr}$排放总量为110.00万吨,其中工业污染源排放占18.58%,生活污染源排放占47.98%,农业污染源排放占33.10%,垃圾和危险废物集中式治理设施排放占0.34%。废水中氨氮排放总量为14.25万吨,其中,工业污染源排放占9.61%,生活污染源排放占63.72%,农业污染源排放占26.32%,垃圾和危险废物集中式治理设施排放占0.35%。

江苏省2014年SO$_2$排放总量为90.47万吨,其中,工业污染源排放占96.19%,生活污染源排放占3.78%,垃圾和危险废物集中式治理设施排放占0.03%。氮氧化物排放总量为123.26万吨,其中,工业污染源排放占72.06%,生活污染源排放占0.52%,机动车排放占27.38%,垃圾和危险废物集中式治理设施排放占0.04%。

2014年江苏省一般工业固体废物产生量为10 916.5万吨,综合利用量为10 450.3万吨,处置量为278.9万吨,储存量为186.8万吨,排放量为0.5吨;危险废物产生量为240.9万吨,综合利用量为116.5万吨,处置量为117.6万吨,储存量为6.8万吨。

5.10.5　生态环境质量现状

太湖、长江、京杭大运河等主要水体水生生物多样性调查结果显示,主要河流底栖动物物种多样性评价等级为丰富、较丰富的断面分别占7.3%和31.9%,一般、贫乏和极贫乏断面分别占26.1%、15.9%和13.0%,未采集到底栖动物的断面占5.8%;主要湖泊底栖动物多样性状况好于河流,物种丰富、较丰富的测点分别占2.0%和62.7%,一般的测点占29.4%,贫乏的测点占5.9%。

“十二五”以来,江苏分年度对国控重点源周边、基本农田、蔬菜种植基地和集中式饮用水水源地一级保护区陆域开展了土壤环境质量试点监测。监测结果表明,全省达到《土壤环境质量标准》(GB 15618—1995)Ⅱ级标准的测点比例在88.0%～91.8%,超标污染物以无机物为主。

5.11　浙江

5.11.1　水环境现状

(1) 河流

2014年浙江全省江河干流总体水质基本良好,部分支流和流经城镇的局部河段存在污染。鳌江、京杭运河和平原河网污染严重。全省共监测221个省控断面,水质达到或优于地表水环境质量Ⅲ类标准的断面占63.8%(其中Ⅰ类9.5%,Ⅱ类28.1%,Ⅲ类26.2%),Ⅳ类占17.7%,Ⅴ类占8.1%,劣Ⅴ类占10.4%。跨行政区域河流交接断面水质达标率为67.5%。八大水系和京杭运河按水质达到或优于Ⅲ类标准的断面数百分比由大到小依次为瓯江、飞云江、苕溪、曹娥江、钱塘江、椒江、甬江、鳌江、京杭运河。

（2）湖泊（水库）

2014年浙江水库水质总体优良，主要为Ⅱ类；湖泊水质相对较差，其中西湖水质为Ⅲ类，东钱湖为Ⅳ类，鉴湖和南湖为Ⅴ类。结果表明，部分湖泊存在一定程度的富营养化现象，水库以中营养为主。水体主要污染指标为石油类、氨氮、总磷。太湖流域水质为Ⅱ类～劣Ⅴ类，其中Ⅱ类和Ⅲ类水质断面占40.9%，Ⅳ类占18.2%，Ⅴ类和劣Ⅴ类占40.9%。6个主要入湖断面水质良好，均满足功能要求。

（3）城市集中式饮用水水源

2014年县级以上城市集中式饮用水水源地水质达标率为85.0%，其中11个设区城市的主要集中式饮用水水源地水质达标率为87.8%。

（4）海洋环境

2014年浙江近岸海域水质受无机氮、活性磷酸盐超标影响，海域水体呈重负营养化状态，水质状况级别为极差，全省近岸海域实施监测的57 469平方千米的海域中，15.7%为Ⅰ类海水，5.3%为Ⅱ类海水，14.9%为Ⅲ类海水，9.3%为Ⅳ类海水，54.8%为劣Ⅳ类海水，海域水样主要超标指标为无机氮、活性磷酸盐、pH、溶解氧、COD_{Cr}和DDT。近岸海域环境功能区水质达标面积占所监测功能区面积的6.71%，海域水质基本满足渔业用水要求。

5.11.2 大气环境现状

（1）城市环境空气质量

2014年，浙江11个设区市及69个县级以上城市环境空气质量评价均执行《环境空气质量标准》（GB 3095—2012），环境空气质量指数计算参照环境保护部《城市环境空气质量排名技术规定》。11个设区城市中，空气质量综合指数范围为3.36～6.41，平均为5.26；日空气质量（AQI）优良天数比例平均为75.5%。优良天数比例最高为舟山，最低为湖州，优天数比例平均为17.2%。舟山环境空气质量达到国家Ⅱ级标准。其中，$PM_{2.5}$年均浓度范围为30～65微克/立方米，平均为53微克/立方米，舟山达到Ⅱ级标准；PM_{10}年均浓度范围为50～98微克/立方米，平均为78微克/立方米，舟山、台州、丽水达到Ⅱ级标准；SO_2年均浓度范围为7～36微克/立方米，平均为21微克/立方米，宁波、温州、舟山、台州、丽水达到Ⅰ级标准；NO_2年均浓度范围为20～50微克/立方米，平均为39微克/立方米，衢州、舟山、台州、丽水达到Ⅰ级标准；CO日均浓度第95百分位数浓度范围为1.0～1.7毫克/立方米，平均为1.4毫克/立方米，各城市均达到Ⅰ级标准；O_3日最大8小时平均浓度第90百分位数范围为134～174微克/立方米，平均为153微克/立方米，宁波、温州、衢州、舟山、台州、丽水达到国家Ⅱ级标准。

69个县级以上城市有9个达到国家Ⅱ级标准，占城市总数的13.0%。城市空气质量综合指数范围为2.95～6.41，平均为4.78；日空气质量优良天数比例平均为81.1%，优天数比例平均为21.5%。$PM_{2.5}$平均浓度为49微克/立方米，PM_{10}平均浓度为77微克/立方米，SO_2平均浓度为18微克/立方米，NO_2平均浓度为30微克/立方米。

（2）酸雨

2014年浙江酸雨污染仍较严重，降水pH年均值为4.74，平均酸雨率为79.3%。69个县级以上城市中有66个被酸雨覆盖，其中属于轻酸雨区的有13个，中酸雨区的有46个，重酸雨区的有7个；江水中主要致酸物质为硫酸盐。

5.11.3   污染物排放现状

浙江全年主要污染物排放情况为：SO_2排放总量为57.40万吨；氮氧化物排放总量为68.79万吨。工业固体废物产生量为4 699.6万吨，综合利用率达到92.75%。累计处理垃圾为1 490万吨，生活垃圾无害化处理率为99.9%。

5.11.4   声环境现状

全省城市声环境质量总体较好，区域环境噪声平均值为55.6分贝（A），城市道路交通噪声平均为67.4分贝（A）。在影响城市声环境的各类噪声源中，生活噪声源占51.2%，交通噪声源占31.8%，工业噪声源占7.7%，建筑施工噪声源占2.8%，其他噪声源占6.5%。生活和交通噪声源为主要噪声源，交通、工业和施工噪声平均升级相对较高。

5.11.5   生态环境质量现状

截至2014年，浙江已建湿地自然保护区11个，总面积为225万亩；湿地自然保护小区有30个；国家湿地公园10个，省级湿地公园15个，保护面积为90万亩。根据2013年浙江森林资源年度监测，浙江林地面积为660.31万公顷，其中森林面积为604.78万公顷，活立木蓄积量为2.96亿立方米。全省森林覆盖率为59.41%。

5.12   安徽

5.12.1   水环境现状

（1）地表水环境

根据《2014年安徽省环境状况公报》，全省地表水总体水质状况为轻度污染。246个地表水监测断面（点位）中，Ⅰ～Ⅲ类水质断面（点位）占67.9%，水质状况为优良；劣Ⅴ类水质断面（点位）占9.8%，水质状况为重度污染。

（2）湖库

巢湖全湖平均水质为Ⅳ类、呈轻度富营养状态。其中，东半湖水质为Ⅳ类、轻度污染、呈轻度富营养状态；西半湖水质为Ⅴ类、中度污染、呈中度富营养状态。环湖河流总体水质状况为中度污染，监测的11条河流19个断面中，Ⅱ～Ⅲ类水质断面占68.4%，水质状况为优良；劣Ⅴ类水质断面占26.3%，水质状况为重度污染。11条环湖河流中，有1条河流水质为优、5条为良好、1条为轻度污染、4条为重度污染。

全省其他27座湖泊、水库总体水质状况为优，水库水质优于湖泊水质。除龙感湖和高塘湖水体呈轻度富营养状态以外,其余湖泊、水库水体均未出现富营养状态。15座水库中,磨子潭水库、佛子岭水库、梅山水库、响洪甸水库、龙河口水库、港口湾水库、城西水库、太平湖和丰乐湖9座水库水质为优,董铺水库、大房郢水库、凤阳山水库、沙河水库、牯牛背水库和奇墅湖6座水库水质为良好。12个湖泊中,花亭湖水质为优,瓦埠湖、女山湖、高邮湖、南漪湖、石臼湖、武昌湖和升金湖7个湖泊水质为良好,高塘湖、菜子湖和黄湖3个湖泊水质为轻度污染,龙感湖1个湖泊水质为中度污染。

（3）集中式生活饮用水水源地

2014年安徽省水源地水质达标率为96.5%,地表水源地水质达标率为99.0%,地下水水源地水质达标率为65.4%。

16个地级城市中,合肥、淮北、蚌埠、阜阳、滁州、六安、芜湖、马鞍山、宣城、铜陵、池州、安庆和黄山13个城市集中式生活饮用水水源地水质达标率均为100%,亳州、宿州和淮南市存在不同程度的超标。

5.12.2　大气环境现状

按照《环境空气质量标准》(GB 3095—2012)评价,2014年安徽省16个地级城市空气质量平均优良天数比例为88.1%,空气质量优良天数比例范围为77.8%(蚌埠)～99.2%(黄山、池州),黄山、池州、宣城、安庆、宿州和阜阳6个城市空气质量优良天数比例高于90%。16个地级城市中,亳州、宿州、阜阳、滁州、芜湖、宣城、池州、安庆和黄山9个城市空气质量达到Ⅱ级标准。全省SO_2年均浓度为26微克/立方米,其中滁州、六安、安庆和黄山市达到Ⅰ级标准,其他12个地级城市均达到Ⅱ级标准。NO_2年均浓度为30微克/立方米,其中,蚌埠达到Ⅱ级标准,其他15个地级城市均达到Ⅰ级标准。PM_{10}年均浓度为95微克/立方米,淮北、六安、铜陵、淮南、马鞍山、合肥和蚌埠7个城市超过Ⅱ级标准0.02～0.15倍,其他9个城市均达到Ⅱ级标准。

酸雨频率方面,马鞍山、芜湖、滁州、合肥、宣城、铜陵、池州和黄山8个城市出现酸雨,酸雨频率范围为1.8%(马鞍山)～78.8%(黄山)。马鞍山、芜湖、宣城、铜陵和黄山5个酸控区城市均出现了酸雨。

降水酸度方面,安徽省降水年均pH为5.75,酸控区为5.49,各市降水年均pH范围为5.16(黄山)～7.16(淮北)。铜陵、池州和黄山3个城市降水年均pH低于5.6,为酸雨城市。

5.12.3　声环境现状

（1）城市区域声环境

2014年,安徽省城市区域声环境昼间平均等效声级为53.7分贝(A),声环境质量为Ⅱ级(较好)。16个地级市昼间平均等效声级范围为51.0～56.2分贝(A),声环境质量为Ⅱ级(较好)的城市有12个,Ⅲ级(一般)城市有4个。

（2）道路交通噪声

2014年安徽昼间道路交通噪声加权平均等效声级为65.2分贝(A),质量级别为Ⅰ级(好)。16个地级市中,昼间平均等效声级范围为48.2～69.0分贝(A),道路交通噪声等级为

Ⅰ级（好）的城市有13个,Ⅱ级（较好）城市有3个。

（3）功能区声环境

安徽各地级城市功能区平均等效声级达标率为76.5%,其中,昼间达标率为89.1%,夜间达标率为63.9%。3类功能区（工业区）、0类功能区（康复疗养区）、1类功能区（居民文教区）、2类功能区（混合区）和4类功能区（交通干线两侧）声环境质量达标率分别为93.6%、81.3%、75.7%、75.0%和56.0%（图5-17）。

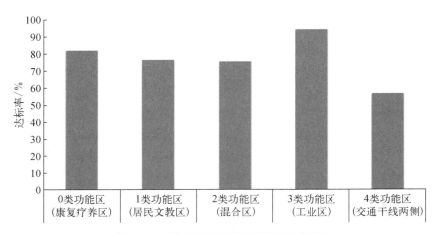

图5-17　城市功能区声环境质量达标率

资料来源:《2014年安徽省环境状况公报》

5.12.4　主要污染物排放情况

2014年安徽省COD$_{Cr}$排放总量为88.56万吨,氨氮排放总量为10.05万吨,SO$_2$排放总量为49.30万吨,氮氧化物排放总量为80.73万吨。一般工业固体废物产生量为11 939.85万吨,其中综合利用量为10 347.20万吨,处置量为1 138.90万吨。全省危险废物处置量为78.78万吨,其中自行处置量为60.08万吨,委托处置量为18.70万吨。

5.12.5　生态环境质量现状

根据《2014年安徽省环境状况公报》,全省生态环境状况总体良好,16个地级市中,黄山、池州和宣城生态环境状况为优,安庆、六安、铜陵、马鞍山、芜湖、滁州、合肥、淮南和蚌埠生态环境状况为良好,淮北、亳州、阜阳和宿州市生态环境状况一般,生态系统保持稳定。全省林业用地面积为449.33万公顷,森林总面积为396万公顷,活立木总蓄积量为26 145万立方米,森林覆盖率为28.65%,2014年新造林绿化15.087万公顷。全省湿地面积为104.18万公顷（其中自然湿地面积为71.36万公顷）,湿地面积占国土面积的比例为7.46%。

安徽省累计建设森林公园73处,总面积为15.62万公顷。其中,国家级森林公园31处,面积为10.82万公顷;省级森林公园42处,面积为4.8万公顷。全省累计建设自然保护区101个（其中国家级7个,省级30个,市级2个,县级62个）,保护区面积为46.42万公顷,占全省面积的3.31%。全省累计建立各类风景名胜区39处，总面积为40.84万公顷，其中国家级风景名胜区为10处，面积为229 251公顷；省级风景名胜区29处，面积为179 171公顷。

5.13　福建

环境质量继续保持在较优水平。12条主要水系水质保持优良，23个城市空气质量均达到Ⅱ级标准。城市声环境基本保持稳定，辐射环境质量总体保持良好。森林覆盖率继续位居全国首位，生态环境状况指数继续保持在全国前列。

5.13.1　水环境现状

福建省水环境质量总体保持良好水平。主要水系水质保持优良，城市内河水质有所改善，个别集中式生活饮用水水源地水质下降，主要湖泊水库水质变差，近岸海域海水水质保持稳定。

（1）地表水

福建省12条主要水系的135个省控水质监测断面的水质状况为优。水域功能达标率为98.1%，Ⅰ～Ⅲ类水质比例为94.7%（图5-18）。全省城市内河水域功能达标率为

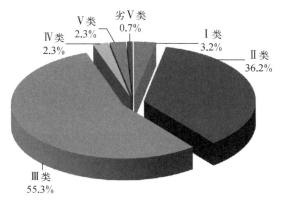

图5-18　全省12条主要水系各类水质比例
资料来源：《2014年福建省环境状况公报》

87.9%，长乐、泉州、龙海、龙岩和福安5个城市内河水域功能达标率均为100%。

（2）主要湖泊水库

福建省11个主要湖泊水库水域功能达标率为56.5%，福州西湖水质为Ⅴ类，达到相应的水域功能要求；厦门筼筜湖水质为海水劣Ⅳ类，未能达到相应的水域功能要求。莆田东圳水库、三明泰宁金湖、三明安砂水库和宁德古田水库水质均达到相应的水域功能要求，泉州惠女水库和龙岩棉花滩水库部分水质未能达到相应的水域功能要求，福州东张水库、福州山仔水库和泉州山美水库水质未能达到相应的水域功能要求。以湖泊水库综合营养状态指数评价，福州西湖为轻度富营养状态，其余湖泊水库均为中营养状态。

（3）集中式生活饮用水水源地

9个设区市的30个集中式生活饮用水源地水质达标率为84.5%，平潭综合实验区的1个集中式生活饮用水水源地水质达标率为100%，14个县级市的25个集中式生活饮用水水源地水质达标率为99.8%，44个县城的61个集中式生活饮用水水源地水质达标率为100%。

（4）近岸海域海水

根据《海水水质标准》（GB 3097—1997），按站位比例评价，福建省近岸海域Ⅰ类、Ⅱ类水质占57.6%，Ⅲ类水质占12.1%，Ⅳ类和劣Ⅳ类水质占30.3%。按面积比例评价，符合第Ⅰ类及第Ⅱ类海水水质标准的海域面积占全省近岸海域面积的比例为65.1%，第Ⅲ类、第Ⅳ类

和劣Ⅳ类所占比例分别为9.6%、9.3%和16.0%。

5.13.2　大气环境现状

按照《环境空气质量标准》(GB 3095—2012)对空气质量进行评价,福建省城市环境空气质量保持优良水平,23个城市空气质量均达到或优于国家环境空气质量Ⅱ级标准,其中,武夷山和福鼎两个城市环境空气质量达到Ⅰ级标准。根据福建省9个设区市发布的环境空气质量日报结果统计,全省设区市优、良天数比例为99.0%,较上年下降了0.4个百分点。各设区市优、良天数比例均大于96.0%。

福建省降水pH年均值为5.11;酸雨出现频率为46.7%,全年降水pH最低值为3.37,出现在长乐市。

5.13.3　声环境现状

福建省23个城市道路交通噪声平均等效声级为68.0分贝(A)。其中,9个城市道路交通声环境质量属于"好",13个城市道路交通声环境质量属于"较好",1个城市道路交通声环境质量属于"一般"。城市区域环境噪声平均等效声级为56.2分贝(A)。其中,13个城市区域声环境质量属于"较好",10个城市区域声环境质量属于"一般"。

5.13.4　主要污染物排放情况

福建省工业固体废物年产生量为4 840.29万吨,综合利用率为88.58%。全省危险废物产生量为28.23万吨,危险废物综合利用量为10.47万吨,处置量为14.10万吨,储存量5.00万吨。至2014年底,全省共建成生活垃圾无害化处理厂70座,日处理规模2.6万吨,其中焚烧发电厂17座,日处理规模1.4万吨,占处理能力的53.8%。2014年全省COD_{Cr}、氨氮、SO_2、氮氧化物分别比2013年减排1.44%、1.74%、1.42%、6.08%。

5.13.5　生态环境质量现状

福建省耕地面积为133.84万公顷。全年耕地补充面积超过批准占用面积613公顷,实现了耕地占补平衡。基本农田保护面积为114.00万公顷,保护率为85.18%。全省森林面积为801.27万公顷,森林覆盖率为65.95%,活立木总蓄积量为6.67亿立方米,森林蓄积为6.08亿立方米。划定生态公益林面积286.13万公顷。

至2014年,福建省共建立自然保护区90个,其中国家级16个、省级21个,自然保护区总面积为44.8万公顷。建成森林公园178个,其中国家级30个、省级127个、县级21个,森林公园总面积达18.8万公顷。建设国家湿地公园5处,总面积为5 295.48公顷。列入世界自然与文化遗产名录1处,国际重要湿地名录1处,国家重要湿地名录6处。建设世界地质公园两个,国家地质公园14个,省级地质公园两个,上述地质公园总面积为42.73万公顷,其中国家级以上地质公园面积为42.07万公顷,省级地质公园面积为0.66万公顷。

5.14 江西

5.14.1 水环境现状

2014年江西省地表水水质良好，重要河段水质稳定改善，地表水水质达标率（Ⅰ～Ⅲ类水质断面/点位比例）为80.9%。主要河流Ⅰ～Ⅲ类水质断面比例为83.8%，其中修河和东江水质为优。赣江、抚河、信江、饶河、长江、袁水和萍水河水质为良好。主要湖库Ⅰ～Ⅲ类水质点位比例为60%，其中拓林湖和仙女湖水质为优、鄱阳湖水质为轻度污染，主要污染物为总磷和总氮。全省31个地级以上城市集中式饮用水水源地水质达标率为100%，107个地级以下城市集中式饮用水水源地水质状况总体良好，水质达标率为96.46%。

5.14.2 大气环境现状

2014年江西全省城市环境空气质量总体稳定，南昌、九江两市城市环境空气质量为超Ⅱ级［执行环境空气质量标准（GB 3095—2012）］，城市环境空气质量优良率分别为80.5%、84.4%；其余9个设区城市均为Ⅱ级［执行环境空气质量标准（GB 3095—1996）］。11个城市的SO_2浓度除景德镇达到Ⅰ级标准以外，其余10个城市年均值均达到Ⅱ级标准，SO_2年平均浓度为0.031毫克/立方米。11个城市的NO_2浓度年均值均达Ⅰ级标准，全省年平均浓度为0.027毫克/立方米。11个城市的PM_{10}除南昌和九江超Ⅱ级标准以外，其余9个城市年均值均达到Ⅱ级标准。全省年平均浓度为0.075 8毫克/立方米。全省降水pH年均值为5.09，年酸雨频率为65.8%。

5.14.3 污染物排放现状

全年主要污染物排放情况为，COD_{Cr}排放总量为72.01万吨；氨氮排放总量为8.60万吨；SO_2排放总量为53.44万吨；氮氧化物排放总量为54.01万吨。工业固体废物产生量为10 821.2万吨。危险废物产生量为46.91万吨，处置量为17.70万吨（包括企业自行利用处置及转移到其他单位利用处置），储存量为1.62万吨。

5.14.4 声环境现状

全省城市区域声环境噪声为54.1分贝（A）、声环境质量为Ⅱ级。功能区噪声昼、夜间点次达标率分别为98.8%和91.3%。道路交通噪声为67.0分贝（A），声环境质量一级。

5.14.5 生态环境质量现状

2014年江西省生态环境总体质量为优，生态环境状况指数为81.19。江西共建有各类自然保护区188处，其中国家级14处，省级14处，县级138处，总面积为1 770.2万亩，占全省土地面积的7.1%。

5.15 山东

5.15.1 水环境现状

2014年山东省134个例行监测河流断面中，除6个断流以外，优于Ⅲ类的河流断面有64个，占50.0%（不含断流）；Ⅳ类的有26个，占20.3%；Ⅴ类的有25个，占19.5%；劣Ⅴ类的有13个，占10.2%（图5-19）。COD_{Cr}平均浓度24.2毫克/升，氨氮平均浓度为0.83毫克/升。2014年近岸海域水质以Ⅰ、Ⅱ类海水为主。其中Ⅰ类

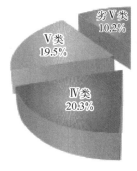

图5-19 山东河流断面水质状况

资料来源：《2014年山东省环境状况公报》

海水测点占46.3%，Ⅱ类海水测点占48.8%，Ⅲ类海水测点占4.9%，无Ⅳ类海水测点。湖泊水库中优于Ⅲ类的有25个，占96.2%，劣于Ⅴ类的有1个，占3.8%。26个地表水水源地测点中，全年无测点年均值超标。26个地下水水源地测点中，监测项目年均值超标的两处水源地均为枣庄的测点，超标项目为总硬度和硫酸盐。

5.15.2 大气环境现状

山东省$PM_{2.5}$平均浓度为82微克/立方米，PM_{10}平均浓度为142微克/立方米，SO_2平均浓度为59微克/立方米。

5.15.3 声环境现状

（1）城市区域声环境

山东17个城市区域环境噪声昼间有3 783个测点，按其所处各声级段的比率评价其声环境质量等级，属于"好"和"较好"的占63.2%，属于"一般""较差"和"差"的占36.8%。昼间城市区域声环境质量总体较好。17个城市昼间平均等效声级值范围在51.5～58.2分贝（A），平均为54.4分贝（A）。

（2）道路交通声环境

山东17个城市的道路交通昼间声环境质量均属于"好"或"较好"，其中11个城市属于"好"，占64.7%；6个城市属于"较好"，占35.3%。按其所处各声级段的比率评价其声环境等级，属于"好"和"较好"的道路长度占77.4%，属于"一般""较差"和"差"的道路长度占22.6%。

（3）城市功能区声环境

山东各类功能区中昼间达标率最高的为工业集中区，达标率为97.6%；达标率最低的为特殊住宅区，达标率为45.5%。夜间达标率最高的为工业集中区，达标率为84.0%；达标率最低的为特殊住宅区，达标率为45.5%。全省的噪声功能区达标率昼间高于夜间，工业集中区好于其他类声环境功能区。

5.15.4　主要污染物排放情况

2014年山东COD_{Cr}排放总量为178.04万吨,氨氮排放总量为15.5万吨,SO_2排放总量为159.02万吨,氮氧化物排放总量为159.33万吨,NO_2平均浓度为46微克/立方米。

全省降水pH年均值在5.93～7.18,pH年均值均大于5.6,全省无酸雨城市,酸雨检出率为0.9%。有酸雨样品检出的城市为济南、青岛和滨州,酸雨样品检出率分别为7.1%、7.1%和6.0%。酸雨样品pH最小值为4.61。

5.16　河南

5.16.1　水环境现状

根据《2014年河南省环境状况公报》,河南省地表水水质级别为中度污染。其中省辖海河流域为重度污染,淮河流域为中度污染,黄河流域为轻度污染,长江流域为良好。主要污染因子为COD_{Cr}、五日生化需氧量和总磷。83个省控监测断面中,水质符合Ⅰ～Ⅲ类标准的断面有37个,占44.6%;符合Ⅳ类标准的断面有22个,占26.5%;符合Ⅴ类标准的断面有4个,占4.8%;水质为劣Ⅴ类标准的断面有20个,占24.1%(图5-20)。

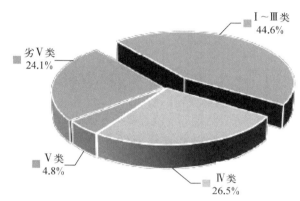

图5-20　2014年河南河流断面水质状况
资料来源:《2014年河南省环境状况公报》

河南省水库总体水质级别为良好。23座省控水库中,Ⅰ～Ⅲ类水质水库有19个,占82.6%;Ⅳ类3个,占13.0%;劣Ⅴ类1个,占4.4%。2014年全省水库营养化水平为中营养。孤石滩水库、彰武水库属于轻度富营养,宿鸭湖水库属于中度富营养,其他20个水库属于中营养状态。

河南省省辖市集中式饮用水水源地水质级别为良好。信阳、驻马店、三门峡、许昌、鹤壁5个城市集中式饮用水水源地水质级别为优,周口、平顶山、开封、洛阳、济源、安阳、郑州、商丘、焦作、漯河、濮阳、新乡、南阳13个城市集中式饮用水水源地水质级别为良好。

5.16.2　大气环境现状

按《环境空气质量标准》(GB 3095—2012)三项监测因子(PM_{10}、SO_2、NO_2)对空气质量进行评价,河南省城市环境空气质量首要污染物为PM_{10}。全省省辖市城市环境空气质量级别为轻污染。信阳、开封、商丘、濮阳4个城市环境空气质量级别为良,其他14个省辖市城市环境空气质量级别为轻污染。PM_{10}的浓度年均值达到Ⅲ级标准的有17个城市,郑州为劣Ⅲ级。SO_2的浓度年均值达到Ⅱ级标准的有16个城市,达到Ⅲ级标准的有焦作、济源两个城市。NO₂浓度年均值达到Ⅰ级标准有10个城市,达到Ⅱ级标准的共8个城市。

5.16.3　声环境现状

按《声环境质量标准》(GB 3096—2008)对声环境质量进行评价,河南省省辖市建成区声环境质量级别为较好;城市功能区噪声测点达标率为86.9%;道路交通噪声路段达标率为90.2%。建成区城市声环境质量平顶山、驻马店级别为一般,其他16个城市均为较好。

5.16.4　主要污染物排放情况

河南省废水排放量为42.28亿吨。COD$_{Cr}$排放量为131.87万吨,其中工业源15.89万吨,城镇生活源38.59万吨,农业源76.73万吨,集中式污染治理设施0.66万吨。氨氮排放量为13.90万吨,其中工业源1.11万吨,城镇生活源6.77万吨,农业源5.94万吨,集中式污染治理设施0.08万吨。

河南省废气排放量为39 635.41亿立方米。SO₂排放量为119.83万吨,其中工业源103.17万吨,城镇生活源16.65万吨,集中式污染治理设施0.005 4万吨。氮氧化物排放量为142.20万吨,其中工业源87.96万吨,城镇生活源2.62万吨,集中式污染治理设施0.01万吨,机动车51.61万吨。

河南省一般工业固体废物产生量为1.59亿吨,综合利用量为1.23亿吨,处置量为0.30亿吨,储存量为0.07亿吨。

5.16.5　生态环境质量现状

根据《2014年河南省环境状况公报》,河南省林业用地面积为504.98万公顷,其中森林面积为395.29万公顷,森林覆盖率为23.67%,森林蓄积为1.71亿立方米。全省有维管束植物近4 000种,分属198科、1 142属,其中列入国家重点保护植物名录的有27种(国家一级3种,国家二级24种),列入省重点保护植物名录的有98种。已知的野生陆生脊椎动物520种,其中两栖动物20种、爬行动物38种、鸟类382种、兽类80种,其中国家一级重点保护野生动物15种。

河南省湿地总面积为62.79万公顷(不包括水稻田63.38万公顷),占国土面积的比率(即湿地率)为3.76%。建立国家级湿地公园试点单位25处,省级湿地公园4处,总面积为75 628公顷。全省已建立不同级别、不同类型自然保护区32处,总面积为760 235公顷,约占全省面积的4.5%。其中,国家级自然保护区12处,面积为428 139公顷;省级自然保护区18处,面积为330 696公顷;县级自然保护区两处,面积为1 400公顷。全省现有森林公园116个,面积为30.14万公顷,其中国家级森林公园有33个,面积为12.91万公顷;省级森林公园83个,面积为17.23万公顷。基本形成了以国家森林公园为骨干,国家、省级和市(县)级森林公园相结合的全省森林公园发展框架,成为生态环境、生物多样性保护的一个重要组成部分。

5.17 湖北

5.17.1 水环境现状

根据《2014年湖北省环境状况》，在主要河流监测断面中，水质良好、符合Ⅰ～Ⅲ类标准的断面占86.7%，水质较差、符合Ⅳ类和Ⅴ类标准的断面占8.2%，水质污染严重、为劣Ⅴ类的断面占5.1%。河流主要污染指标是总磷、COD_{Cr}和五日生化需氧量（图5-21）。

主要湖泊、水库中，水质符合Ⅰ～Ⅲ类标准的水域占75.0%，水质较差符合Ⅳ类、Ⅴ类标准的水域占21.9%，水质污染严重为劣Ⅴ类的水域占3.1%。湖库主要污染指标是COD_{Cr}、五日生化需氧量和总磷（图5-22）。

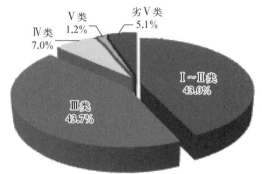
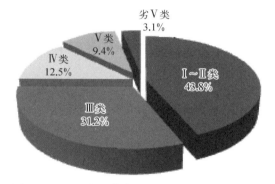

图5-21 2014年主要河流监测断面水质类别构成比
资料来源：《2014年湖北省环境状况》

图5-22 2014主要湖库监测水域水质类别构成比
资料来源：《2014年湖北省环境状况》

湖北省主要重点湖泊水质总体属于轻度污染。16个省控湖泊的20个水域中，水质为Ⅱ～Ⅲ类的水域占60.0%，水质为Ⅳ类的占35.0%、劣Ⅴ类的占5.0%。功能区水质达标率为50.0%，主要超标项目为总磷、COD_{Cr}、五日生化需氧量。其中，斧头湖、梁子湖、黄盖湖水质为优，长湖荆门水域水质为重度污染。可评价营养状态级别的19个湖泊水域中，12个水域营养状态级别为中营养，6个水域处于轻度富营养状态，1个水域处于中度富营养状态。

湖北主要水库水质总体为优。12座水库水质全部符合Ⅰ～Ⅲ类标准，功能区水质达标率为83.3%，主要超标项目为总磷。可评价营养状态级别的11座水库中，漳河水库、黄龙水库和隔河岩水库为贫营养，其余8座水库均为中营养。

按《地表水环境质量标准》（GB 3838—2002）Ⅲ类标准评价，湖北监测水源地月水质总达标率均为100%，全省监测水源地年水质达标率为100%。

5.17.2 大气环境现状

2014年湖北17个重点城市优、良天数比例为79.0%，空气质量达标的城市比例为29.4%。有5个城市空气质量达到或好于Ⅱ级标准，其他城市均超过国家Ⅱ级标准。按降水pH均值小于5.6作为酸雨城市评价标准，全省有两个城市为酸雨城市，分别是武汉和宜昌，酸雨城市比例为11.8%。

5.17.3　声环境现状

（1）区域环境噪声

2014年湖北省16个城市区域环境噪声等效声级平均值为53.6分贝（A），其等效声级平均值范围为50.0分贝（A）（仙桃）～55.8分贝（A）（恩施），1个城市区域环境噪声质量处于"好"水平，5个城市区域环境噪声质量处于"一般"水平，其余城市区域环境噪声质量处于"较好"水平。

（2）道路交通噪声

2014年全省道路交通噪声等效声级平均值为67.3分贝，等效声级平均值范围为63.5分贝（A）（仙桃）～69.3分贝（A）（武汉、黄石），8个城市的道路交通噪声质量处于"较好"水平，其余城市道路交通噪声质量处于"好"水平。

5.17.4　主要污染物排放情况

2014年湖北省废水排放总量为301 703.65万吨，COD排放总量为103.31万吨，其中工业COD排放量为12.58万吨，生活COD排放量为44.69万吨，农业源COD排放量为44.81万吨，集中式污染治理设施COD排放量为1.23万吨。氨氮排放总量为12.04万吨，其中工业氨氮排放量为1.27万吨，生活氨氮排放量为6.25万吨，农业源氨氮排放量为4.38万吨，集中式治理设施排放量为0.14万吨。

湖北省 SO_2 排放量为58.38万吨，氮氧化物排放量约为58.03万吨，其中全省工业氮氧化物排放量为36.74万吨，生活氮氧化物排放量为1.39万吨，机动车氮氧化物排放量为19.9万吨，集中式治理设施排放量为0.001 6万吨。烟（粉）尘排放量约为50.4万吨，其中全省工业烟（粉）尘排放量为43.83万吨，生活烟（粉）尘排放量为4.89万吨，机动车烟（粉）尘排放量为1.68万吨，集中式治理设施排放量为0.002万吨。

2014年湖北省工业固体废物产生量为8 006.35万吨，综合利用量为6 139.42万吨，处置量为1 700.93万吨，储存量为221.03万吨。

5.17.5　土壤环境现状

（1）全省集中式饮用水水源地周边土壤环境质量监测

湖北省集中式饮用水水源地周边土壤质量以清洁为主。在水源地土壤的1 485个有效监测数据中有20个超标数据，占总数的1.35%。其中轻微污染的点位数据有15个，占总数的1.01%；轻度污染的点位数据有3个，占0.20%；中度污染的点位数据有两个，占0.13%；无重度污染数据。监测点位中土壤超标污染物仅镉、镍、汞和铜。其超标率由大到小依次为镉（11.8%）＞镍（2.2%）＞汞（0.7%）＝铜（0.7%）；最大超标倍数依次为镉（3.7）＞汞（2.1）＞镍（0.2）＞铜（0.1）。所有监测项目综合评价中，十堰、宜昌、襄阳、鄂州、荆门、荆州、仙桃、潜江、天门和神农架林区10个地区的监测区土壤均为清洁（安全）。其他6个地区的部分点位则有不同程度的重金属超标：重污染区域集中在黄石，轻度污染区域集中在孝感、黄石、恩施，而武汉、黄石、黄冈、咸宁、恩施的部分点位处于警戒线水平。

（2）武汉市城市绿地土壤环境质量监测

45个监测点位的495个有效监测数据中无超标项目，全部为无污染。无机项目综合评价均为清洁（安全）；有机项目综合评价虽无污染点位，但尚清洁（警戒线）的点位有5个，占11.1%。

5.17.6 生态环境质量现状

2013年湖北省生态环境状况指数为66.12，生态环境状况为良。从各地区来看，神农架林区的生态环境状况最好，其指数为82.36，然后依次为恩施（79.48）、宜昌（78.53）、咸宁（76.71）、十堰（75.46）、黄石（68.97）和黄冈（67.70），如图5-23所示。上述7个地区的生态环境指数均高于全省生态环境状况指数值，且有5个地区生态环境状况为优。生态环境状况指数最低的地区分别为孝感（53.88）、天门（54.55）和潜江（54.99），生态环境状况为一般。其余地区生态环境状况均为良。全省生态环境状况等级为优的有5个市（州、林区），占全省总面积的44.09%；等级为良的有9个市（州），占全省总面积的48.64%；等级为一般的有3个市（州），占全省总面积的7.27%。

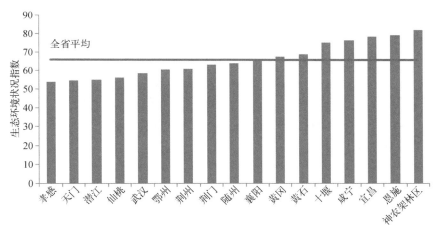

图5-23 2013年湖北省生态环境状况图

资料来源：《2014年湖北省环境状况》

5.18 湖南

5.18.1 水环境现状

（1）主要江河水质

湘资沅澧干流46个省控断面中，Ⅰ～Ⅲ类水质断面45个，占97.8%；Ⅳ类水质断面1个，占2.2%。湘江流域干流水质总体为优，干流18个省控断面水质均符合或优于Ⅲ类标准，重金属镉、汞、砷、铅和六价铬浓度达到《地表水环境质量标准》（GB 3838—2002）中Ⅱ类水质标准限值要求。资江流域干流水质总体为优,干流11个省控断面水质均符合或优于Ⅲ类标准。沅江流域干流水质总体为优,干流10个省控断面中,Ⅰ～Ⅲ类水质断面9个,占90.0%;Ⅳ类水质断面1个(托口断面),占10.0%,主要污染指标为总磷。澧水流域干流水质总体为优,干流7个省控断面水质均符合或优于Ⅲ类标准。其他8个省控断面中,长江湖南段所设3个省控断面、环洞庭湖河流所设4个省控断面和珠江北江武水所设1个省控断面的水质均符合或优于Ⅲ类标准,其他流域水质基本保持稳定。

(2) 洞庭湖水质

洞庭湖水质总体为轻度污染,营养状态为中营养。洞庭湖11个省控断面中,10个断面属于Ⅳ类水质,占90.9%;1个断面属于Ⅴ类水质,占9.1%,主要污染物均为总磷。初步分析,洞庭湖水质下降的主要原因是,水资源总量减少导致水环境容量变小、湖区和环湖周边畜禽水产养殖业和农业面源污染,以及城镇工商业及居民生活垃圾、废水污染不断累积,富营养化问题日益显现。

(3) 城市集中式饮用水水源地水质

湖南14个城市的30个饮用水水源地水质达标率为99.4%,个别饮用水水源地水质超标,主要污染物为锰和铁。

5.18.2　大气环境现状

根据国家有关规定和工作部署,2014年长沙、株洲、湘潭、岳阳、常德、张家界6个市按照新标准评价,空气质量平均达标天数比例为67.4%,超标天数比例为32.6%,轻度污染占21.0%,中度污染占6.2%,重度污染占4.4%,严重污染占1.0%;按《环境空气质量标准》(GB 3095—2012)中PM_{10}、SO_2、NO_2三项监测因子对空气质量进行评价,全省14个城市空气质量平均达标天数比例为91.2%。

5.18.3　声环境现状

2014年14个城市的道路交通噪声昼间平均等效声级平均值为68.1分贝(A),区域环境噪声昼间平均等效声级平均值为53.6分贝(A);全省城市功能区噪声昼间达标率为91.4%,夜间达标率为77.5%。

5.18.4　主要污染物排放情况

2014年湖南COD_{Cr}排放总量为122.90万吨,氨氮排放总量为15.44万吨;SO_2排放总量为62.38万吨,氮氧化物排放总量为55.28万吨。

5.18.5　生态环境质量现状

截至2014年底,湖南省有国家级自然保护区23个,省级自然保护区29个;全省森林覆盖率稳定在57%以上,湿地面积约为102万公顷。

5.19　广东

5.19.1　水环境现状

（1）河流

2014年广东省主要江河水质总体良好,124个省控断面中,84.70%的断面水质达到水环境功能区水质标准,77.40%的断面水质优良（Ⅰ～Ⅲ类）。其中,52.40%的断面水质为优（Ⅰ～Ⅱ类）,25.00%的断面水质为良好（Ⅲ类）,12.10%的断面水质为轻度污染（Ⅳ类）,2.40%的断面水质为中度污染（Ⅴ类）,8.10%的断面水质为重度污染（劣Ⅴ类）（图5-24）。

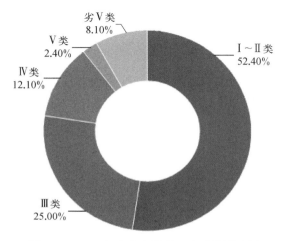

图5-24　2014年广东省控断面水质类别比例

资料来源:《2014年广东省环境状况公报》

（2）湖泊（水库）

广东省3个省控湖泊中,湛江岩光湖、惠州西湖水质为Ⅲ类,营养状态为中营养;肇庆星湖水质为Ⅳ类,呈轻度富营养。星湖、西湖达到水功能区目标,岩湖未达到。全省35个省控水库,其中33个有检测数据的水库水质均为优良。8个大型水库中,4个水质为Ⅰ类,两个为Ⅱ类,两个为Ⅲ类;其他25个中小型水库水质均在Ⅰ～Ⅲ类,水质优良。全省有检测数据的水库富营养程度较轻,呈贫营养状态的为8个,占24.2%;呈中营养状态的为25个,占75.8%。

（3）城市集中式饮用水水源

每月对广东省79个城市集中式饮用水水源水质展开监测,水质达标率为100%。其中,3.2%为Ⅰ类水质,66.8%为Ⅱ类水质,30%为Ⅲ类水质。

（4）近岸海域水环境

广东省近岸水质监测点位67个,水质达标率为94.0%。67个近岸海域水环境功能中,有3个受到重度污染,位于珠江口,主要污染指标为无机氮和活性磷酸盐。全省近岸海域功能区营养程度总体较轻,呈贫营养状态的功能区有33个,占49.25%;呈严重富营养状态的有3个,占4.5%。

5.19.2   大气环境现状

根据《2014年广东省环境状况公报》，2014年广东21个地级城市及顺德区SO_2年平均浓度为18微克/立方米，年均值范围为7～33微克/立方米，均达Ⅱ级标准，其中12个城市达到Ⅰ级标准。NO_2年平均浓度为30微克/立方米，范围为14～49毫克/立方米，18个城市达到Ⅱ级标准。PM_{10}年平均浓度为60微克/立方米，范围为47～74微克/立方米。$PM_{2.5}$年均浓度为41微克/立方米，年均值范围为29～52微克/立方米，6个城市达到Ⅱ级标准。2014年全省21个地级城市及顺德区环境空气质量达标天数比例在70.2%～95.6%，平均为85%，首要污染物为$PM_{2.5}$。

广东省49个城市降水测点pH均值为5.11，范围在4.68（清远）～6.30（汕头），酸雨频率为35.5%。

5.19.3   污染物排放现状

全年主要污染物中COD_{Cr}排放总量为167.06万吨，氨氮排放总量为20.82万吨，SO_2排放总量为73.01万吨，氮氧化物排放总量为112.21万吨，工业固体废物产生量为5 665.09万吨，危险废物产生量为169.41万吨。

5.19.4   声环境现状

广东省功能区噪声昼间达标率为90.2%，夜间达标率为63.7%。城市区域环境昼间噪声等效声级平均值为55.5分贝（A），38.1%的城市区域声环境处于一般水平，61.9%的城市受轻度污染，城市噪声源主要为交通和生活类。全省城市道路交通昼间噪声总平均值为67.7分贝（A）。

5.19.5   生态环境质量现状

广东是全国自然保护区数量最多的省份，现建成369个自然保护区，其中国家级15个，省级63个。全省自然保护区总面积约为171.9万公顷，森林覆盖率为58.69%，林业用地面积为1 096.25万公顷。

5.20   海南

5.20.1   水环境现状

（1）河流水质状况

2014年海南省河流水质总体为优，93.1%的监测河段水质符合或优于地表水Ⅲ类标准。

劣于Ⅲ类水质的河段主要分布在部分中小河流、南渡江个别支流的局部河段,主要受农业及农村面源废水、城市(镇)生活污水影响,主要污染指标为高锰酸盐指数、COD_{Cr}和氨氮。

（2）湖库水质状况

2014年海南省湖库水质总体良好,监测的18个主要大中型湖库中,松涛水库、大广坝水库、牛路岭水库等15个湖库水质符合或优于国家地表水Ⅲ类标准,占监测湖库总数的83.3%;湖山水库、石门水库和高坡岭水库水质仅符合Ⅳ类标准,主要污染指标为总磷和高锰酸盐指数。湖山水库呈轻度富营养状态,其余湖库呈中营养状态。

（3）饮用水水源地水质状况

2014年海南省18个市(县)(不含三沙)的城市(镇)集中式饮用水水源地水质总体优良。开展监测的27个县级以上城市(镇)集中式饮用水水源地水质总体达标率为99.4%。

（4）近岸海域水质状况

2014年海南省近岸海域水质总体为优。海南岛近岸海域Ⅰ、Ⅱ类海水占94.6%,97.1%的功能区水质达到水环境功能区管理目标要求。Ⅲ、Ⅳ类海水主要出现在海口秀英港和三亚河入海口近岸海域,主要受城市生活污水和港口废水的影响,主要污染指标为石油类、无机氮和COD_{Cr}。

5.20.2 大气环境现状

2014年海南省空气质量总体优良,优良天数比例为98.92%,轻度污染天数为1.06%,中度污染天数为0.02%(1天)。全省SO_2、NO_2、PM_{10}年均浓度分别为5微克/立方米、10微克/立方米、38微克/立方米,均符合国家一级标准。

5.20.3 声环境现状

（1）城市（镇）道路交通噪声

2014年海南省昼间道路交通噪声年平均等效声级为67.3分贝(A),94.4%符合国家标准[70分贝(A)]。夜间道路交通噪声年平均等效声级为57.8分贝(A),38.9%符合国家标准[55分贝(A)]。

（2）城市（镇）区域环境噪声

2014年海南省昼间区域环境噪声年平均等效声级为53.0分贝(A),94.4%符合国家1类区标准,5.6%符合2类区标准。夜间区域环境噪声年平均等效声级为46.0分贝(A),44.4%符合国家1类区标准,44.4%符合2类区标准,11.2%符合3类区标准。

（3）城市功能区声环境

海口、三亚开展了城市功能区声环境质量监测,全省昼间总体达标率为100%,夜间总体达标率为76.9%。海口功能区声环境昼间达标率为100%,夜间达标率为62.5%,其中1类功能区夜间达标率为100%,4类功能区夜间达标率为0。三亚功能区声环境昼间达标率为100%,夜间达标率为83.3%,其中1类功能区夜间达标率为100%,2类、4类功能区夜间达标率分别为85.0%、62.5%。总体而言,全省城市功能区噪声昼间达标率高于夜间,4类功能区夜间达标率明显低于其他类功能区。

5.20.4　主要污染物排放情况

2014年海南省废水排放总量为39 351.0万吨，废水污染物COD_{Cr}排放量为19.6万吨，其中工业源、农业源、生活源、集中式治理设施COD_{Cr}排放量分别为1.1万吨、10.0万吨、8.4万吨、0.1万吨；氨氮排放量为2.3万吨，其中工业源、农业源、生活源氨氮排放量分别为0.1万吨、0.9万吨、1.3万吨。工业废气排放总量为2 638.2亿立方米，SO_2排放量为3.3万吨，其中工业源、城镇生活源SO_2排放量分别为3.2万吨、0.1万吨；氮氧化物排放量为9.5万吨，其中工业源、机动车氮氧化物排放量分别为6.5万吨、3.0万吨；烟粉尘排放量为2.3万吨，其中工业源、城镇生活源、机动车烟粉尘排放量分别为1.9万吨、0.1万吨、0.3万吨。一般工业固体废物产生量为515.4万吨，综合利用量为273.9万吨，处置量为34.5万吨，倾倒丢弃量为0。危险废物产生量为2.2万吨，综合利用量为0.2万吨，处置量为2.0万吨，倾倒丢弃量为0。

5.20.5　生态环境质量现状

海南省生态环境质量继续保持为优，18个市（县）（不含三沙）的生态环境质量指数等级均为优良，其值介于67.99 ～ 92.70，其中指数值排前三名的市（县）分别为琼中、五指山和万宁，除儋州、临高、定安、东方和海口5个市（县）为"良"以外，其余市（县）生态环境质量均为"优"。

根据《2014年海南省环境状况公报》，2014年森林覆盖率为61.5%，森林面积为3 172万亩，林木总蓄积量为1.49亿立方米。全省现有27处森林公园，总面积约为17.0万公顷，其中国家森林公园9处，面积约为11.8万公顷；省级森林公园16处，面积约为5.1万公顷；市（县）级森林公园两处，面积约为1 693公顷。全省现有野生维管束植物4 622多种，占全国种类的15%，其中有491种是海南特有种，有48种被列为国家Ⅰ、Ⅱ级重点保护植物（第一批）。全省有陆栖脊椎动物660种，其中23种为海南特有种，123种为国家一、二级重点保护野生动物，一级保护动物有海南坡鹿、海南黑冠长臂猿、云豹、巨蜥、海南山鹧鸪等18种，二级保护动物105种。全省建立了自然保护区49个，总面积为270.23万公顷，其中国家级自然保护区10个、省级自然保护区22个、市（县）级自然保护区17个。全省自然保护区陆地面积为24.32万公顷，占全省陆地面积约6.94%。

5.21　四川

5.21.1　水环境现状

（1）河流

四川长江干流（四川段）、金沙江、岷江、沱江、嘉陵江五大水系水质为轻度污染。干流达标率为59.6%，支流达标率为67.4%。139个省控监测断面中Ⅰ～Ⅲ类水质断面有92个，占66.2%；Ⅳ类水质断面有18个，占12.9%；Ⅴ类水质断面有10个，占7.2%；劣Ⅴ类水质断面有19个，占13.7%（图5-25）。主要污染指标为总磷、氨氮、COD_{Cr}。长江干流、金沙江水系、嘉陵江干流水质达标率均为100%;岷江水系干流水质为轻度污染,支流水质为中度污染,主要污染指标为总磷、氨氮和COD_{Cr}。沱江水系干流水质为轻度污染,支流水质为中度污染,主要污染指标为总磷、氨氮。

(2) 湖库

四川实施监测的9个湖库的水质达标率为77.8%。其中,攀枝花二滩水库、凉山州邛海、南充升钟水库为Ⅱ类水质,整体水质为优;广安大洪湖、眉山黑龙滩水库、资阳老鹰水库、资阳三岔湖、都江堰紫坪铺水库为Ⅲ类水质,整体水质良好;受总磷影响,绵阳鲁班水库为Ⅳ类水质,受到轻度污染未达到规定水质类别。9个湖库共31个监测点位,2014年均为中营养状态。

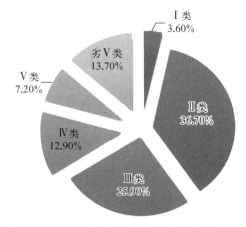

图5-25 2014年四川五大水系水质类别比例
资料来源:《2014年四川省环境状况公报》

(3) 城市集中式饮用水水源

四川全省21个市(州)政府所在地城市的集中式饮用水水源地水质达标率为99.2%。县城集中式生活饮用水水源地水质达标率为93.8%,乡镇集中式生活饮用水水源地水质达标率为83.2%。

5.21.2 大气环境现状

根据《2014年四川省环境状况公报》,2014年四川城市环境空气平均优良天数为330天,比例为90.8%,21个省控城市中,17个城市空气质量达到Ⅱ级标准,成都、自贡、内江、南充空气质量为Ⅲ级。以大气污染物而言,21个市(州)政府所在地SO_2年均浓度为0.025毫克/立方米,达到国家Ⅱ级标准;NO_2年均浓度为0.032毫克/立方米,达到国家Ⅰ级标准;PM_{10}年均浓度为0.080毫克/立方米,达到国家Ⅱ级标准。农村环境空气质量总体良好,按《环境空气质量标准》(GB 3095—2012)对其进行评价,全年平均达标天数为293天,首要污染物主要为PM_{10}。2014年全省城市降水pH年均值范围为4.5(泸州)~ 7.25(康定)。降水pH均值为5.24,酸雨pH均值为4.56,酸雨发生频率为21.9%。

5.21.3 污染物排放现状

2014年四川COD_{Cr}、氨氮、SO_2和氮氧化物排放量分别为121.63万吨、13.48万吨、79.64万吨和58.54万吨,同比下降了1.27%、1.66%、2.49%和6.23%。

5.21.4 声环境现状

四川省控城市区域声环境质量总体较好。在25个城市中,昼间声环境质量好的有1个,占4%;较好的有19个,占76%;一般的有5个,占20%。25个设区市城市道路交通声环境质量为好的城市有17个,占68%;较好的有7个,占28%;较差的有1个,占4%。省控城市各类功能区共检测1 182点次,按照功能区对声环境质量评价,昼间声环境质量达标率为94.2%,夜间达标率为83.4%。

5.21.5　生态环境质量现状

2014年四川生态环境状况良好,生态环境状况指数为73.7。在生态环境状况指数的Ⅱ级指标中,生物丰度数、植被覆盖指数和土地退化指数无变化,水网密度指数下降3.3,环境质量指数下降2.9。21个市(州)生态环境状况指数介于49.6～93.2。生态环境状况为"优"的市(州)占全省面积的65.8%,生态环境状况为"良"的市(州)占全省面积的32.0%,生态环境状况为"一般"的市(州)占全省面积的2.2%。

5.22　贵州

根据《2014年贵州省环境状况公报》,全省环境质量总体稳定,河流水质总体良好,纳入监测的河流监测断面中有81.2%水质达到Ⅰ～Ⅲ类水质类别标准,湖(库)监测垂线中有64%达到Ⅲ类水质类别标准。14个出境断面水质状况良好,达标率为85.7%。城镇集中式饮用水水源地水质状况良好,9个中心城市共25个集中式饮用水水源地水质达标率为100%,各县级城镇共143个集中式饮用水水源地水质达标率为96.2%。13个设市城市中,贵阳和遵义环境空气质量有所改善,但未达到《环境空气质量标准》(GB 3095—2012)Ⅱ级标准,其余11个城市,全部达到《环境空气质量标准》(GB 3095—1996)Ⅱ级标准。贵阳空气质量指数优良率为86.0%;遵义空气质量指数优良率为77.5%。全省生态环境质量总体评价为良,声环境质量总体保持良好。

5.22.1　水环境现状

(1) 主要河流水质

2014年贵州地表水总体为良好。全省纳入监测的85个断面中,Ⅰ～Ⅲ类水质断面(69个)占81.2%,Ⅳ类、Ⅴ类水质断面占7%,劣Ⅴ类水质断面占11.8%(图5-26)。各水系满足水质功能要求断面的百分比分别为:乌江水系64.5%,沅水水系77.8%,赤水河—綦江水系100%,北盘江水系90%,南盘江水系100%,红水河水系100%,柳江水系100%。

(2) 主要湖(库)水质状况

2014年贵州省纳入监测的红枫湖、百花湖、阿哈水库、乌江水库、梭筛水库、虹山水库、万峰湖和草海8个湖(库)共布设监测垂线25条。其中达到Ⅲ类及以上水质类别的监测垂线有16条,占总监测垂线数的64%。8条垂线为Ⅳ类水质,占总监测垂线数的32%;1条垂线为Ⅴ类水质,占总监测垂线数的4%(图5-27)。湖(库)主要污染指标为总磷、COD$_{Cr}$、高锰酸盐指数。

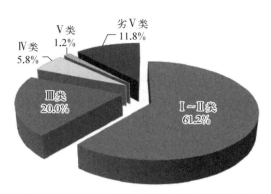
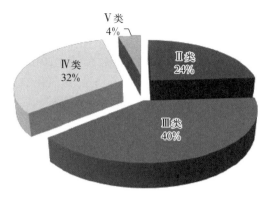

图5-26　2014年贵州河流断面水质类别比例　　　　图5-27　2014年贵州湖库垂线水质类别图
资料来源:《2014年贵州省环境状况公报》　　　　资料来源:《2014年贵州省环境状况公报》

（3）河流出入境断面水质状况

2014年贵州省纳入监测的14个出境断面水质良好,达标率为85.7%,纳入监测的入境断面有两个,水质良好。其中,流入黔西南州的南盘江三江口断面水质为Ⅲ类,流入毕节市的赤水河清水铺断面水质为Ⅱ类。

（4）饮用水水源地水质状况

2014年贵州省饮用水水源地水质达标率为100%,各县级城镇143个集中式饮用水水源地水质综合达标率为96.2%。

5.22.2　大气环境现状

2014年贵州13个设市城市中,贵阳和遵义未达到《环境空气质量标准》(GB 3095—2012)Ⅱ级标准。其余11个城市全部达到《环境空气质量标准》(GB 3095—1996)Ⅱ级标准。在11个开展酸雨监测的城市中,降水年均pH范围为5.64 ～ 8.07,pH最低值出现在都匀,最高值出现在六盘水。贵阳、安顺、都匀、凯里和仁怀5个城市出现了不同程度的酸雨。除都匀酸雨频率为18.4%以外,其余4个出现酸雨的城市,酸雨频率均低于5%。

5.22.3　声环境现状

2014年贵州省9个中心城市开展道路交通声环境监测,平均等效声级范围为64.7 ～ 78.7分贝（A）。全省9个中心城市开展城市区域声环境监测,平均等效声级范围为54.0 ～ 59.0分贝（A）。全省7个中心城市开展功能区昼、夜间噪声监测,其中昼间噪声1类区域有贵阳、遵义、安顺和铜仁出现超标;昼间噪声2类区域有安顺出现超标;昼间噪声3类区域有安顺出现超标;昼间噪声4a类区域有贵阳、遵义和毕节出现超标。夜间噪声1类区域有贵阳、遵义、安顺和六盘水出现超标;夜间噪声2类区域有贵阳、安顺和铜仁出现超标;夜间噪声3类区域有贵阳出现超标;夜间噪声4a类区域有贵阳、遵义和毕节出现超标。

5.22.4 主要污染物排放情况

2014年贵州COD_{Cr}排放总量比2013年下降0.46%、氨氮排放总量比2013年下降0.54%、SO_2排放总量比2013年下降6.15%、氮氧化物排放总量比2013年下降11.88%。全省工业固体废物产生量为7 394万吨。综合利用量为4 313万吨,储存量为1 818万吨,处置量为1 382万吨。

5.22.5 生态环境质量现状

贵州省生态环境质量评价为"良",生态环境质量保持稳定。2014年全省9个市(州)生态环境状况指数最高的是黔东南,为72.89;最低的是六盘水,为54.21。从生态环境指数反映的情况来看,各市(州)生态环境质量状况变化不大(图5-28)。

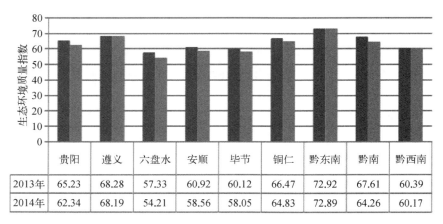

	贵阳	遵义	六盘水	安顺	毕节	铜仁	黔东南	黔南	黔西南
2013年	65.23	68.28	57.33	60.92	60.12	66.47	72.92	67.61	60.39
2014年	62.34	68.19	54.21	58.56	58.05	64.83	72.89	64.26	60.17

图5-28 贵州省生态环境质量指数值

资料来源:《2014年贵州省环境状况公报》

根据县域生态环境质量状况评价结果,贵州省县域生态环境质量状况评价结果均为"良"和"一般",无"差"和"较差"等级的县域。在全省88个市(县、区)中,生态环境质量状况评价为"良"的县域有64个,占全省县域总数的72.73%;评价为"一般"的县域有24个,占全省县域总数的27.27%。从县域生态环境质量状况评价结果的空间分布来看,生态环境质量状况评级为"一般"的县域主要分布在贵州中部、西部地区。生态环境质量状况评级为"良"的县域主要分布在贵州东部、南部和北部地区。

5.23   云南

5.23.1   水环境现状

(1) 河流水系

根据《2014年云南省环境状况公报》,全省河流总体水质为轻度污染。六大水系主要河流受污染程度由大到小依次为长江水系、珠江水系、澜沧江水系、红河水系、伊洛瓦底江水系、怒江水系。在99条主要河流的183个监测断面中，89个断面水质为优良，达到Ⅰ～Ⅱ类标准，占48.6%；45个断面水质为良好，达到Ⅲ类标准，占24.6%，24个断面水质为轻度污染，达到Ⅳ类标准，占13.1%；11个断面水质为中度污染，达到Ⅴ类标准，占6%；14个断面水质为重度污染，为劣Ⅴ类标准，占7.7%。25个出境、跨界河流监测断面中，16个水质为优良，达到Ⅱ类标准，占64%；7个断面水质为良好，达到Ⅲ类标准，占28%；1个断面水质为轻度污染，达到Ⅳ类标准，占4%；1个断面水质为中度污染，达到Ⅴ类标准，占4%。23个断面水质达到水功能要求，占出境、跨界断面的92%。北盘江旧营桥断面、南北河流断面未达到水功能要求。

（2）湖泊水库水质状况

云南湖泊水库水质总体良好。在开展的61个湖泊水库中，40个水质为优，达到Ⅰ～Ⅱ类标准，占65.6%；11个水质为良好，达到Ⅲ类标准，占18%。3个为轻度污染，达到Ⅳ类标准，占4.9%；7个为重度污染，劣Ⅴ类标准，占11.5%。45个水质达标，占73.8%。对55个湖库开展营养状况监测，16个处于贫营养状态，34个处于中营养状态，1个处于轻度富营养状态，4个中度富营养状态。九大高原湖泊中，泸沽湖、抚仙湖、洱海水质为优，达到Ⅰ～Ⅱ类标准；阳宗海、程海水质为轻度污染，达到Ⅳ类标准；滇池草海、滇池外海、异龙湖、星云湖、杞麓湖水质为重度污染，为劣Ⅴ类标准。湖体主要水质超标指标为COD_{Cr}、总磷、总氮、高锰酸钾指数、五日生化需氧量、氨氮、总氮。

（3）集中式饮用水水源地水质状况

2014年云南21个主要城市的46个取水监测点水质监测结果表明，按《地表水环境质量标准》（GB 3838—2002），46个饮用水水源地达标率为100%。

表5-3 云南省重点城市集中式饮用水源地水质状况统计

水质数别	Ⅰ类	Ⅱ类	Ⅲ类	Ⅳ类	Ⅴ类
河流型饮用水源/个	2	5	1	0	0
湖库型饮用水源/个	1	29	8	0	0
合计/个	3	34	9	0	0
比例/%	6.5	73.9	19.6	0	0

5.23.2 大气环境现状

云南18个主要城市开展了空气环境质量监测与评价，其中昆明、曲靖、玉溪按《环境空气质量标准》（GB 3095—2012），其余15个城市按《环境空气质量标准》（GB 3095—1996）进行监测与评价。以日平均浓度按环境空气质量指数评价，昆明空气质量优良率为97%，曲靖为97.3%，玉溪为98.1%。对3个城市的空气质量年均值进行评价，均达到Ⅱ级标准。3个城市SO_2年平均浓度值在20～29微克/立方米，NO_2为22～36微克/立方米，PM_{10}为53～70微克/立方米，$PM_{2.5}$为31～35微克/立方米，CO 24小时平均在1.512～3.380毫克/立方米。O_3日最大8小时滑动平均值在111～127微克/立方米。其他15个城市以日平均浓度按空气质量污染指数评价, 9个城市优良率为100%。2014年云南19个城市降水pH平均值在4.68 ~ 7.43。有6个城市监测到酸雨。昭通、楚雄、个旧降水pH年均值低于5.6, 为酸雨区。19个主要城市的酸雨频率在0 ~ 68.8%, 平均为4.9%。13个城市没出现酸雨。全省降水pH总平均值为5.86, 酸雨频率为4.9%。

5.23.3　声环境现状

云南20个城市的平均声级值在63.8 ~ 69.9分贝 (A)。声环境质量总体上较好, 在860 km的监测路段中, 声级值在70分贝 (A) 以下, 声环境质量为 "较好" 与 "好" 的路段占91.8%; 声级值在70 ~ 72分贝 (A), 声环境质量为 "一般" 的路段占5.3%; 声级值在72分贝 (A) 以上, 声环境质量为 "较差" 与 "差" 的路段占2.9%。20个城市的城市声环境质量, 平均声级值在55分贝 (A) 以下, 声环境质量为 "较好" 与 "好" 的城市有17个, 有3个城市平均声级值在55 ~ 60分贝 (A), 声环境质量一般。云南17个城市昼间各类功能分区的超标率平均为12.5%, 范围在2.7% ~ 43.8%, 超标率最低的是Ⅳ类区 (交通干线两侧), 最高的是0类区 (疗养区); 夜间各类功能区的超标率平均为20.5%, 范围在5.8% ~ 40.6%。超标率最低的是3类区 (工业区), 最高的是0类区 (疗养区); 总体上, 夜间超标率高于昼间, 0类区 (疗养区) 的超标率高于其他区域。

5.23.4　污染物排放情况

云南废水总排放量为157 544.15万吨。其中工业排放量为40 442.79万吨, 减少3.35%, 城镇生活源排放量为116 905.20万吨。COD_{Cr}总排放量为533 822吨, 其中工业源排放量为162 470吨, 城镇生活源排放量为286 925吨, 农业源排放量为71 448吨, 集中式治理设施排放量为12 979吨。氨氮总排放量为56 484吨, 其中工业源排放量为3 983吨, 城镇生活源排放量为39 548吨, 农业源排放量为11 302吨, 集中式治理设施排放量为1 651吨。

云南工业废气排放量为16 664.09亿立方米。SO_2总排放量为636 683吨, 其中电力行业排放量为140 974吨, 钢铁行业排放量为93 252吨, 平板玻璃制造行业排放量为8 459吨, 其他行业排放量为393 998吨。氮氧化物总排放量为498 886吨, 其中电力行业排放量为89 613吨, 水泥行业排放量为102 320吨, 平板玻璃制造行业排放量为4 739吨, 机动车排放量为200 454吨, 其他行业排放量为101 760吨。一般工业固体废弃物产生量为14 480.63万吨。综合利用量为7 215.67万吨。处置量为4 632.60吨。储存量为2 826.08万吨, 倾倒丢弃量为6.73万吨。危险废物产生量为239.72吨, 综合利用量为136.73万吨, 处置量为28.58万吨。储存量为80.01万吨, 无倾倒丢弃量。

5.23.5　生态环境质量现状

根据第八次全国森林资源连续清查云南森林资源清查结果, 全省森林面积为1 914.19万公顷; 活立木蓄积量为18.75亿立方米; 乔木林每公顷蓄积量为110.88立方米。全省建立各种级别的湿地类型自然保护区17处, 保护范围为20.71万公顷; 共有11处国家湿地公园,保护面积达到2.97万公顷。云南建立各种类型、不同级别的自然保护区161个，其中国家级21个，省级38个，州（市）级57个，区（县）级45个，总面积为281万公顷，占国土面积的7.1%，自然保护区数量位居全国第6位。

5.24 陕西

5.24.1 水环境现状

根据《2014年陕西省环境状况公报》，2014年全省河流Ⅰ～Ⅲ类水质断面比例为51.8%，Ⅳ～Ⅴ类水质断面比例为36.1%，劣Ⅴ类水质断面比例为12.1%。全省3个湖库营养化状态为，王瑶水库、石门水库均为中营养，红碱淖为重度富营养。石门水库水质为优，王瑶水库水质为良好，红碱淖水质为重度污染。全省25个集中式饮用水水源地共取水65 240.4万吨，达标水量为65 240.4万吨，达标率为100%。

5.24.2 大气环境现状

2014年西安、宝鸡、咸阳、铜川、渭南、杨凌示范区和延安按照《环境空气质量标准》（GB 3095—2012）监测与评价城市环境空气质量，结果表明，关中各市（区）和延安环境空气质量优良天数比例为57.8%～69.3%，平均为63.1%；西安优良天数比例为57.8%。榆林、汉中、安康和商洛按照《环境空气质量标准》（GB 3095—1996）监测与评价城市环境空气质量，结果表明，榆林和陕南3市城市环境空气质量优良天数比例为92.1%～99.2%，平均为96.7%。

全省自然降尘量范围为5.86～15.08吨/（平方千米·月），平均为10.47吨/（平方千米·月），全省全年未出现酸雨。关中各市（区）和延安PM_{10}年均值范围为117～147微克/立方米，平均为128微克/立方米，均超过《环境空气质量标准》（GB 3095—2012）年均值Ⅱ级标准。$PM_{2.5}$年均值范围为53～76微克/立方米，平均为67微克/立方米，均超过《环境空气质量标准》（GB 3095—2012）年均值Ⅱ级标准。SO_2年均值范围为24～36微克/立方米，平均为32微克/立方米，全部达到《环境空气质量标准》（GB 3095—2012）年均值Ⅱ级标准。NO_2年均值范围为21～51微克/立方米，平均为39微克/立方米，西安和延安超过《环境空气质量标准》（GB 3095—2012）年均值Ⅱ级标准（≤40微克/立方米），其他城市均达标。

5.24.3 城市声环境现状

10个设区市区域环境噪声平均等效声级在50.6～57.3分贝（A），声环境质量等级介于Ⅱ～Ⅲ级。各类功能区昼间噪声平均值达标的城市比例为80.0%～100%，夜间噪声平均值达标的城市比例为70%～100%，昼间声环境质量达标情况好于夜间。10个设区市开展道路交通噪声监测，平均等效声级介于60.7～68.2分贝（A），声环境质量等级介于Ⅰ～Ⅱ级。全省平均等效声级为66.1分贝（A），声环境质量等级为Ⅰ级。道路交通噪声路段达标率为91.0%。

5.24.4　主要污染物排放现状

2014年贵州COD_{Cr}排放量为50.49万吨，氨氮排放量为5.82万吨，SO_2排放量为78.10万吨，氮氧化物排放量为70.58万吨。

5.25　甘肃

5.25.1　水环境现状

（1）河流水质

据《2014年甘肃省环境状况公报》报道，黄河、大夏河、洮河、蒲河、金川河、黑河和白龙江水质为优，泾河、石羊河和北大河水质为良好，湟水河、渭河、马莲河、和石油河水质为轻度污染，山丹河水质为重度污染。

（2）主要河流水质状况

黄河甘肃段全流程水质均达标，其中兰州段扶河桥、新城桥段面水质为Ⅱ类，包兰桥、什川桥断面水质为Ⅲ类，临夏段、甘南段、白银段水质均为Ⅱ类。渭河6个断面中，西二十里铺断面水质为Ⅲ类，优于功能类别；桦林断面水质为Ⅴ类，土店子断面水质为劣Ⅴ类，均超出了功能类别；其余断面水质均为Ⅲ类，达到了功能类别要求。泾河4个断面水质均达到功能类别要求。马莲河3个断面中，宁县桥头断面水质为Ⅲ类，水质优于功能类别；曲子大桥、韩家湾断面水质为Ⅴ类，水质均超出了功能类别。

（3）国控重点流域水质

重点流域（黄河、长江、内陆河）甘肃境内水域断面中，桦林断面水质为Ⅴ类，其余断面水质均符合水功能类别要求。

（4）出境断面水质

黄河、渭河、白龙江、泾河、黑河和马莲河省界出境断面水质均达标。五佛寺、固水子村、六坝桥断面水质为Ⅱ类，宁县桥头断面水质为Ⅲ类，均优于功能类别。

（5）集中式饮用水水源地水质

天水市甘谷县、秦安县总硬度、硫酸盐超标，其他市、县城市集中式饮用水水源地水质达标。

5.25.2　空气环境现状

甘肃省14个地级市空气质量达到《环境空气质量标准》（GB 3095—2012）Ⅱ级标准的有8个，占57.1%；天水、张掖、平凉、庆阳、定西、陇南、临夏、合作空气质量为Ⅱ级，兰州、嘉峪关、金昌、白银、武威、酒泉空气质量为Ⅲ级。全省14个城市全年均未出现酸性降水，pH年均值范围为6.44（兰州）～8.18（陇南）。

5.25.3　城市声环境现状

全省城市区域声环境平均等效声级范围在48.1 ～ 55.0分贝（A），嘉峪关平均等效声级值低于50分贝，声环境质量为好，其他城市等效声级值介于50.1 ～ 55.0分贝（A），声环境质量较好。全省道路交通声环境平均等效声级范围为63.4 ～ 69.7分贝（A），兰州、白银、张掖、酒泉和临夏大于68.0分贝（A），声环境质量较好，其余9个城市声级均值低于68.0分贝（A），声环境质量为好。全省城市道路交通噪声共监测758.7千米，其中超过70分贝（A）的路段长度占监测路段总长度的26.6%。

5.25.4　主要污染物排放现状

2014年甘肃省废水排放量为65 973.23万吨。其中工业废水排放量为19 742.25万吨，占29.92%；城镇生活污水排放量为46 208.55万吨，占70.05%；集中式治理设施废水排放量为22.43万吨，占0.03%。工业废水中，COD_{Cr}排放量为8.86万吨，氨氮排放量为1.18万吨；城镇生活污水中，COD_{Cr}排放量为14.41万吨，氨氮排放量为2.08万吨。

2014年甘肃省工业废气排放量为12 290.35亿立方米。SO_2排放量为57.56万吨，氮氧化物排放量为41.84万吨。烟（粉）尘排放量为34.58万吨。工业固体废物的产生量为6 140.54万吨，综合利用量、储存量、处置量分别为3 086.26万吨、1 013.74万吨、2 044.09万吨。危险废物产生量为35万吨，综合利用量、储存量、处置量分别为9.81万吨、6.37万吨、19.83万吨。

5.25.5　生态环境现状

根据《2014年甘肃省环境状况公报》，全省林地面积为1 042.65万公顷，占全省土地总面积的23.18%。其中全省森林面积为507.45万公顷，森林覆盖率11.28%。全省活立木总蓄积量为24 054.88万立方米，森林蓄积21 453.97万立方米。全省共建立各级各类自然保护区60个，总面积为914.320万公顷，约占全省面积的21.47%。其中国家级20个，面积为687.373万公顷；省级36个，面积为215.712万公顷；县级4个，面积为11.235万公顷。全省共有野生高等动植物种类6 117种。其中野生维管植物（包括逸生种，不包括入侵野生种）有5 160种，隶属于219科、1 206属，其中蕨类植物39科、83属、294种，占6.09%；裸子植物7科、18属、43种，占1.02%；被子植物173科、1 105属、4 790种，占92.89%。野生动物共有957种和亚种，其中鱼类109种，两栖类36种，爬行类64种和亚种，鸟类572种和亚种，兽类176种和亚种。

5.26　青海

5.26.1　水环境现状

据《2014年青海省环境状况公报》报道，长江上游干流及主要支流11个监测断面均为Ⅱ

类以上水质。其中省界直门达断面水质为Ⅰ类,长江青海境内水质状况为优。黄河上游干流及主要支流(不含湟水河)20个监测断面水质均为Ⅱ类以上,其中黄河干流门堂和唐乃亥断面水质均为Ⅰ类,出省大河家断面水质为Ⅱ类,黄河干流青海境内水质状况为优。黄河一级支流湟水干流国控断面金滩、扎马隆、小峡桥与民和桥全年水质达标率分别为100%、100%、75%和83.3%。澜沧江青海境内3个监测断面水质均达到Ⅱ类以上标准。青海内流河的黑河黄藏寺断面水质为Ⅰ类,格尔木内流河的5个监测断面水质均达到相应水环境功能目标。

5.26.2　大气环境现状

2014年青海省重点城镇环境空气质量总体保持平稳,SO_2、NO_2和PM_{10}年均浓度分别为29微克/立方米、24微克/立方米和106微克/立方米,SO_2和NO_2年均浓度分别达到《环境空气质量标准》(GB 3095—2012)中的Ⅱ级标准和Ⅰ级标准,PM_{10}年均浓度超过Ⅱ级标准,超标倍数为0.51。全省降水pH在5.80～8.44,未出现酸性降水。

5.26.3　主要污染物排放现状

根据《2014年青海省环境状况公报》,2014年全省废水排放总量为23 001万吨,其中工业废水、生活污水和集中式治理设施废水排放量分别为8 214万吨、14 779万吨和8万吨,废水中COD_{Cr}排放总量为10.50万吨,其中工业、生活、农业和集中式治理设施废水中的COD_{Cr}排放量分别为4.14万吨、3.96万吨、2.18万吨和0.22万吨。废水中氨氮排放总量为9 806吨,其中工业废水、生活污水和集中式治理设施废水中的氨氮排放量分别为1 915吨、6 926吨、829吨和136吨。全省废气排放量为6 439亿标立方米,废气中主要污染物SO_2排放总量为15.43万吨,其中工业和生活的SO_2排放量分别为11.80万吨、3.62万吨。主要污染物氮氧化物排放总量为13.45万吨,其中工业、生活和机动车氮氧化物排放量分别为9.33万吨、0.88万吨和3.24万吨。全省工业固体废物产生量为12 423万吨,工业固体废物综合利用量为6 999万吨,综合利用率为56%,比上年提高了1个百分点。危险废物产生量为326万吨。

5.26.4　声环境现状

2014年西宁城区的区域环境噪声平均等效声级为52.5分贝(A),区域环境质量为"较好"。海东平安区等效声级为57.4分贝(A),区域环境质量等级为"轻度污染"。海西州格尔木城区平均等效声级为56.0分贝(A),区域环境质量等级为"轻度污染"。西宁35条主干道的交通噪声平均等效声级为69.8分贝(A),交通环境质量等级为较好。海东市平安区1条主干道的交通噪声平均等效声级为69.5分贝(A),交通环境质量等级为较好。海西州格尔木11条主干道的交通噪声平均等效声级为66.6分贝(A),交通环境质量等级为好。西宁1类区域(居住区)环境噪声昼间、夜间分别超标2.1分贝(A)和0.3分贝(A);2类区域(混合区)、3类区域(工业区)昼间、夜间均达标;4类区域(交通干线两侧区域)环境噪声昼间、夜间均分别超标1.7分贝(A)和11.4分贝(A)。

5.26.5　生态环境质量现状

根据《2014年青海省环境状况公报》，全省生态环境状况指数分布在17.66～73.12，其中33个县域生态环境状况为"良"，占全省总面积的53.48%；7个县域生态环境状况为"一般"，占全省总面积的36.35%；3个县域生态环境状况为"差"，占全省总面积的10.17%。通过对全省土壤放射性核素环境进行监测，结果表明甘肃土壤放射性核素环境本底值，属于正常环境水平。

5.27　内蒙古

5.27.1　水环境现状

（1）河流水质情况

根据《2014年内蒙古自治区环境状况公报》，内蒙古国控、自治区的河流水质总体为轻度污染，主要污染指标为COD_{Cr}、高锰酸盐指数、生化需氧量、石油类、总磷。72个断面中，Ⅰ～Ⅲ类水质断面有46个，占63.9%；Ⅳ～Ⅴ类水质断面有19个，占26.4%；劣Ⅴ类水质断面有7个，占9.7%。

（2）湖库

2014年内蒙古自治区重点监测5个湖泊、3座水库（贝尔湖、达赉湖、达里诺尔湖、岱海、乌梁素海和察尔森水库、莫力庙水库、红山水库）。贝尔湖水质为Ⅴ类，其他4个湖泊水质均为劣Ⅴ类。察尔森水库水质为Ⅲ类、莫力庙水库水质为Ⅳ类、红山水库水质为Ⅴ类。湖泊中Ⅴ类水质占20%，劣Ⅴ类水质占80%。察尔森水库水体未呈现富营养状态，贝尔湖、乌梁素海、莫力庙水库、红山水库为轻度富营养状态，达里诺尔湖、岱海等为中度富营养状态。

（3）集中式饮用水水源地水质

2014年内蒙古13个城市共监测地市级集中式饮用水水源地59个，其中地下水水源地52个，地表水水源地7个。内蒙古自治区地市级集中式饮用水水源地取水总量为62 520万

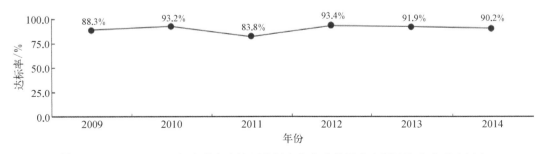

图5-30　2009～2014年内蒙古自治区地级市集中式饮用水水源地取水水质达标率

资料来源：《2014年内蒙古自治区环境状况公报》

吨,按取水量统计,取水水质达标率达90.2%。2009～2014年内蒙古自治区地市级集中式饮用水水源地水质保持稳定。

5.27.2　大气环境现状

2014年内蒙古自治区环境监测结果显示,呼和浩特、包头、赤峰、鄂尔多斯4个实施空气质量新标准的城市空气质量全年平均达标天数比例为68.8%,其他仍执行旧标准的监测城市达标率平均为94.7%。

5.27.3　污染物排放现状

2014年内蒙古自治区废水中主要污染物COD_{Cr}排放量为84.77万吨,氨氮排放量为4.93万吨,废气中主要污染物SO_2排放量为131.24万吨,氮氧化物排放量为125.83万吨。

5.27.4　声环境现状

2014年内蒙古自治区城市道路交通噪声平均等效声级为65.8分贝(A),声环境质量为"好"。各监测城市中,呼和浩特为"较好",呼伦贝尔为轻度污染,其他12个城市均为"好"。内蒙古自治区区域环境噪声平均等效声级为52.9分贝(A),声环境质量为"较好"。各监测城市中,巴彦浩特区域声环境质量为"好",其他13个城市为"较好"。

5.27.5　土壤环境现状

2014年内蒙古自治区土壤环境质量监测点位设置在12个市(盟)政府所在城镇集中式饮用水水源地和呼和浩特城市绿地。125个集中式饮用水水源地土壤监测点位中,98.4%监测点位符合《土壤环境质量标准》(GB 15618—1995)二级标准,超标项目为砷和镍,处于轻微或轻度污染水平。有超标情况的饮用水水源地及其周边没有发现点状污染源,与环境背景相关。其中呼和浩特市区45个绿地土壤监测点位的各监测项目均符合《土壤环境质量标准》(GB 15618—1995)二级标准。

5.27.6　生态环境质量状况

内蒙古自治区生态环境状况指数为43.49,生态环境状况等级为一般。12个市(盟)中,呼伦贝尔生态环境状况等级为"优",兴安盟为"良",锡林郭勒和赤峰、通辽、包头、呼和浩特、乌兰察布为一般,鄂尔多斯、巴彦淖尔和乌海为"较差",阿拉善盟为"差"。在全自治区89个县域中,生态环境状况等级为"优"的有1个,占全区面积的1.8%;等级为"良"的有20个,占全自治区面积的31.8%;等级为"一般"的有62个,占全自治区面积的42.2%;等级为"较差"的有4个,占全自治区面积的10.4%;等级为"差"的有两个,占全自治区面积的13.8%。与2013年相比,各县域生态环境状况无明显变化。

5.28　广西

5.28.1　水环境现状

(1) 河流

2014年广西对39条主要河流的72个断面进行监测,河流水质总体为良好,大部分河流满足水环境功能区目标要求。其中,67个断面水质符合《地表水环境质量标准》(GB 3838—2002)Ⅲ类标准,水质达标率为93.1%。

珠江水系的红水河、刁江、黔江、浔江、西江、黄华河、杨梅河、北流江、都柳江、融江、洛清江、龙江、大环江、柳江、漓江、桂江、难滩河、归春河、黑水河、水口河、平而河、明江、左江、剥隘河、右江、邕江、郁江、贺江,长江水系的湘江、资江,独流入海水系的北仑河、武利江、钦江、防城江、茅岭江、大风江,年均水质均达到《地表水环境质量标准》(GB 3838—2002)Ⅲ类标准,河流水质为优良。下雷河(属于珠江水系)、九洲江(属于独流入海水系)和南流江(属于独流入海水系)3条河流的年均水质未达到Ⅲ类标准,其中下雷河和九洲江为中度污染,南流江为轻度污染。

(2) 湖泊(水库)

2014年对平龙水库、武思江水库、达开水库和小江水库等共19座水库开展水质监测。结果表明,18座水库水质达到Ⅲ类标准,1座水库水质为Ⅳ类,主要超标项目为总磷。除武思江水库为轻营养状态以外,其他18座水库均为中营养状态。湖泊(水库)中Ⅲ类水质占比94.7%,Ⅳ类水质占比5.3%。

(3) 城市集中式饮用水水源

2014年对广西14个设区市40个城市集中式饮用水水源地开展监测,其中地表水水源地33个,地下水水源地7个,水质达标率为98.4%。除南宁及玉林的集中式饮用水水源地水质达标率分别为96.2%和96.0%以外,其余12个设区市均为100%。

(4) 近岸海域水环境

2014年广西近岸海域海水质量总体良好。监测站位达《海水水质标准》(GB 3097—1997)第Ⅰ、Ⅱ类水质比例为81.9%,与2013年相比持平;监测站位环境功能区达标率为84.1%。2014年广西近岸海域监测站位的沉积物质量状况为优良,全部符合《海洋沉积物质量》(GB 18668—2002)第Ⅰ类标准和环境功能区达标要求。

5.28.2　大气环境现状

(1) 城市环境空气质量

2014年,广西14个设区市环境空气质量均达到《环境空气质量标准》(GB 3095—1996)Ⅱ级标准,达标城市比例连续3年达到100%。14个设区市环境空气质量优良天数比例为

95.6%。SO₂ 年平均浓度范围为 0.008 ～ 0.037 毫克/立方米，城市年平均浓度为 0.021 毫克/立方米。NO₂ 年平均浓度范围为 0.014 ～ 0.037 毫克/立方米，城市年平均浓度为 0.024 毫克/立方米。PM₁₀ 年平均浓度范围为 0.055 ～ 0.092 毫克/立方米，城市年平均浓度为 0.069 毫克/立方米。14 个设区市环境空气综合污染指数平均值为 1.34，空气质量总体略有改善。柳州综合污染指数最高（1.83），防城港最低（0.92）。南宁、柳州、桂林、北海 4 个环保重点城市按《环境空气质量标准》（GB 3095—2012）进行评价，城市环境空气质量均不达标，优良天数比例分别为 80.0%、65.8%、68.5%、89.9%。

（2）酸雨

2014 年广西城市酸雨污染平均水平略劣于 2013 年。设区城市降水 pH 年均值范围为 4.34（百色）～ 6.36（北海），平均值为 5.30；酸雨频率范围为 0（南宁、玉林）～ 64.8%（桂林），年平均酸雨频率为 21.6%。

5.28.3 污染物排放现状

全年主要污染物排放情况为，COD_{Cr} 排放总量为 74.40 万吨；氨氮排放总量为 7.93 万吨；SO₂ 排放总量为 46.66 万吨；氮氧化物排放总量为 44.24 万吨。工业固体废物产生量为 8 143.26 万吨，排放量为 0.37 万吨。危险废物产生量为 123.9 万吨，处置量为 117.4 万吨（包括企业自行利用处置及转移到其他单位利用处置），储存量为 8.78 万吨。

5.28.4 声环境现状

广西 14 个设区市区域昼间声环境质量为"较好"的城市占 57.1%，为"一般"的占 42.9%，无"较差"和"差"的城市。14 个设区市城市道路交通声环境质量为"好"的城市占 57.2%，为"较好"的占 35.7%，为"一般"的占 7.1%。开展监测的南宁、柳州、桂林、北海、河池 5 个城市的各类功能区监测结果表明，0 类（疗养区）功能区达标率最高，昼夜间均达 100%；4 类（交通干线两侧区域）功能区达标率最低，昼间达标率为 88.9%，夜间达标率为 44.4%；1 类（居住区）、2 类（混合区）、3 类（工业区）功能区昼间达标率范围在 95.4% ～ 100%，夜间达标率范围在 63.6% ～ 95.0%。

5.28.5 生态环境现状

2014 年广西 14 个设区市生态环境状况指数为 69.4 ～ 95.5，其中防城港、梧州、贺州等 10 个设区市生态环境质量为"优"；89 个县域生态环境状况指数为 58.6 ～ 89.7，生态环境质量为"优"的有 32 个，"良"的有 57 个。地域分布上大体呈现东部为优、西部为良的状况。

2014 年广西七冲国家级自然保护区获国务院正式批复晋升为国家级自然保护区。77 个自然保护区中，国家级自然保护区 22 个，自治区级自然保护区 46 个，市级自然保护区 3 个，县级自然保护区 6 个。自然保护区总面积为 1.35 万平方千米，约占广西土地面积的 5.71%。

5.29　西藏

5.29.1　水环境现状

根据《2014西藏自治区环境状况公报》，全自治区主要江河、湖泊水质状况保持良好，达到国家规定相应水域的环境质量标准。雅鲁藏布江、怒江、澜沧江等主要江河干流水质达到《地表水环境质量标准》（GB 3838—2002）Ⅱ类标准；拉萨河、年楚河、尼洋河等流经重要城镇的河流水质达到《地表水环境质量标准》（GB 3838—2002）Ⅲ类标准；发源于珠穆朗玛峰的绒布河水质达到《地表水环境质量标准》（GB 3838—2002）Ⅰ类标准。羊卓雍错、纳木错等重点湖泊水质总体达到《地表水环境质量标准》（GB 3838—2002）Ⅰ类标准。全自治区7地（市）行署（政府）所在地城镇的21个饮用水水源地水质总体保持良好，均达到《地下水质量标准》（GB /T14848—2017）Ⅱ类标准和《地表水环境质量标准》（GB 3838—2002）Ⅲ类标准。

5.29.2　大气环境现状

2014年西藏主要城镇大气环境质量整体保持优良。拉萨环境空气质量达到《环境空气质量标准》（GB 3095—2012）Ⅱ级标准；桑珠孜区、泽当镇、八一镇、卡若区、那曲镇、狮泉河镇环境空气质量均达到《环境空气质量标准》（GB 3095—2012）Ⅱ级标准。SO_2日均值介于0.005 ～ 0.020毫克/立方米，年均值为0.010毫克/立方米。NO_2日均值介于0.006 ～ 0.051毫克/立方米，年值为0.020毫克/立方米。CO日均值介于0.3 ～ 2.1毫克/立方米，年评价为24小时平均第95百分位数浓度为1.8毫克/立方米。SO_2、NO_2、CO均达到《环境空气质量标准》（GB 3095—2012）Ⅰ级标准浓度限值。PM_{10}日均值介于0.020 ～ 0.238毫克/立方米，年均值为0.059毫克/立方米。$PM_{2.5}$日均值介于0.009 ～ 0.076毫克/立方米，年均值为0.025毫克/立方米。O_3日最大8小时平均值介于0.054 ～ 0.176毫克/立方米，年评价为日最大8小时平均第90百分位数浓度为0.134毫克/立方米。PM_{10}、$PM_{2.5}$、O_3均达到《环境空气质量标准》（GB 3095—2012）Ⅱ级标准浓度限值。降尘量平均为8.37吨/（平方千米·30天）。

按空气质量指数统计，拉萨全年环境空气质量优良天数达356天，占97.54%，轻度污染占2.46%。2014年拉萨在全国74个重点城市中空气质量排名为第三位。全年主要污染物为PM_{10}，其原因主要是冬春季节降水少、气候干燥、大风及城镇基础设施建设等因素导致空气中的浮尘增加。2014年拉萨市降水pH介于7.5 ～ 7.7，未出现酸雨。

5.29.3　污染物排放现状

2014年西藏COD_{Cr}排放总量为27 917吨，NH_3–N排放总量为3 441吨，SO_2排放总量为4 250吨，氮氧化物（NO_x）排放总量为48 344吨，工业固体废物产生量为383万吨、危险废物（医疗废物）产生量为0.1万吨，城市生活垃圾处理率为100%。

5.29.4 声环境现状

2014年拉萨功能区环境噪声昼夜等效声级范围为,1类区昼间介于34.5～53.8分贝(A),未超标;夜间介于29.4～49.6分贝(A),超标率为19%。2类区昼间介于42.0～66.5分贝(A),超标率为38%;夜间介于31.8～59.4分贝(A),超标率为61%。4a类区昼间介于48.4～66.9分贝(A),未超标;夜间介于42.8～65.9分贝(A),超标率为50%。2014年拉萨城市道路交通声环境较好,等效声级介于60.5～73.2分贝(A),年均值为67.9分贝(A)。测定道路总长度为52.95 km,超标路段达8.95 km,超标率为17%。

5.29.5 生态环境现状

根据《2014西藏自治区环境状况公报》,西藏共有天然草地面积8 800万公顷,其中可利用天然草地面积为7 700万公顷。现有森林1 684.86万公顷,森林覆盖率为14.01%。全自治区森林面积居全国第5位,森林蓄积居全国第1位。湿地为652.9万公顷,约占全自治区国土面积的5.31%,并拥有世界上独一无二的高原湿地。西藏是世界上生物多样性最为丰富的地区之一,是生物多样性重要基因库。西藏有野生植物9 600多种,高等植物6 400多种(其中维管束植物5 700多种,苔藓植物700多种),隶属270多科,1 510余属,有855种为西藏特有。有特殊用途的藏药材300多种。有212种珍稀濒危野生植物列入《濒危野生动植物种国际贸易公约》附录。西藏动物种类极为丰富。野生脊椎动物有798种,已有125种列为国家重点保护野生动物,占全国重点保护野生动物的1/3以上,有196种为西藏特有。西藏野驴、野牦牛、藏羚羊等为我国特有的珍稀保护动物,滇金丝猴、野牦牛、藏羚羊、黑颈鹤等45种为国家一级重点保护野生动物。此外,西藏还有多种特殊的裂腹鱼类,其种类和数量均占世界裂腹鱼类的90%以上;鸟类488种,有22种为西藏特有鸟类;昆虫类近4 000余种。据初步统计,西藏水生生物中的浮游动物有760多种,其中原生动物458种,昆虫208种,鳃足类56种。水生植物中硅藻类共计340种。

截至2014年底,西藏已建立各类自然保护区47个(其中国家级9个,自治区级14个,地市县级24个),保护区总面积为41.22万平方千米,占全自治区面积的34.35%。

5.30 宁夏

5.30.1 水环境现状

据《2014年宁夏回族自治区环境状况公报》报道,2014年黄河干流宁夏段Ⅱ类水质断面比例为66.7%,Ⅲ类水质断面比例为33.3%,良好以上水质断面达100%。宁夏境内黄河支流水质总体为轻度污染,在监测的10个断面中,Ⅱ～Ⅲ类水质断面占60.0%,Ⅳ～Ⅴ类水质断面占40.0%,无劣Ⅴ类水质断面。2014年全自治区监测的7个重要湖泊水质总体为轻度污染。其中,Ⅲ类水质占28.6%,Ⅳ～Ⅴ类水质占71.4%。全自治区监测的13个城市饮用水水源地水质总体较好。其中银川南郊、东郊、北郊水源地和第一、第四水厂，石嘴山第一、二、四、五水源地，吴忠早元水源地，中卫沙坡头区水源地水质良好，监测的23个项目年均浓度均符合《地下水质量标准》（GB/T 14848—2017）中的Ⅲ类标准。吴忠金积水源地因本底值高（地质原因），铁、锰监测浓度略有超标，其余监测项目年均浓度均符合《地下水质量标准》（GB/T 14848—2017）中的Ⅲ类标准。固原贺家湾水库水源地监测27个项目，因其本底值高（地质原因），硫酸盐监测浓度略有超标，其余监测项目年均浓度均符合《地表水环境质量标准》（GB 3838—2002）中的Ⅲ类标准。

5.30.2　空气环境现状

2014年按照《环境空气质量标准》（GB 3095—2012）评价，5个地级市达标天数（优良天数）比例范围为63.0% ～ 87.2%，平均达标天数比例为76.6%（表5-4）。在超标天数中，以PM_{10}和$PM_{2.5}$为首要污染物的天数最多，分别占41.3%、40.3%；以O_3为首要污染物的天数占12.3%；以SO_2为首要污染物的天数占5.7%。2014年全自治区共采集单个降水样品264个，pH分布范围为6.52 ～ 8.74，全年没有出现酸雨现象。

表5-4　2014年宁夏环境空气质量优良天数统计

城　　市	有效监测天数	优良天数	优良天数比例/%	优（一级）	良（二级）
银川	365	274	75.10	11	263
石嘴山	365	230	63.00	8	222
吴忠	365	288	78.90	23	265
固原	343	299	87.20	24	275
中卫	363	289	79.60	13	276

5.30.3　城市声环境现状

2014年宁夏城市区域声环境质量昼间平均值为53.3分贝（A），昼间区域声环境质量等级为Ⅱ级，总体水平为"较好"（图5-30）。道路交通噪声昼间平均值为65.9分贝（A），昼间道路交通噪声强度等级为Ⅰ级，总体水平评价为"好"。城市功能区噪声监测结果显示，各类功能

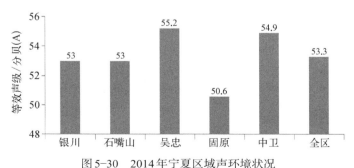

图5-30　2014年宁夏区域声环境状况

资料来源：《2014年宁夏回族自治区环境状况公报》

区监测点位昼间达标率平均为95.8%，夜间达标率平均为93.7%。其中，1类功能区（居住区）昼间达标率平均为100%，夜间达标率为97.5%。2类功能区（混合区）昼间达标率平均为84.4%，夜间达标率为90.6%。3类功能区（工业区）昼间达标率平均为100%，夜间达标率为96.4%。4类功能区（交通干线两侧区域）昼间达标率平均为97.7%，夜间达标率为90.7%。

5.30.4　主要污染物排放现状

2014年宁夏COD_{Cr}排放量21.98万吨，氨氮排放量为1.66万吨。SO_2排放量为37.71万吨，氮氧化物排放量为40.40万吨。

5.30.5　生态环境质量现状

根据《2014年宁夏回族自治区环境状况公报》，2014年宁夏回族自治区生态环境质量指数值为48.91，生态环境质量总体稳定。全自治区生态环境质量处于"一般"水平，表明全自治区植被覆盖度中等，生物多样性处于一般水平，较适合人类生存。全自治区19个市（县）的生态环境质量指数值介于43.56～81.83，其中生态环境质量分级为"优"的市（县）1个，为泾源县；为"良"的市（县）4个，分别为隆德、贺兰、盐池和银川；其余14个市（县）为"一般"，其中有5个市（县）低于全自治区平均水平。

5.31　新疆

5.31.1　水环境质量现状

根据《2014年新疆维吾尔自治区环境状况公报》，全自治区河流总体水质状况为优。监测的78条河流168个断面中，Ⅰ～Ⅲ类优良水质断面占94.0%，Ⅳ类轻度污染水质断面占2.4%，Ⅴ类中度污染水质断面占1.2%，劣Ⅴ类重度污染水质断面占2.4%（图5-31）。全自治

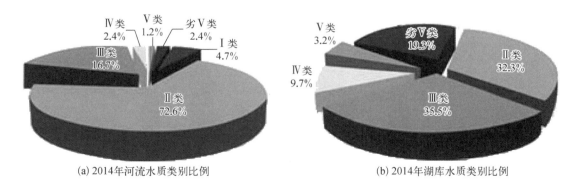

(a) 2014年河流水质类别比例　　　　　(b) 2014年湖库水质类别比例

图5-31　2014年新疆河流、湖库水质类别比例

资料来源：《2014年新疆维吾尔自治区环境状况公报》

区湖库水质总体是高山或上游湖库水质较好,下游或尾闾湖库水质较差。Ⅰ～Ⅲ类优良水质湖库占67.8%,Ⅳ类轻度污染占9.7%,Ⅴ类中度污染占3.2%,劣Ⅴ类重度污染占19.3%。全自治区富营养化的湖库有5个,其中八一水库和蘑菇湖为重度富营养,艾比湖和青格达湖水库为中度富营养,大泉沟水库为轻度富营养。全自治区集中式饮用水水源地总体水质为优良,Ⅰ～Ⅲ类水质占91.9%,Ⅳ类至劣Ⅴ类水质占8.1%。超标饮用水水源地均为地下水型水源地,影响地下水水质的污染物主要为硫酸盐、总硬度、溶解性总固体、氟化物等天然本底指标。

5.31.2　大气环境现状

2014年新疆城市环境空气质量达到Ⅰ、Ⅱ级优良日数占全年的73.4%,Ⅲ级轻度污染日数占20.9%,Ⅳ、Ⅴ级中重度污染日数占5.7%(图5-32)。全自治区监测的19个城市中,阿勒泰、塔城、博乐、克拉玛依、伊宁、石河子、昌吉、乌苏、阜康和五家渠10个城市空气质量年均值达到国

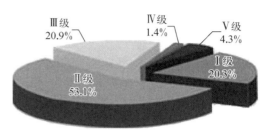

图5-32　2014年新疆城市空气质量级别分布
资料来源:《2014年新疆维吾尔自治区环境状况公报》

家Ⅱ级标准;乌鲁木齐、奎屯、哈密3个城市空气质量年均值达到国家Ⅲ级标准;吐鲁番、库尔勒、阿克苏、阿图什、喀什、和田6个城市空气质量年均值超过国家Ⅲ级标准。

新疆城市环境空气污染在采暖季以煤烟型污染为主,在非采暖季受沙尘影响较重,首要污染物为PM_{10}。全自治区城市PM_{10}年均浓度为0.144毫克/立方米,超过国家Ⅱ级标准,SO_2、NO_2年均浓度分别为0.016毫克/立方米和0.036毫克/立方米,均达到国家Ⅱ级标准。按照《环境空气质量标准》(GB 3095—2012)对日空气质量进行评价,乌鲁木齐环境空气质量达标天数比例为57.3%,超标天数比例为42.7%,其中轻度污染占29.3%,中度污染占6.6%,重度污染占4.9%,严重污染占1.9%。

5.31.3　声环境质量现状

新疆城市昼间区域声环境质量为Ⅰ级(好)的占5.6%,为Ⅱ级(较好)的占77.8%,为Ⅲ级(一般)的占16.6%。城市道路交通噪声超标路段比例为12.6%,城市昼间道路交通声环境质量为Ⅰ级(好)的占88.9%,为Ⅱ级(较好)的占11.1%。

5.31.4　主要污染物排放情况

2014年新疆COD_{Cr}排放量为57.21万吨,氨氮排放量为4.07万吨,SO_2排放量为68.39万吨,氮氧化物排放量为71.36万吨。

5.31.5　生态环境质量现状

新疆生态环境质量总体保持稳定,但仍呈现部分改善与局部恶化并存的态势。其中绿

洲生态环境质量有所改善，但绿洲—荒漠过渡带和农—牧交错带的部分区域生态环境质量仍呈恶化趋势。由于实施了退牧还草工程，全疆草地退化趋势有所减缓。截至2014年底，新疆已建成自治区级以上自然保护区29个，其中国家级自然保护区11个，自治区级自然保护区18个，自然保护区面积为21.36万平方千米，占全区面积的12.87%。全自治区湿地面积为5 922万亩，位居全国第5位，湿地公园总数达到33个，赛里木湖国家湿地公园成为新疆首家正式挂牌的国家湿地公园。

第6章
中国资源环境状况评估[①]

　　根据《2014年中国环境状况公报》,2013年全国的2 461个县域中,生态环境质量为"优""良""一般""较差"和"差"的县域分别有558个、1 051个、641个、196个和15个。生态环境质量为"优"和"良"的县域占国土面积的46.7%,主要分布在秦岭淮河以南,以及东北的大小兴安岭和长白山地区;为"一般"的县域占23.0%,主要分布在华北平原、东北平原中西部、内蒙古中部、青藏高原等地区;为"较差"和"差"的县域占30.3%,主要分布在西北地区,如内蒙古西部、甘肃中西部、西藏西部和新疆大部等。

　　2017年6月5日公布的《2016年中国环境状况公报》显示,2016年全国的2 591个县域中,生态环境质量为"优""良""一般""较差"和"差"的县域分别有548个、1 057个、702个、267个和17个。生态环境质量为"优"和"良"的县域占国土面积的44.9%,主要分布在秦岭淮河以南以及东北的大小兴安岭和长白山地区。

　　338个地级及以上城市中,有84个城市环境空气质量达标,占全部城市数的24.9%;254个城市环境空气质量超标,占75.1%。338个地级及以上城市平均优良天数比例为78.8%,比2015年上升了2.1个百分点;平均超标天数比例为21.2%。《环境空气质量标准》(GB 3095—2012)第一阶段实施监测的74个城市平均优良天数比例为74.2%,比2015年上升了3.0个百分点;平均超标天数比例为25.8%;$PM_{2.5}$平均浓度比2015年下降了9.1%。474个城市(区、县)开展了降水监测,降水pH年均值低于5.6的酸雨城市比例为19.8%,酸雨频率平均为12.7%,酸雨类型总体仍为硫酸型,酸雨污染主要分布在长江以南—云贵高原以东地区。

　　全国地表水1 940个评价、考核、排名断面中,Ⅰ类、Ⅱ类、Ⅲ类、Ⅳ类、Ⅴ类和劣Ⅴ类水质断面分别占2.4%、37.5%、27.9%、16.8%、6.9%和8.6%。以地下水含水系统为单元,以潜水为主的浅层地下水和以承压水为主的中深层地下水为对象的6 124个地下水水质监测点中,水质为优良级、良好级、较好级、较差级和极差级的监测点分别占10.1%、25.4%、4.4%、45.4%和14.7%。338个地级及以上城市897个在用集中式生活饮用水水源监测断面(点位)中,有811个全年均达标,占90.4%。春季和夏季,符合Ⅰ类海水水质标准的海域面积均占中国管辖海域面积的95%。近岸海域417个点位中,Ⅰ类、Ⅱ类、Ⅲ类、Ⅳ类和劣Ⅳ类分别占32.4%、41.0%、10.3%、3.1%和13.2%。

　　全国现有森林面积2.08亿公顷,森林覆盖率为21.63%;草原面积近4亿公顷,约占国土面积的41.7%。全国共建立各种类型、不同级别的自然保护区2 750个,约占全国陆地面积

① 本章研究人员:王祥荣、李昆、徐艺扬等。

的14.88%；国家级自然保护区446个，约占全国陆地面积的9.97%。

322个进行昼间区域声环境监测的地级及以上城市，区域声环境等效声级平均值为54.0分贝；320个进行昼间道路交通声环境监测的地级及以上城市，道路交通等效声级平均值为66.8分贝；309个开展功能区声环境监测的地级及以上城市，昼间监测点次达标率为92.2%，夜间监测点次达标率为74.0%。

全国环境电离辐射水平处于本底涨落范围内，环境电磁辐射水平低于国家规定的相应限值。

2016年全国共出现46次区域性暴雨过程，为1961年以来第四多，全国有3/4的市（县）出现暴雨，暴雨日数为1961年以来最多；强降水导致26个省（自治区、直辖市）近百个城市发生内涝；与2000年以来的均值相比，农作物受灾面积、受灾人口、死亡人口、倒塌房屋分别少了14%、27%、49%、57%，直接经济损失偏多150%。全国没有出现大范围、持续时间长的严重干旱，旱情较常年偏轻；与2000年以来的均值相比，作物受旱面积、受灾面积、人饮困难数量分别少了31%、51%和80%。

6.1　全国污染物排放现状评估

6.1.1　大气环境污染物排放现状评估

2013年全国大气各项污染物排放总量分别为：SO_2 2 043.92万吨，氮氧化物2 227.36万吨，烟（粉）尘1 278.14万吨。全国31个省（自治区、直辖市）大气污染物年均排放量分别为：SO_2 65.93万吨，氮氧化物71.85万吨，烟（粉）尘41.32万吨。河北、山东、山西、内蒙古4个省份为全国大气污染物排放大户。

国家统计局数据显示，2015年全国废气排放含SO_2 1 859.12万吨、氮氧化物1 851.02万吨、烟（粉）尘1 538.01万吨。我国经过多年大气污染治理，SO_2与氮氧化物减排效果较明显，2015年全国SO_2、氮氧化物排放量较2012年分别下降了12%、21%，改善效果明显，其中SO_2排放量达到近年实施总量控制策略以来的历史最低值，但烟（粉）尘的治理情况不甚乐观，2015年的排放总量较2012年增长了24%。

环境保护部2016年空气质量监测结果显示[1]，全国338个地级以上城市中仅有84个城市环境空气质量达标（参与评价的污染物浓度均达标），占24.85%；254个城市环境空气质量超标，占75.15%。338个地级以上城市平均达标天数比例为78.8%；平均超标天数比例为21.2%。2016年74个第一阶段监测实施城市（包括京津冀、长三角、珠三角等重点区域地级城市，以及直辖市、省会城市和计划单列市）平均优良天数比例为74.2%，比2015年上升了3.0个百分点；均超标天数比例为25.8%。26个城市的优良天数比例在80%～100%，42个城市的优良天数比例在50%～80%，6个城市的优良天数比例低于50%。按照环境空气质

① 北极星环保网讯，2017全国338地级市空气质量达标情况、主要废气排放指标来源构成.来源：中国产业信息网，2017.10.23.

量综合指数评价，74个城市中环境空气质量相对较差的10个城市（从第74名到第65名）依次是衡水、石家庄、保定、邢台、邯郸、唐山、郑州、西安、济南和太原，空气质量相对较好的10个城市（从第1名到第10名）依次是海口、舟山、惠州、厦门、福州、深圳、丽水、珠海、昆明和台州。北京空气质量仍不乐观，2016年中仅有约半年时间空气质量为"优"或"良"，其余天数空气质量均为轻度污染至严重污染不等。

　　由日空气质量实时监测数据图可以明显看出，我国冬季华北地区大面积空气质量超标，雾霾问题十分严峻。京津冀地区由于工业化程度、产业结构、生态格局等不同，主要污染来源差异较大。其中，北京属于后工业化，大气污染主要来自交通污染；天津属于工业化后期，石油化工污染贡献大；河北属于工业化中期，散煤燃烧和农畜牧业污染贡献较大（表6-1），图6-1也揭示了我国主要大气污染物的排放指标组成。

表6-1　京津冀大气污染特点及其来源

地　区	工业化程度	城市特点	主要污染源	主要污染物
北京	后工业化	超大城市	交通污染	NO_x
天津	工业化后期	超大城市	石油化工	VOCs
河北	工业化中期	重化工业	散烧煤、农畜牧业	SO_2、NH_3

资料来源：公开资料、智库研究咨询资料。

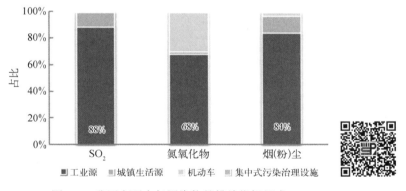

图6-1　我国主要大气污染物的排放指标组成

资料来源：中国产业信息网，2017.

（1）SO_2

　　2013年全国SO_2排放量居前三位的省份为山东、内蒙古、河北，排放量分别为164.50万吨、135.87万吨、128.47万吨；全国SO_2排放量居后三位的省份为西藏、海南、北京，排放量分别为0.42万吨、3.24万吨、8.70万吨。全国超年均SO_2排放量的省份有13个（图6-2）。我国北部区域为SO_2集中排放区域。

　　2015年全国火电行业燃煤16.54亿吨，生活燃煤0.93亿吨，二者比例约为100∶6。据相关数据显示，河北与北京的散煤燃烧约为总燃煤量的10%，但由于散煤品质差、排放未经过

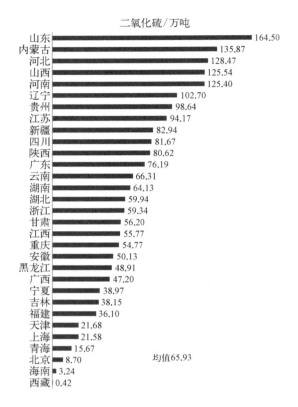

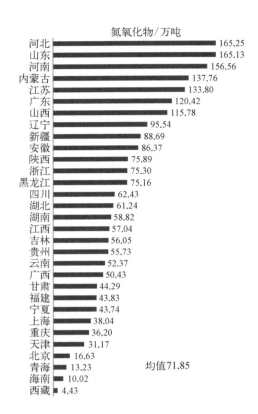

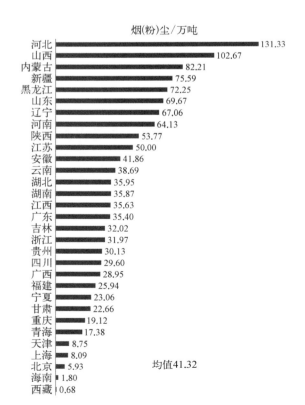

图6-2　全国31个省（自治区、直辖市）各项
大气污染物排放量排名

资料来源：《2014年中国统计年鉴》

任何处理,散煤烟尘含量可以达到700 ~ 800毫克/立方米,SO_2 达到2 000毫克/立方米。据此测算,散煤烟尘排放浓度超出火电标准20倍,SO_2 排放浓度超出火电标准10倍。尽管散煤仅占总燃煤量的10%,排放的烟尘与 SO_2 废气量却几乎与集中燃煤相同,甚至超出火电燃煤数倍。

（2）氮氧化物

2013年全国氮氧化物排放量居前三位的省份为河北、山东、河南,排放量分别为165.25万吨、165.13万吨、156.56万吨;全国氮氧化物排放量居后三位的省份为西藏、海南、青海,排放量分别为4.43万吨、10.02万吨、13.23万吨。全国超年均氮氧化物排放量的省份有13个。我国中部、北部区域为氮氧化物集中排放区域。

（3）烟（粉）尘

2013年全国烟（粉）尘排放量为前三位的省份为河北、山西、内蒙古,排放量分别为131.33万吨、102.67万吨、82.21万吨;全国烟（粉）尘排放量为后三位的省份为西藏、海南、北京,排放量分别为0.68万吨、1.80万吨、5.93万吨。全国超年均烟（粉）尘排放量的省份有11个。我国北部区域为烟（粉）尘集中排放区域。

6.1.2　水环境污染物排放现状评估

2013年全国废水各项污染物排放总量分别为:COD_{Cr} 2 352.72万吨、氨氮245.66万吨、总氮448.10万吨、总磷48.73万吨。全国31个省（自治区、直辖市）大气污染物年均排放量分别为:COD_{Cr} 75.89万吨、氨氮7.92万吨、总氮14.45万吨、总磷1.57万吨。山东、广东、河南、河北4个省为全国废水污染物排放大户。

（1）COD_{Cr}

2013年全国 COD_{Cr} 排放量为前三位的省份为山东、广东、黑龙江,排放量分别为184.57万吨、173.39万吨、144.73万吨;全国 COD_{Cr} 排放量为后三位的省份为西藏、青海、北京,排放量分别为2.58万吨、10.34万吨、17.85万吨。全国超年均 COD_{Cr} 排放量的省份有14个（图6-3）。

（2）氨氮

2013年全国氨氮排放量为前三位的省份为广东、山东、湖南,排放量分别为21.64万吨、16.15万吨、15.77万吨;全国氨氮排放量为后三位的省份为西藏、青海、宁夏,排放量分别为0.32万吨、0.97万吨、1.71万吨。全国超年均氨氮排放量的省份有15个。

（3）总氮

2013年全国总氮排放量为前三位的省份为山东、河南、河北,排放量分别为56.53万吨、41.65万吨、36.10万吨;全国总氮排放量为后三位的省份为西藏、青海、上海,排放量分别为0.58万吨、0.72万吨、1.56万吨。全国超年均总氮排放量的省份有13个。

（4）总磷

2013年全国总磷排放量为前三位的省份为山东、河南、河北,排放量分别为6.20万吨、4.75万吨、3.93万吨;全国总磷排放量为后三位的省份为西藏、青海、上海,排放量分别为0.04万吨、0.06万吨、0.18万吨。全国超年均总磷排放量的省份有11个。

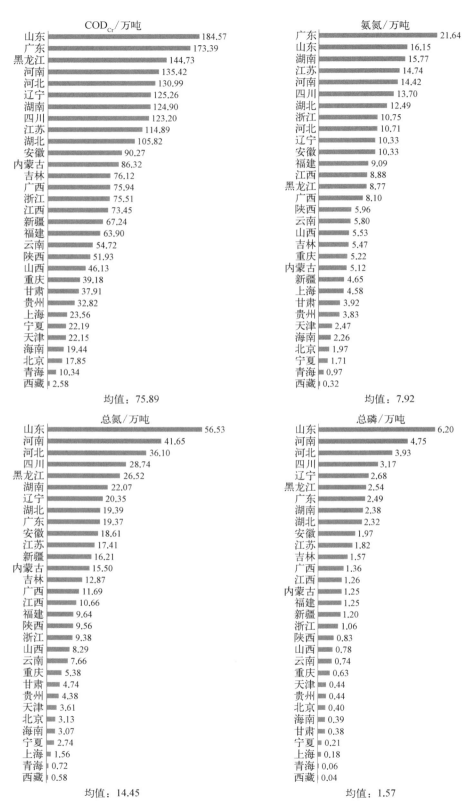

图6-3   2013年我国31个省（自治区、直辖市）水环境污染物排放量排名

资料来源：《2014年中国统计年鉴》

6.1.3　固体废弃物排放现状评估

2013年全国一般工业固体废弃物产生总量为10 571.03万吨,危险固体废弃物产生总量为105.23万吨。全国31个省(自治区、直辖市)一般工业固体废弃物和危险固体废弃物年均产生量分别为10 571.03万吨、105.23万吨。

(1) 一般工业固体废弃物

2013年全国一般工业固体废弃物产生量占前三位的省份为河北、辽宁、山东,排放量分别为43 288.78万吨、30 520.46万吨、26 759.45万吨,分别占全国一般工业固体废弃物产生总量的13.21%、9.31%、8.17%。全国一般工业固体废弃物产生量居后三位的省份为西藏、海南、北京。全国超年均一般工业固体废弃物产生量的省份有12个(图6-4)。

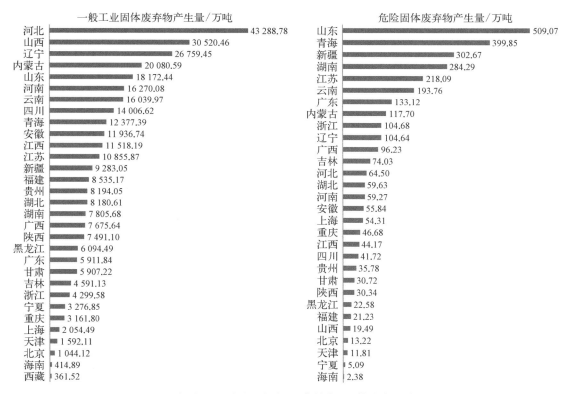

图6-4　2013年我国31个省(自治区、直辖市)固体废弃物产生量排名

资料来源:《2014年中国统计年鉴》

(2) 危险固体废弃物

2013年全国危险固体废弃物产生量占前三位的省份为山东、青海、新疆,排放量分别为509.07万吨、399.85万吨、302.67万吨,分别占全国危险固体废弃物产生总量的16.13%、12.67%、9.59%。全国危险固体废弃物产生量居后三位的省份为海南、宁夏、天津。全国超年均危险固体废弃物产生量的省份有8个。

6.2　大气环境质量现状评估

（1）空气优良天数比例

　　在全国参与排名的18个省份中，2014年空气优良天数比例超过90%的省份有5个，其中福建、海南、广西排名前三，比例分别为99.00%、98.20%、95.60%。2014年空气优良天数比例低于70%的省份有4个，其中河北排名最末，为41.64%（图6-5）。

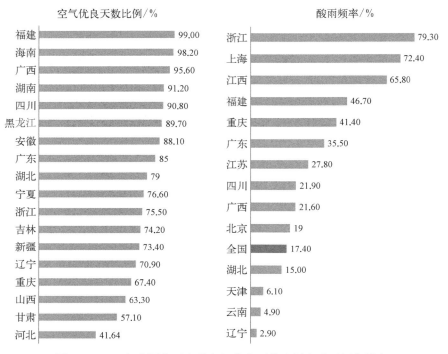

图6-5　2014年全国主要省份空气优良天数比例和酸雨频率排名
资料来源：2014年全国31个省（自治区、直辖市）环境状况公报；
部分省份环境公报所提供的数据不完整，不参与排名

　　地级及以上城市：2016年全国338个地级及以上城市中，有84个城市环境空气质量达标，占全部城市数的24.9%；254个城市环境空气质量超标，占75.1%。338个城市平均空气优良天数比例为78.8%，比2015年上升了2.1个百分点；平均超标天数比例为21.2%。8个城市的空气优良天数比例为100%，169个城市的空气优良天数比例在80% ～ 100%，137个城市的空气优良天数比例在50% ～ 80%，24个城市的空气优良天数比例低于50%。338个城市发生重度污染2 464天·次、严重污染784天·次，以$PM_{2.5}$为首要污染物的天数占重度及以上污染天数的80.3%，以PM_{10}为首要污染物的天数占20.4%，以O_3为首要污染物的天数占0.9%。其中有32个城市重度及以上污染天数超过30天，分布在新疆（部分城市受沙尘影响）、河北、山西、山东、河南、北京和陕西[①]。

---

① 环境保护部.2016年中国环境状况公报.

(2) 酸雨频率

在全国参与评比的14个省份中,2014年酸雨频率超过全国水平(17.4%)的省份有10个,其中浙江、上海为主要酸雨降水区域,酸雨频率均超过70%,分别为79.3%、72.4%(图6-5)。

2016年在474个监测降水的市(县、区)中,酸雨频率平均值为12.7%。出现酸雨的城市比例为38.8%,比2015年下降了1.6个百分点;酸雨频率在25%以上的城市比例为20.3%,比2015年下降了0.5个百分点;酸雨频率在50%以上的城市比例为10.1%,比2015年下降了2.6个百分点;酸雨频率在75%以上的城市比例为3.8%,比2015年下降了1.2个百分点。

6.3 水环境质量现状评估

根据《2014年中国环境状况公报》,2014年全国河流水质优于Ⅲ类水质标准的河流比例为71.20%。全国集中式饮用水水源地水质达标率为96.2%。

(1) 河流水质优于Ⅲ类水质标准的比例(即河流水质优良率)

在参与评比的26个省份中,新疆、广西(海南并列)河流水质优良率排名前三,分别为94.7%、94.0%、93.1%。同时天津、上海、河南排名最末,优良率分别低至12.3%、24.7%、44.6%。达到全国河流水质优良率标准(71.2%)的省(市)有10个(图6-6)。

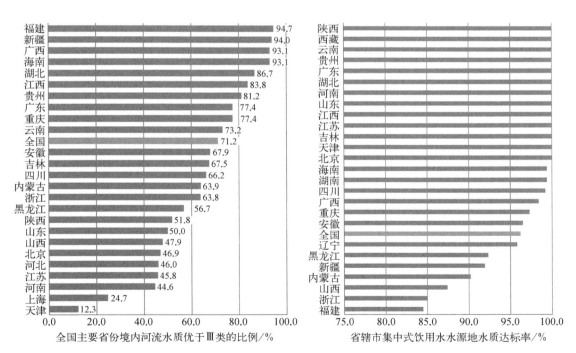

图6-6 2014年全国主要省份河流水质优良比例和饮用水水源地水质达标率排名

资料来源:2014年全国31个省(自治区、直辖市)环境状况公报

部分省份环境公报所提供的数据不完整,不参与排名

（2）省辖市集中式饮用水水源地水质达标率

在参与排名的26个省份中，13个省份所提供的环境状况公报数据显示其省辖市集中式饮用水水源地水质达标率为100%；13个省份未达到100%饮用水水源地水质达标率，其中，排名最末的省份为福建、浙江、山西。

《2016年中国环境状况公报》显示[1]，全国地表水1 940个国考断面中，Ⅰ类水质为47个，占2.4%；Ⅱ类为728个，占37.5%；Ⅲ类为541个，占27.9%；Ⅳ类为325个，占16.7%；Ⅴ类为133个，占6.9%；劣Ⅴ类为166个，占8.6%。与2015年相比，Ⅰ类水质断面比例上升了0.4个百分点，Ⅱ类上升了4.1个百分点，Ⅲ类下降了2.7个百分点，Ⅳ类下降了1.8个百分点，Ⅴ类上升了1.1个百分点，劣Ⅴ类下降了1.1个百分点。

2016年长江、黄河、珠江、松花江、淮河、海河、辽河七大流域和浙闽片河流、西北诸河、西南诸河的1 617个国考断面中，Ⅰ类水质为34个，占2.1%；Ⅱ类为676个，占41.8%；Ⅲ类为441个，占27.3%；Ⅳ类为217个，占13.4%；Ⅴ类为102个，占6.3%；劣Ⅴ类为147个，占9.1%。与2015年相比，Ⅰ类水质断面比例上升了0.2个百分点，Ⅱ类上升了5.5个百分点，Ⅲ类下降了3.5个百分点，Ⅳ类下降了1.9个百分点，Ⅴ类上升了0.5个百分点，劣Ⅴ类下降了0.8个百分点。主要污染指标为COD_{Cr}、总磷和五日生化需氧量，断面超标率分别为17.6%、15.1%和14.2%。其中浙闽片河流、西北诸河和西南诸河水质为优，长江和珠江流域水质为良好，黄河、松花江、淮河和辽河流域为轻度污染，海河流域为重度污染。

全国112个重要湖泊（水库）中，Ⅰ类水质湖泊（水库）有8个，占7.1%；Ⅱ类水质28个，占25.0%；Ⅲ类水质38个，占33.9%；Ⅳ类水质23个，占20.5%；Ⅴ类水质6个，占5.4%；劣Ⅴ类水质9个，占8.0%。主要污染指标为总磷、COD_{Cr}和高锰酸盐指数。108个监测营养状态的湖泊（水库）中，贫营养的有10个，中营养的有73个，轻度富营养的有20个，中度富营养的有5个。

重点水利工程情况为，2016年三峡库区长江主要支流监测的24个地表水基本项目中，9项指标出现超标，超标率分别为总氮89.5%、总磷79.1%、粪大肠菌群5.7%、COD_{Cr} 4.9%、氨氮1.3%、高锰酸盐指数1.5%、五日生化需氧量0.9%、pH 0.3%、阴离子表面活性剂0.3%。77个监测断面综合营养状态指数范围为14.8～79.2，水体处于富营养状态的断面占监测断面总数的24.0%，中营养状态的占73.8%，贫营养状态的占2.2%。

南水北调（东线）长江取水口夹江三江营断面为Ⅱ类水质。输水干线京杭运河里运河段、宝应运河段、宿迁运河段、鲁南运河段、韩庄运河段和梁济运河段为Ⅲ类水质。洪泽湖湖体6个点位均为Ⅴ类水质，营养状态为轻度富营养；骆马湖湖体2个点位、南四湖湖体5个点位为Ⅲ类水质，营养状态为中营养；东平湖湖体1个点位为Ⅲ类水质，1个点位为Ⅳ类水质，营养状态为中营养。南水北调（中线）取水口陶岔断面为Ⅱ类水质。丹江口水库5个点位为Ⅱ类水质，营养状态为中营养。入丹江口水库的9条支流17个断面中，汉江1个断面为Ⅰ类水质，5个断面为Ⅱ类水质；天河、金钱河、浪河、堵河、老灌河、淇河和丹江的10个断面为Ⅱ类水质；官山河1个断面为Ⅲ类水质。

---

① 环境保护部.2016中国环境状况公报。

6.4 自然生态现状评估

全国2 591个县域中,2015年生态环境质量[①]为"优""良""一般""较差"和"差"的县域分别有548个、1 057个、702个、267个和17个。"优"和"良"的县域占国土面积的44.9%,主要分布在秦岭淮河以南以及东北大小兴安岭和长白山地区;"一般"的县域占22.2%,主要分布在华北平原、东北平原中西部、内蒙古中部、青藏高原中部和新疆北部等地区;"较差"和"差"的县域占32.9%,主要分布在内蒙古西部、甘肃西北部、青藏高原北部和新疆大部。

6.4.1 森林资源现状评估

根据第八次全国森林资源调查数据(2009 ～ 2013年),全国森林面积为2.08亿公顷,森林覆盖率为21.63%,活立木总蓄积量为164.33亿立方米,森林蓄积151.37亿立方米。森林面积和森林蓄积分别位居世界第5位和第6位,人工林面积居世界首位。全国森林植被总生物量为170.02亿吨,总碳储量达84.27亿吨。年涵养水源量为5 807亿立方米,年固土量为81.91亿吨,年保肥量为4.30亿吨,年吸收污染物量为0.38亿吨,年滞尘量为58.45亿吨。2016年森林生物灾害,全国林业有害生物发生1 186.69万公顷,比2015年下降了1.15%。其中重度发生面积为66.03万公顷,比2015年下降了17.18%,但仍属于偏重发生状态。虫害发生面积为857.04万公顷,比2015年上升了1.23%;病害发生面积为134.14万公顷,比2015年下降了3.53%;鼠(兔)害发生面积为195.51万公顷,比2015年下降了8.99%。全国完成林业有害生物防治面积795.53万公顷,累计防治作业面积2 349.37万公顷·次,主要林业有害生物成灾率控制在4.5‰以下,无公害防治率达到85%以上。入侵中国并造成严重危害的外来林业有害生物有42种,其中松材线虫病、美国白蛾、松突圆蚧、湿地松粉蚧等发生面积为158.88万公顷,严重威胁中国的森林资源安全。2016年森林火灾,全国共发生森林火灾2 034起,受害森林面积为6 224公顷,因灾伤亡36人(其中死亡20人),未发生特大森林火灾和重大伤亡事故。与2015年相比,火灾次数下降了30.7%,受害森林面积下降了51.9%,人员伤亡上升了38.5%(死亡人数下降了13.0%)。

(1) 森林面积特点
全国森林面积前三的省份为内蒙古、黑龙江、云南,森林面积分别为2 487.90万公顷、1 962.13万公顷、1 914.19万公顷,分别占全国森林总面积的11.98%、9.45%、9.22%。

(2) 森林覆盖率特点
全国森林覆盖率前三位的省份为福建、江西、浙江,森林覆盖率分别高达65.95%、

60.01%、59.01%；全国森林覆盖率后三位的省份为新疆、青海、天津，森林覆盖率分别低至4.24%、5.63%、9.87%。超过全国森林覆盖率平均水平的省份有19个（图6-7）。

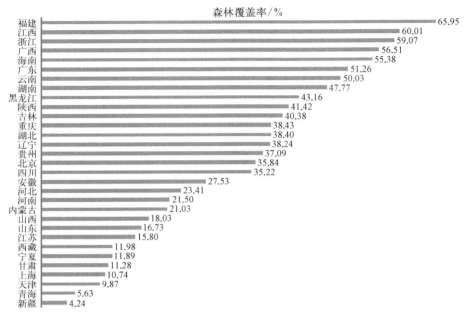

图6-7   全国各省份森林覆盖率水平比较

资料来源：第八次全国森林资源调查数据（2009～2013年）

6.4.2   草原资源

2016年全国拥有草原面积近4亿公顷，约占国土面积的41.7%，草原是全国面积最大的陆地生态系统和生态安全屏障。我国北方和西部是天然草原的主要分布区，西部12个省份草原面积为3.31亿公顷，占全国草原面积的84.2%；内蒙古、新疆、西藏、青海、甘肃和四川六大牧区省份，草原面积共2.93亿公顷，约占全国草原面积的3/4。南方地区草原以草山、草坡为主，大多分布在山地和丘陵，面积约为0.67亿公顷。2016年草原生产力，全国草原综合植被盖度为54.6%，比2015年提高了0.6个百分点；全国天然草原鲜草总产量为103 864.86万吨，比2015年增加了1.03%；折合干草约32 029.43万吨，载畜能力约为25 175.59万羊单位，均比2015年增加了0.93%。全国23个重点省（自治区、直辖市）鲜草总产量为96 526.13万吨，占全国总产量的92.93%，折合干草约30 194.87万吨，载畜能力约为23 738.25万羊单位。2016年草原灾害，全国共发生草原火灾56起，其中一般草原火灾53起，较大草原火灾两起，特大草原火灾1起。累计受害草原面积为36 916.8公顷，经济损失为607.3万元，牲畜损失3 075头（只）。与2015年相比，草原火灾发生次数减少了32起，受害草原面积减少了81 200公顷，经济损失减少了10 153.7万元。全国草原鼠害危害面积为2 807万公顷，比2015年减少了3.5%，约占全国草原总面积的7.1%；全国草原虫害危害面积为1 251.5万公顷，与2015年基本持平，约占全国草原总面积的3.2%。

6.4.3　湿地资源现状评估

根据全国第二次湿地调查数据,全国湿地总面积为53 602.6千公顷,湿地面积占国土面积的比例为5.56%。

(1) 湿地面积

全国湿地面积前三位的省份为青海、西藏、内蒙古,湿地面积分别为814.36万公顷、652.90万公顷、601.06万公顷(图6-8),分别占全国总湿地面积的15.19%、12.18%、11.21%。

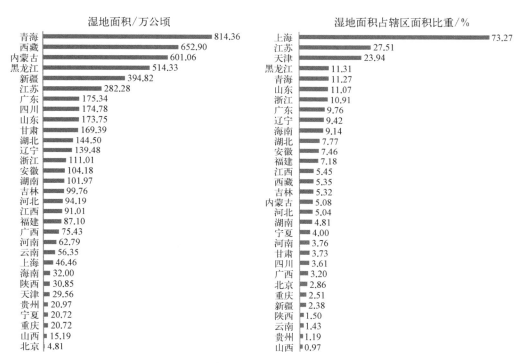

图6-8　全国31个省(自治区、直辖市)湿地面积及湿地面积占辖区面积比例排名

资料来源:《2014年中国统计年鉴》

(2) 湿地面积占辖区面积比例

湿地面积占辖区面积比例前三位的省份为上海、江苏、天津,分别高达73.27%、27.51%、23.94%;湿地面积占辖区面积比例后三位的省份为山西、贵州、云南,分别低至0.97%、1.19%、1.43%。超过全国湿地面积占国土面积比例水平(5.56%)的省份有13个。

6.4.4　自然保护区现状评估

据统计,2013年全国建有2 697个自然保护区,自然保护区面积为14 631.0万公顷,自然保护区占国土总面积的比例为14.8%。截至2016年底,全国已建立各种类型、不同级别的自然保护区 2 750 个,保护区总面积为 14 733 万公顷;其中自然保护区陆地面积约 14 288 万公顷,占全国陆地面积的 14.88%,比 2013 年略有增加。国家级自然保护区 446 个,面积约 9 695 万公顷,其中陆地面积占全国陆地面积的 9.97%。2016 年国家湿地公园试点总数达到 836 处,新增国家湿地公园试点 134 处,新增保护面积 23.5 万公顷。实施湿地保护与修复工程、中央财政湿地补贴项目 300 多个,恢复退化湿地 30 万亩,退耕还湿 20 万亩。

(1) 自然保护区个数

我国建有自然保护区个数排名前三的省份为广东、黑龙江、江西,分别为 392、226、199 个(图 6-9)。占我国总自然保护区个数的 14.53%、8.38%、7.38%。

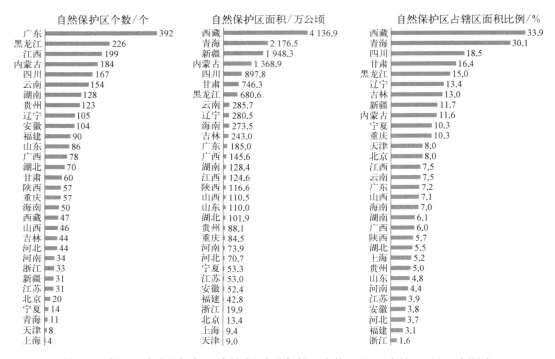

图6-9   全国31个省(自治区、直辖市)自然保护区个数、面积及占辖区面积比例排名

资料来源:《2014年中国统计年鉴》

(2) 自然保护区面积

我国自然保护区面积排名前三的省份为西藏、青海、新疆,面积分别为 4 136.9 万公顷、2 176.5 万公顷、19 48.3 万公顷,分别占我国总自然保护区面积的 28.27%、14.88%、13.32%。我国西部区域省份自然保护区面积普遍较大。

(3) 自然保护区占辖区面积比例

我国自然保护区占辖区面积比例排名前三的省份为西藏、青海、四川,分别为 33.9%、30.1%、18.5%;我国自然保护区占辖区面积比例排名后三的省份为浙江、福建、河北,比例低至 1.6%、3.1%、3.9%。我国 31 个省份中超过自然保护区面积占辖区面积比例平均水平的省份有 5 个。

6.4.5　耕地资源现状评估

2015年末全国共有农用地64 545.68万公顷，其中耕地13 499.87万公顷，园地1 432.33万公顷，林地25 299.20万公顷，牧草地21 942.06万公顷；建设用地3 859.33万公顷，含城镇村及工矿用地3 142.98万公顷。2015年全国因建设占用、灾毁、生态退耕、农业结构调整等原因减少耕地面积30.17万公顷，通过土地整治、农业结构调整等增加耕地面积24.23万公顷，年内净减少耕地面积5.95万公顷。2015年全国耕地平均质量等级为5.11等①。其中评价为一等至三等的耕地面积为3 658.46万公顷，占耕地总面积的27.1%；评价为四等至六等的耕地面积为6 088.44万公顷，占耕地总面积的45.1%；评价为七等至十等的耕地面积为3 752.96万公顷，占耕地总面积的27.8%。

（1）荒漠化与沙化

第五次全国荒漠化和沙化监测结果显示，截至2014年，全国荒漠化土地面积为261.16万平方千米，沙化土地面积为172.12万平方千米。与2009年相比，5年间荒漠化土地面积净减少12 120平方千米，年均减少2 424平方千米；沙化土地面积净减少9 902平方千米，年均减少1 980平方千米。自2004年以来，全国荒漠化和沙化状况连续3个监测期"双缩减"，呈现整体遏制、持续缩减、功能增强、效果明显的良好态势，但防治形势依然严峻。

（2）水土流失问题

第一次全国水利普查水土保持情况普查成果显示，中国土壤侵蚀总面积为294.9万平方千米，占普查范围总面积的31.1%。其中水力侵蚀面积为129.3万平方千米，风力侵蚀面积为165.6万平方千米。

6.4.6　生物多样性

（1）生态系统多样性

我国具有地球陆地生态系统的各种类型，其中森林类型212类、竹林36类、灌丛113类、草甸77类、荒漠52类。淡水生态系统复杂，自然湿地有沼泽湿地、近海与海岸湿地、河滨湿地和湖泊湿地四大类。近海海域有黄海、东海、南海和黑潮流域4个大海洋生态系统，分布滨海湿地、红树林、珊瑚礁、河口、海湾、潟湖、岛屿、上升流、海草床等典型海洋生态系统，以及海底古森林、海蚀与海积地貌等自然景观和自然遗迹。还有农田生态系统、人工林生态系统、人工湿地生态系统、人工草地生态系统和城市生态系统等人工生态系统。

（2）物种多样性

已知物种及种下单元数为86 575种，其中动物界35 905种，植物界41 940种，细菌界469种，色素界②2 239种，真菌界3 488种，原生动物界1 729种，病毒805种。列入国家重点

---

① 耕地质量等级评定依据《耕地质量等级》（GB /T33469—2016），划分为十个等级，一等地耕地质量最好，十等地耕地质量最差。一等至三等、四等至六等、七等至十等分别划分为高等地、中等地、低等地。

② 色素界：下分硅藻门、金藻门、隐藻门、黄藻门、卵菌门、定鞭藻门和褐藻门等，为水生生物，是生物七大界之一。

保护野生动物名录的珍稀濒危野生动物共420种,大熊猫、朱鹮、金丝猴、华南虎、扬子鳄等数百种动物为中国所特有。已查明真菌种类10 000多种。在遗传资源多样性方面,有栽培作物528类1 339个栽培种,经济树种达1 000种以上,中国原产的观赏植物种类达7 000种,家养动物576个品种。

(3) 受威胁物种

对全国34 450种高等植物进行评估的结果显示,受威胁的高等植物有3 767种,约占评估物种总数的10.9%;属于近危等级(NT)的有2 723种;属于数据缺乏等级(DD)的有3 612种。需要重点关注和保护的高等植物达10 102种,占评估物种总数的29.3%。对全国4 357种已知脊椎动物(除海洋鱼类)受威胁状况进行评估的结果显示,受威胁的脊椎动物有932种,约占评估物种总数的21.4%;属于近危等级的有598种;属于数据缺乏等级的有941种。需要重点关注和保护的脊椎动物达2 471种,占56.7%。

(4) 外来入侵物种

已发现560多种外来入侵物种,且呈逐年上升趋势,对生态环境、经济发展和人民群众健康已造成严重影响。

(5) 国家级海洋自然保护区

监测的65个国家级海洋保护区中,36个保护区开展保护对象监测,54个保护区开展水质监测。结果表明,大部分保护区的保护对象和水质状况基本保持稳定。在开展监测的保护对象中,珊瑚、红树、贝藻类等基本保持稳定;贝壳堤面积有所减少,出露滩面的古树桩多被侵蚀。

(6) 典型海洋生态系统

在监测的21个典型海洋生态系统中,处于健康、亚健康和不健康状态的海洋生态系统个数分别占生态系统总数的23.8%、66.7%和9.5%。

(7) 风景名胜区

截至2016年底,全国共建立国家级风景名胜区225处,总面积约为10.36万平方千米,约占国土面积的1.08%;省级风景名胜区737处,总面积约为9.2万平方千米;全国省级(含)以上风景名胜区面积约占国土面积的2.03%。40处国家级风景名胜区、9处省级风景名胜区被联合国教科文组织列入《世界遗产名录》。

总体上,资源紧缺、环境空间有限是我国的基本现状。我国人均耕地、淡水、森林分别仅占世界平均水平的32%、27.4%和12.8%,矿产资源人均占有量只有世界平均水平的1/2,煤炭、石油和天然气的人均占有量分别仅为世界平均水平的67%、5.4%和7.5%,而单位产出的能源资源消耗水平则明显高于世界平均水平。目前中国仍然处在工业化、城市化在不断发展和扩张的过程中,钢铁、水泥、电力等能源原材料工业所占比例仍然较大,表明目前还难以避免较大的环境污染排放和能源资源消耗。由于环境系统自身的运行极其复杂,长期累积的复合性的环境破坏和环境治理的长期欠账,使得一些地区的环境状况在短期内难以修复,甚至不可逆转。同时政府动员型的、高速度的、高投入的、尚未充分考虑环境成本的发展模式还在延续。全国各省(自治区、直辖市)之间依然存在着较激烈的GDP竞争,工业化遍地开花,环境污染仍在扩散,人群影响更加广泛,社会关注也十分强烈,生态化转型发展势在必行。

6.5 中国资源环境主要问题评估

6.5.1 资源开发利用问题评估

20世纪90年代中期以来，中国开启了快速工业化、城镇化进程，土地资源结构与利用格局随之发生了显著变化，导致土地资源安全系列问题出现。尤其是土地资源开发与粗放利用造成了土地退化、供需矛盾加剧，以及区域经济发展不平衡带来土地资源破坏与污损的区域性难题。总体而言，在数量上存在耕地供需紧张、后备资源不足、用地结构失调等问题；在质量上面临耕地自然退化、环境污损、地力下降等问题；在空间上存在分布失衡、耕地南减北增、瓶颈约束等问题；在安全上则暴露出总量不安全、品质不安全、局部地区不安全等问题。从总量变化来看，目前中国的化肥、农机总动力、农村用电、农用柴油、农膜、农药、能源、钢材、水泥、有色金属、纸和纸板、用水总量、城市建设用地面积、废水排放、工业废气排放、二氧化碳排放、固体废弃物产生量、货运量和周转量等上升势头还比较强劲。这些均与我国正处于快速的城市化和工业化进程密切相关。具体表现在以下3个方面。

（1）城市大幅扩张造成耕地过速占用

我国人多地少，人均耕地仅为世界人均水平的1/3，当前全国有灌溉条件的耕地不足47%，主灌区骨干工程完好率不足40%；同时2014年全国因建设占用、灾毁、生态退耕、农业结构调整等原因减少耕地面积35.47万公顷，全国耕地平均质量级别为9.96等，总体偏低。2009 ~ 2013年全国耕地面积变化见图6-10。如图6-11所示，优等地面积为385.24万公顷，仅占全国耕地评定总面积的2.9%；高等地面积为3 586.22万公顷，占全国耕地评定总面积的26.5%；中等地面积为7 149.32万公顷，占全国耕地评定总面积的52.9%；低等地面积为2 386.47万公顷，占全国耕地评定总面积的17.7%，全国耕地质量以中低等地面积为主，更为严重的是，城市化扩张侵占大量优质耕地，进一步加剧了人地矛盾。

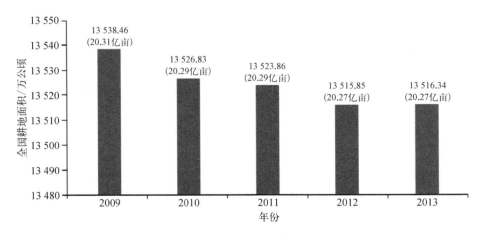

图6-10　2009 ~ 2013年全国耕地面积变化

资料来源:《2014年中国国土资源公报》

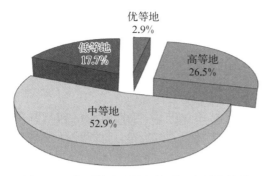

图6-11　全国耕地质量各等别面积所占情况
资料来源：《2014年中国国土资源公报》

（2）农用地受污染减产现象严重

在快速城镇化进程中，大量农村人口转移到城镇，农村土地统筹配置等政策制度没有及时响应和调整，以致乡村建设无序、村庄空心化、土地空废化问题加剧，同时存在着农村环保意识淡薄、环境监管存在缺失、污染处理不当等问题。工业"三废"、农村生活污水和生活垃圾大量随意排放，以致农村土地生态平衡遭到破坏，水土环境严重恶化，并导致大量农用地受污染减产。2014年全国首次土壤污染状况调查结果显示，19.4%的耕地土壤点位超标，以1.2亿公顷（18亿亩）耕地计算，约2 326.7万公顷耕地被污染；另据第二次全国土地调查公布数据统计，全国约有333.3万公顷耕地因中重度污染已不适宜耕种。

（3）生态用地受挤压严重

我国沙化土地面积和水土流失面积依然很大，部分地方片面追求经济增长速度和城市扩张规模，过度挤占了城乡生态空间。城市快速扩张和工业园区建设也直接占用或破坏优质农田、河湖水面，导致城郊区、开发区周边重要生态空间迅速萎缩甚至消失；东北林区、西北草原、西南山地等生态脆弱、发展滞后区域，就地开垦林草地、山坡地等现象依然严重，造成对脆弱生态空间的直接侵占，都会使生态环境退化。

6.5.2　水环境污染问题评估

我国水资源分布极不均匀，南多北少，东多西少；夏秋多，冬春少，中国是世界上人均淡水资源严重短缺的国家之一，水资源与水环境的形势依然严峻。

（1）我国现行的环境管理体制立法体系不完善

立法内容存在交叉和矛盾、某些立法授权不符合科学管理的规律等问题。同时我国法律法规中及相关法律法规间严重缺乏流域综合管理的理念，各利益相关方的参与及其责任和义务的规定还不够明确。流域层面协调机制不健全，水环境监管手段缺乏有效性，流域机构层级较低，也缺乏水污染防治监管的法定职权，使流域水环境管理十分薄弱，流域机构决策和协调能力明显不足。

（2）水污染防治部门之间关系不顺

目前政府部门中涉水、管水的主要包括水利、环保、渔业、林业、航运、城建等多个部门；水利部和环境保护部缺乏有效的协调和配合机制，造成两部门管理工作缺乏衔接，水资源管理和水环境管理脱节，水利和环保缺乏沟通和协商平台，无法建立流域水资源保护和水污染防治联动机制等问题。

（3）水环境污染物排放量大，水污染严重

目前我国产业结构尚不合理，增长方式粗放是我国经济发展的顽疾，其重要表征就是重化工业，尤其是资源消耗工业增长较快，一些省（自治区、直辖市）不顾自身是否具备适当的风力扩散条件和地形条件，一味追求沿海大化工、大钢铁模式，导致环境污染负荷严重超过环境承载力。受水资源、航运等产业布局因素的影响，全国的重化工业沿江或沿河布置较多，缺乏安全距离的临江发展模式导致部分污水未经处理就直接排入水体中，造成地表水水质严重恶化。同时还有很多城市和农村污水处理厂环保设施不完善，污水处理率低下，使大量污水进入河流、湖泊等。农业面源污染也已经成为我国水污染的一个重要特征，农业生产中农药、化肥等流失现象普遍导致面源污染严重，地下水受到污染。同时随着我国工业化的进程和区位转移，水污染呈现从东部向西部发展、从支流向干流延伸、从城市向农村蔓延、从地表向地下渗透、从区域向流域扩散的特征。

6.5.3　大气环境污染问题评估

英国和美国在城市化加速发展阶段首先面临的是与环境的冲突，如1952年伦敦烟雾事件和1943年美国洛杉矶光化学烟雾事件，使他们为"先污染、后治理"的发展模式付出了高昂代价。目前我国仍处于城市化与经济快速发展时期，产业结构偏重和过度依赖能源资源消耗的发展方式，使资源环境越来越成为制约经济发展的瓶颈，突出表现在城市大气环境质量改善与社会经济发展水平不相适应。

1）城市化快速发展使大气环境质量受到的影响日益明显，大气污染物排放强度高、污染物排放量大以及大气污染物长期超环境容量排放等都是城市环境空气质量下降的原因。

2）城市化使城区温度升高、风速减小、湿度降低、雾日减少、霾日增加，污染物扩散条件变差，从而导致环境空气质量降低。

3）大气污染区域性差异明显，京津冀、长三角、珠三角区域是全国空气污染相对较重的区域，空气污染呈现复合型特征，以及明显的季节性特征。

4）大气污染呈现来源多、污染因子多、污染成因复杂的特点，不同的区域污染物相互影响，并且各地能源结构和经济发展的水平也不平衡，区域污染状况差异大，使得我国大气污染的压缩型、复合型、结构型问题突出。

5）随着经济的发展，城市汽车保有量逐年提升，交通拥堵期间汽车长时间处于怠速状态，加大了尾气排放量；市政建设和道路、施工扬尘等污染源也加剧了空气污染。

6.5.4　土壤污染问题评估

随着经济社会的高速发展和高强度的人类活动，加之缺乏强有力的监管措施和技术支撑，我国土壤环境重金属、农药、增塑剂、持久性有机污染物（POPs）、放射性核素、病原体、新兴污染物（如抗生素）等污染态势严峻。总体上，污染退化的土壤数量在增加，土壤污染范围在扩大，污染物种类在增多，出现了复合型、混合型的高风险污染区，呈现出从污灌型向与大气沉降型并重转变、城郊向农村延伸、局部向区域蔓延的趋势，体现出从有毒有害污染发展至有毒有害污染与土壤酸化、养分过剩、次生盐碱化的交叉，形成了点源与面源污染共存、生活污染、污泥污染、种植养殖业污染和工矿企业排放污染叠加，多种传统污染物与新兴污染物相互混合的态势，已经危及粮食生产、食物质量、生态安全、人体健康和区域可持续发展。其具备以下特点。

1）耕地土壤污染严重，对农业生产质量、农村环境安全和农民健康产生了重要影响。

2）工业企业搬迁场地土壤污染涌现，对人居环境安全和居民健康产生了负面影响。

3）有色金属矿区土壤污染加重，造成生态破坏，危及饮用水水源安全和人体健康。

4）土壤放射性核素污染显露，具有潜在的生态、健康和环境迁移的风险。

5）土壤复合或混合污染加剧，危害加重，治理难度加大。

6.5.5　生物资源与生物多样性存在问题评估

中国是全球 12 个生物多样性大国之一，但是由于多方面因素，生物多样性下降的总体趋势尚未得到有效遏制。无论是在生态系统层次上，还是在物种多样性上，多样性方面都面临着严重的问题。突出表现为以下特点。

1）城市化、工业化的加速发展给物种栖息地带来威胁；栖息地丧失是造成大量动物、植物及微生物受威胁或大量灭绝的首要原因，栖息地丧失的因素有很多，如森林大量砍伐、森林或农田城市化、修公路或机场、围海造田、过度放牧及其他原因。

2）无序开发活动造成生物资源的过度开发，在渤海、黄海、东海和南海四大海域，以及江河湖泊等水体中都存在过度开发、过度捕捞等问题，造成生物多样性降低。

3）环境污染对生态系统造成了很大影响；大量污染物排入水体、空气、土壤中，造成生态环境污染严重，影响了各种生物资源的生存环境。

4）外来种入侵，特别是具有杂草性的植物种，或是对作物造成毁灭性灾害的一些节肢动物的入侵，对当地生物多样性的威胁以及造成农业、林业或其他各方面经济损失和人类健康的影响都是相当严重的。

5）森林面积加速减少。由于森林采伐量和消耗量较大，我国主要林区、森林面积大幅度减少。大小兴安岭林区已经过量开采，南方部分地区的林业开采也已到了极限，森林资源日益枯竭。同时过度的毁林开荒和以经济林木取代热带雨林的行为使热带雨林损失很大，进一步破坏了生态平衡。

6）平原草地因为利用条件便利，在逐年增大的拓垦中，面积正在缩减。国家与地方政府对草地建设的投入一直严重不足，加之牧业生产者掠夺式经营，超载过牧，重用轻养，甚至滥用，导致草原生态呈衰退趋势，生产力下降；再加上人为破坏，加速了生态环境恶化。

7）土地荒漠化程度日益严重，全国整体治理速度赶不上破坏速度，土地荒漠化面积每年都在增长。

6.5.6　湿地资源存在问题评估

1）湿地生物多样性有所减退。由于污染、围垦等原因，湿地生态系统功能下降，生物多样性减退。仅从湿地鸟类资源变化情况看，近年调查记录到的鸟类种类呈现减少趋势，超过一半的鸟类种群数量明显减少。

2）湿地保护空缺较大。近 10 年来，我国逐步建立了湿地生态系统的保护体系。虽然我国湿地保护率有所提高，但国家重点生态功能区、湿地候鸟迁徙路线、重要江河源头、生态脆弱区和敏感区等范围内的重要湿地，还未全部纳入保护体系中。例如，国家重点生态功能区湿地保护率仅为 51.52%，国家重要湿地保护率仅为 66.52%。全国湿地保护的空缺还较多，湿地保护管理任务非常艰巨。

3）管理工作亟待加强。从管理角度看，国家还没有出台湿地保护专门法规（仅有18个省份出台了省级湿地保护法规），湿地保护长效机制也未建立，湿地保护的科技支撑还十分薄弱，全社会的湿地保护意识有待进一步提高。

6.5.7　环保投资存在问题评估

1）投资总量严重不足。20世纪80年代初至今，中国环保投资总量呈现稳定的上升趋势，但是占GDP的比例仍然很小（除北京、上海、广州、深圳等一些重点地区年环保投入占GDP超过3%以外），投资效率不高。主要体现在环境保护设施运转效率低下，环境污染治理效果不佳，缺乏预算约束机制、监督制度和竞争机制。现行的环保投资行为方式和经营管理方式严重滞后于社会整体的市场化进程。

2）环保资金需求压力急剧扩大。目前中国的环保资金需求的强劲增长主要取决于以下几个因素：一是污染治理的难度不断加大，过去那些使用简单技术和较少投资就能解决的问题现在已经越来越少，污染的治理难度和对资金的需求程度都有了明显的变化，环境治理的成本不断增大；二是污染的性质发生了明显的变化，区域性、流域性、面源、生活性污染逐渐成为新的矛盾，而这些污染的解决相对于传统工业企业的末端治理来说，则需要更大的规模性投资；三是历史上环境投资欠账太多，多年来中国在环境污染上的投资远低于应有的基本保障水平。

3）环保投资渠道单一。环保投资资金主要来源于政府的财政拨款，尽管环保投资每年都有一定幅度的增加，但相对于严峻的环境局面和巨大的资金缺口仍显力不从心，全社会积极投入环保事业的机制尚不健全。

转型政策与战略评估

第 7 章
推进生态文明制度建设的政策评估

中共十八大报告首次独立成章,把生态文明建设放在突出位置,纳入中国特色社会主义事业"五位一体"总布局,明确提出以"系统完整的生态文明制度体系"作为推进战略;中共十九大报告又进一步明确了将深化生态文明制度建设与绿色发展作为习近平新时代中国特色社会主义思想的核心内容。习近平在中共十九大报告中指出:"加快生态文明体制改革,建设美丽中国。""人与自然是生命共同体,人类必须尊重自然、顺应自然、保护自然。""必须坚持节约优先、保护优先、自然恢复为主的方针,形成节约资源和保护环境的空间格局、产业结构、生产方式、生活方式,还自然以宁静、和谐、美丽"。

生态文明建设是一项庞大的系统工程,要实现党中央的宏伟目标,满足广大人民群众的期待,从改善生态环境到实现生态文明,必须构建系统完备、科学规范、运行高效的制度体系,用制度推进建设、规范行为、落实目标、惩罚问责,使制度成为保障生态文明持续健康发展的重要条件。在源头严防方面,提出了健全自然资源资产产权制度和用途管制制度等若干制度;在过程严管方面,提出了划定生态红线、实行资源有偿使用和生态补偿制度等若干制度;在后果严惩方面,提出了建立环境损害责任赔偿制度等。随着系统完整的生态文明制度体系的建立及严格执行,长期以来我国生态文明制度不完善、机制不健全、体制改革不到位的深层次矛盾将得到有效缓解,经济社会发展面临的"资源约束趋紧、环境污染严重、生态系统退化"的严峻局面将有望得到根本转变。

从中共十八大到中共十九大召开的5年间,我国生态文明建设取得了瞩目的成就,正如十九大报告指出的:大力度推进生态文明建设,全党全国贯彻绿色发展理念的自觉性和主动性显著增强,忽视生态环境保护的状况明显改变。生态文明制度体系加快形成,主体功能区制度逐步健全,国家公园体制试点积极推进。全面节约资源有效推进,能源资源消耗强度大幅下降。重大生态保护和修复工程进展顺利,森林覆盖率持续提高。生态环境治理明显加强,环境状况得到改善。引导应对气候变化国际合作,成为全球生态文明建设的重要参与者、贡献者、引领者。这些成就主要得益于以下政策措施的推行。

一是推进绿色发展。加快建立绿色生产和消费的法律制度和政策导向,建立健全绿色低碳循环发展的经济体系。构建市场导向的绿色技术创新体系,发展绿色金融,壮大节能环保产业、清洁生产产业、清洁能源产业。推进能源生产和消费革命,构建清洁低碳、安全高效的能源体系。推进资源全面节约和循环利用,实施国家节水行动,降低能耗、物耗,实现生产系统和生活系统循环链接。倡导简约适度、绿色低碳的生活方式,反对奢侈浪费和不合理消费,开展创建节约型机关、绿色家庭、绿色学校、绿色社区和绿色出行等行动。

二是着力解决突出环境问题。坚持全民共治、源头防治,持续实施大气污染防治行动,打赢蓝天保卫战。加快水污染防治,实施流域环境和近岸海域综合治理。强化土壤污染管控和修复,加强农业面源污染防治,开展农村人居环境整治行动。加强固体废弃物和垃圾处置。提高污染排放标准,强化排污者责任,健全环保信用评价、信息强制性披露、严惩重罚等制度。构建以政府为主导、以企业为主体、社会组织和公众共同参与的环境治理体系。积极参与全球环境治理,落实减排承诺。

三是加大生态系统保护力度。实施重要生态系统保护和修复重大工程,优化生态安全屏障体系,构建生态廊道和生物多样性保护网络,提升生态系统质量和稳定性。完成生态保护红线、永久基本农田、城镇开发边界三条控制线划定工作。开展国土绿化行动,推进荒漠化、石漠化、水土流失综合治理,强化湿地保护和恢复,加强地质灾害防治。完善天然林保护制度,扩大退耕还林还草。严格保护耕地,扩大轮作休耕试点,健全耕地草原森林河流湖泊休养生息制度,建立市场化、多元化生态补偿机制。

四是改革生态环境监管体制。加强对生态文明建设的总体设计和组织领导,设立国有自然资源资产管理和自然生态监管机构,完善生态环境管理制度,统一行使全民所有自然资源资产所有者职责,统一行使所有国土空间用途管制和生态保护修复职责,统一行使监管城乡各类污染排放和行政执法职责。构建国土空间开发保护制度,完善主体功能区配套政策,建立以国家公园为主体的自然保护地体系,坚决制止和惩处破坏生态环境的行为。

7.1   加快生态文明制度建设

7.1.1   政策出台背景

中共十八届三中全会一致通过《中共中央关于全面深化改革若干重大问题的决定》(简称《决定》),首次提出了"生态文明体制"的新概念,并将其纳入全面深化改革的目标体系。按照"五位一体"的总体布局,重点探索把生态文明建设融入经济建设、政治建设、文化建设、社会建设的途径和方法,推动生态格局、生态经济、生态环境、生态生活、生态文化、生态制度六大体系建设。生态文明建设体现了我党对建设中国特色社会主义总体布局的新构想,就是对自然资源和生态、环境的保护,要从源头到过程直至后果,都要有全方位的严格的制度保障,切实做到源头严防、过程严管、后果严惩。

7.1.2   制度的实施情况与面临的问题

目前生态文明制度建设已经制订了相关法律和制度,但是难以被系统遵守,不易实施或实施效果不佳,更多表现于思想意识形态方面的宣传和教育层面。生态文明的理念、原则和制度安排还未深刻融入社会经济生活的各个方面和全过程,生态文明建设付诸实际行动还存在一定的障碍。原因在于以下几个方面:一是思想认知的瓶颈,生态文明作为一种独立的文明形态,要靠生态文明的认知和文化来引领和支撑。二是激励-惩罚机制的瓶颈,在生态文明制度体系中,法律制度起着重要的作用。目前我国的生态文明已建立起若干有效的经济制度和法律制度,但是在具体的实施过程中还有欠缺,刚性约束和柔性激励举措不足。三是评估-监督-保障制度存在缺陷,我国生态文明建设还缺乏相应的评估-监督-保障制度,而且相关的评估-监督-保障制度还不够完善,实施过程中的各种行政性干预也屡见不鲜。

7.1.3　关于加快建设生态文明制度的建议

生态文明制度建设的各项制度措施在具体实践中是否能够正确运行、运行的效果如何、应该如何改进等,是一个需要不断反思、修正、改进和完善的过程。需要从思想意识上实现三大转变:必须从传统的"向自然宣战""征服自然"等理念,向树立"人与自然和谐相处""人与自然生命共同体"的理念转变;必须从粗放型的以过度消耗资源、破坏环境为代价的增长模式,向增强可持续发展能力、实现经济社会又好又快发展的绿色发展模式转变;必须从简单地把增长等同于发展的观念、重物轻人的发展观念,向以人的全面发展为核心、以人为本的发展理念转变,摒弃传统的唯GDP论英雄的痼疾。具体措施如下。

一是要优化国土空间的开发布局与格局,也就是要用国土主体功能区划作为指导,合理开发布局,做好顶层设计。坚持优化结构、保护自然、集约开发、协调开发、陆海统筹的基本原则,将国土空间开发从以占用土地的外延扩张为主,转向以调整优化空间结构为主。

二是加强生态文化建设,大力培育全民生态道德意识,不断强化全民生态文明观念,积极弘扬人与自然和谐相处的价值观。营造全社会推进生态文明建设的良好氛围,使生态文明理念深入人心,使建设生态家园成为人人参与的自觉行动。

三是全面促进资源节约,也就是要做好低碳发展、循环发展、绿色发展的各项工作。树立"生态环境既是资源也是资本""绿水青山就是金山银山"的价值观,以及"破坏生态环境就是破坏生产力、保护生态环境就是保护生产力、改善生态环境就是发展生产力"的新理念,坚决摒弃以牺牲资源和环境为代价换取经济发展的做法。正确处理经济社会发展与保护资源、保护环境的关系,尽可能降低行政成本、减少施政代价、提高施政绩效,在加快发展经济的同时,更加注重保护青山绿水,保护良好的生态环境。

四是加大自然生态系统和环境保护的力度,这是生态文明内涵建设的重点,包括两个方面:一方面是自然保护的概念,包括天然林保护、退耕还林、水土保持、湿地保护、草原建设、海洋生态保护、生物多样性保护、生态农业等;另一方面是环境保护,包括水环境、大气环境、噪声污染环境、固体废弃物的处置、土壤保护、海洋环境的保护和核辐射的安全保护等。把生态环境保护和建设规划纳入各级政府经济和社会发展的长远规划和年度计划,增强政府在产业发展、资源利用和环境保护方面的综合决策和协调能力。处理好经济建设与人口、资源、环境之间的关系,完善和强化环境保护规划和实施体系。

7.2   实行资源有偿使用制度和生态补偿制度

7.2.1   政策出台背景

《决定》指出要实行资源有偿使用制度和生态补偿制度。加快自然资源及其产品价格改革，全面反映市场供求、资源稀缺程度、生态环境损害成本和修复效益。坚持使用资源付费和谁污染环境、谁破坏生态谁付费原则，逐步将资源税扩展到占用各种自然生态空间。稳定和扩大退耕还林、退牧还草范围，调整严重污染和地下水严重超采区耕地用途，有序实现耕地、河湖休养生息。建立有效调节工业用地和居住用地合理比价机制，提高工业用地价格。坚持谁受益、谁补偿的原则，完善对重点生态功能区的生态补偿机制，推动地区间建立横向生态补偿制度。发展环保市场，推行节能量、碳排放权、排污权、水权交易制度，建立吸引社会资本投入生态环境保护的市场化机制，推行环境污染第三方治理。

7.2.2   制度实施情况与面临问题

在《决定》出台后，从国家到地方各个层面都制定和出台了一些涉及实行资源有偿使用制度和生态补偿制度的相关法律制度和政策措施，基本能真实反映资源稀缺程度、市场供求关系、环境损害成本的价格机制；能够正确地处理自然资源与资源产品、可再生资源与不可再生资源、土地资源、水域资源、森林资源、矿产资源等各种不同资源价格的差比价关系；纠正原有的不完全价格体系所造成的资源价格扭曲，将资源自身的价值、资源开采成本与使用资源造成的环境代价等均纳入资源价格体系中。但是在自然资源开发利用过程中仍然存在"少数人投入，多数人受益""上游地区投入，中下游地区受益"等不合理现象。以行政区域为单元的自然资源综合治理具有显著的生态效益、经济效益和社会效益，但是，这些效益并非按"谁治理、谁受益""谁投入、谁受益"的原则，由承担治理和投入责任的利益群体享受，而往往是不承担治理和投入责任的利益群体受益更多、更直接地享有资源效益。这种责任和利益的错位必然严重影响自然资源生态建设的积极性。

7.2.3   对于实行资源有偿使用制度和生态补偿制度的建议

由于我国区域辽阔、环境形势严峻，除经济发展阶段具有特殊性等客观因素以外，廉价或无偿的环境使用制度、违法成本低、执法成本高，以及由此造成的生态环境补偿机制缺失是环境污染加剧的重要原因。因此，实行资源有偿使用制度，建立和完善生态补偿制度，由受益者向贡献者进行补偿，有利于环境公平性的维护，实现区域生态环境安全。建议：

一是建立有关自然资源有偿使用机制和价格形成机制。在市场引导方面，应当逐步建立有关自然资源有偿使用机制和价格形成机制，研究探索由资源税费、环境税费构成的"绿色税收"体系，以及资源、环境使用权的交易制度，逐步形成有利于资源节约和环境保护的市场运行机制。健全评价指标体系和部门协调机制，加强对生态环境有重大影响的资源开发和项目建设的环境影响评价,建立覆盖全社会的资源循环利用机制。应彻底取消自然资源一级市场供给(行政无偿出让和有偿出让)的双轨制,使企业通过招标、拍卖等市场竞争手段公平地取得资源开采权,对于此前无偿或廉价占有资源开采权的企业均应进行清理。

二是创新自然资源价格、税费和管理制度,推进资源节约。加快资源价格形成机制改革,使其反映资源稀缺程度、市场供求关系、环境污染代价、生产安全成本;加快资源产权制度改革,建立边界清晰、权能健全、流转顺畅的资源产权制度;加快资源税费制度创新,以资源保护和节约为宗旨,系统优化税收结构;改革资源管理体制,推进形成资源一体化管理体制,强化各级地方政府的资源管理权责。

三是逐步实现生态补偿标准化。加快出台生态补偿政策法规,在顶层制度层面逐步形成完整的、更具法规功能的生态补偿条例和实施细则。根据各领域、不同类型地区的特点,完善测算方法,分别制定生态补偿标准,逐步形成标准体系。综合运用效果评价、随机评估等方法开展生态补偿研究,逐步建立资源环境价值评价体系,健全重点生态功能区、跨省流域断面水量水质国家重点监控点位和自动监测网络。建立生态补偿金使用绩效考核评估制度,严格考核各财政专项补偿资金的使用绩效,增强补偿的适应性和灵活性,加强生态补偿的针对性,坚持"谁受益、谁补偿"的原则,推动地区间建立横向生态补偿制度。

四是推行环境污染第三方治理制度。环境污染的治理方式,除了国家治理和社会治理以外,还有目前世界上通行的市场治理,即第三方治理。《决定》强调指出,发展环保市场,推行节能量、碳排放权、排污权、水权交易制度,建立吸引社会资本投入生态环境保护的市场化机制。这是以市场化手段解决环保问题,是制度建设的一大进步。推行第三方治理将进一步吸纳社会资金投向环保基础设施建设及运营,有效推进环境服务产业化、污染治理市场化。做到环境开发者要为其开发、利用资源环境的行为支付费用,环境损害者要对其造成的生态破坏和环境损失做出赔偿,环境受益者有责任和义务向提供优良生态环境的地区和人们进行补偿。

五是发挥财政的调节职能。将资源有偿使用的收入进行有效的分配,在中央与地方按比例分成的基础上,实行"专款专用";发挥财政的监督职能,依据财经制度促使使用资源的经济成分准确、及时、足额地交纳有关税费。

7.3　国家生态文明先行示范区建设方案

7.3.1　政策出台背景

当前我国生态文明建设总体滞后于经济社会发展,现有法律、制度、政策尚不适应生态文明建设的要求,落实不够严格,全社会生态文明意识也亟待加强。生态文明先行示范区建设是根据《关于加快发展节能环保产业的意见》中"关于在全国范围内选择有代表性的100个地区开展生态文明先行示范区建设,探索符合我国国情的生态文明建设模式"的要求开展的工作。根据国家发展和改革委员会等六部委2013年12月（通知）精神，需要选取不同发展阶段、不同资源环境禀赋、不同主体功能要求的地区开展生态文明先行示范区建设，总结有效做法，创新方式方法，探索实践经验，提炼推广模式，完善政策机制，以点带面地推动生态文明建设，对于破解资源环境瓶颈制约，加快建设资源节约型、环境友好型社会，不断提高生态文明水平，具有重要的意义和作用。根据该通知精神，"生态文明建设先行示范区建设"旨在通过建设形成符合主体功能定位的开发格局，资源循环利用体系初步建立，节能减排和碳强度指标下降，使实施最严格的耕地保护制度、水资源管理制度、环境保护制度得到有效落实，生态文明制度建设取得重大突破，形成可复制、可推广的生态文明建设典型模式。其总体要求如下：

1）把生态文明建设放在突出的战略地位，按照"五位一体"总布局要求，推动生态文明建设与经济、政治、文化、社会建设紧密结合、高度融合。

2）以推动绿色、循环、低碳发展为基本途径，以体制机制创新激发内生动力，以培育弘扬生态文化提供有力支撑，结合自身定位推进新型工业化、新型城镇化和农业现代化。

3）调整优化空间布局，全面促进资源节约，加大自然生态系统和环境保护力度，加快建立系统、完整的生态文明制度体系。

4）形成节约资源和保护环境的空间格局、产业结构、生产方式、生活方式，提高发展的质量和效益，促进生态文明建设水平明显提升。

总体目标如下：

1）通过5年左右的努力，先行示范地区基本形成符合主体功能定位的开发格局，资源循环利用体系初步建立，节能减排和碳强度指标下降幅度超过上级政府下达的约束性指标。

2）资源产出率、单位建设用地生产总值、万元工业增加值用水量、农业灌溉水有效利用系数、城镇（乡）生活污水处理率、生活垃圾无害化处理率等处于全国或本省（自治区、直辖市）前列。

3）城镇供水水源地全面达标，森林、草原、湖泊、湿地等面积逐步增加、质量逐步提高，水土流失和沙化、荒漠化、石漠化土地面积明显减少，耕地质量稳步提高，物种得到有效保护。

4）覆盖全社会的生态文化体系基本建立，绿色生活方式普遍推行，最严格的耕地保护制度、水资源管理制度、环境保护制度得到有效落实，生态文明制度建设取得了重大突破，形成可复制、可推广的生态文明建设典型模式。

主要任务如下：

1）科学谋划空间开发格局。

2）调整优化产业结构。

3）着力推动绿色循环低碳发展。

4）节约集约利用资源。

5）加大生态系统和环境保护力度。

6）建立生态文化体系。

7）创新体制机制。

8）加强基础能力建设。

7.3.2　制度实施情况与面临问题

2013年12月,国家发展和改革委员会联合财政部、国土资源部、水利部、农业部、国家林业局等六部委下发了《关于印发国家生态文明先行示范区建设方案(试行)的通知》,对包括上海市闵行区、崇明县(2016年改为崇明区)在内的55个地区作为生态文明先行示范区建设地区(第一批)进行了公示,其示范作用在于制度建设和创新,着力深化改革创新,力争在生态文明制度建设方面取得突破,形成符合我国国情、可复制、可推广的生态文明建设有效模式,以推动绿色、循环、低碳发展为基本途径,促进生态文明建设水平明显提升。2014年3月10日,国务院正式印发《关于支持福建省深入实施生态省战略加快生态文明先行示范区建设的若干意见》,福建成为中共十八大以来,国务院确定的全国第一个省级生态文明先行示范区,2014年6月贵州成为第二个以省为单位建设的全国生态文明先行示范区。

在生态文明先行示范区建设实施过程中,发现存在如下问题:一是在建设过程中没有将环境保护部门纳入管理协同部门中。二是经济发展与生态保护矛盾突出,在经济发展相对滞后的地区,生态保护的需要使得部分工业项目的引进、工业性质的选择和用地方面都受到严格制约,关停和放弃的项目较多,造成其经济发展水平低于发达地区,生态保护与促进农民增收矛盾突出,而地方政府财政困难,难以为生态文明建设提供有力的物质基础和便利条件。三是对正确的生态文明观念难以认知,长期以来各地区重经济效益、轻生态效益的观念时常占主导地位,在这种观念的影响下,破坏生态环境、发展区域经济的问题日益严重,人们难以充分认识自然资源的有限性,以及生态环境对人类生存的决定性意义。

7.3.3　对于国家生态文明先行示范区建设方案的建议

一是推动城镇化绿色发展。坚持走以人为本、绿色低碳的新型城镇化道路,深入实施宜居生态与环境建设行动计划,保护和扩大绿地、水域、湿地,提高城镇环境基础设施建设与运营水平,大力发展绿色建筑、绿色交通。要以解决损害群众健康的突出环境问题为重点,坚持以预防为主、综合治理,强化水、大气、土壤等污染防治,着力推进重点流域和区域水污染防治,着力推进重点行业和重点区域的大气污染治理。

二是建立绿色GDP考核制度。以资源和生态环境承载力为依据,制定产业开发、城镇建设和人口增长的合理容量和开发限度,制定单位国民总收入能耗降低指标和单位面积节能指标;建立"绿色GDP"核算统计体系,以绿色GDP来衡量生态建设的成效和经济发展的生态含量,将节能减排指标和污染治理指标纳入各级考核体系中。

三是加强生态环境保护和污染治理。严格落实主体功能区规划,加强自然保护区、森林、山地、湿地、水源保护地、河流、海域、海岛等自然环境、野生动植物资源及其栖息地和生物多样性的保护;严控土地复垦、林地复种、水域放养,实施生态修复。

四是实施资源环境管理制度。建立边界清晰、权能健全、流转顺畅的资源产权制度;改革资源管理体制,推进形成资源一体化管理体制;改进环境评价制度,提高环境影响评价的独立性、客观性、公正性;建立健全污染者付费制度,严格实施排污者问责、付费;完善环境信息发布机制,扩大环境信息,特别是公共环境信息的发布范围;建立健全环境舆论预警机制和环境事件应急处理机制。

五是着力推动低碳发展。以节能减排、循环经济、清洁生产、生态环保、应对气候变化等为抓手，设置科学合理的控制指标，大幅降低能耗、碳排放、地耗和水耗强度，控制能源消费总量、碳排放总量和主要污染物排放总量，严守耕地、水资源、林草、湿地、河湖等生态红线，大力发展绿色低碳技术，优化改造存量，科学谋划增量，切实推动绿色发展、循环发展、低碳发展，加快转变发展方式，大幅降低能源、水、土地等的消耗强度，提高发展的质量和效益。

7.4   国家良好湖泊生态保护专项政策

7.4.1   政策出台背景

我国湖泊数量众多、类型多样、资源丰富、生态环境脆弱。《2013年中国环境状况公报》显示，在国控重点湖泊中，水质为污染级的占39.3%，31个大型淡水湖泊逾半数污染。同时大量天然湖泊消失或面积大大缩减，如鄱阳湖、洞庭湖等湖的湖面大幅缩小、湿地萎缩。为不使水安全问题构成中华民族的"心腹之患"，避免重走太湖、滇池等多个湖泊"先污染、后治理"的老路，国家调整湖泊治理思路，既要治劣，更要保优，在此背景下，《国家良好湖泊生态保护专项》政策应运而生。根据国家相关规划和环境保护部发布的《2012年中国环境状况公报》的定义，国家良好湖泊需要满足"湖泊水面面积在50平方千米及以上，现状水质或2015年规划目标水质好于Ⅲ类（含Ⅲ类），且具有重要饮用水水源功能"的要求。

7.4.2   政策实施情况与面临问题

2011年国家安排中央财政资金9亿元支持洱海、梁子湖等8个湖泊开展生态环境保护首批试点工作，鼓励探索"一湖一策"的湖泊生态环境保护方式。2012年启动第二批包括黄山太平湖等在内的17个良好湖泊生态环境保护工作。截至2014年6月，全国29个省份62个湖泊被纳入试点，其中15个为重点支持。2014年11月环境保护部、国家发展和改革委员会、财政部联合印发《水质较好湖泊生态环境保护总体规划（2013—2020年）》，提出为保护湖泊生态环境，避免走"先污染、后治理"的老路，规划对365个水质较好的湖泊进行保护，"十二五"期间中央财政安排了100亿元资金，引导地方投入不低于100亿元，带动社会投入，共形成了500亿元左右的资金规模，按照"突出重点、择优保护、一湖一策、绩效管理"的原则，完成了30个湖泊生态环境保护任务。我国进一步对水质较好的湖泊划分为5个自然分布区域进行保护，即东北湖区、东部湖区、云贵湖区、蒙新湖区和青藏湖区。

总体看，国家良好湖泊保护规划工作具有以下3个特点。

1）从政策侧重点看，规划由过去重点关注富营养化等水质变化，向关注整个流域生态系统健康转变，对水体营养程度变化、湖水咸化、生物多样性变化等生态环境问题予以全面关注。

2）从保护范围看，由过去重点关注东部湖区等发达地区的湖泊或城市内湖，向全国五大湖区广覆盖转变,对西部等偏远地区的湖泊也应给予重视。

3)从保护资金看,水质较好湖泊的生态环境保护项目资金主要以地方为主,中央财政资金视情况予以适当补助,以引导各地积极拓宽融资渠道、创新投融资机制。

由此可见,良好湖泊生态环境保护工作已在我国大范围铺展开来。在技术层面上,良好湖泊的生态安全调查与评估涵盖湖泊流域社会、经济、生态、水环境等诸多方面,指标体系庞杂、数据收集海量。在实际调查中,一些技术指标的设置缺乏可操作性。例如,在《湖泊生态安全调查与评估技术指南》中,要求测定的湖泊藻毒素和水下辐射等特异性指标,常无法监测或无监测结果;特异性与常规性指标按月监测操作难度大;地表水Ⅱ类、Ⅲ类水质指标重复监测等。

7.4.3　对于实行国家良好湖泊生态保护专项的建议

一是建议修订技术指南,构建科学合理的调查及评估指标体系。需要结合前期工作经验,重新筛选指标体系,剔除或更换不必要的指标,切实反映湖泊的生态安全现状。

二是建议扩大良好湖泊调查与评估范围,由"一湖一策"向"一流域一策"转变。扩大调查与评估的尺度范围,构建以湖泊为关键节点,扩展到整个流域的生态环境安全保护格局,"源-流-汇"结合,切实保障我国的水环境安全。

7.5　新型城镇化推进战略

2014年3月国务院印发了《国家新型城镇化规划》(2014—2020年),并发出通知,要求各地区各部门结合实际,认真贯彻执行。《国家新型城镇化规划》(2014—2020年)根据中共十八大报告、《决定》、中央城镇化工作会议精神、《中华人民共和国国民经济和社会发展第十二个五年规划纲要》和《全国主体功能区规划》编制,按照走中国特色新型城镇化道路、全面提高城镇化质量的新要求,明确未来城镇化的发展路径、主要目标和战略任务,统筹相关领域制度和政策创新,是指导全国城镇化健康发展的宏观性、战略性、基础性规划。

新型城镇化是指以城乡统筹、城乡一体、产城互动、节约集约、生态宜居、和谐发展为基本特征的城镇化,是大中小城市、小城镇、新型农村社区协调发展、互促共进的城镇化,涉及社会方方面面,关系到大至都市,小到农户的产销、合作、互动、和谐的新型社会关系的建立。

新型城镇化的核心体现在不以牺牲农业和粮食、生态和环境为代价,着眼农民,涵盖农村,实现城乡基础设施一体化和公共服务均等化,促进经济社会发展,实现共同富裕。其科学内涵体现在坚持以人为本,以新型工业化为动力,以统筹兼顾为原则,推动城市现代化、城市集群化、城市生态化、农村城镇化,全面提升城镇化质量和水平;走科学发展、集约高效、功能完善、环境友好、社会和谐、个性鲜明、城乡一体、大中小城市和小城镇协调发展的城镇化建设路子。

其"新"体现在集约、智能、绿色、低碳、生态的方法和技术,集约包括生态资源、生产关系和经营方式的集约，特别是土地、水、生物资源的集约规划、集约建设和集约管理。图7-1 说明了新型城镇化与旧城镇化的区别。

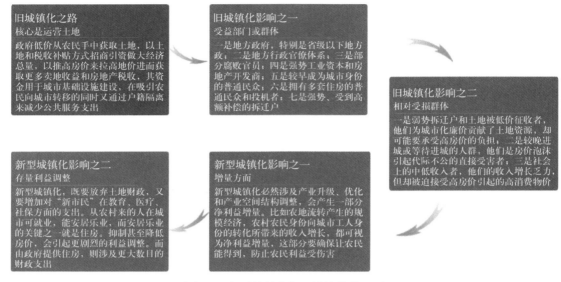

图7-1　新型城镇化与旧城镇化的区别

新型城镇化要求发展紧凑型城市，推进适度规模的城镇化。城市人口密度要控制在每公顷100人左右；倡导生态智慧，在城市发展中，特别需要将传统技术方法和聪明才智融入规划、建设与管理中；推进低碳循环，化石能源的清洁、高效、生态利用，可再生能源合理开发、有机替代，以及资源循环再生等；促进蓝绿空间生态融合、生产高效循环、生活幸福低碳、生态绿色和谐的可持续发展。

（1）新型城镇化已成为新时期的国家战略

积极稳妥推进城镇化，着力提高城镇化质量。

城镇化是我国现代化建设的历史任务，也是扩大内需的最大潜力所在，要围绕提高城镇化质量，因势利导、趋利避害，积极引导城镇化健康发展，要构建科学合理的城市格局，大中小城市和小城镇、城市群要科学布局，与区域经济发展和产业布局紧密衔接，与资源环境承载能力相适应，要把生态文明理念和原则全面融入城镇化全过程中，走集约、智能、绿色、低碳的新型城镇化道路。

（2）新型城镇化道路的特点和要求体现在以下几个方面

1）规划起点高。城镇要科学规划，合理布局，要使城镇规划在城市建设、发展和管理中始终处于"龙头"地位，从而解决城市建设混乱、小城镇建设散乱差、城市化落后于工业化等问题。

2）途径多元化。中国地域辽阔、情况复杂，发展很不平衡，在基本原则的要求下，中国城镇化实现的途径应当是多元的。

3）聚集效益佳。特点是具有聚集功能和规模效益。要在增加城镇数量、适度扩大城镇规模的同时，把城镇做强。

4）辐射能力强。利用自身的优势向周边地区和广大的农村地区进行辐射,带动郊区、农村一起发展,不能搞成孤岛式的城镇。

5）个性特征明。中国的城镇要有自己的个性,每个地方的城镇,每个城镇都应该有自己的个性,要突出多样性。城镇是有生命的,都有自己不同的基础、背景、环境和发展条件,由此孕育出来的城镇也应显示出自己与众不同的鲜明特点。

6）人本气氛浓。发展城镇的目的是为人服务。要树立牢固的人本思想,创造良好的人本环境,形成良好的人本气氛,产生良好的为人民服务的功能。

7）城镇联动紧。其内涵是要把城市的发展和小城镇的发展作为一个有机的整体来考虑,解决好非此即彼或非彼即此或孰轻孰重的问题。我国600多个大中小城市和两万多个小城镇本来就是一个完整的梯队,不能人为地分割开来。

8）城乡互补好。中国的城镇化一定要体现一盘棋的思想,要打破二元结构,形成优势互补、利益整合、共存共荣、良性互动的局面。“市带县体制”“城乡一体化”的出发点都是要走活城乡这盘棋。农村可以为城镇的发展提供有力支持,形成坚强后盾,城镇可以为农村的发展提供强大动力,从而全面拉动农村发展。

（3）新型城镇化的建设模式

1）城市旅游化模式。拥有50万以上人口的城市,包括超大型、大型及中型城市,可以通过旅游吸引力建设提升城市品牌与城市产业空间,特别是休闲发展。环城游憩带是新型城镇化最快、最好、最有效率的区域。

2）旅游城镇建设模式。对于小型地级市、县级的中心镇、建制镇,其带动性相对于大中城市较弱,但易于形成鲜明的主题性特征,可以走特色化的旅游城镇化之路,这是中国最重要的旅游城镇化模式。

3）旅游综合体模式。这是一种旅游引导的就地城镇化,是一种介于城市与农村之间的非建制城镇化模式,基于我国休闲经济快速发展的大背景,以旅游休闲为基础导向,以相关产业为支撑,以休闲地产、商业配套为延伸的区域综合开发模式,已经成为广大适宜区域实施“就地城镇化”的主流模式之一。

4）旅游新农村社区模式。这也是旅游引导的就地城镇化的模式之一。基于城乡一体化的大背景,以农旅产业链打造为核心,以乡村休闲度假功能为主导,以乡村休闲业态为特色,以乡村商业休闲地产为支撑,以田园乡居生活为目标,通过土地整合、城市基础设施引入、文化特色的呈现、农民就业的解决,进行城中村、大城市郊区和独立村的改造升级,向旅游综合社区发展。

在新型城镇化推进过程中,全国一些省（自治区、直辖市）发展出了具有自身特色的一些模式,例如成都、天津和广东。

成都:典型的大城市带大郊区的发展模式。其主要做法是对土地确权颁证,建立农村土地产权交易市场,设立建设用地增减指标挂钩机制。以发展较好的区域作为起步点,确立优势产业,形成以市场为导向的产业集群。另外,再配以农民的公共服务和社会保障,提高农民的生活水平。

天津:典型的大城市带大郊区的发展模式。主要做法是对土地确权颁证,建立农村土地产权交易市场,设立建设用地增减指标挂钩机制。天津的小城镇发展主要又分为四种子类型:整体推进型、都市扩散型、开发拓展型和“三集中”型。其主要做法为乡镇政府主导

"以宅基地换房"，先解决搬迁农民的安置问题，然后通过土地集约增值的收益发展地区产业，解决农村居民的就业问题。将农民的集中居住与城镇化、产业化有机结合。

广东：广东模式又可以分为两条主线，一是珠三角模式，即以乡镇企业和民营企业集中的中心镇为发展依托；二是山区模式，即围绕着县城，发展专业镇。珠三角模式的主要做法是通过产业集聚带动人口集聚，进而实现城市周边地区的快速崛起。

2019年4月8日发布的《国家发展改革委关于印发〈2019年新型城镇化建设重点任务〉的通知》，进一步明确了总体要求：以习近平新时代中国特色社会主义思想为指导，全面贯彻党的十九大和十九届二中、三中全会以及中央经济工作会议精神，紧紧围绕统筹推进"五位一体"总体布局和协调推进"四个全面"战略布局，坚持和加强党的全面领导，坚持以人民为中心的发展思想，坚持稳中求进工作总基调，坚持新发展理念，坚持推进高质量发展，加快实施以促进人的城镇化为核心、提高质量为导向的新型城镇化战略，突出抓好在城镇就业的农业转移人口落户工作，推动1亿非户籍人口在城市落户目标取得决定性进展，培育发展现代化都市圈，推进大城市精细化管理，支持特色小镇有序发展，加快推动城乡融合发展，实现常住人口和户籍人口城镇化率均提高1个百分点以上，为保持经济持续健康发展和社会大局稳定提供有力支撑，为决胜全面建成小康社会提供有力保障。其主要内容包括以下方面：

1）加快农业转移人口市民化。

2）优化城镇化布局形态。按照统筹规划、合理布局、分工协作、以大带小的原则，立足资源环境承载能力，推动城市群和都市圈健康发展，构建大中小城市和小城镇协调发展的城镇化空间格局。

3）推动城市高质量发展。统筹优化城市国土空间规划、产业布局和人口分布，提升城市可持续发展能力，建设宜业宜居、富有特色、充满活力的现代城市。

4）加快推进城乡融合发展。以协调推进乡村振兴战略和新型城镇化战略为抓手，以缩小城乡发展差距和居民生活水平差距为目标，建立健全城乡融合发展体制机制和政策体系，切实推进城乡要素自由流动、平等交换和公共资源合理配置，重塑新型城乡关系(国家发展改革委，2019)。

7.6   国家美丽宜居小镇、美丽宜居村庄示范建设

为贯彻中共十八大关于"建设美丽中国、深入推进新农村建设"和习近平关于"建设美丽乡村"的指示精神，住房和城乡建设部发布《关于开展美丽宜居小镇、美丽宜居村庄示范工作的通知》(建村〔2013〕40号)和《关于2013年建设美丽宜居小镇、美丽宜居村庄示范工作的通知》(建村〔2013〕109号)，要求各地总结示范经验，做好宣传推广，积极探索符合当地实际的理念和方法，推进美丽宜居小镇、美丽宜居村庄建设，并公布了江苏省苏州市同里镇等8个镇为美丽宜居小镇示范，江苏省南京市石塘村等12个村为美丽宜居村庄示范。《关于开展美丽宜居小镇、美丽宜居村庄示范工作的通知》制订的目的，是明确我国美丽宜居小镇、美丽宜居村庄建设的方向、目标和特色(图7-2和图7-3)，为生态文明建设提供基层范例。

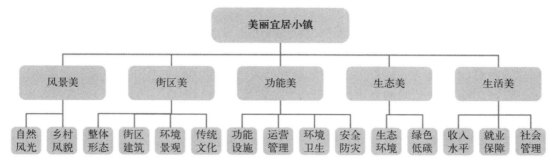

图 7-2　美丽宜居小镇的特色组成

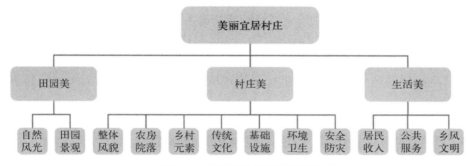

图 7-3　美丽宜居村庄的特色组成

7.6.1　开展美丽宜居小镇、村庄示范的重要意义

美丽宜居小镇是指风景美、街区美、功能美、生态美、生活美的建制镇、乡。美丽宜居村庄是指田园美、村庄美、生活美的行政村或自然村。美丽宜居小镇、村庄的核心是宜居宜业，特征是美丽、特色和绿色。建设美丽宜居小镇、村庄是村镇建设工作的主要目标和工作内容，是建设美丽中国的重要基础、具体行动和基本途径，是推进新型城镇化和社会主义新农村建设、生态文明建设的必然要求。

7.6.2　开展美丽宜居小镇、村庄示范的基本要求

（1）坚持基本原则

坚持以人为本，以农民为主体。充分尊重农民意愿，依靠农村群众的智慧和力量建设美好家园；坚持城乡一体，统筹发展。建立以工促农、以城带乡的长效机制，加快城镇基础设施和公共服务向农村延伸覆盖；坚持规划引领，示范带动。按照统一规划、分步实施的思路，坚持试点先行、示范带动、量力而为，逐步完善提高；坚持生态优先，彰显特色。以生态建设为重点，适应农民生产生活方式，突出乡村特色，保持田园风貌，注重文化传承，不照搬城市建设模式；坚持因地制宜，分类指导。针对镇村基础、规模、资源、文化等方面的差异，加强分类指导，因镇因村施策，现阶段主要应以镇村改造和环境整治为主，不搞大拆大建。

（2）明确示范指导性要求

各镇村应根据自身实际情况,围绕建设"风景美、街区美、功能美、生态美、生活美"美丽宜居小镇示范和"田园美、村庄美、生活美"美丽宜居村庄示范总的标准要求,按照"试点先行、重点培育、示范带动、有序推进"的思路开展美丽宜居小镇、村庄建设示范创建工作。积极探索符合本地实际的美丽宜居村镇建设理念和方法途径,形成不同类型的美丽宜居小镇、村庄建设优秀范例。

（3）加强示范工作指导

各级规划建设主管部门要做好美丽宜居小镇、村庄示范的指导帮助。组织专家组开展技术咨询服务,为示范村镇的规划设计和建设出谋划策。完善镇乡和村庄规划,统筹安排镇村建设,引导农村环境整治;注重保护乡村地形地貌、传统肌理,营造优美特色风貌,引导宜居宜业的优美环境。推进重大基础设施城乡区域共建共享、城镇基础设施向农村延伸辐射。统筹协调各类建设项目与资金,支持美丽宜居小镇、村庄建设。中央、省财政支持的农村危房改造、村庄规划试点、重点流域重点镇污水管网建设以奖代补、传统村落保护发展、城镇棚户区改造等资金,以及地方的重点镇建设、村庄环境整治等支持资金可向美丽宜居小镇、村庄示范倾斜。

7.6.3　开展美丽宜居小镇、村庄示范创建活动的建议

（1）开展美丽宜居小镇、村庄建设试点工作

采取试点先行、示范带动的方法,引导美丽宜居小镇、美丽宜居村庄建设。针对不同地区、不同类型的城镇、乡村的自然、资源环境、产业与文化风貌特点,选择不同类型的建设试点。通过总结经验,典型引路,不断推动美丽宜居小镇、村庄建设的深入开展。

（2）组织美丽宜居小镇、村庄示范创建活动

各地规划建设主管部门要在美丽宜居小镇、村庄建设试点的基础上,开展不同层次的美丽宜居镇村示范工作。参照美丽宜居小镇、村庄示范指导性要求,选择自然风景和田园风貌以及村镇人居环境、经济发展水平、传统文化特色等条件较好,且当地政府重视并支持、镇村领导班子较强、民风良好的镇乡和村庄作为示范候选点,创建示范。并将历史文化名镇名村、特色景观旅游名镇名村、传统村落优先列入示范候选点。

7.7　"三线一单"编制技术指南

习近平在中央政治局第四十一次集体学习时强调"推动形成绿色发展方式和生活方式""加快构建生态功能保障基线、环境质量安全底线、自然资源利用上线三大红线""加快构建科学适度有序的国土空间布局体系"。为贯彻落实习近平重要讲话精神,指导各地加快建立"生态保护红线、环境质量底线、资源利用上线、环境准入负面清单"（简称"三线一单"）,环境保护部依据《中华人民共和国环境保护法》《中华人民共和国环境影响评价法》及《生态文明体制改革总体方案》《"十三五"生态环境保护规划》《"十三五"环境影响评价

改革实施方案》，于2017年8月制定并公布了《"生态保护红线、环境质量底线、资源利用上线和环境准入负面清单"编制技术指南》（征求意见稿）。该指南提出了"三线一单"编制的一般性原则、内容、程序、方法和要求①。

（1）工作定位

"三线一单"是以改善环境质量为核心，将生态保护红线、环境质量底线、资源利用上线落实到不同的环境管控单元，并建立环境准入负面清单的环境分区管控体系。

"三线一单"是推动生态环境保护管理系统化、科学化、法治化、精细化、信息化的重要抓手，是推进战略和规划环评落地、环境保护参与空间规划和优化国土空间格局的基础支撑，是实施环境空间管控、强化源头预防和过程监管的重要手段。

（2）基本原则

加强统筹衔接。衔接生态保护、环境质量管理、环境承载能力监测预警、空间规划、战略和规划环评等工作，统筹实施分区环境管控。

强化空间管控。集成生态保护红线、生态空间、环境质量底线、资源利用上线的环境管控要求，形成以环境管控单元为基础的空间管控体系。

突出差别准入。针对不同的环境管控单元，从空间布局、污染物排放、资源开发利用等方面制定差异化的环境准入要求，促进精细化管理。

实施动态更新。随着绿色发展理念深化、生态文明建设推进、环境保护要求提升、社会经济技术进步等因素变化，"三线一单"相关管理要求逐步完善、动态更新。

（3）主要任务

系统收集整理区域生态环境及经济社会等基础数据，开展综合分析评价，划定生态保护红线、环境质量底线、资源利用上线，明确环境管控单元，提出环境准入负面清单。"三线一单"编制成果包括文本、图集、研究报告、信息管理平台等。

主要任务如下：

1）开展基础分析，建立工作底图。收集整理基础地理、生态环境、国土开发等数据资料，开展自然环境状况、资源能源禀赋、社会经济发展和城镇化形势等方面的综合分析，建立统一规范的工作底图。

2）明确生态保护红线，划定生态空间。开展生态评价，识别需要严格保护的区域，提出以生态保护红线、生态空间为重点内容的分级分类管控要求，形成生态空间与生态保护红线图。

3）确立环境质量目标，提出排放总量限值。开展水、大气和土壤环境评价，明确各要素空间差异化的环境功能属性，合理确定分区域、分阶段的环境质量目标与污染物排放总量限值，识别需要重点管控的区域，形成大气环境质量底线、排放总量限值及重点管控区图，水环境质量底线、排放总量限值及重点管控区图，土壤污染风险重点防控区图。

4）划定资源利用上线，明确管控要求。从生态环境质量维护改善、自然资源资产"保值增值"等角度，提出水资源开发、土地资源利用、能源消耗的总量、强度、效率等要求，以及其他自然资源数量和质量要求，形成土地资源重点管控区图、生态用水补给区图（可选）、地下

---

① 环境保护部，《"生态保护红线、环境质量底线、资源利用上线和环境准入负面清单"编制技术指南（征求意见稿）》，2017年8月。

水开采重点管控区图（可选）、禁煤区图（可选）、其他自然资源重点管控区图（可选）。

5）综合各类分区，确定环境管控单元。结合生态、大气、水、土壤等环境要素及自然资源的分区成果，衔接乡镇或区县行政边界，建立功能明确、边界清晰的环境管控单元，实施分类管理，形成环境管控单元分类图。

6）统筹分区管控要求，建立环境准入负面清单。基于环境管控单元，统筹生态保护红线、环境质量底线、资源利用上线的分区管控要求，明确空间布局、污染物排放、资源开发利用等禁止和限制的环境准入情形，建立环境准入负面清单。

7）集成"三线一单"成果，建设信息管理平台。落实"三线一单"管控要求，集成开发数据管理、综合分析和应用服务等功能，实现"三线一单"信息共享及动态管理。

（4）评估建议

开展"三线一单"编制技术推广工作是一项新生事物，是一项政策性、技术性都很强的工作，需要加大宣传普及力度，加强信息技术及政策保障，同时需要明晰与"生态保护红线规划"工作的联系与区别。

7.8　国家公园体制试点战略

国家公园是指由国家批准设立并主导管理，边界清晰，以保护具有国家代表性的大面积自然生态系统为主要目的，实现自然资源科学保护和合理利用的特定陆地或海洋区域。中共十八届三中全会正式提出了在我国开展建立国家公园体制工作。2015年初，我国出台建立国家公园体制试点方案；当年6月，我国启动了为期3年的国家公园体制试点。2017年9月26日，在总结试点经验的基础上，借鉴国际上的有益做法，立足我国国情，中共中央办公厅、国务院办公厅联合印发《建立国家公园体制总体方案》，并发出通知，要求各地区各部门结合实际认真贯彻落实[1]。通知指出，建立国家公园体制是中共十八届三中全会提出的重点改革任务，是我国生态文明制度建设的重要内容，对于推进自然资源科学保护和合理利用，促进人与自然和谐共生，推进美丽中国建设，具有极其重要的意义。

据相关资料统计，我国目前共有10个国家公园体制试点[2]。

（1）三江源国家公园体制试点

三江源国家公园体制试点是我国第一个国家公园体制试点，包括长江源、黄河源、澜沧江源3个园区，总面积为12.31万平方千米，占三江源面积的31.16%。三江源国家公园以自然修复为主，保护冰川雪山、江源河流、湖泊湿地、高寒草甸等源头地区的生态系统，维护和提升水源涵养功能。

（2）大熊猫国家公园体制试点

大熊猫国家公园体制试点区总面积达2.7万平方千米，涉及四川、甘肃、陕西3个省，其

① 中共中央办公厅，国务院办公厅.2017.建立国家公园体制总体方案.http://www.gov.cn/zhengce/2017-09-26/content_5227713.htm.
② 光明日报.http://news.gmw.cn/2017-09-28/content_26363341.htm.2017-09-28.

中四川占74%。试点区加强大熊猫栖息地廊道建设，连通相互隔离的栖息地，实现隔离种群之间的基因交流；通过建设空中廊道、地下隧道等方式，为大熊猫及其他动物通行提供方便。

（3）东北虎豹国家公园体制试点

东北虎豹国家公园体制试点选址于吉林、黑龙江两省交界的老爷岭南部区域，总面积为1.46万平方千米。该试点区旨在有效保护和恢复东北虎豹野生种群，实现其稳定繁衍生息；有效解决东北虎豹保护与当地发展之间的矛盾，实现人与自然和谐共生。

（4）云南香格里拉普达措国家公园体制试点

云南香格里拉普达措国家公园体制试点位于云南省迪庆藏族自治州香格里拉市境内，试点区域总面积为602.1平方千米。试点区分为严格保护区、生态保育区、游憩展示区和传统利用区，各区分界线尽可能采用山脊、河流、沟谷等自然界线。

（5）湖北神农架国家公园体制试点

湖北神农架国家公园体制试点位于湖北省西北部，拥有被称为"地球之肺"的亚热带森林生态系统、被称为"地球之肾"的泥炭藓湿地生态系统，是世界生物活化石聚集地，以及古老、珍稀、特有物种的避难所，被誉为北纬31的绿色奇迹。这里有珙桐、红豆杉等国家重点保护野生植物36种，金丝猴、金雕等国家重点保护野生动物75种，试点区面积为1 170平方千米。

（6）浙江钱江源国家公园体制试点

浙江钱江源国家公园体制试点位于浙江省开化县，这里拥有大片原始森林，生物丰度、植被覆盖、大气质量、水体质量均居全国前列，是中国特有的世界珍稀濒危物种、国家一级重点保护野生动物白颈长尾雉、黑麂的主要栖息地。试点区面积约为252平方千米，包括古田山国家级自然保护区、钱江源国家级森林公园、钱江源省级风景名胜区，以及连接自然保护地之间的生态区域，区域内涵盖4个乡镇。

（7）湖南南山国家公园体制试点

试点区整合了原南山国家级风景名胜区、金童山国家级自然保护区、两江峡谷国家森林公园、白云湖国家湿地公园4个国家级保护地，新增非保护地但资源价值较高的地区，总面积为635.94平方千米。

（8）福建武夷山国家公园体制试点

福建武夷山国家公园体制试点包括武夷山国家级自然保护区、武夷山国家级风景名胜区和九曲溪上游保护地带，总面积为982.59平方千米。

（9）北京长城国家公园体制试点

北京长城国家公园体制试点总面积为59.91平方千米，区内的长城总长度为27.48 km，以八达岭—十三陵风景名胜区（延庆部分）边界为基础。试点区域的选择旨在保护人文资源的同时，带动自然资源的保护和建设，达到人文与自然资源协调发展的目标。通过整合周边各类保护地，形成统一、完整的生态系统。

（10）祁连山国家公园体制试点

祁连山是我国西部重要生态安全屏障，是我国生物多样性保护优先区域、世界高寒种质资源库和野生动物迁徙的重要廊道，还是雪豹、白唇鹿等珍稀野生动植物的重要栖息地和分布区。祁连山国家公园体制试点包括甘肃和青海两省约5万平方千米的范围。祁连山局部生态破坏问题十分突出，多个保护地、碎片化管理问题比较严重。试点拟解决这些突出问题,推动形成人与自然和谐共生的新格局。

其他正在创建的国家公园试点,如黄山国家公园试点。在国家生态文明建设背景下,安徽省积极响应国家公园试点建设,于2016年9月在黄山地区启动国家公园试点工作,将整合原黄山国家级风景区、九龙峰自然保护区、五溪山自然保护区、天湖自然保护区及汤口镇山岔村等"1+3"关联地区,总面积约为330.3平方千米,设立黄山国家公园创建区。

该创建区位于安徽省南部的黄山市境内,位于长三角东南部,安徽省最南端黄山市境内,是长江一级支流青弋江和新安江源头,也是长江流域和新安江流域的交界处。创建区北临扬子鳄国家自然保护区,南接岭南自然保护区,西与牯牛降国家自然保护区接壤,东与清凉峰国家自然保护区接壤,地处4个保护区中间,地理位置独特;其地处湿润亚热带,区域内自然生态条件优越,森林生态系统完整,是重要的自然生态保护区、森林公园、地质公园和旅游区,是全国重要的生物多样性保护型和水源涵养型生态功能区之一。创建区具有重大的生态系统服务价值,是长江和钱塘江重要的分水岭,对保障钱塘江流域,乃至整个江浙地区的生态安全具有重要意义,为钱塘江中下游提供了安全饮用水水源;同时该区还是我国35个生物多样性保护优先片区之一(黄山—怀玉山生物多样性保护优先区域),是世界自然保护联盟(IUCN)26个世界自然保护单元之一,区内生物多样性具有全国和全球保护意义。创建区的建立对于探索我国东部人口稠密、经济较发达地区生态文明建设与绿色发展具有重要的示范意义,在生态文明体制建设方面体现了先行价值。

资料专栏:

《建立国家公园体制总体方案》

中共中央办公厅   国务院办公厅

2017-09-26   18:02   来源:新华社

国家公园是指由国家批准设立并主导管理,边界清晰,以保护具有国家代表性的大面积自然生态系统为主要目的,实现自然资源科学保护和合理利用的特定陆地或海洋区域。建立国家公园体制是党的十八届三中全会提出的重点改革任务,是我国生态文明制度建设的重要内容,对于推进自然资源科学保护和合理利用,促进人与自然和谐共生,推进美丽中国建设,具有极其重要的意义。为加快构建国家公园体制,在总结试点经验基础上,借鉴国际有益做法,立足我国国情,制定本方案。

一、总体要求

(一)指导思想。全面贯彻党的十八大和十八届三中、四中、五中、六中全会精神,深入贯彻习近平总书记系列重要讲话精神和治国理政新理念新思想新战略,认真落实党中央、国务院决策部署,紧紧围绕统筹推进"五位一体"总体布局和协调推进"四个全面"战略布局,牢固树立和贯彻落实新发展理念,坚持以人民为中心的发展思想,加快推进生态文明建设和生态文明体制改革,坚定不移实施主体功能区战略和制度,严守生态保护红线,以加强自然生态系统原真性、完整性保护为基础,以实现国家所有、全民共享、世代传承为目标,理顺管理体制,创新运营机制,健全法制保障,强化监督管理,构建统一规范高效的中国特色国家公园体制,建立分类科学、保护有力的自然保护地体系。

(二)基本原则

——科学定位、整体保护。坚持将山水林田湖草作为一个生命共同体,统筹考虑保护与利用,对相关自然保护地进行功能重组,合理确定国家公园的范围。按照自然生态系统整体性、系统性及其内在规律,对国家公园实行整体保护、系统修复、综合治理。

——合理布局、稳步推进。立足我国生态保护现实需求和发展阶段,科学确定国家公园空间布局。将创新体制和完善机制放在优先位置,做好体制机制改革过程中的衔接,成熟一个设立一个,有步骤、分阶段推进国家公园建设。

——国家主导、共同参与。国家公园由国家确立并主导管理。建立健全政府、企业、社会组织和公众共同参与国家公园保护管理的长效机制,探索社会力量参与自然资源管理和生态保护的新模式。加大财政支持力度,广泛引导社会资金多渠道投入。

(三)主要目标。建成统一规范高效的中国特色国家公园体制,交叉重叠、多头管理的碎片化问题得到有效解决,国家重要自然生态系统原真性、完整性得到有效保护,形成自然生态系统保护的新体制新模式,促进生态环境治理体系和治理能力现代化,保障国家生态安全,实现人与自然和谐共生。

到2020年,建立国家公园体制试点基本完成,整合设立一批国家公园,分级统一的管理体制基本建立,国家公园总体布局初步形成。到2030年,国家公园体制更加健全,分级统一的管理体制更加完善,保护管理效能明显提高。

二、科学界定国家公园内涵

(四)树立正确国家公园理念。坚持生态保护第一。建立国家公园的目的是保护自然生态系统的原真性、完整性,始终突出自然生态系统的严格保护、整体保护、系统保护,把最应该保护的地方保护起来。国家公园坚持世代传承,给子孙后代留下珍贵的自然遗产。坚持国家代表性。国家公园既具有极其重要的自然生态系统,又拥有独特的自然景观和丰富的科学内涵,国民认同度高。国家公园以国家利益为主导,坚持国家所有,具有国家象征,代表国家形象,彰显中华文明。坚持全民公益性。国家公园坚持全民共享,着眼于提升生态系统服务功能,开展自然环境教育,为公众提供亲近自然、体验自然、了解自然以及作为国民福利的游憩机会。鼓励公众参与,调动全民积极性,激发自然保护意识,增强民族自豪感。

(五)明确国家公园定位。国家公园是我国自然保护地最重要类型之一,属于全国主体功能区规划中的禁止开发区域,纳入全国生态保护红线区域管控范围,实行最严格的保护。国家公园的首要功能是重要自然生态系统的原真性、完整性保护,同时兼具科研、教育、游憩等综合功能。

(六)确定国家公园空间布局。制定国家公园设立标准,根据自然生态系统代表性、面积适宜性和管理可行性，明确国家公园准入条件，确保自然生态系统和自然遗产具有国家代表性、典型性，确保面积可以维持生态系统结构、过程、功能的完整性，确保全民所有的自然资源资产占主体地位，管理上具有可行性。研究提出国家公园空间布局，明确国家公园建设数量、规模。统筹考虑自然生态系统的完整性和周边经济社会发展的需要，合理划定单个国家公园范围。国家公园建立后，在相关区域内一律不再保留或设立其他自然保护地类型。

（七）优化完善自然保护地体系。改革分头设置自然保护区、风景名胜区、文化自然遗产、地质公园、森林公园等的体制，对我国现行自然保护地保护管理效能进行评估，逐步改革按照资源类型分类设置自然保护地体系，研究科学的分类标准，理清各类自然保护地关系，构建以国家公园为代表的自然保护地体系。进一步研究自然保护区、风景名胜区等自然保护地功能定位。

三、建立统一事权、分级管理体制

（八）建立统一管理机构。整合相关自然保护地管理职能，结合生态环境保护管理体制、自然资源资产管理体制、自然资源监管体制改革，由一个部门统一行使国家公园自然保护地管理职责。

国家公园设立后整合组建统一的管理机构，履行国家公园范围内的生态保护、自然资源资产管理、特许经营管理、社会参与管理、宣传推介等职责，负责协调与当地政府及周边社区关系。可根据实际需要，授权国家公园管理机构履行国家公园范围内必要的资源环境综合执法职责。

（九）分级行使所有权。统筹考虑生态系统功能重要程度、生态系统效应外溢性、是否跨省级行政区和管理效率等因素，国家公园内全民所有自然资源资产所有权由中央政府和省级政府分级行使。其中，部分国家公园的全民所有自然资源资产所有权由中央政府直接行使，其他的委托省级政府代理行使。条件成熟时，逐步过渡到国家公园内全民所有自然资源资产所有权由中央政府直接行使。

按照自然资源统一确权登记办法，国家公园可作为独立自然资源登记单元，依法对区域内水流、森林、山岭、草原、荒地、滩涂等所有自然生态空间统一进行确权登记。划清全民所有和集体所有之间的边界，划清不同集体所有者的边界，实现归属清晰、权责明确。

（十）构建协同管理机制。合理划分中央和地方事权，构建主体明确、责任清晰、相互配合的国家公园中央和地方协同管理机制。中央政府直接行使全民所有自然资源资产所有权的，地方政府根据需要配合国家公园管理机构做好生态保护工作。省级政府代理行使全民所有自然资源资产所有权的，中央政府要履行应有事权，加大指导和支持力度。国家公园所在地方政府行使辖区（包括国家公园）经济社会发展综合协调、公共服务、社会管理、市场监管等职责。

（十一）建立健全监管机制。相关部门依法对国家公园进行指导和管理。健全国家公园监管制度，加强国家公园空间用途管制，强化对国家公园生态保护等工作情况的监管。完善监测指标体系和技术体系，定期对国家公园开展监测。构建国家公园自然资源基础数据库及统计分析平台。加强对国家公园生态系统状况、环境质量变化、生态文明制度执行情况等方面的评价，建立第三方评估制度，对国家公园建设和管理进行科学评估。建立健全社会监督机制，建立举报制度和权益保障机制，保障社会公众的知情权、监督权，接受各种形式的监督。

四、建立资金保障制度

（十二）建立财政投入为主的多元化资金保障机制。立足国家公园的公益属性，确定中央与地方事权划分，保障国家公园的保护、运行和管理。中央政府直接行使全民所有自然资源资产所有权的国家公园支出由中央政府出资保障。委托省级政府代理行使全民所有自然资源资产所有权的国家公园支出由中央和省级政府根据事权划分分别出资保障。加大政府投入力度，推动国家公园回归公益属性。在确保国家公园生态保护和公益属性的前提下，探索多渠道多元化的投融资模式。

（十三）构建高效的资金使用管理机制。国家公园实行收支两条线管理，各项收入上缴财政，各项支出由财政统筹安排，并负责统一接受企业、非政府组织、个人等社会捐赠资金，进行有效管理。建立财务公开制度，确保国家公园各类资金使用公开透明。

五、完善自然生态系统保护制度

（十四）健全严格保护管理制度。加强自然生态系统原真性、完整性保护，做好自然资源本底情况调查和生态系统监测，统筹制定各类资源的保护管理目标，着力维持生态服务功能，提高生态产品供给能力。生态系统修复坚持以自然恢复为主，生物措施和其他措施相结合。严格规划建设管控，除不损害生态系统的原住民生产生活设施改造和自然观光、科研、教育、旅游外，禁止其他开发建设活动。国家公园区域内不符合保护和规划要求的各类设施、工矿企业等逐步搬离，建立已设矿业权逐步退出机制。

（十五）实施差别化保护管理方式。编制国家公园总体规划及专项规划，合理确定国家公园空间布局，明确发展目标和任务，做好与相关规划的衔接。按照自然资源特征和管理目标，合理划定功能分区，实行差别化保护管理。重点保护区域内居民要逐步实施生态移民搬迁，集体土地在充分征求其所有权人、承包权人意见基础上，优先通过租赁、置换等方式规范流转，由国家公园管理机构统一管理。其他区域内居民根据实际情况，实施生态移民搬迁或实行相对集中居住，集体土地可通过合作协议等方式实现统一有效管理。探索协议保护等多元化保护模式。

（十六）完善责任追究制度。强化国家公园管理机构的自然生态系统保护主体责任，明确当地政府和相关部门的相应责任。严厉打击违法违规开发矿产资源或其他项目、偷排偷放污染物、偷捕盗猎野生动物等各类环境违法犯罪行为。严格落实考核问责制度，建立国家公园管理机构自然生态系统保护成效考核评估制度，全面实行环境保护"党政同责、一岗双责"，对领导干部实行自然资源资产离任审计和生态环境损害责任追究制。对违背国家公园保护管理要求、造成生态系统和资源环境严重破坏的要记录在案,依法依规严肃问责、终身追责。

六、构建社区协调发展制度

(十七)建立社区共管机制。根据国家公园功能定位,明确国家公园区域内居民的生产生活边界,相关配套设施建设要符合国家公园总体规划和管理要求,并征得国家公园管理机构同意。周边社区建设要与国家公园整体保护目标相协调,鼓励通过签订合作保护协议等方式,共同保护国家公园周边自然资源。引导当地政府在国家公园周边合理规划建设入口社区和特色小镇。

(十八)健全生态保护补偿制度。建立健全森林、草原、湿地、荒漠、海洋、水流、耕地等领域生态保护补偿机制,加大重点生态功能区转移支付力度,健全国家公园生态保护补偿政策。鼓励受益地区与国家公园所在地区通过资金补偿等方式建立横向补偿关系。加强生态保护补偿效益评估,完善生态保护成效与资金分配挂钩的激励约束机制,加强对生态保护补偿资金使用的监督管理。鼓励设立生态管护公益岗位,吸收当地居民参与国家公园保护管理和自然环境教育等。

(十九)完善社会参与机制。在国家公园设立、建设、运行、管理、监督等各环节,以及生态保护、自然教育、科学研究等各领域,引导当地居民、专家学者、企业、社会组织等积极参与。鼓励当地居民或其举办的企业参与国家公园内特许经营项目。建立健全志愿服务机制和社会监督机制。依托高等学校和企事业单位等建立一批国家公园人才教育培训基地。

七、实施保障

(二十)加强组织领导。中央全面深化改革领导小组经济体制和生态文明体制改革专项小组要加强指导,各地区各有关部门要认真学习领会党中央、国务院关于生态文明体制改革的精神,深刻认识建立国家公园体制的重要意义,把思想认识和行动统一到党中央、国务院重要决策部署上来,切实加强组织领导,明确责任主体,细化任务分工,密切协调配合,形成改革合力。

(二十一)完善法律法规。在明确国家公园与其他类型自然保护地关系的基础上,研究制定有关国家公园的法律法规,明确国家公园功能定位、保护目标、管理原则,确定国家公园管理主体,合理划定中央与地方职责,研究制定国家公园特许经营等配套法规,做好现行法律法规的衔接修订工作。制定国家公园总体规划、功能分区、基础设施建设、社区协调、生态保护补偿、访客管理等相关标准规范和自然资源调查评估、巡护管理、生物多样性监测等技术规程。

(二十二)加强舆论引导。正确解读建立国家公园体制的内涵和改革方向,合理引导社会预期,及时回应社会关切,推动形成社会共识。准确把握建立国家公园体制的核心要义,进一步突出体制机制创新。加大宣传力度,提升宣传效果。培养国家公园文化,传播国家公园理念,彰显国家公园价值。

　　（二十三）强化督促落实。综合考虑试点推进情况，适当延长建立国家公园体制试点时间。本方案出台后，试点省市要按照本方案和已经批复的试点方案要求，继续探索创新，扎实抓好试点任务落实工作，认真梳理总结有效模式，提炼成功经验。国家公园设立标准和相关程序明确后，由国家公园主管部门组织对试点情况进行评估，研究正式设立国家公园，按程序报批。各地区各部门不得自行设立或批复设立国家公园。适时对自行设立的各类国家公园进行清理。各有关部门要对本方案落实情况进行跟踪分析和督促检查，及时解决实施中遇到的问题，重大问题要及时向党中央、国务院请示报告。

　　党中央、国务院公布实施国家公园体制试点方案和相关政策以来，在全国形成了积极反响，国家公园试点建设正在成为生态文明建设的新抓手、转型发展的新示范。但是在实施过程中，也出现了一些地方执行不力，甚至顶风违法、破坏生态环境的事件，成为国家公园试点方案实施过程中亟待解决的问题，如甘肃祁连山国家公园环境问题事件责任方成了中共十八大以来生态环境问责的首家对象。央视网2017年7月21日报道，中共中央办公厅、国务院办公厅近日就甘肃祁连山国家级自然保护区生态环境问题发出通报。通报指出，祁连山是我国西部重要的生态安全屏障，是黄河流域重要的水源产流地，是我国生物多样性保护优先区域，国家早在1988年就批准设立了甘肃祁连山国家级自然保护区。长期以来，祁连山局部生态破坏问题十分突出。习近平总书记多次做出批示，要求抓紧整改，在中央有关部门督促下，甘肃虽然做了一些工作，但情况没有明显改善。2017年2月12日至3月3日，由党中央、国务院有关部门组成中央督查组就此开展专项督查。近日，中共中央政治局常委会议听取督查情况汇报，对甘肃祁连山国家级自然保护区生态环境破坏典型案例进行了深刻剖析，并对有关责任人做出了严肃处理。

　　通过调查核实，甘肃祁连山国家级自然保护区生态环境破坏问题突出：违法违规开发矿产资源问题严重；部分水电设施违法建设、违规运行；周边企业偷排偷放问题突出；生态环境突出问题整改不力。通报指出，上述问题的产生，虽然有体制、机制、政策等方面的原因，但根本上还是甘肃及有关市（县）思想认识有偏差，不作为、不担当、不碰硬，对党中央决策部署没有真正抓好落实。

　　一是落实党中央决策部署不坚决不彻底。

　　二是在立法层面为破坏生态行为"放水"。

　　三是不作为、乱作为，监管层层失守。

　　四是不担当、不碰硬，整改落实不力。

　　为严肃法纪，根据有关规定，按照党政同责、一岗双责、终身追责、权责一致的原则，经党中央批准，决定对相关责任单位和责任人进行严肃问责。

　　责成甘肃省委和省政府向党中央做出深刻检查，时任省委和省政府主要负责同志认真反思、吸取教训。甘肃省政府党组成员、副省长杨子兴分管祁连山生态环境保护工作，在修正《甘肃祁连山国家级自然保护区管理条例》过程中把关不严，致使该条例部分内容严重违反上位法规定，对查处、制止违法违规开发项目督查整改不力，对保护区生态环境问题负有领导责任,给予其党内严重警告处分。甘肃省委常委、兰州市委书记李荣灿(时任甘肃省委常委、副省长)对分管部门违法违规审批和延续有关开发项目失察,对保护区生态环境问题负有领导责任,由中央纪委对其进行约谈,提出严肃批评,由甘肃省委在省委常委会会议上通报,本人在甘肃省委常委会会议上做出深刻检查。甘肃省人大常委会党组书记、副主任罗笑虎(时任甘肃省委常委、常务副省长)对分管部门违法违规审批和延续有关开发项目失察,对保护区生态环境问题负有领导责任,由中央纪委对其进行约谈,提出严肃批评,由甘肃省委在甘肃省人大常委会党组会议上通报,本人在甘肃省人大常委会党组会议上做出深刻检查。由中央纪委监察部按照相关程序对负有主要领导责任的8名责任人进行严肃问责。

通报指出,甘肃祁连山国家级自然保护区生态环境问题具有典型性,教训十分深刻。各地区各部门要切实引以为鉴、举一反三,自觉把思想和行动统一到党中央决策部署上来,严守政治纪律和政治规矩,坚决把生态文明建设摆在全局工作的突出地位抓紧抓实抓好,为人民群众创造良好的生产生活环境。

7.9 长江经济带生态环境保护战略

长江经济带覆盖上海、江苏、浙江、安徽、江西、湖北、湖南、重庆、四川、云南、贵州11个省(直辖市),面积约为205万平方千米,占全国的21%,人口和经济总量均超过全国的40%,其生态地位重要、城镇化程度高、重大工程(如钢铁、化工、水利、建材、港口、交通等)聚集度高,综合实力较强、发展潜力巨大。但长江经济带横跨我国三大地理阶梯,聚集四大城市群,资源、环境、交通、产业基础等发展条件差异较大,地区间发展差距明显,同时面临诸多亟待解决的困难和问题,如环境脆弱、生态破坏、区域发展不平衡、产业转型升级任务艰巨、区域协作机制不健全等。

前环保部部长陈吉宁(2017)认为,目前长江经济带的生态环境保护主要有4个问题:

一是流域的系统性保护不足,生态功能退化严重,缺乏整体性;

二是污染物的排放基数大,废水、COD_{Cr}、氨氮的排放总量分别占全国的43%、37%和43%,饮用水安全的保障任务非常艰巨;

三是沿江化工行业环境风险隐患突出,守住环境安全的底线挑战很大;

四是部分地区城镇开发建设严重挤占江河湖库生态空间,发展和保护的矛盾仍然突出。

为了推进长江经济带生态环境保护工作,习近平于2013年7月在武汉调研时指出,长江流域要加强合作,充分发挥内河航运作用,发展江海联运,把全流域打造成黄金水道;2014年12月,习近平作出重要批示,强调长江通道是我国国土空间开发最重要的东西轴线,在区域发展总体格局中具有重要战略地位,建设长江经济带要坚持一盘棋思想,理顺体制机制,加强统筹协调,更好发挥长江黄金水道作用,为全国统筹发展提供新的支撑;2016年1月,习近平在重庆召开推动长江经济带发展座谈会并发表重要讲话,全面、深刻阐述了长江经济带发展战略的重大意义、推进思路和重点任务。此后,习近平又多次发表重要讲话,强调推动长江经济带发展必须走生态优先、绿色发展之路,涉及长江的一切经济活动都要以不破坏生态环境为前提,共抓大保护、不搞大开发,共同努力把长江经济带建成生态更优美、交通更顺畅、经济更协调、市场更统一、机制更科学的黄金经济带。李克强多次强调,让长江经济带这条"巨龙"舞得更好,关乎当前和长远发展的全局,要结合规划纲要制定,依靠改革创新,实现重点突破,保护好生态环境,将生态工程建设与航道建设、产业转移衔接起来,打造绿色生态廊道,下决心解决长江航运瓶颈问题,充分利用黄金水道航运能力,构筑综合立体交通走廊,带动中上游腹地发展,引导产业由东向西梯度转移,形成新的区域增长极,为中国经济持续健康发展提供有力支撑。张高丽多次主持召开推动长江经济带发展的工作会议、专题会议,扎实推进长江经济带发展的各项工作。推动长江经济带发展,将有利于走出一条生态优先、绿色发展之路[①]。

2016年3月25日,中共中央政治局召开会议,审议通过《长江经济带发展规划纲要》(简称《规划纲要》)。

2016年6月下旬,《规划纲要》下发到沿江11个省(直辖市)。该纲要设立了2020年和2030年两个战略目标,负面清单制度和生态补偿受到重视。此前,习近平主持召开中央财经领导小组第十二次会议,会上强调:推动长江经济带发展,理念要先进,坚持生态优先、绿色发展,把生态环境保护摆上优先地位,涉及长江的一切经济活动都要以不破坏生态环境为前提,共抓大保护,不搞大开发。思路要明确,建立硬约束,长江生态环境只能优化、不能恶化。要发挥长江黄金水道作用,产业发展要体现绿色循环低碳发展要求。

《规划纲要》于2016年正式印发,将长江经济带的发展定位在生态优先方面,作为最重要的突破点,其基本思路是生态优先、绿色发展,而不是鼓励新一轮的大开发。这是长江经济带战略最重要的要求,是制定规划的出发点和立足点。围绕生态优先的要求,《规划纲要》提出长江经济带的四大战略定位:生态文明建设的先行示范带、引领全国转型发展的创新驱动带、具有全球影响力的内河经济带、东中西互动合作的协调发展带。这是继习近平于2014年提出的"要把修复长江生态环境摆在压倒性位置",实现倒逼长江经济带加快转变经济发展方式,率先走出一条绿色低碳、循环发展道路的国家纲领性战略。推动长江经济带绿色发展,对于全国经济社会的转型发展和生态建设具有重大现实意义和深远历史意义。

为落实党中央、国务院关于推动长江经济带发展的重大决策部署,环境保护部、发展和改革委员会、水利部会同有关部门编制并于2017年7月17日公布了《长江经济带生态环境保护规划》(环规财〔2017〕88号文件)。主要内容与要点如图7-4所示。

以中共十八大、十九大精神及习近平总书记指示为指导,立足于长江经济带生态优先、绿色发展,共抓大保护,不搞大开发,开展长江生态带资源环境背景及生态承载力分析,PREED(人口、资源、环境、经济、发展)生态耦合评估、DPSIR(驱动力-压力-状态-影响-响应)生态度指标体系建构与年度生态指数发布、生态安全格局构建与政策保障等方面的研究,为将长江经济带建成生态文明建设的先行示范带、引领全国转型发展的创新驱动带、具有全球影响力的内河经济带、东中西互动合作的协调发展带提供科学依据、生态支撑与政策保障。建议开展以下研究。

---

① http://news.eastday.com/c/Ch2017.

总体目标

建设和谐长江、健康长江、清洁长江、优美长江、安全长江。到 2030 年，干支流生态水量充足，水环境质量、空气质量和水生态质量全面改善，生态系统服务功能显著增强，生态环境更加美好。

主要目标

合理利用水资源	2020 年
用水总量/亿立方米	<2922.19
万元 GDP 用水量下降/%	27.0
万元工业增加值用水量下降/%	25.0
农田灌溉水有效利用系数	0.529

保育恢复生态系统		2020 年
新增水土流失治理面积/万平方千米		10.0
长江干支流自然岸线保有率/%		64.6
森林	森林覆盖率/%	43.0
	森林蓄积量/亿立方米	59.1
湿地面积/万公顷		提高

基本原则

生态优先 绿色发展	统筹协调 系统保护	空间管控 分区施策	强化底线 严格约束	改革引领 科技支撑

维护清洁水环境　　2020 年

地级及以上城市集中饮用水水源水质达到或优于 III 类比例/%		>97.0
地表水质量	国控断面(点位)达到或优于 III 类水质比例/%	>95.0
	劣 V 类断面(点位)比例/%	<2.5
重要江河湖泊水功能区达标率/%		>84.0
地级及以上城市建成区黑臭水体控制比例/%		<10.0
废水主要污染物排放总量减少/%	化学需氧量	11.4
	氨氮	11.8
废水特征性污染物排放总量减少/%	重点地区总磷	10.0

改善城乡环境　　2020 年

空气质量	城市空气质量优良天数比例/%	84.0
	细颗粒物(PM$_{2.5}$)未达标的城市浓度下降/%	18.2
废弃主要污染物排放总量减少/%	二氧化硫	15.0
	氮氧化物	16.2
受污染耕地安全利用率/%		89.0
污染地块安全利用率/%		90.0

六大重点任务

1	确立水资源利用上线，妥善处理江河湖库关系	2	划定生态保护红线，实施生态保护与修复
3	坚守环境质量底线，推进流域水污染统防统治	4	全面推进环境污染治理，建设宜居城乡环境
5	强化突发环境事件预防应对，严格管控环境风险	6	创新大保护的生态环境机制政策，推动区域协同联防

强化保障措施

图7-4　长江经济带生态环境保护规划要点示意图

资料来源：据《长江经济带生态环境保护规划》改绘. https://www.sohu.com/a/159562425_805155

(1) 长江经济带资源环境本底与生态云数据库构建

分析研究长江经济带资源环境与生态系统本底、时空特点，城镇化与产业化特点及其对区域生态系统的影响；提出评估其生态系统承载力与健康状况的创新技术，把握资源环境与生态本底，明晰其生态服务功能价值与潜力；基于"互联网+"和大数据技术，构建其生态云数据库，为长江流域生态修复，协调处理好江河湖泊、上中下游、干流支流等关系，保护和改善流域生态服务功能提供科学依据与技术支撑。

(2) 长江经济带生态度评估指标体系构建与指数发布

基于DPSIR多元共轭机理与生态耦合技术，建构多维－多元长江经济带绿色发展评估指标体系，并开展省区生态度比较研究，进行年度指数发布。

(3) 全面构建"三线一单"制度、构筑全方位立体化生态与环境管控制度

建立长江经济带发展与保护的"倒逼机制"，从土地利用、产业发展、资源保护与生物多样性保育、空间格局体系、环境标准、总量控制和环保效率等方面全面建立起"三线一单"制度，不但从空间上严格划定生态保护的红线范围，同时兼顾人口规模、建设用地、污染物排放及能源消耗红线控制，构筑全方位立体化生态与环境管控制度。

(4) 深化环境治理，改善环境民生，推进新型城镇化

在地表水和近岸海域污染加剧的情况下，强调水污染防治措施的长江经济带上、中、下游联动，进一步完善地表水环境质量监测体系，深入排查沿江、沿河、沿湖各主要污染源，实施水量与水质统一管理；加强海洋环境保护，完善区域合作污染防治体制，着力推进污染控制、风险预警预防和生态修复；区域协作、建立整个长江经济带多源协同控制的大气污染防治体系和监管体系，完善安全可靠的固体废物处置和管理体系，健全土壤污染控制法规、标准和技术规范体系；强化环境准入标准，严格限制高污染、高消耗和高风险行业发展，大力发展先进制造业和高端服务业，驱使经济结构逐渐向轻型化转变。通过大力推进新型城镇化来带动"以人为本+以人与自然和谐为本"的城镇化，促进城乡和谐发展。

(5) 长江经济带城市群生态安全保障及预警关键技术与平台构建

基于"长江经济带上中下游城市群重大生态安全问题的PREED多元共轭机理"，以及对"长江经济带城市群生态安全协同联动机制与保障路径"重大科学问题的辨识，研发区域生态安全保障关键技术、协同联动决策支持系统和创新平台，构建布局合理、功能复合的长江经济带生态安全格局，并提出生态安全战略空间管控要求，研究相应的生态管理与调控政策体系。重点围绕五大技术体系开展研究，即：① 长江经济带生态系统评价、健康诊断与监管技术；② 长江经济带城市群生态安全风险预测预警技术；③ 长江经济带受损生态景观重建修复技术与示范；④ 长江经济带城市群生态安全格局网络设计与综合保障技术；⑤ 长江经济带生态安全协同联动决策支持系统和平台构建。

7.10　中国资源环境保护对策建议

针对中国资源环境目前的问题，需要以加强污染治理为着力点，切实提高生态环境质量和水平。大气、水和土壤等突出的污染问题已经到了不治不行、刻不容缓的地步，必须重点突出、重典治污、力求实效。

(1) 完善资源环境保护的法律政策制度

补充和完善资源环境保护的相关法律、法规和环境政策标准,规范市场的环境准入条件,为企业创造公平的竞争环境;依法监督对生态环境有影响的社会经济活动,指导地方和行业的环境保护工作;实现决策科学化、民主化、降低决策的环境风险,促进社会经济的可持续发展,管理环境保护基础设施,保护生态环境和公共资源。

(2) 提高全民环境意识,加大环境保护投资

加强生态环境保护的宣传教育,努力提高全民的环境意识,动员全民广泛参加环境管理和建设。提高全民生态环境意识,是保护生态环境的希望所在。联合国环境与发展会议之后,中国很快制定了《环境与发展的十大对策》《中国21世纪议程》和《中国跨世纪绿色工程计划》等,中国政府确定实行可持续发展战略,认识到环境保护是可持续发展的核心内容之一。为了真正落实可持续发展战略、实现经济与环境的协调发展,政府需要继续动用大量资金用于生态环境保护。

(3) 防治土地资源退化,提高耕地质量

针对当前耕地质量退化的问题,需要坚持"严守耕地保护红线、划定永久基本农田"的要求,全国按照城镇由大到小、空间由近及远、耕地质量由优到劣的顺序,继续进行各地永久基本农田划定工作。同时加强对耕地保护科研的投入,依靠先进的科学技术,科学治理水土流失、土地沙化、耕地盐碱化等土地退化问题。

(4) 提高水资源利用效率

面对我国水资源紧缺、水质污染的严峻局面,应该思考的问题是:第一,水资源的开源与节流。当前中国主要应着眼于节流,主要是如何提高农业、工业、城市生活用水的利用率,包括重复利用率。政府应该将此类科研项目列为国家重点。如果这方面能够达到目前先进国家的水平,我国水资源情况将大为改善。第二,对全社会进行水资源危机意识和价值意识的宣传和教育。改变无偿或低价用水的状况,依法治水,加强水资源管理,使保护和合理利用地表水、地下水成为全民的自觉行动。第三,加强对水污染的监督和执法力度。

(5) 加大空气污染治理力度

在"十一五""十二五"期间,党中央、国务院把加强空气污染防治作为改善民生的重要着力点,作为建设生态文明的具体行动,及时研究出台了《大气污染防治行动计划》,明确提出经过5年努力,全国空气质量总体改善,重污染天气较大幅度减少;京津冀、长三角、珠三角等区域空气质量明显好转。力争再用5年或更长时间,逐步消除重污染天气,全国空气质量明显改善。同时,京津冀及周边地区是全国大气污染防治的重中之重,需要专门部署这一区域大气污染防治工作,提出更严的治理措施、更大的政策力度、更高的目标设置,并与6个省(自治区、直辖市)政府签订大气污染防治目标责任书。各地区、各部门要认真贯彻中央重要决策部署,积极落实各项政策措施,把环境治理同经济结构调整结合起来,同创新驱动发展结合起来,突出抓好重污染城市治理、能源结构调整、机动车污染减排、高污染行业及重点企业治理、冬季采暖期污染管控等重点工作,努力走出一条以治理污染促进科学发展、转型升级、民生改善,环境效益、经济效益和社会效益"多赢"的新路子。要密切跟踪《大气污染防治行动计划》执行情况,督促各地落实目标责任,明确时间表和路线图。

（6）加强水污染治理措施

我国不仅存在资源型缺水、工程型缺水，而且水质型缺水也较严重。要加强饮用水保护，全面排查饮用水水源地保护区、准保护区及上游地区的污染源，强力推进水源地环境整治和恢复，不断改善饮用水水质。要积极修复地下水，划定地下水污染治理区、防控区和一般保护区，强化源头治理、末端修复。大力治理地表水，进一步提高生活污水的处理能力和工业污水的排放标准，对企业污水超标排放"零容忍"，继续加强对重点水域、重点流域综合治理。

（7）强化自然环境保护

要坚持生态保护与环境治理并重，重点控制不合理的资源开发活动，加强对自然保护区和生态功能保护区的建设及管理工作，提高对旅游开发工作和矿产资源环境的监管水平。优先保护天然植被，坚持因地制宜，重视自然恢复，实施一些前期效果显著的环境治理工程，同时做好一些典型生态系统的保护工作，如对滨海湿地、红树林、海岛和珊瑚礁等的保护等。

（8）加紧土壤污染治理

土壤是食品安全的第一道防线。要着力控制污染源，严格执行高毒、高残留农药使用的管理规定，在抓好现有重污染企业达标排放的同时，对土壤环境保护优先区域实行更加严格的环境准入标准，禁止新建有色金属、化工医药、铅蓄电池制造等项目。要强化重点区域土壤污染治理，搞好土壤污染环境风险管理，对于经评估认定对人体健康有影响的污染地块要及时治理，防止污染扩散。加强土壤污染科学研究，有步骤实施土壤污染修复，保护和提高土壤肥力，减少耕地的隐性流失。同时进一步加强粮食主产区高标准农田建设，增加资本和科学技术等要素的投入，提高单位面积的产量，减少耕地紧缺的压力。

第四篇

转型专题评估：指标体系、技术方法与政策应用

第 8 章
基于PSR模式的城市生态文明建设评价指标体系建构研究①

从生态文明建设目标的提出到生态文明建设程度的量化,指标体系的构建是其中必不可缺的环节。提出一套合理且具有可行性的指标体系来衡量城市生态文明建设的状况,有利于确定城市生态文明建设的基本方向,提供其制定阶段性目标和实施重要举措的依据,对促进城市可持续发展,实现城市经济转型期的平稳快速发展具有重要的现实意义。

随着国内外生态文明建设的不断推进,各界学者围绕区域生态文明建设的评估及预警机制开展了大量研究,期间也形成了一部分运用较成熟或仍处于理论研究范畴的指标体系框架。

在国外的相关研究和实践中,形成了一些较为权威的可持续发展评价指标体系,如环境可持续性发展指标(ESI)、环境绩效指标(EPI)、人类发展指标(HDI)、世界发展指标(WDI)等。相关的生态城市,如阿拉伯马斯达尔、瑞典哈马碧等,也相继推出了各具特色的生态城市建设指标。另外,国外在韧性城市的建设和评估中也进行了相应探讨,如联合国开发计划署于2010年在阿拉伯启动的气候变化韧性能力建设行动计划(Arab Climate Resilience Initiative,ACRI)、联合国减灾署于2012年确定的"让城市更具韧性十大指标体系"、纽约州立大学布法罗分校区域研究所开发的韧性能力指数(Resilience Capacity Index,RCI)等。

在国内的相关研究中,众多学者从理论层面提出了适用于不同区域及不同尺度的生态文明建设评价指标体系,这些指标体系框架各具特色,评价领域划分不一,指标数量也不尽相同。在实践层面,国家环境保护总局(现生态环境部)继2003年印发了《生态县、生态市、生态省建设指标(试行)》、2007年颁布了其修订稿之后,于2013年5月发布了《国家生态文明建设试点示范区指标(试行)》文件,这些评价标准的出台有力地推动了各区域的生态文明建设进程。北京、天津、上海、重庆、深圳、成都等城市加强了生态文明建设与绿色发展举措,厦门、贵阳、嘉善、杭州和苏州等市也相继推出了各自的生态文明建设评价指标体系。

基于PSR(压力-状态-响应)评价模型建立的评价指标体系,是立足于社会经济发展过程中资源环境代价过大的现实,以实现生态环境健康、降低自然资源消耗强度、治理面源污染等途径,以建设宜居型城市为目标,按照一定原则,建立的生态文明评价指标体系。该指标体系从压力、状态、响应3个层次有效地揭示了研究区域人类活动过程对于生态系统影响的内在作用机制。所选择的指标应是相关公报、统计年鉴所统计和发布的重要指标,这些定量指标能够在一定程度上反映所评价指标的定性内容政策制定与实施原则,建立的指标

---

① 本章项目研究人员:王祥荣、谢玉静、李昆、彭国涛、徐艺扬等。

体系可以反映政府各个部门的职责，政府部门能够通过直接的政策促进生态文明建设。生态文明在我国社会经济发展不同阶段有着不同的状态要求，是一种动态优化的过程，所评价的各个指标的结果相对于国家质量标准、国家相关规划、政策法规和相关研究成果所确立的状态所评价的结果，既能反映完成所确立的指标状态的程度，还能为政策制定和实施提供依据。本章在探索国内外城市生态文明建设经验的基础上，选取相应的指标评价城市生态文明建设的现状，对生态文明建设过程进行定量控制；总结国内外城市转型经验，提出多种生态文明发展情景，并对不同情景的发展模式进行预测分析，优选生态文明建设战略，并选取我国典型城市进行实证研究，通过政策体系和机制的研究，指导城市的生态文明建设，这对于我国城市明确自身发展现状、选取合适的生态文明建设道路具有重要的指导和借鉴意义。

从国内已有的生态文明评价指标体系来看（表8-1），为我国城市生态文明的建设和发展提供了一定的量化标准借鉴，在引导生态文明建设不断深入、完善、扩展和提升上产生了积极的作用。但由于研究对象的限制，这些指标体系难以有效地剖析各种类型的城市问题，如城市生态环境与社会经济发展的突出矛盾，不能反映城市与中小城市及其他区域资源环境问题的特殊性，也难以通过评价指标体系来很好地指导各类型城市生态文明政策与措施的实施。

表8-1   国内生态文明建设评价指标体系研究

文献来源	评价领域	主要指标	实证研究	特点
陈晓丹等（2012）	生态经济、生态环境、生态文化和生态制度4个方面	单位面积土地产出GDP、地表水环境功能区达标率、城市再生水利用率等37项指标	对北京、上海、广州、深圳4个城市进行了实证研究	分析了经济发达城市生态文明建设评价体系应具备的特点，部分指标缺乏可操作性
张欢等（2014）	生态环境健康度、资源环境消耗强度、面源污染治理效率、居民生活适宜度4个方面	城区环境空气二氧化硫含量、工业粉尘去除率、城区绿化覆盖率等20项指标	对武汉生态文明建设完成情况进行评估	反映了城市社会经济与资源环境最突出矛盾，环境指标较多
王奇等（2018）	基于对生态文明内涵的"全生态"解读，从生态环境和文明生态化两个方面进行评价	构建涵盖生态环境状况、生态环境建设、物质文明生态化、政治文明生态化、精神文明生态化5个方面共计31项指标的生态文明建设评价指标体系	通过构造生态状况指数与生态文明建设指数，运用衡量差异的熵值赋权法对2015年我国各省份生态文明的状态与建设过程两个方面进行了评价	发现我国东部地区的建设力度整体上高于中部地区，而中部地区又高于西部地区。结合生态文明建设指数内部的结构差异，针对不同地区未来生态文明建设的重点方向提出了具体的战略性建议
李平星等（2015）	以江苏省为例，在全面分析已有指标体系的基础上，综合考虑关联性、针对性、适用性和可获性，构建包含生态经济、生态环境、生态生活、生态文化和生态制度在内的指标体系	单位GDP能耗、环境决策机制、公众环境参与度等多项指标	对2007年、2012年江苏省生态文明建设水平和各指标的进步率进行评价	结果表明：江苏省生态文明建设水平迅速提高，生态文化和生态生活水平提升最快，生态经济和生态制度文明水平有一定增加，而生态环境改善较慢；江苏生态文明建设水平处于全国中等偏上位置，但资源消耗和污染物产生强度仍然较高、生态环境质量并未得到实质性改

（续表）

文献来源	评价领域	主要指标	实证研究	特点
				善、绿色生活方式尚有待提升、有利于生态建设和环境保护的生态文明制度尚未系统建立。推动发展方式转型、加强生态环境保护和完善生态制度是未来推动生态文明建设的重点工作
王乐等（2006）	生态环境、生态经济、资源基础、民生改善、生态文化和制度建设6个方面	清洁能源使用率、专利授权数、水资源总量、万人拥有公交车辆等39项指标	计算了广州市生态文明指数	针对城市在发展过程中存在的社会经济与资源环境的突出矛盾构建评估指标体系
秦伟山等（2013）	制度保障、生态人居、环境支撑、经济运行和意识文化5个方面	生态文明知识普及率、节能电器普及率、绿色出行率等35项指标	评价了沈阳和平区、苏州相城区、成都市温江区以及贵阳市等地区的生态文明建设水平	指标现实可行，针对各地区生态文明建设提出了对策与建议
钱敏蕾等（2015）	基于特大型城市生态文明建设的瓶颈问题进行剖析，运用压力-状态-响应（PSR）模型构建出适用于特大型城市的生态文明建设评价指标体系	选取了重工业产值比重、城市文明指数、R&D经费支出占GDP比重、新增立体绿化面积、生态文明制度建设、公众生态文明建设参与率等28项指标	以上海为例进行了指标体系的实证研究	结果表明：生态文明建设压力减小、状态和响应指数提升导致上海市生态文明建设综合指数由2008年的0.606提高至2012年的0.692，在生态文明建设稳定阶段中稳步上升。提出了上海市生态文明建设的主要对策

构建城市生态文明评价指标体系需要全面把握生态文明的科学内涵，区分人类发展史和现实社会系统两个认识维度的内在差异，整合不同认识维度的研究成果和分析方法，并坚持理论梳理与现实考察相统一的原则。同时综合运用生态经济学、生态学以及系统分析的思维和方法等，进一步对生态文明的理论研究成果和建设实践进行总结提炼和调查研究，充实生态文明的理论体系和概念框架，为大力推进生态文明建设提供系统的理论指导。

8.1　我国生态文明建设评价指标体系的瓶颈

我国生态文明建设评价体系已具雏形，为大力推进生态文明建设提供了量化的指导和标准。但现有评价体系仍存在不足：一是评价体系没有统一标准，指标散乱，数目繁多，据统计分析，目前关于生态文明建设评价的体系有40多种，评价指标多达84个，导致评价结果缺乏客观性和横向比较；二是现有指标选择不够全面，多数指标针对生态文明建设的现状，而对未来发展考虑不足，并且缺乏动态跟踪和监控功能；三是有的指标可操作性不强。如何整合现有评价体系，制定既体现生态文明本质要求，又符合国情区情的生态文明评价体系，仍是当前迫切需要解决的问题。

8.2　评价模型选择

本章应用 PSR（pressure-state-response）模型，即"压力–状态–响应"概念模型。PSR 模型最早由加拿大统计学家 Rapport 和 Friend 提出，后来经过 OECD 和联合国环境规划署（UNEP）的发展，已经作为一种成熟的框架体系，广泛应用于环境问题的研究和评价中（史可庆，2011）。该模型利用了"原因（压力）–效应（状态）–响应"这一人类和环境相互作用的逻辑关系，即人类从自然界获取资源的过程中，改变了自然界的环境质量和资源储量，自然界又反作用于人类社会的经济发展和社会活动，人类通过意识和行为的变化对此做出反应，如此循环，构成了人类和自然之间的压力–状态–响应的关系，这种逻辑关系准确回答了"发生了什么，为什么发生，我们将如何做"这 3 个可持续发展的基本问题。该模型由 3 类指标构成，包括压力指标、状态指标和响应指标。其中，压力指标代表的是人类的经济、社会活动对自然环境所产生的作用力，如人类消耗和索取自然资源，生产、生活所产生的物质排放对生态环境的破坏等因素；状态指标指的是特定时间节点下的生态环境状况，以及人类生活、健康状况；响应指标反映的是人类行为对生态环境恶化所产生的行为反应，如人类对自然生态恶化的预防工作，对生态环境的恢复工作和补救措施等。

8.3　指标筛选流程

指标筛选秉承科学性、代表性、可获得性等原则（Wang and Blackmore，2009），参考了《国家生态文明试点示范市建设指标》《生态县、生态市、生态省建设指标》《宜居城市科学评价标准》以及联合国可持续发展指标体系（Walker et al.，2004）等，同时结合理论分析法、频度统计法和专家咨询法等建立起反映特大城市发展状况及其建设方向的 PSR 指标体系框架（图 8-1）。该框架共包括 3 个准则层、8 个主题层和 28 项指标（图 8-2）。其中，根据城市的特点，选取重工业产值比例、城市文明指数、R&D 经费支出占 GDP 比例、新增立体绿化面积、生态文明制度建设、公众生态文明建设参与率 6 项特色指标，以全面评价城市生态文明建设的综合能力。

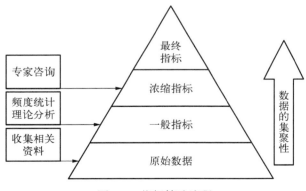

图 8-1　指标筛选流程

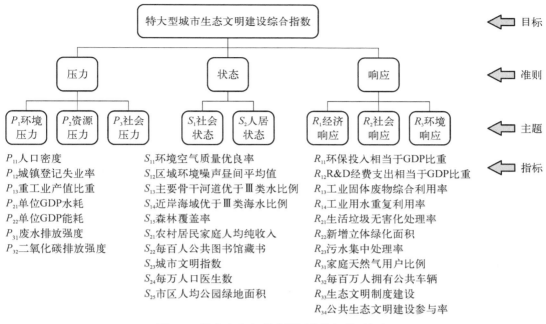

图8-2 城市生态文明建设评价指标体系框架

8.4 数据标准化处理

由于原始数据量纲不同，需要对实测值进行标准化处理。对于正向指标，其值在一定范围内越大越好；而对于逆向指标，其值在一定范围内越小越好，所以采用功效函数得出各指标的标准化值：

$$y_{ij} = \begin{cases} x_{ij}/S_j & x_{ij} \text{ 为正向指标时} \\ S_j/x_{ij} & x_{ij} \text{ 为逆向指标时} \end{cases}$$

式中，S_j 为各指标目标值；x_{ij} 为指标实测值；y_{ij} 为标准化后的指标值。由此得出指标判断矩阵 $Y = \{y_{ij}\}\, m \times n\,(i = 1, 2, \cdots, m; j = 1, 2, \cdots, n)$，其中 m 为评价年份个数，n 为主题层指标个数。

8.5 指标权重计算

本章采用熵值法计算指标权重，并采取实地调研和专家咨询的方式对权重系数做进一步修正。熵值法的具体步骤如下（Wu et al., 2008）。

1）计算判断矩阵 Y 中的 y_{ij} 与其所在列向量中元素之和之比 p_{ij}:

$$p_{ij} = \frac{y_{ij}}{\sum_{i=1}^{m} y_{ij}}$$

2）计算第 j 个指标的熵值 e_j:

$$e_j = -K \sum_{i=1}^{m} y_{ij} \ln y_{ij}$$

式中，$K = \dfrac{1}{\ln m}$，当 $y_{ij}=0$ 时，令 $\ln y_{ij} = 0$。

3）计算各指标的效用价值 g_j:

$$g_j = 1 - e_j$$

4）计算指标权重 w_j:

$$w_j = \frac{g_j}{\sum_{j=1}^{n} g_j}$$

式中，$j = 1, 2, \cdots, n$，且满足 $\sum_{j=1}^{n} w_j = 1$。

8.6   各级指数评估

目标层、准则层和主题层指数的值通过加权的方法得到：

$$A_i = \sum_{i=1}^{n} B_i \times W_i$$

式中，A_i 为目标层、准则层和主题层的指数值；B_i 为各级指数下一级的指数值；W_i 为 B_i 相对于 A_i 的权重；n 为 B_i 级指标的数量。

8.7   评价等级确定

生态文明建设评价等级的确定是对评估结果的科学评判，参考国内外研究案例（安徽省环境保护厅，2015；北京市环境保护局，2015；蔡永海和谢滟檬，2014；陈洪波和潘家华，2012；白杨等，2011；Wang et al.，2004），将该评价等级分为5级，以生态文明建设综合指数（ECI）的值作为评价标准（表8–2）。

表8-2 生态文明建设水平标准

等级	综合指数范围	状 态	描 述
I	0.8<ECI≤1.0	高级阶段（理想状态）	城市生态空间格局、产业结构、生产方式、生活方式达到最佳状态，人与自然和谐共生
II	0.6<ECI≤0.8	稳定阶段（良好状态）	经济发展方式转变取得实质性进展，民生改善与城乡统筹得到同步推进，生态环境较为优化
III	0.4<ECI≤0.6	中级阶段（一般状态）	能源资源利用效率有所提高，城市生态系统状况有所改善，生态文明有待提高
IV	0.2<ECI≤0.4	发展阶段（较差状态）	资源约束、环境污染、经济结构单一、社会问题凸显
V	0≤ECI≤0.2	初始阶段（恶劣状态）	人口过剩、资源耗竭、环境污染等矛盾日益突出，城市生态系统健康面临威胁

8.8 指标体系构建结果

通过PSR模型对指标的筛选，本章构建了测评城市生态文明建设的指标体系框架（表8-3）。该框架内所含指标划分入压力指标、状态指标、响应指标3个准则层中，以系统评价城市生态文明建设情况。

表8-3 城市生态文明建设指标体系

目标层	准则层	权重	主题层	权重	指 标 层	权重	指标方向
城市生态文明综合指数	压力指标	0.349 1	社会压力	0.381 4	人口密度/(人/平方千米)	0.379 1	负向
					工业产值比例/%	0.336 7	负向
			资源压力	0.273 8	单位GDP能耗/(吨标准煤/万元)	0.414 2	负向
					单位GDP水耗/(立方米/万元)	0.585 8	负向
			环境压力	0.344 8	废水排放强度/(吨/万元)	0.424 1	负向
					烟粉尘排放量/(吨/万元)	0.575 9	负向
	状态指标	0.318 9	环境状态	0.534 1	API<100的天数/天	0.225 1	正向
					区域环境噪声昼间平均值/分贝	0.145 1	正向
					主要骨干河道优于III类水比例/%	0.177 7	正向
					近岸海域优于III类海水比例/%	0.296 5	正向
					绿化覆盖率/%	0.155 6	正向
			人居状态	0.465 9	居民家庭人均纯收入/元	0.328 7	正向
					恩格尔系数/%	0.328 7	正向
					人均公园绿地面积/(平方米/人)	0.157 9	正向

（续表）

目标层	准则层	权重	主题层	权重	指标层	权重	指标方向
城市生态文明综合指数	响应指标	0.332 0	经济响应	0.296 8	环保投资占GDP比例/%	0.288 6	正向
					R&D投入占GDP比例/%	0.329 1	正向
					工业固体废物综合利用率/%	0.198 4	正向
					工业用水重复利用率/%	0.183 9	正向
			环境响应	0.364 7	生活垃圾无害化处理率/%	0.279 7	正向
					新增立体绿化面积/万平方米	0.445 4	正向
					污水集中处理率/%	0.274 8	正向
			社会响应	0.338 5	家庭天然气用户比例/%	0.248 8	正向
					每万人拥有公交车辆/辆	0.151 3	正向
					生态规划完善程度/%	0.289 4	正向
					公众生态文明建设参与率/%	0.310 5	正向

8.9　上海城市生态文明建设指标体系建构实证研究

8.9.1　上海概况

从上海市情看，现有人口超过2 470万人，陆域面积为6 340.5平方千米，城乡二元化结构明显；中心城区人均土地面积不足60平方米，耕地面积逐年下降，目前上海市生态用地占比与国际大都市一般水平相比差距较大，生态空间总量减少的趋势比较明显，且分布也不均衡；生态空间正逐步被蚕食，并有继续恶化的趋势；自然资源与能源缺乏，生态赤字为生态承载力的1.8倍，属于水质型缺水城市；虽然空气环境质量总体有所改善，但热岛效应、灰霾、$PM_{2.5}$及中心城区NO_x污染情况突出；世界银行数据显示，上海人均碳排放量高达11.89吨/年，远远高于巴黎、东京、伦敦、纽约等城市，在世界上千万级人口城市中名列前茅（图8-4），且

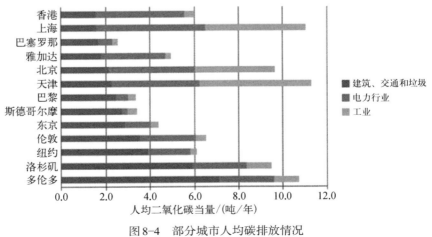

图8-4　部分城市人均碳排放情况

数据来源：世界银行，2010年

其中40%的城市排放都是发电和工业活动造成的，其余排放中约有20%主要来自交通、建筑和垃圾处理。在转型发展过程中，上海面临土地资源、水资源、能源、绿地系统等"硬件"问题，也有公众参与、立法执法和循环经济不足等"软件"上的瓶颈。

8.9.2　数据来源

指标数据来自2008 ～ 2012年的《上海统计年鉴》《上海市环境状况公报》《上海市水资源公报》《上海市国民经济和社会发展统计公报》《中国城市统计年鉴》《中国统计年鉴》《中国海洋环境质量公报》，以及上海市统计局、上海市水务局、国家统计局提供的相关资料。指标目标值主要根据以下原则确定（陈晓丹等，2012；崔大鹏，2009a，2009b）：① 参考国家颁布的相关生态文明或生态城市、宜居城市建设标准，以及上海相关建设规划目标值；② 对于已达到国家和地区相关建设规划标准的指标，参照国内外相同类型发达城市指标值；③ 对于少数没有标准值的指标，采用现状值外推的方法确定目标值。各准则层、主题层和指标层权重见表8-4。

表8-4　生态文明建设各级评价指标权重

目标层	准则层	权重	主题层	权重	序号	指　标　层	权重
生态文明建设综合指数	压力	0.349 1	社会压力	0.381 4	1	人口密度/（人/平方千米）	0.379 1
					2	城镇登记失业率/%	0.284 3
					3	重工业产值比例/%	0.336 7
	压力	0.349 1	资源压力	0.273 8	4	单位GDP能耗/（吨标准煤/万元）	0.414 2
					5	单位GDP水耗/（立方米/万元）	0.585 8
			环境压力	0.344 8	6	废水排放强度/（吨/万元）	0.424 1
					7	二氧化硫排放强度/（千克/万元）	0.575 9
	状态	0.318 9	环境状态	0.534 1	8	环境空气质量优良率/%	0.225 1
					9	区域环境噪声昼间平均值/分贝	0.145 1
					10	主要骨干河道优于Ⅲ类水比例/%	0.177 7
					11	近岸海域优于Ⅲ类海水比例/%	0.296 5
					12	森林覆盖率/%	0.155 6
			人居状态	0.465 9	13	农村居民家庭人均纯收入/元	0.328 7
					14	每百人公共图书馆藏书/（册、件）	0.110 0
					15	城市文明指数	0.193 7
					16	每万人口医生数/人	0.209 7
					17	市区人均公园绿地面积/平方米	0.157 9
	响应	0.332 0	经济响应	0.296 8	18	环保投入相当于GDP比例/%	0.288 6
					19	R&D经费支出相当于GDP比例/%	0.329 1
					20	工业固体废物综合利用率/%	0.198 4
					21	工业用水重复利用率/%	0.183 9

（续表）

目标层	准则层	权重	主题层	权重	序号	指　标　层	权重
生态文明建设综合指数	响应	0.332 0	环境响应	0.364 7	22	生活垃圾无害化处理率/%	0.279 7
					23	新增立体绿化面积/万平方米	0.445 4
					24	污水集中处理率/%	0.274 8
			社会响应	0.338 5	25	家庭天然气用户比例/%	0.248 8
					26	每万人拥有公共车辆/辆	0.151 3
					27	生态文明制度建设	0.289 4
					28	公众生态文明建设参与率/%	0.310 5

8.9.3　基于PSR模型的现状分析

（1）生态文明建设压力评估

上海2008～2012年生态文明建设的压力指数变化趋势如图8-5所示，为方便计算生态文明建设综合指数，压力层面的指标都以实测值越小、归一化值越大的规则进行标准化，即指标实测值越小，压力指数越大，反映的生态文明建设压力越小。由图8-5可知，在研究区间内，上海生态文明建设的社会压力指数有所下降，代表社会压力增大，这主要是由于城市人口密度和重工业比例增加。2012年上海重工业增加值占全市工业总产值的比例为77.4%，重化工业中后期阶段特征更趋明显，导致能源资源趋紧，并加剧了废水、废气及固体废弃物等各类污染的排放。压力系统中，资源压力和环境压力指数都有所上升，反映出城市资源和环境压力相对减弱，其中2012年的单位GDP能耗和水耗都比2008年下降了25%以上，废水、废气的排放强度也大幅度下降。总体上，生态文明建设压力指数从2008年的0.515上升到2012年的0.619，可见，尽管城市化过程中的人口增长和经济发展会带来生态文明建设压力的增加，但资源压力和环境压力的减弱可在一定程度上削减建设压力。

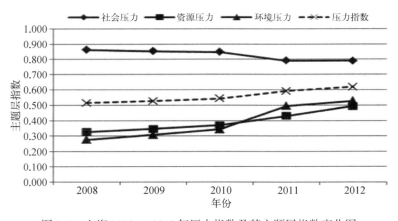

图8-5　上海2008～2012年压力指数及其主题层指数变化图

（2）生态文明建设状态评估

上海生态文明建设状态指数受环境状态指数的影响，在年际时间尺度上主要表现为波动性变化，最高时为2011年的0.751，最低时为2010年的0.652（图8-6）。2010年和2012年的环境状态指数较低，主要因为水环境质量下降，地表水环境氮磷污染长期超标，水体富营养化严重，城市骨干河道优良水质比例低于2008年的值，而近岸海域海水水质都未满足Ⅲ类标准。人居状态指数从2008年的0.730上升到2012年的0.827，主要体现在农村居民家庭收入的提高、居民文化和居住条件的改善，以及城市文明指数提升方面。

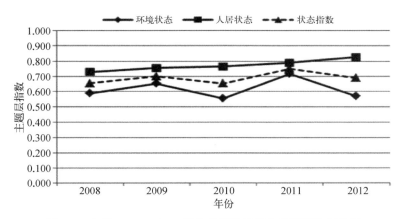

图8-6　上海2008～2012年状态指数及其主题层指数变化图

（3）生态文明建设响应评估

由图8-7可知，上海城市生态文明建设的响应指数在研究区间内呈波动性上升趋势，从2008年的0.656上升至2012年的0.770，平均每年上升0.028 5，其变化趋势受经济响应、环境响应、社会响应3个方面的共同影响。其中，经济响应指数有小幅度上升，尽管环保投入占GDP比例有所下降（2008～2012年共下降0.28%），但R&D经费支出占GDP比例逐年上升，体现了城市知识创新和自主创新能力投入水平的提升；同时工业固体废物综合利用率和工业用水重复利用率也有了一定的提高。环境响应指数在2008～2010年迅速上升，但

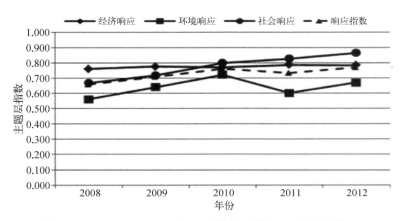

图8-7　上海2008～2012年响应指数及其主题层指数变化图

2011～2012年有所下降，主要是因为城市新增立体绿化面积有所减少，而城市生活垃圾无害化处理率和污水集中处理率都逐年上升。社会响应指数提升较快，表现在家庭天然气用户比例、生态文明制度建设能力和公众生态文明建设参与率的提高方面。

（4）生态文明建设综合评估

基于上述压力、状态、响应指数的分析，根据综合评估指数的计算公式，得到2008～2012年上海城市生态文明建设评价指数变化（图8-8）。2012年上海城市生态文明建设评价指数为0.692，比2008年提高了0.086；从变化趋势来看，在研究区间内，"压力"得到了一定程度的控制，"状态"得到了保持和提升，"响应"水平也逐步提高，使上海城市生态文明建设水平在Ⅱ级稳定阶段中处于上升趋势，其中2009年和2011年增长速度最快。从分析结果可以看出，综合评价指数受压力、状态、响应三者的共同影响，任何一方面的波动都会引起一定的综合指数的变化。因此，在生态文明建设过程中，对任何方面都不能掉以轻心。而从各准则层的权重来看（表8-3），压力层大于响应层。可见，生态文明建设必须摒弃走"先污染，后治理"的老路，只有防患于未然，方能走上可持续发展之路。

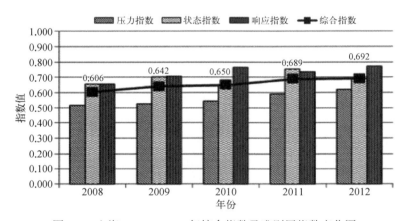

图8-8　上海2008～2012年综合指数及准则层指数变化图

第9章
城市群生态文明建设评价指标体系研究[①]

　　城市群是指以中心城市为核心向周围辐射构成的多个城市的集合体,在经济、功能、交通上紧密联系,并通过城市规划、基础设施和社会设施建设共同构成具有鲜明地域特色的社会生活空间网络(蔡建明等,2012;陈正,2009)。它的出现是21世纪我国区域经济发展的重要特征。2006年3月,国家"十一五"规划正式提出"把城市群作为推进城镇化的主体形态"。2016年8月,国家发展和改革委员会印发的关于贯彻落实《区域发展战略促进区域协调发展的指导意见的通知》指出,我国要编制京津冀空间规划,建设以首都为核心的世界级城市群。同时,《长江三角洲城市群发展规划》《珠江三角洲全域规划》《京津冀协同发展规划纲要》等针对城市群的区域规划相继出台,揭示了城市群的建设发展正逐步成为推动社会经济发展的主要动力,在促进国家经济可持续发展和提升全球经济地位等方面承担着重要的责任(杜勇,2004)。中国正在发展和计划发展的城市群有28个,其中京津冀、长三角和珠三角三大城市群为我国当前城市化发展的主导力量,其人口流动、产业结构调整都能够拉动东部,乃至全国的经济发展,是我国经济发展的重要增长极(陈正,2009)。然而,随着产业、技术、资金和人才等各种生产要素的高密度聚集,虽然城市群的发展一方面促进了区域经济的高速增长,但同时面临着日益加剧的生态环境威胁。如果延续过去传统粗放的城镇化模式,会带来产业升级缓慢、资源环境恶化、社会矛盾增多等诸多风险,使得城市扩张超出其生态承载力,从而形成一系列生态环境问题高度集中且激化的高度敏感地区和重灾区。

　　本章在党和国家多次提出将生态文明理念全面融入城市发展的政策背景下,建构城市群生态文明评价指标体系,多维度多角度评估京津冀、长三角、珠三角三大城市群的生态文明建设现状,为实现城市间的优势功能互补、经济效益最大化、生态环境健康的政策制定和实施提供依据,对服务于党和国家重大战略需求,以及对推动其他城市群地区经济社会与资源环境协调高效发展具有重要的指导和借鉴作用。

---

① 本章项目主要研究人员:王祥荣、李昆、朱敬烽、丁宁、孙伟等。

9.1　三大城市群功能定位及城镇体系规划分析

9.1.1　京津冀城市群功能定位及协同发展

京津冀城市群位于太平洋西岸、东北亚和亚太经济圈的核心地带，以北京和天津两个直辖市为引领，辐射石家庄、唐山、保定、秦皇岛、廊坊、沧州、承德及张家口8个地级市。2014年区域总面积约为21.8万平方千米，常住人口约为1.1亿人，城市群建设用地总规模为3 329.35平方千米，土地开发建设强度达17.98%。在京津冀城市群及一体化发展中，北京和天津的功能定位非常重要。

（1）北京市功能定位

北京作为国家的首都，承载着诸多功能定位——全国政治中心、文化中心、国际交往中心、科技创新中心，并且随着国家经济实力的迅速增强，正在成为金融、商贸、高技术以及大规模研发、信息、中介等高端服务业的基地。国际性的高端服务业机构（国家、大洲等地区总部）进入中国，使得北京还承载着部分行政性、事业性服务机构和企业总部等功能。同时北京还集聚了区域性物流基地、区域性专业市场等部分第三产业，承载着部分教育、医疗、培训机构等社会公共服务功能。这些过多的非首都功能造成了人口过度膨胀，雾霾天气频现，交通日益拥堵，房价持续高涨，资源环境承载力严重不足的问题，减少非首都功能、严控增量、疏解存量迫在眉睫。

（2）天津市功能定位

从20世纪70年代，特别是从80年代起，天津的大型钢铁工业、石油化学工业和通信设备制造业等基础原材料和先进制造业发展很快，其作为北方重要的航运中心的地位也得到确立。今天的天津具有相当强大的多部门的制造业、航运业、原材料生产等，是中国华北地区的经济中心城市，也是东北亚地区重要的航运中心之一，是中国进出关以及京津冀与华北和西北内陆的铁路交通枢纽之一，但就经济总量而言，天津仅属于全国第二梯级大都市范畴。由于历史因素和地理区位的原因，对于项目的竞争，北京一般都处于优先地位，从而使天津的工业基础在较长的一段时间没有得到充分利用和发挥，高端服务业也因其自身属性的原因，发展潜力受到限制。

在《京津冀协同发展规划纲要》中，天津的定位是"全国先进制造研发基地、北方国际航运核心区、金融创新运营示范区、改革开放先行区"。未来需要加强综合性制造业及其所需要的基础原材料、新材料的发展，先进产业的研发和技术创新；加强作为东北亚重要航运中心功能的建设；开辟新远洋航线、调整进出港口货物结构等；发展中高端的金融、商贸、中介、保险、产品设计与包装、市场营销、财会服务、网络经济和物流配送、技术服务、信息服务、人才培育等服务业。调整滨海新区的有关规划，将天津发展为京津冀城市群的生产型服务业中心。

（3）河北功能定位

河北优越的地理位置及丰富的煤炭、矿石资源为经济发展和现代化建设提供了优越自然条件，但自改革开放以来，河北经济增长和人均经济总量等有关指标在沿海各地区中处于较低的水平。主要有以下几个原因：一是北京和天津的特大城市资源需求效应使得河北长期以来是京津两市矿产资源、工业原料、水资源、电力和农产品的供应地；二是北京和天津的大型交通运输枢纽和交通运输系统覆盖了河北大部分区域，客观上难以形成以河北（省会城市为石家庄）为主体的运输体系；三是缺乏规范化渠道使得河北得到应有的生态补偿，以及针对现有发展条件进行具体谋划，从而形成了经济与环境协调失衡状态。近10年来，河北采取追赶战略。依靠能源重化工、扩张钢铁水泥原材料生产，其2012～2016年GDP翻了一番，但由此也带来了京津冀城市群地区的重要环境问题，并且产生了严重的产业结构性问题，不利于经济社会的可持续发展。

《京津冀协同发展规划纲要》中基于服从和服务于区域整体，保证协同发展，将河北定位为"全国现代商贸物流重要基地、产业转型升级试验区、新型城镇化与城乡统筹示范区、京津冀生态环境支撑区"。未来需要对河北现有的能源和原材料工业实行大幅度结构调整、规模调整和技术更新；发展海洋工程装备、先进轨道交通装备和新型材料工业，并注重与京津大型制造业相关产业链、产业基础相结合；大力发展现代农业、畜牧业和农畜产品加工；瞄准城市群发展的要求，发展生产性服务业，滨海、山区和山麓地带的旅游业；加强对京津及其他城市的生态服务功能建设。

《京津冀协同发展规划纲要》中确定了"功能互补、区域联动、轴向集聚、节点支撑"的布局思路，明确了以"一核、双城、三轴、四区、多节点"为骨架，推动有序疏解北京非首都功能，构建以重要城市为支点，以战略性功能区平台为载体，以交通干线、生态廊道为纽带的网络型空间格局。"一核"指北京，把有序疏解非首都功能、优化提升首都核心功能、解决北京"大城市病"问题作为京津冀协同发展的首要任务。"双城"指北京、天津，这是京津冀协同发展的主要引擎，要进一步强化京津联动，全方位拓展合作广度和深度，加快实现同城化发展，共同发挥高端引领和辐射带动作用。"三轴"指京津、京保石、京唐秦3个产业发展带和城镇聚集轴，这是支撑京津冀协同发展的主体框架。"四区"分别是中部核心功能区、东部滨海发展区、南部功能拓展区和西北部生态涵养区，每个功能区都有明确的空间范围和发展重点。"多节点"包括石家庄、唐山、保定、邯郸等区域性中心城市，以及张家口、承德、廊坊、秦皇岛、沧州、邢台、衡水等节点城市，重点是提高其城市综合承载能力和服务能力，有序推动产业和人口聚集。并且当前，京津冀统一要素市场发展相对滞后，市场壁垒仍然存在，协同发展还存在诸多体制机制障碍，需要消除隐形壁垒、破解制约协同发展的深层次矛盾和问题，把国家层面的重大举措与京津冀地区实际情况结合起来，创造性地提出推动区域协同发展的改革措施：一是推动要素市场一体化改革，包括推进金融市场一体化、土地要素市场一体化、技术和信息市场一体化等；二是构建协同发展的体制机制，包括建立行政管理协同机制等；三是加快公共服务一体化改革。

9.1.2　长三角城市群功能定位及发展规划

长三角城市群是"一带一路"和长江经济带的重要交汇处，在中国国家现代化建设大局和全方位开放格局中具有举足轻重的战略地位。2014年其区域面积约为21.17万平方千米，总人口为1.5亿人，建设用地总规模为36 153平方千米，土地开发强度达17.1%。自1992年初步形成城市群后，经过3次扩容，泛长三角城市群从传统的16个城市扩展成41个城市，面积扩张了两倍。2014年地区生产总值为12.67万亿元，创造了21.7%的国内生产总值、24.5%

的财政收入和47.2%的进出口总额。其拥有良好的农业基础,门类齐全的区域性工业体系,制造业和高技术产业发达,服务业发展很快。

虽然长三角地区经济发达,产业丰富,但是近年来长三角地区的生态系统功能退化,环境质量趋于恶化;生态空间被大量蚕食,区域碳收支平衡能力日益下降;湿地破坏严重,外来有害生物威胁加剧;太湖、巢湖等主要湖泊富营养化问题严重,内陆河湖水质恶化,约半数河流监测断面水质低于Ⅲ类标准;近岸海域水质呈下降趋势,海域水体呈中度富营养状态。区域性灰霾天气日益严重,江浙沪地区全年空气质量达标天数少于250天;城市生活垃圾和工业固体废弃物急剧增加,土壤复合污染加剧,部分农田土壤多环芳烃或重金属污染严重。因此,长三角地区面临着提高自主创新能力、缓解资源环境约束、着力推进改革攻坚等方面的任务,处于转型升级的关键时期。

长三角城市群为加快城市化格局的优化开发,经过了《国家新型城镇化规划(2014—2020年)》《长江经济带发展规划纲要》《全国主体功能区规划》《全国海洋主体功能区规划》等一系列规划。2014年国务院印发的《关于依托黄金水道推动长江经济带发展的指导意见》提出,促进长三角一体化发展将其打造成具有国际竞争力的世界级城市,规划中提到沿江5个城市群的发展规划和战略定位。其中首次明确了安徽作为长三角城市群的一部分,参与长三角一体化发展。充分发挥上海国际大都市的龙头作用,加快国际金融航运贸易中心建设,提升南京、杭州、合肥都市区的国际化水平,推进苏南现代化建设示范区、浙江舟山群岛新区、浙江海洋经济发展示范区、皖江承接产业转移示范区、皖南国际文化旅游示范区建设和通州湾江海联动开发;优化提升沪宁合(上海、南京、合肥)、沪杭(上海、杭州)主轴带功能,培育壮大沿江、沿海宁湖杭(南京、湖州、杭州)、杭绍甬舟(杭州、绍兴、宁波、舟山)等发展轴带。

2016年6月,国家发展和改革委员会发布了《长江三角洲城市群发展规划》,提出了构建"一核、五圈、四带"的网络化空间格局,"一核"是指上海,"五圈"是南京都市圈、杭州都市圈、合肥都市圈、苏锡常都市圈和宁波都市圈,"四带"是沿海发展带、沿江发展带、沪宁合杭甬发展带和沪杭金发展带。打造功能一体、空间融合的城乡体系;健全互联互通的基础设施网络;推动生态共建环境共治;创新一体化发展体制机制,成为我国经济社会发展的战略支撑。

9.1.3　珠三角城市群功能定位及全域规划

珠三角城市群位于我国南部沿海地区,地处珠江出海口,包括以广州、深圳、香港为核心的14个城市。2014年该区域面积为18.1万平方千米,人口为6 481万人,2005～2010年建设用地增长率保持在30%左右,2011年以后,年增长率逐年下降,维持在11%左右;珠三角城市群是我国最重要、最具发展活力和潜质的经济区之一。

改革开放之后,随着城镇发展规模的加快,以及内外形式的变化,发展的外部性需求越来越明显,但由于区域的空间容量并未增加,城市之间出现恶性竞争,矛盾和冲突越来越尖锐,为了减少重复建设、产业同构、各自为政的问题,政府从1989年以来出台了《珠三角城镇体系规划》《珠三角经济区城市群规划》《珠江三角洲城镇群协调发展规划》《珠江三角洲地区改革发展规划纲要》《珠三角五个一体化规划》《珠三角城市空间协调发展规划》《珠江三角洲全域规划》等，从关注城镇体系培育到点轴空间形态、用地模式的引导，再到轴带网络空间结构的构建、空间政策分区的划定；以优化城市群功能配置和城镇体系构建、节约集约用地、生态安全、环境容量、优化综合交通体系、传统村落与历史建筑保护、改善环境质量为规划重点；在全域统筹布局生产生活和生态空间要素，科学规划人口分布和结构、城乡基本公共服务均等化配置；把珠三角城市群打造成一个在经济、社会发展方面具有高度协调性和开放性的空间载体。

9.2　三大城市群环境质量现状

9.2.1　京津冀城市群

13个城市空气质量优良天数比例范围为35.8% ～ 78.7%，平均为56.8%，比2015年上升了4.3个百分点；平均超标天数比例为43.2%，其中轻度污染为25.3%，中度污染为8.8%，重度污染为7.0%，严重污染为2.2%。9个城市的优良天数比例在50% ～ 80%，4个城市的优良天数比例低于50%。超标天数中，以$PM_{2.5}$、O_3、PM_{10}、NO_2和CO为首要污染物的天数分别占污染总天数的63.1%、26.3%、10.8%、0.3%和0.1%，未出现以SO_2为首要污染物的污染天。北京优良天数比例为54.1%，比2015年上升了3.1个百分点；北京出现重度污染30天，严重污染9天，重度及以上污染天数比2015年减少了7天。超标天数中，以$PM_{2.5}$为首要污染物的天数最多，其次是O_3。

9.2.2　长三角城市群

25个城市空气质量优良天数比例范围为65.0% ～ 95.4%，平均为76.1%，比2015年上升了4.0个百分点；平均超标天数比例为23.8%，其中轻度污染为19.0%，中度污染为3.9%，重度污染为0.9%，无严重污染。7个城市的优良天数比例在80% ～ 100%，18个城市的优良天数比例在50% ～ 80%。超标天数中以$PM_{2.5}$、O_3、PM_{10}和NO_2为首要污染物的天数分别占总污染天数的55.3%、39.8%、3.4%和2.1%，未出现以SO_2和CO为首要污染物的污染天。上海优良天数比例为75.4%，比2015年上升了5.2个百分点；上海出现重度污染两天，未出现严重污染，重度及以上污染天数比2015年减少了6天。在超标天数中，以$PM_{2.5}$为首要污染物的天数最多，其次为O_3。

9.2.3　珠三角城市群

9个城市空气质量优良天数比例范围为84.4% ～ 96.7%，平均为89.5%，比2015年上升了0.3个百分点；平均超标天数比例为10.5%，其中轻度污染为8.9%，中度污染为1.4%，重度污染为0.2%，未出现严重污染。9个城市的优良天数比例均在80% ～ 100%。在超标天数中，以O_3、$PM_{2.5}$和NO_2为首要污染物的天数分别占污染总天数的70.3%、19.6%和

10.4%，未出现以 PM_{10}、SO_2 和 CO 为首要污染物的污染天。广州优良天数比例为84.7%，比2015年下降了0.8个百分点；广州出现重度污染1天，未出现严重污染，重度及以上污染天数比2015年增加了1天。

9.3 城市群生态文明建设现状评估

基于PSR模型的现状分析如下。

（1）生态文明建设压力评估

长三角城市群、珠三角城市群、京津冀城市群的生态文明建设压力指数变化趋势见图9-1，为方便计算生态文明建设综合指数，压力层面的指标都以实测值越小、归一化值越大的规则进行标准化，即指标实测值越小，压力指数越大，反映的生态文明建设压力越小。由图9-1可知，在研究区间内，城市群压力指标普遍表明经济压力过高，这主要是因为城市人口密度和产业比例增加。总体上，三大城市群均处于工业化和经济起飞阶段，第二产业、第三产业发展迅速，中心城市及第二级和第三级中心也逐步成长起来。长三角城市群以劳动密集型产业为主，产业聚集呈现出规模大、层次多、速度快的特点，城市化表现为城市人口高度集聚的特征。京津冀城市群以资本密集型产业为主，生产过程中需要用大量资金购买生产资料，同时工业园区的建设促进着城市建设用地不断扩张，产业集聚呈现出规模较小、层次单一、速度较慢的特点，城市化表现为较快速的城市建设用地扩张特征。珠三角城市群以劳动密集型产业为主，广州、深圳、佛山等城市人口城市化率已达到100%，劳动力依赖外省输入，随着产业集聚规模增大，城市化表现为城市建成区剧烈扩张的特征。产生压力的因素有：一是劳动力密集型导致城市流动人口数量增加，从而造成城市公共设施负荷增大，居民生活质量降低，增加了城市生态文明建设的压力；二是第一产业、第二产业可以加快城市化进程，但是到了中后期阶段会发生能源资源趋紧的情况，加剧废水、废气及固体废弃物等的排放问题。在压力系统中，资源压力和环境压力指数都有所上升，反映出城市资源和环境压力相对减弱，可见，尽管城市化过程中的人口增长和经济发展会带来生态文明建设压力的增加，但自然压力和社会压力的减弱可在一定程度上削减城市群生态文明建设的压力。

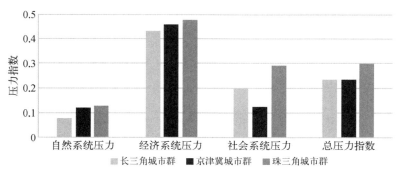

图9-1 三大城市群压力指数对比图

（2）生态文明建设状态评估

长三角城市群、珠三角城市群、京津冀城市群的生态文明建设的状态指数变化趋势见图9-2，生态文明建设状态指数在自然系统、经济系统、社会系统3个主题层中均有显著影响，自然系统中主要因为水环境质量下降，地表水环境氮磷污染长期超标，水体富营养化严重，城市骨干河道优良水质比例降低，近岸海域海水水质未满足Ⅲ类以上标准。社会指数主要体现在农村居民家庭收入的提高、居民文化和居住条件的改善，以及城市文明指数的提升上。但是在三大城市群进行对比之中，可以发现京津冀的三种状态指数都相对较低，在环境指数方面，天津和北京被河北所环绕，北京以第三产业集聚为主，但是也会长期受到雾霾的影响，主要原因是，周边的河北区（县）中的中小型第一产业、第二产业集聚，排放"三废"，降低了京津冀城市群的环境状态指标；在经济系统方面，北京独特的功能定位使得其出现吸盘效应，过多汲取周边资源和机会；在社会系统方面，北京承载了太多功能，其中包括一些区域性物流基地、区域性专业市场等部分第三产业，承载部分教育、医疗、培训机构等非首都功能，将部分非首都功能疏散给天津和河北，特别是现在的雄安新区，将有利于带动京津冀城市群的协同高速发展。

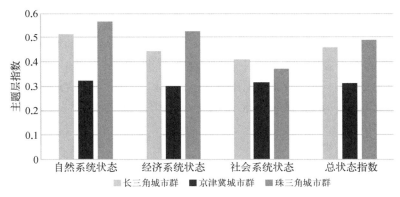

图9-2　三大城市群状态层指数对比图

（3）生态文明建设响应评估

由图9-3可知，总体上从响应系统上来区分，三大城市群在自然系统中响应并不突出，经济系统和社会系统的响应较为明显，表明在城市群的尺度上，它们的经济调控和社会调控能力很强，自然系统方面需要长期生态水源地涵养、提高物种多样性、构建生态廊道，需要缓慢地调节，响应结果不是十分显著。从三大城市群角度分析，京津冀城市群在三大系统指数中均为最低，北京生态文明建设的响应指数在研究区间内呈上升趋势，其变化趋势受经济、环境、社会响应3个方面的共同影响，体现了城市知识创新和自主创新投入水平的提升；同时，工业固体废物综合利用率和工业用水重复利用率也有了一定的提高。但河北地区落后产业结构、高环境负荷、社会福利保障体系不健全等方面因素，拉低了京津冀城市群在经济响应、环境响应、社会响应3个方面的响应指数。长三角城市群和珠三角城市群环境响应指数偏高主要是因为城市新增立体绿化面积有所减少，而城市生活垃圾无害化处理率和污水集中处理率都逐年上升。社会响应指数提升较快，表现在家庭天然气用户比例、生态文明制度建设能力和公众生态文明建设参与率的提高。

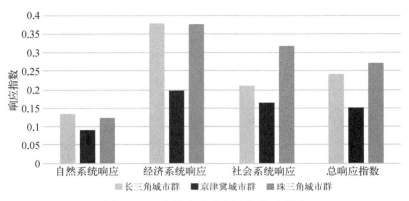

图9-3 三大城市群响应层指数对比图

（4）生态文明建设综合评估

基于上述压力、状态、响应指数的分析，根据综合评估指数的计算公式，三大城市群的自然系统综合指数偏低，经济系统综合指数最高（图9-4）；表明城市群不光具有集聚产业与人口、承接产业转移，依托优势资源发展特色产业的功能，也是推动所在省区新型工业化和生态文明建设进程的集聚中心。从不同城市群角度来看，京津冀城市群的三大系统综合指数相对较低，从分析结果来讲，综合评价指数受压力、状态、响应三者的共同影响，京津冀城市群在状态和指数响应指数方面不佳，部分地区存在产业结构落后、环境负荷高、社会福利保障体系不健全的状况，从而综合指标评估上指数较低。因此，对生态文明建设过程中的自然-社会-经济任何方面的建设都不能掉以轻心，只有防患于未然，才能走上可持续发展之路。

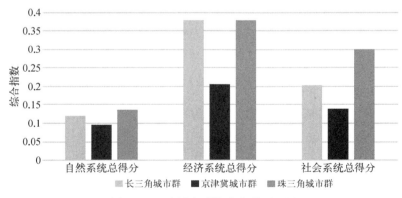

图9-4 三大城市群综合指数对比图

第*10*章
基于DPSIR模型的城市群生态文明建设评估^①

10.1 DPSIR模型指标体系的构建流程

DPSIR是欧洲环境署(EEA)在PSR和DSR模型的基础上发展的概念模型。它从系统分析的角度来看待人和环境系统的相互作用,将表征一个自然系统的评价指标分成驱动力(driving forces)、压力(pressure)、状态(state)、影响(impact)和响应(response)五种类型的指标(刁尚东等,2013)。其优点是可以清晰地反映评价指标体系中各个指标之间的因果关系,同时也可以综合体现环境、社会、经济之间的互相制约关系,能较好地说明经济发展作为间接驱动力对环境的影响、环境改变所引发的社会反响和公众意识对经济的反馈。被广泛用于城市化与资源环境相互关系分析、资源可持续利用评价、水资源承载力评价等研究中,其科学性、应用性已得到学术界普遍认可(国家林业局,2014)。其基本思想是,社会、经济或环境发展作为主要驱动力对环境产生压力,导致城市可持续状态发生改变。这些改变又对自然环境、人类健康和社会经济结构等产生影响,基于这些影响,社会为解决这些问题采取对策和制定政策,同时反馈于驱动力、压力、状态、影响和响应(傅思明,2012)。

(1) 驱动力指标(D)

驱动力指标指社会、经济、人口发展,以及相应的人类生活方式和消费、生产方式的改变对资源可持续发展和利用产生影响的指标,主要包括人口增长指标、经济增长指标等。

(2) 压力指标(P)

压力指标给出了排放量、有机物使用和资源使用等信息,如用水量、污水排放量、有机物含量等。压力通过社会生产和消费模式改变自身的自然状况,从而使环境状态发生变化。压力指标与驱动力指标都是描述影响资源变化原因的指标,但两者有所区别:前者是后者的"表现形式",反映导致环境变化的直接原因;后者是"潜在的",是导致整个生产消费层面变化、产生影响的最关键、最原始因素。

(3) 状态指标(S)

状态指标描述的是在特定区域、特定时间内物理、生物和化学现象的水平、数量或质量。环境状态的改变对整个生态系统会产生环境、经济上的影响,最终对人类健康、社会福利、社

---

① 本章项目主要研究人员:王祥荣、李昆、朱敬烽、丁宁等。

会经济产生影响。

（4）影响指标（I）

影响指标描述了由上述因素引起的环境状态的改变，反映了状态变化的最终结果，如植被覆盖率等。

（5）响应指标（R）

响应指标描述的是政府、组织和人为预防、减轻、改善或者适应非预期的环境状态变化而采取的对策，如引进国外先进技术改善污染源的监控手段、发展清洁生产、引导可持续的生产和消费方式等。

10.2　基于DPSIR模型指标体系的构建

指标选取原则：可量性原则、可得性原则、区域性原则、规范性原则、针对性原则、完备性原则。

按照DPSIR模型的原理逐层分解，将所有指标自上而下地划分为3个层次：第一层为目标层，以城市生态可持续发展综合指数为目标，全面概括城市可持续发展的总体水平；第二层为准则层，包括驱动力、压力、状态、影响、响应5个部分；第三层为指标层，即具体的各项指标（方创琳，2014）。参照国内外生态可持续发展指标体系已有的研究，结合中国相关的环境保护标准及城市的自身特点，筛选出具有代表性的指标。

数据主要来源于省（自治区、直辖市）的统计年鉴、环境质量公报，以环境保护局及统计局公布在网站上的统计数据为补充。

熵值法依据指标间的离散程度来确定指标权重，一般认为其能够深刻反映出指标信息熵值的效用价值，所得指标权重值比德尔菲法和层次分析法具有更高的可信度。由于熵值法中会运用到对数、熵等概念，负值不能直接参与计算，也对一些极端值做了相应变动，而各指标的量纲、数量级及指标的正负取向均有差异，应该对这类指标数据进行一定的变换，所以采用极值化法对原始数据进行标准化，并采用熵权法对指标进行赋权，计算生态可持续发展综合评价指数（福建省环境保护厅，2015；傅国伟，2012）。

（1）指标标准化

当评价指标为正向指标（效益型指标越大越优型）时：

$$X'_{ij} = X_{ij} - X_{min} \, X_{max} - X_{min}$$

当评价指标为逆向指标（成本型指标越小越优型）时：

$$X'_{ij} = X_{max} - X_{ij} \, X_{max} - X_{min}$$

式中，X'_{ij}为标准化后的指标值；X_{ij}为指标现状值；X_{max}为所选指标中的最大值乘以1.05；X_{min}为所选指标中的最小值除以1.05。

（2）确定指标权重

将各个标准数据X'_{ij}转化为比例值R_{ij}：

$$R_{ij} = X'_{ij} / \sum_{i=1}^{m} X'_{ij}$$

计算第 j 项指标的熵值：

$$e_j = -\left(\frac{1}{\ln m}\right) \sum_{i=1}^{m} R_{ij} \ln R_{ij}$$

第 j 项指标的信息效用价值 d_j：

$$d_j = 1 - e_j$$

计算指标 X_j 的权重 W_j：

$$W_j = d_j / \sum_{i=1}^{m} d_j$$

(3) 综合评价模型

计算 i 年份的城市可持续发展能力指数 P_i：

$$P_i = \sum_{j=1}^{n} W_j R_{ij}$$

根据以上步骤可将城市群生态文明建设指标体系中的指标分为逆向指标和正向指标，并对其进行计算，得出各指标权重结果（表10-1），以及城市生态可持续发展综合指数。

表10-1　基于 DPSIR 模型的指标体系

目标层	准则层	指　标　层	权　重
综合评价	驱动力	人口自然增长率/‰	0.030 67
		城镇居民恩格尔系数/%	0.020 68
		人均地区生产总值/万元	0.085 86
		城镇化率/%	0.027 55
		第三产业比率/%	0.019 19
	压力	规模以上工业企业万元工业总产值综合能源消费量/吨标煤	0.669 4
		全市用电量/(亿千瓦·小时)	0.036 16
		自来水供水量/亿吨	0.026 73
		工业废气排放总量/亿标立方米	0.031 58
		工业烟尘排放量/万吨	0.089 89
		工业粉尘排放量/万吨	0.095 07
		农用化肥施用量(折纯)/吨	0.018 47
	状态	城市区域环境噪声平均值/分贝	0.003 28
		环境空气质量优良率/%	0.018 86
		工业废水处理达标率/%	0.009 80

（续表）

目标层	准则层	指标层	权重
综合评价	状态	集中式饮用水水源地水质达标率/%	0.002 87
		工业固体废物综合利用率/%	0.005 77
		建成区绿化覆盖率/%	0.039 86
		人均绿地面积/平方米	0.041 59
		城镇生活污水集中处理率/%	0.055 79
		居住类消费性支出占城市居民人均消费性支出的比例/%	0.046 44
		城区PM$_{10}$日均浓度值超标率/%	0.037 44
	影响	人口密度/（人/平方千米）	0.015 41
		农村文盲或半文盲比例/%	0.020 10
		年末城镇登记失业率/%	0.027 61
		交通事故死亡人数/人	0.036 46
		初中升学率/%	0.031 85
		用气普及率/%	0.020 98
		计划生育率/%	0.004 20
		教育支出占地方财政支出比例/%	0.032 89

10.3　基于DPSIR模型的城市群现状分析

10.3.1　生态文明建设驱动力评估

市场力、内源力、行政力和外向力是中国城市化的主要驱动力（D）。随着经济全球化的深入，对外开放对城市形态与功能演变的驱动作用越来越明显，2000年以后外资已经成为促进三大城市群第三产业发展的主要手段之一。技术创新作为城市群经济增长的重要推动力之一，其空间差异影响着城市群经济格局变化。珠三角发展格局呈显著的网络化特征，建设用地从"遍地开花"、零星分布的形式转为成片连接。长三角对外开放程度较高，通过大力引入外资，发展技术密集型产业，积极参与国际竞争。京津冀城市群整体对外开放起步较晚且程度较低，而技术创新本身需要大量的资金和智力资源的投入。北京、上海、广州、深圳、南京、杭州等地高校、科研院所云集，具有大力发展技术密集型产业的经济基础和科学文化基础。技术创新大大推动了三大城市群第三产业发展。由于三大城市群内技术创新能力的城市数量和实力具有差异，分别形成了"单核""多核""点轴"等不同的第三产业格局。

10.3.2　生态文明建设压力评估

三大城市群均处于工业化和经济起飞阶段，长三角城市群以劳动密集型产业为主，京津冀以资本密集型产业为主，珠三角以劳动密集型产业为主，产生压力的因素主要有劳动力密集导致城市流动人口数量增加，从而造成城市公共设施负荷增大、人均红利和居民生活质量降低，以及第一产业、第二产业到了中后期阶段能源资源趋紧，加剧废水、废气及固体废弃物等各类污染排放的问题。然而，城市化过程中人口增长和经济发展带来生态文明建设压力增大的同时，自然压力和社会压力的减弱可在一定程度上削减城市群生态文明建设的压力（P）。

10.3.3　生态文明建设状态评估

三大城市群的生态文明建设状态（S）指数在自然系统、经济系统、社会系统3个主题层中均有显著影响，但在对比中发现，京津冀城市群的三种状态指数都相对较低，在环境指数方面，天津和北京被河北所环绕，周边河北区（县）中的中小型第一产业、第二产业集聚，排放"三废"，降低了京津冀城市群的环境状态指标；在经济系统方面，北京独特的功能定位使得其出现吸盘效应，抑制了周边区（县）和城市的发展；在社会系统方面，北京承载了太多功能，如将部分非首都功能疏散给天津和河北，有利于带动京津冀城市群的协同高速发展。

10.3.4　生态文明建设影响评估

政府干预对京津冀城市群的形态扩张和功能演变具有显著的影响（I），京津冀地区的公交路线图如图10-1所示，北京和天津的大型交通运输枢纽和交通运输系统覆盖了河北大部分区域，但是并未出现城市道路网络链接。首都的特殊地位在很大程度上决定了北京成为当地城市化发展的核心，使其在行政管理、人才、资金等方面具有绝对优势，在人口聚集、建

图10-1　京津冀城市群公交路线图

成区的扩张和产业空间格局上都有突出表现。长三角城市群由上海、浙江和江苏的部分城市构成，由长三角城市群公交路线图（图10-2）可以看出，城市道路主要分布在江苏和浙江内部，这是由于行政区划等因素，城际人口迁移均以江苏、浙江内部迁移为主，形成了南京和杭州两个人口集聚中心。

相对而言，珠三角城市群的城市化受中央政府干预作用较小。由珠三角城市群公交路线图（图10-3）可以看出，珠三角城市群作为我国改革开放的最前沿，深化市场体制改革，大力引进外资，发展外向型经济，珠三角城市群逐步形成空间连绵、功能一体的城市格局，使得地方可以根据不同产业的规模、发展速度、发展次序等制定区域产业发展规划，并合理确定产业发展重点，表现为跳跃扩散的产业空间格局特点。

图10-2　长三角城市群公交路线图

图10-3　珠三角城市群公交路线图

10.3.5　生态文明建设响应评估

三大城市群在自然系统中响应（R）并不突出，经济系统和社会系统的响应较为明显，这表明在城市群的尺度上，经济调控和社会调控的作用显著，自然系统则需要长期生态水源地涵养、提高物种多样性、构建生态廊道等的调节，响应结果不是十分显著。其中京津冀城市群在三大系统指数中均为最低，主要是河北地区落后的产业结构、高环境负荷、社会福利保障体系不健全等方面因素，拉低了京津冀城市群在经济响应、环境响应、社会响应3个方面的响应指数。长三角城市群和珠三角城市群环境响应指数偏高主要是因为城市新增立体绿化面积有所减少；而城市生活垃圾无害化处理率和污水集中处理率都逐年上升。社会响应指数提升较快表现在家庭天然气用户比例、生态文明制度建设能力和公众生态文明建设参与率的提高方面。

第11章
我国生态保护红线战略评述及建议[①]

改革开放以来,随着城镇化、工业化的快速发展,目前我国已进入人均GDP 8 000～10 000美元的经济发展转型期,经济总量为全球第二,正面临着资源约束趋紧、环境污染严重和生态系统退化的困境,可持续发展面临严峻挑战。经济社会活动对自然利用的强度不断加大,我国自然生态系统受挤占、破坏的情况日趋严重,呈现出由结构性破坏向功能性紊乱的方向发展的情况,特别是草地生态系统退化趋势明显,湿地继续萎缩,生态系统服务功能持续下降。我国人均耕地资源、森林资源、草地资源约为世界平均水平的39%、23%和46%,而新型城镇化是未来我国经济社会发展的必然趋势,随着城镇化率的提高,资源环境的压力将进一步加大。有研究表明,我国土地资源合理承载力仅为11.5亿人,现已超载约两亿人(李干杰,2014)。划定生态保护红线对于构建区域生态安全格局、保障生态系统功能、维护生物多样性、支撑经济社会可持续发展具有重要作用。引导人口分布、经济布局与资源环境承载能力相适应,促进各类资源集约节约利用,对维护国家生态安全和保障人民生产生活条件具有重大的现实意义和深远的历史影响。

11.1 国内外生态保护红线发展概况

11.1.1 生态保护红线的基本内涵

"红线"一般是指各种用地的控制边界线,也比喻不可逾越的界限。"红线"的概念最初起源于城市规划。随着"红线"概念的不断深化,"红线"的内涵也从空间约束向数量约束和质量约束拓展,由空间规划向要素规划与管理制度延伸。目前"红线"通常具有空间及数量的约束性含义,表示各种用地的边界线、控制线或具有底线含义的数字(高吉喜,2014b)。在生态文明顶层设计中,党中央借用"红线"一词,意在表明生态环境保护的严肃性与不可破坏性(环境保护部,2014)。根据《生态保护红线划定技术指南》(环发〔2015〕56号),生态保护红线是指依法在重点生态功能区、生态环境敏感区和脆弱区等区域划定的严格管控边界,是国家和区域生态安全的底线。生态保护红线所包围的区域为生态保护红线区,对于构

---

① 本章项目参与研究人员:王祥荣、谢玉静、李昆等。

建区域生态安全格局、保障生态系统功能、维护生物多样性、支撑经济社会可持续发展具有重要作用（表11-1）。

目前生态保护红线的定义有广义和狭义两种。在国家战略层面通常指广义的概念：对维护国家和区域生态安全及经济社会可持续发展，保障人民群众健康具有关键作用，在提升生态功能、改善环境质量、促进资源高效利用等方面必须实行的、受严格保护的空间边界与数量限值，具体包括生态功能保障基线、环境质量安全底线和自然资源利用上线（李干杰，2014）。在具体实践过程中，生态保护红线则通常取狭义的概念，即《生态保护红线划定技术指南》中对生态保护红线概念所进行的阐释。

由此可见，划定生态保护红线的目标是维护国家或区域生态安全和可持续发展；生态保护红线的实施途径主要强调对重要生态功能区、生态敏感区和生态脆弱区的保护；生态保护红线强调保护的严格性，红线即是底线。生态安全是人类文明和可持续发展的底线，是建设美丽中国、实现中华民族永续发展的基石。

表11-1　不同《指南》版本对生态保护红线概念的陈述

《指南》版本	发布时间	生态保护红线的概念
生态保护红线划定技术指南（评审稿）	2013.1	生态保护红线是指对维护国家和区域生态安全及经济社会可持续发展具有重要战略意义，必须实行严格保护的国土空间。生态保护红线是国家和区域生态安全的底线；人居环境与经济社会发展的基本生态保障线；关键物种与生态系统生存与发展的最小面积
国家生态保护红线——生态功能基线划定技术指南（试行）	2014.1	生态保护红线是指对维护国家和区域生态安全及经济社会可持续发展，保障人民群众健康具有关键作用，在提升生态功能、改善环境质量、促进资源高效利用等方面必须严格保护的最小空间范围与最高或最低数量限值 生态功能红线指对维护自然生态系统服务、保障国家和区域生态安全具有关键作用，在重要生态功能区、生态敏感区、脆弱区等区域划定的最小生态保护空间
生态保护红线划定技术指南	2015.4	生态保护红线是指依法在重点生态功能区、生态环境敏感区和脆弱区等区域划定的严格管控边界，是国家和区域生态安全的底线。生态保护红线所包围的区域为生态保护红线区，对于维护生态安全格局、保障生态系统功能、支撑经济社会可持续发展具有重要作用

11.1.2　国内外生态保护红线相似概念的研究与实践

生态保护红线概念在被提出的初期，是指对维护国家和区域生态安全及经济社会可持续发展具有重要战略意义，必须实行严格管理和维护的国土空间边界线。国内外在制定自然资源保护规划和政策时，均有类似的提法和实践应用。虽然国外没有明确提出"生态保护红线"这一概念，但在生物保护、生态系统研究和城市建设等领域涉及了生态保护红线的本质理论。1872年美国建立了世界上第一个国家公园——黄石公园（Dulal，2014），开创了国外自然资源与历史文化遗迹保护的先河。经历了140多年的实践与发展，国外生态保护已形成了完善的保护系统、严格的法律法规及清晰的管理体制，如国家公园体系（Dulal，2014）、特殊保护地（SPAs）、特别保护区（SAC）、Natura 2000自然保护区网络（Dietmar，2003）及全球保护区（IUCN-GPAP）（Engle，2002）等管理体系（表11-2）。

表 11-2　国外生态保护红线类似概念的研究与实践

研究与实践	主　要　内　容	
国家公园体系	美国最早划定的保护区，目的是维持生态系统的完整性，并为生态旅游、科学研究和环境教育提供场所	
Natura 2000 自然保护区网络	几乎覆盖整个欧洲大陆的跨界保护区网络，主要由 SPAs、SAC 两部分组成，还纳入了一些生物多样性丰富的私有土地，目的是保护生物多样性及其栖息地，物种迁徙地	
	特殊保护地（SPAs）	1979 年欧盟《鸟类指令》中被认定的保护地，主要保护候鸟及濒危鸟类的栖息地，共确认了 193 种濒危鸟类、4 000 多个特别保护地
	特别保护区（SAC）	1992 年欧盟《栖息地指令》中由成员国共同认定的保护区，目的是保护栖息地和物种，一共认定了 18 000 个保护区
全球保护区（IUCN-GPAP）	世界自然保护联盟推动成立的陆地及海洋保护区，下辖 WCPA 有 130 名会员，负责推动保护区有效的管理	

　　国内类似概念有全国自然保护区、香港郊野公园、基本生态控制线、生态功能区、主体功能区等（表 11-3）。

表 11-3　国内生态保护红线类似概念的研究与实践

研究与实践	主　要　内　容
全国自然保护区（中华人民共和国自然保护区条例，1994）	依法划出具有代表性的自然生态系统、珍稀濒危野生动植物栖息地及水资源等自然综合体的核心区域，对其予以特殊保护和管理
香港郊野公园（Engle，2002）	由政府将市郊未开发地区的地方划出，作为康乐及保育用途的公园，包括山岭、丛林、水塘、海滨地带和多个离岛，占香港总面积的近 40%
深圳基本生态控制线（深圳市人民政府，2013，2015）	以城市非建设用地为规划对象，对一级水源保护区、风景名胜区、成片基本农田等进行基本生态控制，保护生态自然资源
全国生态功能区划（环境保护部，2008）	基于不同区域的生态系统类型、生态问题及生态敏感性等，明确主导生态服务功能，划定对国家和区域生态安全起关键作用的重要生态功能区域
全国主体功能区划（国务院，2010）	基于不同区域的资源环境承载力、现有开发密度和发展潜力，将国土空间划分为优化、重点、限制和禁止开发四类
上海郊野公园（上海市人民政府办公厅，2015）	以郊区基本农田、生态片林、水系湿地、自然村落、历史风貌等现有生态人文资源为基础建设郊野公园体系，规划在郊区选址布局，以优化郊区农村生活、生产、生态格局，逐步形成与城市发展相适应的大都市游憩空间环境

11.1.3　我国生态保护红线制度的发展历程及政策背景

　　从 1956 年我国建立第一个自然保护区起，2008 年确定了 50 个重要生态服务功能区域，到 2010 年确定国家级限制开发区和禁止开发区域，再到 2011 年国务院印发的《关于加强环境保护重点工作的意见》明确提出划定生态保护红线，我国生态保护涵盖的范围越来越广，红线控制区的目标日益明确（表 11-4）。

表 11-4 我国生态保护红线控制区早期实践

时　间	地　区	相　关　实　践
2000 年	浙江省安吉县	在生态规划中采用了红线控制区的概念(陆健，2017)
2005 年	广东省	颁布实施的《珠江三角洲环境保护规划纲要(2004—2020)》提出了"红线调控、绿线提升、蓝线建设"的三线调控总体战略，要求对 12.13% 的陆域(5 058 平方千米)实行红线管控
2005 年	深圳市	《深圳市基本生态控制线管理规定》(2005 年)提出了"基本生态控制线"，将占深圳市陆地面积约 50% 的土地划入保护，包括一级水源保护区、风景名胜区、自然保护区、基本农田保护区、森林及郊野公园，部分山地、林地、高地，主干河流、水库及湿地，生态廊道和绿地，岛屿和具有生态保护价值的海滨陆域，以及其他需要进行基本生态控制的区域
2007 年	昆明市	在土地利用总体规划编修中，把生态系统敏感或具有关键生态功能的区域，划为生态保护红线区
2013 年	深圳市	发布了《深圳市基本生态控制线优化调整方案》(2013 年)

　　划定生态保护红线、建立生态保护红线制度是我国生态环境管理的重要手段。环境保护部、水利部、国家林业局、国家海洋局等部门先后开展了研究和实践。正如国家林业局副局长张永利所言，"这个红线(湿地保护红线)既是限制开发利用的高压线，又是维护基本生态平衡的安全线，既是建设生态文明的目标线，也是实现永续发展的保障线。"不仅是湿地保护红线，国家各环境资源红线及生态保护红线均应是"高压线""安全线""目标线"和"保障线"。

　　2011 年国务院印发的《关于加强环境保护重点工作的意见》(国发〔2011〕35 号)明确提出，在重要生态功能区以及陆地和海洋生态环境敏感区、脆弱区等区域划定生态保护红线。这是我国首次以国务院文件的形式提出"生态保护红线"概念并划定任务。

　　2012 年中共十八大报告首次将政治文明、经济文明、文化文明、社会文明、生态文明并列提出，并指出，建设生态文明是关系人民福祉、关乎民族未来的长远大计。同年，国家海洋局印发《关于建立渤海海洋生态红线制度若干意见》，指出建立生态保护红线制度对于渤海生态环境保护具有重大意义。

　　2013 年 1 月，环境保护部、国家发展和改革委员会、财政部联合发布的《关于加强国家重点生态功能区环境保护和管理的意见》(环发〔2013〕16 号)明确指出，要"出台生态保护红线划定技术规范""全面划定生态保护红线"，地方政府要严格监管。

　　2013 年 5 月 24 日，习近平在中共中央政治局第六次集体学习时再次强调，要划定并严守生态保护红线，牢固树立生态保护红线的观念。中共十八届三中全会更是把划定生态保护红线作为改革生态环境保护管理体制、推进生态文明制度建设最重要、最优先的任务。中共十八届三中全会通过的《中共中央关于全面深化改革若干重大问题的决定》中，将划定生态保护红线作为加快生态文明制度建设的重点内容，明确要求"划定生态保护红线""建立国土空间开发保护制度""建立空间规划体系，划定生产、生活、生态空间开发管制界限，落实用途管制"。

　　2013 年 6 月，新的司法解释降低了污染环境入罪的门槛；2014 年 4 月《环保法修订案》表决通过，首次将生态保护红线写入法律，并规定对污染企业的罚款不设上限。

在2014年的全国"两会"上，李克强在《政府工作报告》中明确指出："大力推进生态文明，加大生态环境保护力度，努力建设生态文明美好家园"。同时，生态保护红线也相继出现在各省（自治区、直辖市）的政府工作报告中。

2014年1月，环境保护部印发了《国家生态保护红线——生态功能基线划定技术指南》（试行）[简称《指南》（试行）]，成为中国首个生态保护红线划定的纲领性技术指导文件，将内蒙古、江西、湖北、广西等地列为生态红线划定试点。按计划要求，我国将于2014年内完成"国家生态保护红线"划定工作。《指南》（试行）兼顾了资源、环境、生态三大领域重大问题与保护需求，将生态保护红线主要分为重要生态功能区、陆地和海洋生态环境敏感、脆弱区三大区域。生态保护红线具体包括生态功能保障基线、环境质量安全底线、自然资源利用上线3个部分，简称生态功能红线、环境质量红线和资源利用红线。

2015年环境保护部《生态保护红线划定技术指南》（简称《指南》）正式发布，这是在我国严峻生态环境形势下提出的，经过技术研讨、科学论证、试点验证、实地调研、征求意见（IPCC，2007）等工作，历时3年（表11-5）。

表11-5   《生态保护红线划定技术指南》编制历程

年　份	事　件
2012	提出编制全国《生态保护红线划定技术指南》重点任务； 10月形成全国《生态保护红线划定技术指南》（初稿）； 年底确定以内蒙古、江西、湖北、广西等地为试点进行验证
2013	提出试点省（自治区、直辖市）的生态保护红线划分方案，全面开展了试点省（自治区）生态保护红线划定工作，进一步完善《指南》
2014	1月正式发布《国家生态保护红线——生态功能基线划定技术指南》（试行）（环发〔2014〕10号），是中国首个生态保护红线划定的纲领性技术指导文件，标志着全国生态保护红线划定工作全面开展
2015	4月正式发布《生态保护红线划定技术指南》（环发〔2015〕56号），要求全国各省（自治区、直辖市）组织开展生态保护红线划定工作，明确了生态保护红线的概念、特征与管控要求、划定原则及划定技术流程；生态保护红线的划定范围识别、划定方法、边界核定和划定成果展示

2017年5月27日，环境保护部、国家发展和改革委员会联合发布了《生态保护红线划定指南》（环办生态〔2017〕48号），再次明确了生态功能红线的定义、类型及特征界定，生态功能红线划定的基本原则、技术流程（图11-1）、范围、方法和成果要求等，指出其目的是"指导全国生态保护红线划定工作，保障国家生态安全"。

2017版《生态保护红线划定指南》进一步指出，生态红线是"在生态空间范围内具有特殊重要生态功能、必须强制性严格保护的区域，是保障和维护国家生态安全的底线和生命线，包括具有重要水源涵养、生物多样性维护、水土保持、防风固沙、海岸生态稳定等功能的生态功能重要区域，以及水土流失、土地沙化、石漠化、盐渍化等生态环境敏感脆弱区域"。

目前，国家划定的生态保护红线除18亿亩基本农田的"耕地红线"外，还有"湿地红线""用水总量控制红线""能源消费总量控制红线""入海污染物总量红线""海洋生态红线"等（表11-6和表11-7），这些红线预示着我国的经济社会发展在很多方面已经逼近了资源环境的极限，经济发展已进入新常态，能否守住生态保护红线，是当下我国经济社会与环境协调发展面临的最直接的挑战和考验。

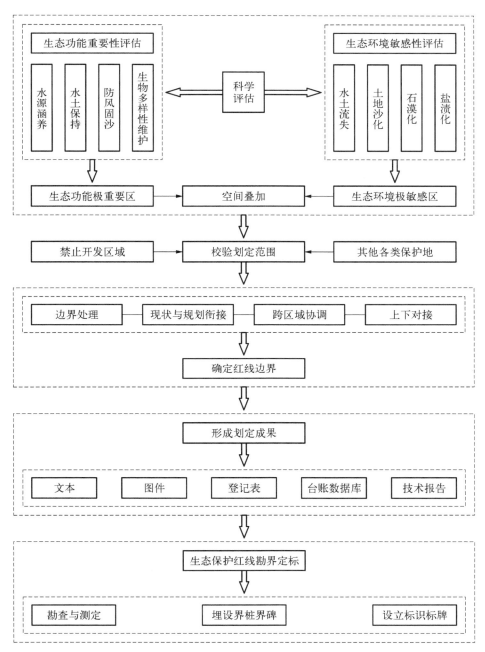

图 11-1　生态保护红线划定技术流程

资料来源：环境保护部、国家发展和改革委员会.2017.生态保护红线划定指南

表11-6 我国近年出台的生态保护红线相关管控政策

相 关 文 件	发布年份	发布单位	主 要 内 容
国务院《关于加强环境保护重点工作的意见》(国发〔2011〕35号)	2011	国家林业局(国务院)	确定湿地红线的基本理论、湿地红线类型和湿地红线管理措施
国务院《关于实行最严格水资源管理制度的意见》(国发〔2012〕3号)	2011	水利部(国务院)	围绕水资源的配置、节约和保护3个核心领域,明确水资源开发利用红线、水功能区限制纳污红线和用水效率控制红线。在探讨"三条红线"相互关系的同时,明确了红线考核标准的指标、指标的考核标准及指标检测
《关于建立渤海海洋生态红线制度若干意见》	2012	国家海洋局	明确了海洋生态保护红线制度的概念,即为维护海洋生态健康与生态安全,将重要海洋生态功能区、生态敏感区和生态脆弱区划定为重点管控区域,并实施严格分类管控的制度安排;向环渤海三省一市提出四项工作目标

表11-7 国家划定的资源环境控制红线

红 线 名 称	主 要 内 容
用水总量控制红线	到2030年,全国用水总量控制在7 000亿立方米内
水功能区纳污控制红线	到2030年,全国水功能区水质达标率提高到95%以上
大气污染红线	到2017年,全国地级市及以上城市PM_{10}浓度比2012年下降10%以上
碳排放红线	到2020年,单位GDP二氧化碳排放比2005年下降40%～45%
耕地红线	截至2020年,我国必须坚守的耕地红线为18.05亿亩。18亿亩耕地红线,既要保数量,更要保质量
湿地保护红线	到2020年,湿地面积不少于8亿亩
森林保护红线	森林覆盖率为26%,对应森林面积不少于37.44亿亩
能源消费总量控制红线	到2015年,全国能源消费总量控制在40亿吨标准煤左右
入海污染物总量红线	到2020年,海洋生态保护红线区陆源入海直排口污染物排放达标率达到100%,陆源污染物入海总量减少10%～15%

11.2 当前我国生态保护红线的相关实践

从2014年环境保护部公布《国家生态保护红线——生态功能基线划定技术指南》(试行)到正式的2017年版颁布的前后,全国不少省(自治区、直辖市)已开展了相应的生态保护红线规划编制的实践(表11-8),奠定了工作基础;近年来,生态保护红线已成为社会关注的热点和转型发展的重要路径。其中代表性的省、市、直辖市如下。

江苏——作为全国首个公布地方版生态保护红线规划的省份,已划定占全省面积22.23%、共15大类776块的生态保护红线区域。2014年初江苏出台《江苏省生态补偿转移支付暂行办法》,安排15亿元资金作为生态补偿专项资金。依据《江苏省生态红线区域保护规划》中生态区域的确定,全省将有18 771平方千米,占全省生态保护红线区域面积77.9%的重点生态功能保护区域从中受益。由此可见,建立生态补偿机制是生态保护红线划定和推进的重要抓手。

山东印发《山东省渤海海洋生态红线区划定方案》(简称《方案》),成为首个在渤海实施海洋生态保护红线制度的省份。《方案》划定将海洋生态保护红线区域分为23个禁止开发区和50个限制开发区,总面积达6 534.42平方千米,占该省管辖渤海海域总面积的40.05%,总岸线长度达931.41千米。《方案》是针对《国家生态保护红线——生态功能基线划定技术指南(试行)》中,对于海洋重要生态功能区生态保护红线,以及脆弱区、敏感区生态保护红线划定的重要尝试。

上海将"建立生态保护红线管理制度"列入全面深化生态文明体制改革重要事项,于2014～2016年完成了以重要生态功能区域和环境敏感区域为重点的生态保护红线划定,生态保护红线保护范围约占全市土地面积的44.5%。强调从空间上划定生态保护红线范围的同时,兼顾建设用地、污染物排放及能源消耗红线控制,构筑全方位、立体的生态保护红线管控制度。

在各省生态保护红线规划落地工作加速推进的同时,作为国家生态保护红线首批试点的先行军——内蒙古、江西、湖北、广西,生态红线保护规划却较为滞后,示范效应欠佳。

表11-8　我国部分地区开展的生态保护红线实践

试点地区	生态保护红线划分依据	生态保护红线划定区域	分级管控	生态保护红线区域占该区域面积的比例/%
珠江三角洲(2004年)	区域生态环境敏感性、生态服务功能重要性和区域社会经济发展方向的差异性	发布全国第一个区域性环境保护规划——《珠江三角洲环境保护规划纲要》(2004—2020)及其修改稿,提出了红线调控、绿线提升、蓝线建设三大战略任务,红线调控是指为构筑区域生态安全体系而严格控制污染的区域,主要包括自然保护区的核心区、重点水源涵养区、海岸带、水土流失极敏感区、原生态系统、生态公益林等重要和敏感生态功能区等	三级分区	12.13
深圳(2005年)	城市环境特征、生态服务功能重要性、城市发展总体规划及专项规划	发布《深圳市基本生态控制线管理规定》及其修改稿,主要管控区域包括一级水源保护区、风景名胜区、自然保护区、集中成片的基本农田保护区、森林及郊野公园;坡度大于25%的山地、林地,以及特区内海拔超过50米、特区外海拔超过80米的高地;主干河流、水库及湿地;维护生态系统完整性的生态廊道和绿地;岛屿和具有生态保护价值的海滨陆域等	未分级	50.00
江苏(2013年)	自然环境条件、生态环境敏感性、生态服务功能重要性、生态系统的完整性和生态空间的连续性	发布《江苏省生态红线区域保护规划》,划定15类生态保护红线区域(自然保护区、风景名胜区、森林公园、地质遗迹保护区、湿地公园、饮用水水源保护区、海洋特别保护区、洪水调蓄区、重要水源涵养区、重要渔业水域、重要湿地、清水通道维护区、生态公益林、太湖重要保护区、特殊物种保护区);明确生态保护红线区域的主导生态功能,实行分级分类管控	一级、二级管控区	22.23
成都(2014年)	基于自然生态要素和空间遥感,评估得出现状最有生态保护保育价值的区域	编制《成都市环城生态区总体规划》及生态保护红线规划,对生态区用地(世界自然遗产、国家森林公园、地质公园及自然保护区、风景名胜区的核心区;饮用水水源保护禁区、一级保护区;地质灾害多发易发地区、地震断裂带区域;其他专项规划确定的禁止建设区)划定生态保护红线,并已完成界标安装;制定《成都市环城生态区保护条例》,以立法的形式对生态保护红线划定区域予以刚性保护	相对、绝对禁止建设活动区	20.00

（续表）

试点地区	生态保护红线划分依据	生态保护红线划定区域	分级管控	生态保护红线区域占该区域面积的比例/%
南京（2014年）	南京自然生态本底和特点，区域生态系统结构、过程及生态服务功能空间分异规律，生态安全重要性	出台和通过了《南京市生态保护红线区域保护规划》《关于加强生态保护红线区域保护的决定》；生态保护红线区域包括自然保护区、风景名胜区、森林公园、地质遗迹保护区、湿地公园、饮用水水源保护区、重要湿地、清水通道维护区、生态公益林、生态绿地等13种类型104块	一级、二级管控区	24.75
大连（2014年）	环境功能区（或城市性质）、生态保护红线划定的原则，以及地理、气象、政治、经济和污染源现状分布等因素的综合分析结果，环境功能区达标和实现区域可持续发展的要求	编制和修编《大连市环境保护总体规划》（2008—2020），从空间尺度按管理层级开展了生态保护红线划定工作；生态保护红线区：各级自然保护区的核心区，以及饮用水水源一级、二级保护区，面积为1 320平方千米，占大连土地面积的10.5%。在生态保护红线区域以外划定一定区域为生态脆弱区，即黄线区，主要包括：已批准的及拟申报的各级别自然保护区的缓冲区，以及实验区、风景名胜区、森林公园、地质公园；饮用水水源保护区；已列入国际和国家重要湿地名录的湿地，或未列入国际和国家重要湿地名录，但对大连市生态服务功能具有重要影响的湿地；生物多样性现状保育良好的尚未开发区域等	红线区、黄线区，并划定环境风险区域红线	10.50
广东（2014年）	生态区位重要性，生态功能显著性，生态敏感性和脆弱性，各类森林、湿地资源的空间分布现状	《广东省环境保护规划》（2006—2020）对全省和21个地级市都划出了红线调控区；发布了《广东省林业生态红线划定工作方案》（2013）及操作细则（2014），规定到2020年，全省森林保有量不低于1.631亿亩，全省林地保有量不低于1.632亿亩，全省湿地面积不低于2 630万亩，全省森林和野生动植物类型自然保护区面积占国土面积的比例不低于6.9%，严禁开发各类自然保护区的核心区和缓冲区，严格保护国家和省重点保护野生动植物。要求明确界定各类自然保护区、水源保护区、生态公益林区、森林公园、湿地公园、基本农田保护区、风景名胜区、地质地貌风景区，重要江河湖泊、水库、海岸、沼泽湿地，大型城市绿地、生态廊道和重要野生动植物资源的保护控制范围，坚守生态屏障，严控城市建设用地增长边界	四级保护区域和管控等级	尚在划定中
天津（2014年）	自然资源现状特点、生态用地功能重要性、保护与发展协调性	发布《天津市生态用地保护红线划定方案》《天津市绿化条例》，划定区域包括自然保护区、国家地质公园、森林公园、郊野公园、城市公园、盐田、洼淀、河流、湖泊、高速公路与铁路的交通干线防护林带、城区绿地、城市绿廊及外环线绿化带、西北放风阻沙林带、沿海防护林带等，并划定海洋红线区	红线区、黄线区	25.00
沈阳（2014年）	生态服务功能保障、生态环境敏感脆弱区保护、生物多样性保护	出台《沈阳市第一批生态保护红线方案》《沈阳市生态保护红线管理办法》，逐步划定法定保护地、重要生态功能区、环境敏感脆弱区、城市生态服务功能区四大类型区域（包括山地自然保护区、湿地自然保护区、风景名胜区、湿地公园、森林公园、山地生态保护地、湿地生态保护地、河流及防护带、城市及郊野公园、防护林带等区域等），目前已划定第一批10个红线区	一类区、二类区	将达到25.00

（续表）

试点地区	生态保护红线划分依据	生态保护红线划定区域	分级管控	生态保护红线区域占该区域面积的比例/%
宁波（2014年）	耕地保有量、资源环境承载力、城市开发边界	对《宁波市城市总体规划》《宁波市土地利用总体规划》（2006—2020）进行调整，划定生态保护红线区域，具体为宁波城市中自然保护区、风景名胜区、森林公园、地质遗迹保护区、饮用水水源保护区、洪水调蓄区、重要水源涵养区、重要湿地、生态公益林、特殊物种保护区10类区域；划定禁建区、限建区、适建区等	禁建区、限建区	45.00
福建（2014年）	自然地理特征、生态系统服务功能和生态保护需求	出台《福建省生态功能红线划定工作方案》（2014）、《福建省海洋生态红线划定工作方案》（2014）、《福建省生态红线划定工作实施方案》（2015）、《福建省林业生态红线划定工作方案》（2015）。生态保护红线分为陆域生态保护红线和海域生态保护红线两种类型。陆域生态保护红线包括9个类型，即生物多样性保护红线、重要湿地保护红线、水源涵养区保护红线、陆域重要水体及生态岸线保护红线、水土流失敏感区保护红线、自然与人文景观保护红线、生态公益林保护红线、沿海基干林带保护红线和集中式饮用水水源地保护红线。海域生态保护红线主要包括重要河口、重要滨海湿地、特殊保护海岛、海洋保护区等	一级、二级（红线区、黄线区）	尚在划定中
上海市（2014～2016年）	自然地理特征、生态系统类型与服务功能、生态与环境保护要求	从2014年3月起，由上海市规划和国土资源管理局和上海市环境保护局联合组织开展上海市生态保护红线的划示工作，上海市发展和改革委员会、上海市农业委员会、上海市绿化和市容管理局、上海市水务局共同参与。以2012年上海市政府批复的《上海市基本生态网络规划》为依据，围绕生态文明建设目标体系，在对现状生态资源的全面梳理和系统评价的基础上，通过分级分类划定生态红线，构建多层次、成网络、功能复合的生态空间体系，保护现状生态资源，并指导未来生态建设 规划形成"江海交汇，水绿交融，文韵相承"的生态网络格局，加强"滩、湾、江、湖、岛"保护力度，切实有效维护东海滩涂湿地，以及与之依存的自然保护区、杭州湾湾区、长江及黄浦江水源保护区、淀山湖湖区和崇明三岛等长江口岛群五大城市基础性生态源地。市域构建多层次、成网络、功能复合的生态空间体系。规划上海市生态保护红线总面积为4 364平方千米（其中陆域面积为3 033平方千米，占全市面积的44.5%），其中一级保护区总面积约为1 189平方千米（其中陆域面积为96平方千米，约占全市面积的1.5%），为生态保护红线的核心区域，主要为国家相关规定确定的禁止建设区域；二级保护区总面积为3 175平方千米（其中陆域面积为2 937平方千米，约占全市面积的43%），为具有重要生态功能的空间，包括重要水、田、林区域，以及市域生态环廊空间	分级分类（共分二级15类）	44.5%

（续表）

试点地区	生态保护红线划分依据	生态保护红线划定区域	分级管控	生态保护红线区域占该区域面积的比例/%
上海市（2014～2016年）	自然地理特征、生态系统类型与服务功能、生态与环境保护要求	生态保护红线共包括15类生态空间。其中，自然保护区面积为1 060平方千米，饮用水水源保护区面积为429平方千米，森林公园面积为15平方千米，地质公园面积为77平方千米，重要山体面积为2.5平方千米，重要耕地面积为1 346平方千米，重要林地面积为392平方千米，重要湿地面积为1 203平方千米，重要河道面积为260平方千米，重要公园面积为19.5平方千米，重要野生动物栖息地面积为190平方千米，外环绿带面积为52平方千米，近郊绿环面积为142平方千米，近郊生态间隔带面积为150平方千米，市域生态走廊面积为1 500平方千米	分级分类（共分二级15类）	44.5%

11.3 我国生态保护红线存在的问题和政策建议

11.3.1 生态保护红线存在的问题

（1）概念内涵不清晰，认识不统一

作为我国生态保护领域最重要的制度，以及相关科研领域的研究热点，生态保护红线的概念和内涵尚未形成一致的观点，国内专家的看法各有差别，但国家林业局、水利部、国家海洋局、环境保护部等不同政府部门已划定了各自的"红线"，尽管有正式发布的《生态保护红线划定技术指南》(2017)，环境保护部的"生态保护红线"也不全是中央提出的"生态保护红线"。目前环境保护领域有关红线的提法有"生态保护红线""环境红线""生态环境红线""生态环境保护红线""生态功能基线""环境质量安全底线"等(2011)，哪一个提法更贴近、更能体现"生态保护红线"的落实，还未形成统一认识。

（2）缺乏协调机制

生态保护红线的规划编制及划定与切实落地涉及多部门所辖领域，是一项综合、复杂的工作，而在我国职能部门的设置中与生态环境相关的政府部门众多，森林、湿地和荒漠由林业部门管辖，草地由农业部门管辖，土地由国土部门管辖，水环境由水利部门管辖等，若仅由环境保护部出面，统筹协调难度极大，国家层面缺乏生态保护红线的统一决策、统一监督管理体制和机制，存在政府部门职能错位、冲突、重叠等体制性障碍，造成国家公共利益和部门行业利益的冲突。如何明确各部门职责，解决由谁负责划红线、由谁负责管红线的问题，迫在眉睫；空间落地和要素整合协调的问题亟待解决。此外，生态保护区域间缺乏有效的生态补偿机制，将对生态保护红线制度的实施效果和区域间的协调发展带来挑战；地方经济与生态保护、眼前发展与长远利益尚存在矛盾。

（3）缺乏一定的标准

标准的缺乏对生态保护红线划定的实践应用带来了一定难度。各地区的经济发展程度、环境脆弱性、气候地质环境不一样，加之环境变化存在动态性，导致标准难以制定。另外，环保标准的支撑作用应在生态保护红线的划定过程中得到发挥。我国现有环保标准虽已形成以环境质量标准和污染物排放标准为核心，以及以环境监测标准、环境基础标准和环境管理技术规范为重要组成，并且由国家、地方两级标准构成"两级五类"环保标准体系，但仍存在一些问题，主要是：① 对不同要素的支撑不平衡（如土壤、生态等复杂要素），对生态系统综合管理的支撑不全面；② 区域针对性不强，难以支撑分类分区管理；③ 资源管理标准的系统性、协调性有待加强。

（4）法律制度不健全

合理明确的法律制度是保障空间管制措施贯彻落实的基础。生态保护红线作为我国环境保护的制度创新，已成为国家重大政策，但生态保护红线的划定和坚守，关键是建立健全法律制度保障体系；生态保护红线的法律保障涉及多方面的立法，包括国土利用规划立法、生态保护立法、自然资源立法、污染防治立法、生物安全立法等，而目前我国的所有立法尚未明确涉及生态保护红线问题，当前相关法规只能从宏观上提升生态空间的重要性。

目前尽管生态保护红线制度被提升到国家战略高度，但在《国家生态保护红线——生态功能基线划定技术指南（试行）》（2014）（简称《指南》）发布后至今，国家层面尚未出台相关的具体法律法规，或配套保障政策、管理办法，这导致各地红线划定的摇摆不定和落实的难度提升。此外，由于我国幅员辽阔，各地情况复杂，制定全国通用的生态保护红线法律法规的难度较大。因此，只能依据各地的实际情况，由地方政府颁布相应的地方条例，以强化对生态空间的保护和实施。严格的制度、严密的法治是生态文明建设和生态红线落地的可靠保障，所以国家层面的立法刻不容缓。

（5）生态保护红线落地困难

生态保护红线概念不清，部门及区域之间的关系难以协调，相关标准不全面、难以适应区域分异和环境变化，发展与环境保护存在冲突，加之国家和地方层面相关的具体法律法规，或配套政策、管理办法不健全，导致红线划定摇摆不定，落地有难度。

生态保护红线、自然资源资产负债表、自然资源资产离任审计、生态环境损害责任终身追究制，这些中共十八届三中全会以来的有关生态文明制度的创新，体现了国家对环境保护的深切关注，但如何让红线不成为"悬着的线"，如何让领导干部环境考核不"问而无责"，顶层设计之后的落地探索，依然需要更大的创新勇气和胆识。

11.3.2　对策建议

笔者认为，主要应从以下几个方面来推进生态保护红线划定工作。

1）加强基础研究，明确生态保护红线概念，完善相关技术与指南，进一步开展生态环境基线调查工作，把握生态本底，使生态保护红线能够划定、真正落地。

摸清生态本底是生态保护红线划定工作的重要基础，也是生态保护红线空间落地的前提。生态保护红线划定后即需实行最为严格的保护，这可能会在一定程度上影响地方的产业结构和布局，进而影响当前的经济发展。因此，应在划定生态保护红线前进行相关的基础调查工作，提高生态保护红线划定的科学性和合理性，以便生态保护红线边界的细化，以及生态保护红线划定后的管理工作。界定清晰概念、统一各方认识，逐渐完善生态保护红线划定技术，健全相关标准制度，才能使生态保护红线的研究更有针对性、部门更有协调性、划定更有操作性、保护更有目标性，推进我国生态保护红线的划定和生态保护工作。因此，应加强对各地生态环境基线调查工作的支持和推进，加深相关基础研究，弄清楚"做什么"，确定"怎么做"。

另外，无论是2014年1月初国家出台的《国家生态保护红线——生态功能基线划定技术指南》（试行），还是2017年5月新近修订的正式版《生态保护红线划定指南》，在生态红线划定问题上，主要强调从用地的空间控制上对"生态功能红线"的划定提出具体规定与技术规范，但对生态保护红线中的其他两线，即"环境质量红线"和"资源利用红线"，尚未给出相应的划定指南及标准。环境质量红线维护人居环境与人体健康的基本需要，资源利用红线促进资源能源节约，保障能源、水、土地等资源安全利用和高效利用；生态保护红线的概念、内涵及划定措施应逐步由国土空间生态保护红线扩展到资源能源利用及环境质量改善红线等方面，兼顾资源、环境、生态三大领域。

建议进一步完善生态功能红线—环境质量红线—资源利用红线"三线"综合的生态红线体系。由"三线"构成的生态红线是一个综合体系。在生态功能红线已划定的基础上，现阶段需进一步完善环境质量红线与资源利用红线划定的技术指南及标准；下一阶段，生态红线的概念亟待放大与扩充，应将污染物总量控制、环境质量管理加入生态红线的综合体系中，以期构建基于质量-总量-风险-生态一体化的国家生态红线，乃至环境红线的管理制度体系。

2）加强管理，建立分级分类分区管控机制和监测监察体系，建立生态保护红线保护考核评价体系，树立生态政绩观，建立追责制度。

明确一级、二级保护区域范围、管理制度、奖惩制度，实行最严格的制度、最严密的法治，针对被划定在生态保护红线区域内的已建企业，需要建立一套退出赔偿机制，通过利益杠杆撬动生态保护；生态保护红线要划定，更要保护，应充分利用"3S"（遥感、地理信息系统、全球定位系统）等技术，发挥国土生态安全遥感监察系统的作用，建立生态保护红线监测管理系统，定期调查红线区域的生态状况；加强生态保护红线的管理研究工作，包括生态保护红线保障机制、生态保护红线保护考核评价体系、生态补偿机制、生态政绩考核体系、常态化生态文明宣传教育等，把资源消耗、环境损害及生态效益等指标纳入经济社会发展评价体系，使之成为推进生态文明建设的重要导向和约束；"要建立责任追究制度，对那些不顾生态环境盲目决策，造成严重后果的人，必须追究其责任，而且应该终身追究"，建立政府生态环境问责机制，对生态环境造成严重后果或恶劣影响的，依法追究其责任。

建立"划定—实施—管理"三阶段并重的生态保护红线责任机制。从国家层面的高度，明确生态保护红线三阶段工作的责任主体，明确各部门的工作职能，避免其各行其道、重复划定。建议仍由环境保护部统筹负责生态保护红线三阶段的工作，强化环保综合决策能力，由深化改革领导小组协调各部门工作，特别是国土、规划等与生态保护红线落地息息相关的部门，由国家重点督促。地方层面应在效仿国家层面的同时结合当地实际情况，因地制宜地构建职责明确的生态保护红线责任机制。

3）加快推进立法，建立健全生态保护红线划定和维护落地实施的法律法规保障体系，明确生态保护红线管理制度的法律地位，为开展生态保护红线划定工作提供法律支撑。

应以法治手段，体现生态保护红线的权威性、强制性，破除红线落地难题。《中华人民共和国环境保护法》是生态文明制度建设的基本法，在《中华人民共和国环境保护法》的修订中，将生态保护红线写入法律，强调生态保护红线是保护自然生态环境、防治生态风险的强制性制度，给予红线相应的法律地位。地方政府或者地方立法应在国家标准规范的基础上对红线区做出进一步的划定，实施更加严格、具体的红线落地措施。同时应针对不同的生态保护红线区域，制定不同的生态环境保护标准和管控措施，进行差别化管理和控制；将生态保护红线的监测、监察、管理、追责等纳入法规体系建设。

建议建立"监测监察—预测预警—法律法规"三级递进的生态保护红线保障机制。

监测监察，建立国土生态安全监测网络体系，于红线内设定一定的监测点，以区域性监测站为依托，动态监测生态红线内各环境指标的变化，实时反映国家生态安全指数。

预测预警，构建国土生态安全环境综合大数据库，预测未来国土生态安全要素发展变化趋势及时空分布信息。并在监测的基础上，建立警情评估、发布信息与应对平台，构建预警体系。

法律法规是切实保障生态保护红线政策的基石，要逐步建立完善的国土生态安全法律法规保障体系，及时出台与生态保护红线配套的法律法规和管理办法，使生态保护红线落地有据可依、有法可治。

4）逐步建立区域间的协调机制、红线区的生态补偿机制，以及公众参与机制和规划衔接机制。

生态补偿机制的建立能对缓解地方经济与生态保护、长远利益与近期发展的矛盾起到重要作用。应逐步建立起生态保护红线区域的补偿机制，明确补偿方式、补偿标准、资金来源、补偿渠道，推动补偿区域的生态保护；加大财政转移支付力度，探索多样化的生态补偿模式，给生态环境相对脆弱的地区输血；对贡献方和受益方都明确的区域，按照谁受益谁补偿的原则，建立不同地区间的横向生态补偿机制。

应在生态保护红线的维护中引入公众参与机制。公众作为生态环境保护的权利和责任主体，应建立机制、体制，引导公众参与生态保护红线的划定和保护工作，在生态保护红线划定和保护的各个环节设置公众参与的机制和体制，特别是在生态保护红线立法和生态保护红线区域开发利用活动的环境影响评价环节。同时应对公众加强环境保护、生态安全等方面的宣传教育，使得公众愿参与、能参与到生态保护红线的划定、实施和保护中。

规划的衔接是生态保护红线落地并发挥作用的关键一环。虽然《指南》中对生态红线划定区域有明确的规定，但在实际推进过程中，生态红线的划定与地方已有规划的衔接工作仍出现了诸多矛盾。国土部门有土地利用规划、规划部门有城市总体规划、水利部门有水利规划、环保部门有环境总体规划、林业部门有林业规划等，如何协调已有规划与生态保护红线的相容性，将生态保护红线落实到可操作层面，将生态保护红线"精细化"是其落地必须解决的问题。

建议建立"分级控制—生态补偿—绿色考核"三环紧扣的生态保护红线管理机制。

分级控制，明确一级、二级保护区域范围、管理制度、奖惩制度，实行最严格的制度、最严苛的法治。对一级保护区域内的建设活动严格把关，禁止任何与环境保护无关的建设项目，严惩破坏生态环境的行为。可对二级保护区域内的建设活动在不损害生态环境的基础上可做出相应的调整,具体的细则措施需要考虑当地的实际情况来制定。

生态补偿是生态保护红线落地的重要抓手。随着生态保护红线的划定,势必会产生生态环境资源与经济资本分配的不公平。生态改善应全民共享,这就需要加大对重点保护区域的生态补偿,让保护区群众"得能偿失",其利益不至于受损,才有参与生态保护的积极性。尤其针对被划定在生态保护红线区域内的已建企业,需要建立一套退出赔偿机制,通过利益杠杆撬动生态保护。

绿色考核,探索编制自然资源资产负债表,对领导干部实行自然资源资产离任审计,将其跟干部考评机制结合起来,变成一项考评指标。鼓励干部树立生态政绩观,并将绿色考核体现在干部的提升选拔中,调动干部从事生态保护工作的积极性。同时建立责任追究制度,对不顾生态环境盲目决策、造成严重后果的人,坚决追究其生态责任。

综上所述,不论是从国家战略还是从地方重大需求考虑,我国推进和落实生态保护红线划定工作迫在眉睫。国内外成功的经验与案例已提供了丰富的借鉴,同时近年来我国相关高校、研究机构对生态保护红线的概念、内涵、实施途径、挑战与管理对策等方面进行了深入研究,将对我国生态保护红线划定工作的推进起到推动作用。生态保护红线作为中国特有的政策"产物",既有中国特色,又有示范意义,亟须对其给予大力支持与扶持。生态保护红线是实线而非虚线,建议设立我国生态保护红线相关专项基金与专项攻关课题,深化研究,加快生态保护红线划定技术及政策的完善和划定工作的落实。

第12章
新常态下我国土壤污染与生态修复战略评估报告[①]

近年来我国土壤污染形势严峻,土壤重金属污染事件频发,不仅对耕地与农产品质量构成严重威胁,还直接损害了民众的身体健康,影响社会稳定(林强,2004)。土壤污染是一个全球面临的重大环境问题,其不仅严重影响土壤质量和土地生产力,还会危及食物安全、人体健康乃至生态安全。我国经济发展已进入新常态,根据我国土壤污染现实状况,开展土壤重金属污染防控和修复工作,保障生态环境与食物安全,已成为国家重大现实需求。因此,土壤污染生态修复已成为国内外社会经济与环境协调发展关注的重要领域。党中央、国务院已决定把防治土壤污染作为社会主义新农村建设的一项重要工作,作为新时期环境保护的重要抓手。本章从土壤生态修复的国内外发展态势、我国目前的土壤污染现状、发展及挑战、政府推动、科技驱动、政策建议等方面提出了我国土壤污染生态修复的战略思考。

12.1 国内外土壤生态修复发展态势

从20世纪60年代初荷兰、美国等发达国家因为化学废弃物的倾倒导致严重的土壤环境问题至今,土壤污染已遍布世界五大洲,并主要集中在欧洲,其次是亚洲和美洲。污染土壤修复技术的研究起步于20世纪70年代后期,过去的30年来,欧洲、美国、日本、澳大利亚等地区或国家纷纷制定了土壤修复计划,巨额投资研究了土壤修复技术与设备,积累了丰富的现场修复技术与工程应用经验,成立了许多土壤修复公司和网络组织,使土壤修复技术得到了快速的发展。

1980年美国国会通过了《综合环境反应、赔偿和责任法》,批准设立污染场地管理与修复基金,即超级基金,授权美国环保署对该国"棕地"进行管理(Sharifi and Murayama,2013)。在法律框架下,美国已制定了一系列场地修复技术标准和污染场"国家优先名录",1982 ～ 2002年,美国超级基金共对764个场地进行修复或拟修复,美国主要以法律与经济手段并用的手段来进行土壤修复。英国是国际上土壤生态修复的先行者,从20世纪中叶开始,英国就陆续制定相关的污染控制和管理的法律法规,同时进行土壤改良剂和场地污染修复研究,英国土地修复技术非常规范,分为物理方法、化学方法、生物修复技术3个方面;英

国在伦敦、曼彻斯特、圣海伦斯、利物浦、格拉斯哥、爱丁堡等地开展了大量的土壤生态修复工作，倡导应用以"植物–土壤–微生物"为主体的生态修复技术，获得了极大成功；英国航空公司总部基地就位于伦敦附近的大型垃圾填埋场生态修复基地内，现状基地景观湖光山色，生态环境优美；英国《环境保护法1990：污染土地ⅡA部分》明确规定应遵循污染者责任原则，即任何把污染物排放到土壤表面和地下的个人和单位，都有修复土地并支付费用的责任和义务。此外，英国政府还发布了《英国指导潜在污染土地恢复手册》，将化工、煤焦化、木材加工等企业和机构的所在地列为潜在污染场地。德国的生态治理模式属于典型的"先污染后治理"模式。从20世纪70年代开始，德国政府相继关闭污染严重的煤炭和化工企业，并投入巨资对废弃厂区进行生态修复；德国还建立了遍布全国的生态环境监测体系，对德国气候变化、土壤状况、空气质量、降水量、水域治理、污水处理和下水道系统等进行实时监测。荷兰的土壤污染修复技术也日趋成熟，国土面积为4.15万平方千米的荷兰每年要花费4亿欧元修复1 500～2 000个场地，预计到2015年基本能修复全部污染土壤。目前荷兰的土壤污染修复技术主要分为原位修复和异位修复两大类；其他国家，如法国、意大利、日本、新加坡、加拿大等，都有许多土壤生态修复的成功案例。国外土壤修复的巨大成就离不开资助机构和基金的大力支持，表12-1为国内外土壤修复领域的主要资助机构及基金。

表12-1   国内外土壤修复行业的主要资助机构及基金

美 国	英 国	日 本	加拿大	澳大利亚	中 国
美国国家环境保护署（EPA）、美国国家科学基金会（NSF）、美国农业部农业研究局（ARS）	英国环境、食品及农村事务部，英国自然环境研究理事会（NERC），英国工程与自然科学研究理事会（EPSRC）	日本文部科学省（MEST）、日本学术振兴会（JSPS）	加拿大自然科学与工程技术研究理事会（NSERC）	澳大利亚研究理事会（ARC）	科学技术部、国家自然科学基金委员会、环境保护部等

我国的污染土壤修复技术研究起步较晚，直至21世纪初，在城市化发展进程中，由于一些严重的土壤污染事件，土壤污染问题开始引起相关部门的重视，并着手法律法规和技术标准等支撑体系的建设，研发水平和应用经验与美国、英国、德国、荷兰等发达国家存在较大差距。近年来，顺应土壤环境保护的现实需求和土壤环境科学技术的发展需求，科学技术部、国家自然科学基金委员会、中国科学院、环境保护部等部门有计划地部署了一批土壤修复研究项目和专题。例如，中国与俄罗斯政府间科技合作项目"重金属污染土壤植物–微生物联合修复潜力与生态风险评价"，国家973项目"东北老工业基地环境污染形成机理与生态修复研究（2004CB418503）"，国家自然科学基金项目"安太堡矿区生态修复进程中土壤微生物和植被协同演替机制"，国家杰出青年科学基金"重金属污染土壤的植物修复生态化学过程与机理研究"等，这些研究有力地推动了全国范围的土壤污染控制与修复科学技术的发展工作。从实践经验来看，近年来北京、上海、重庆、宁波、沈阳等城市进行了化工、农药、焦化厂等场地的调查评估和修复工作。虽然我国土壤修复领域已取得长足的进步，但是我国土壤修复产业还面临很多问题与挑战，如土壤污染修复产业发展战略不明确，市场混乱；修复技术水平参差不齐，产业链合作亟待解决等，需要借鉴国外经验。近

年来，我国在土壤污染防治领域先后出台了一系列相关政策、法规等规范性文件（表12-2），包括《关于加强土壤污染防治工作的意见》（2008）、《重金属污染综合防治"十二五"规划》（2011）、《近期土壤环境保护和综合治理工作安排》（2013）等。2011年3月，国务院批准《湘江流域重金属污染治理实施方案》（2012—2015），这是迄今全国第一个，也是唯一一个获国务院正式批准的重金属污染治理试点方案，总投资达595亿元。

表12-2　近年我国出台的有关土壤治理政策

政　策	发布日期	发布单位	主　要　内　容
关于加强土壤污染防治工作的建议	2008年6月	环境保护部	到2010年，全面完成土壤污染状况调查；初步建立土壤环境监测网络；编制完成国家和地方土壤污染防治规划，初步构建土壤污染防治的政策法律法规等管理体系框架；到2015年，基本建立土壤污染防治监督管理体系；建立土壤污染事故应急预案，土壤环境监测网络进一步完善；以农田土壤和污染场地土壤，特别是城市工业遗留污染问题为突出防治的重点领域
重金属污染防治"十二五"规划	2011年2月	国务院	确定了内蒙古、江苏等14个重金属污染综合防治重点省份、138个重点防治区域和4 452家重点防控企业；规划到2015年，重点区域铅、汞、铬、镉和类金属砷等重金属污染物的排放比2007年削减15%
湘江流域重金属污染治理实施方案（2012～2015年）	2012年6月	湖南省人民政府办公厅	"十二五"末，重金属企业数量及重金属排放量比2008年减少了50%，经过治理，力求2015年铅、汞、铬、镉和类金属砷排放总量在2008年基础上削减70%左右；"十二五"期间完成项目856个，总投资为505亿元
近期土壤环境保护和综合治理工作安排	2013年1月	国务院	到2015年全面摸清我国土壤环境状况，建立严格的耕地和集中式饮用水水源地土壤环境保护制度，初步遏制土壤污染上升的势头，确保全国耕地土壤环境质量调查点位达标率不低于80%；建立土壤环境质量定期调查和例行监测制度，基本建立土壤环境质量监测网，对全国60%的耕地和50万以上服务人口的集中式饮用水水源地土壤开展例行监测；力争到2020年，建成国家土壤环境保护体系，使全国土壤环境质量得到明显改善
全国土壤环境保护"十二五"规划		国务院	根据土壤污染现状调查结果将对土壤污染的修复治理制定全面规划，预计中央财政对土壤修复的投入超过300亿元，拉动超过千亿的投资规模；重点防治五大行业（采矿、冶炼、铅蓄电池、皮革及制品、化学原料及制品），14个重点治理省区，全国重点防控区138个，涉及26个省（自治区、直辖市），4 452家重点防控企业
土壤污染防治行动计划		环境保护部	要实施重度污染耕地种植结构调整，开展污染地块土壤治理与修复试点、建设6个土壤环境保护和污染治理示范区。预计单个示范区用于土壤保护和污染治理的财政投入在10亿～15亿元

中共十八大后，《中共中央国务院关于加快推进生态文明建设的意见》（2015年3月）中，生态文明建设的政治高度进一步凸显。生态文明建设将进一步纳入国家"十三五"规划，继《大气污染防治十条措施》（简称"大气十条"）《水污染防治行动计划》（简称"水十条"）之后，《土壤污染防治行动计划》（简称"土十条"）也相继出台，与"大气十条""水十条"一起成为环境保护的"三大战役"。

12.2　当前我国土壤污染现状及污染防治存在的问题

12.2.1　当前我国土壤污染现状

我国耕地受污染面积为2 667万公顷,其中受到重金属污染的耕地近2 000万公顷,约占总耕地面积的1/5(环境保护部,国土资源部,2014)。中共十八大报告独立成章、提出要大力推进生态文明建设,把环境保护、资源节约、能源节约、发展可再生能源以及水、大气、土壤污染治理等工作上升到空前的国家战略高度。对我国8个城市农田土壤中Cr、Cu、Pb、Zn、Ni、Cd、Hg和As的浓度进行统计分析,大部分城市结果高于其土壤背景值(表12–3)。农业部农产品污染防治重点实验室对全国24个省(自治区、直辖市)土地进行调查显示,320个严重污染区,约为548×10^{4}公顷,重金属超标的农产品占污染物超标农产品总面积的80%以上。2006年前环境保护部对30×10^{4}公顷基本农田保护区土壤的重金属抽测了3.6×10^{4}公顷,重金属超标率达12.1%。

表12–3　中国部分城市农田土壤中重金属的质量分数(%)

城　市	$w(Cr)$	$w(Cu)$	$w(Pb)$	$w(Zn)$	$w(Ni)$	$w(Cd)$	$w(Hg)$	$w(As)$
北京	75.74	28.05	18.48	81.10	—	0.18	—	—
广州	64.65	24.0	58.0	162.6	—	0.28	0.73	10.90
成都	59.50	42.52	77.27	227.00	—	0.36	0.31	11.27
郑州	60.67		17.11		—	0.12	0.08	6.69
扬州	77.20	33.90	35.70	98.10	38.50	0.30	0.20	10.2
无锡	58.60	40.40	46.70	112.90		0.14	0.16	14.3
徐州	—	35.28	56.20	149.68		2.57		
兰州	—	41.63	37.44	69.58				17.33
国家背景值	61.00	22.60	26.00	74.20	26.90	0.097	0.065	11.20

2012年10月31日,温家宝主持召开国务院常务会议,研究部署土壤环境保护和综合治理工作时就提出要将保护土壤环境、防治和减少土壤污染、保障农产品质量安全、建设良好人居环境作为当前和今后一个时期的主要目标,并确定了包括开展土壤污染治理与修复的五大主要任务。近期,环境保护部接连出台了《关于加强土壤污染防治工作的意见》《近期土壤环境保护和综合治理工作安排》等,对土壤修复工作提出了更高的要求。

以上海为例,随着上海城市建设力度的加大、人口的增长、交通运输的高负荷、生活垃圾及工业废物的大量排放,上海土壤重金属污染状况日趋严重,根据庞金华(1995)、周根娣等(1994)、叶荣等(2007)、史贵涛等(2006)分别对上海农田土壤、蔬菜、公园土壤等的研究表明,上海重金属污染尤以Pb、Zn、Cr、Cd、Cu超标为甚,多的高达11.9倍。近年来,由于上海城市产业结构调整、功能转型发展,大量工业用地转为商业居住和公共用地,一些遗留场地的土壤污染问题给城市环境和居民健康带来了潜在威胁,像大气污染、水污染一样,土壤污染已经成为上海面临的主要环境问题之一。根据上海工业用地盘活利用的相关规划，将有198平方千米现状工业用地逐步复垦为耕地及其他生态用地。但长期的工业生产，使现状工业用地在不同程度上存在着重金属元素富集、有机污染物含量超标等土壤污染问题，均严重威胁转型后的土地再利用。因此，要实现其用途的转变，必须以适当的技术手段和可以接受的成本开展土壤修复。

2014年环境保护部和国土资源部公布《全国土壤污染状况调查公报》，调查结果显示，全国土壤环境状况总体不容乐观，部分地区土壤污染较重，耕地土壤环境质量堪忧，工矿业废弃地土壤环境问题突出。全国土壤总的超标率为16.1%，其中轻微、轻度、中度和重度污染点位比例分别为11.2%、2.3%、1.5%和1.1%。无机污染物和有机污染物的超标情况见表12-4和表12-5。

表12-4 土壤无机污染物超标情况（%）

污染物类型	点位超标率	不同程度污染点位比例			
		轻 微	轻 度	中 度	重 度
Cd	7.0	5.2	0.8	0.5	0.5
Ag	1.6	1.2	0.2	0.1	0.1
As	2.7	2.0	0.4	0.2	0.1
Cu	2.1	1.6	0.3	0.15	0.05
Pb	1.5	1.1	0.2	0.1	0.1
Cr	1.1	0.9	0.15	0.04	0.01
Zn	0.9	0.75	0.08	0.05	0.02
Ni	4.8	3.9	0.5	0.3	0.1

表12-5 土壤有机污染物超标情况（%）

污染物类型	点位超标率	不同程度污染点位比例			
		轻 微	轻 度	中 度	重 度
六六六	0.5	0.3	0.1	0.06	0.04
DDT	1.9	1.1	0.3	0.25	0.25
多环芳烃	1.4	0.8	0.2	0.2	0.2

我国各省（自治区、直辖市）农田土壤重金属元素背景值状况如表12-6所示。从背景值看，云南、四川、贵州、福建和广东均是Pb的高分布区，西南部土壤Cu含量背景值在中国西部区域较高。就目前我国农田土壤重金属污染状况总体来看，湖南、江西、云南、贵州、四川、广西等有色金属矿区土壤重金属污染尤为严重。我国西南地区（云南、贵州、广西等）土壤重金属背景值远高于全国土壤背景值，如Cd、Pb、Zn、Cu、As等。这主要是因为重金属含量高的岩石（石灰岩类）在风化成土过程中释放重金属并富集在土壤中的缘故。

表12–6　我国部分省级行政区土壤重金属含量背景值　　　　　（单位：mg/kg）

行　政　区	Cd	Cr	Cu	Pb	Zn
北京市	0.074	68.10	23.60	25.40	102.60
上海市	0.138	70.20	27.20	25.00	81.30
天津市	0.090	84.20	28.80	21.00	79.30
重庆市	0.133	76.14	23.83	25.48	75.83
黑龙江省	0.086	58.60	20.00	24.20	70.70
云南省	0.218	65.20	46.30	40.60	89.70
吉林省	0.099	46.70	17.10	28.80	80.40
四川省	0.079	79.00	31.10	30.90	86.50
安徽省	0.097	66.50	20.40	26.60	62.00
山东省	0.084	66.00	24.00	25.80	63.50
山西省	0.128	61.80	26.90	15.80	75.50
广东省	0.056	50.50	17.00	36.00	47.30
江苏省	0.126	77.80	22.30	26.20	62.60
江西省	0.108	45.90	20.30	32.30	69.40
河北省	0.094	68.30	21.80	21.50	78.40
河南省	0.074	63.80	19.70	19.60	60.10
浙江省	0.070	52.90	17.60	23.70	70.60
湖北省	0.172	86.00	30.70	26.70	83.60
湖南省	0.126	71.40	27.30	29.70	94.40
甘肃省	0.116	70.20	24.10	18.80	68.50
福建省	0.074	14.00	22.80	41.30	86.10
贵州省	0.659	95.90	32.00	35.20	99.50
辽宁省	0.108	57.90	19.80	21.40	63.50
陕西省	0.094	62.50	21.40	21.40	69.40
青海省	0.137	70.10	22.20	20.90	80.30
宁夏回族自治区	0.112	60.00	22.10	20.90	58.80
内蒙古自治区	0.053	41.40	14.10	17.20	59.10
新疆维吾尔自治区	0.120	49.30	26.70	19.40	68.80
西藏自治区	0.081	76.60	21.90	29.10	74.00
广西壮族自治区	0.267	82.10	27.80	24.00	75.60

注：由于资料限制，此表不含台湾、香港、澳门和海南土壤背景值；所统计背景值为A层土壤重金属元素含量。

12.2.2　当前我国土壤污染防治存在的问题

　　首先,我国土壤立法较晚,过去环境保护工作偏重于空气和水污染防治的立法。2018年之前我国没有专门的土壤环境保护法律法规,相关规定分散在《环境保护法》《土地管理法》《水土保持法》《土地复垦条例》《农药安全使用标准》等不同法律法规中,对土壤污染防治的规定不系统,缺乏可操作性的细则和有威慑力的责任追究条款。直至2018年8月31日,十三届全国人大常委会第五次会议全票通过了《中华人民共和国土壤污染防治法》。该法规定,污染土壤损害国家利益、社会公共利益的,有关机关和组织可以依照《中华人民共和国环境保护法》《中华人民共和国民事诉讼法》《中华人民共和国行政诉讼法》等法律的规定向人民法院提起诉讼。该法自2019年1月1日起施行。

　　其次,监测水平滞后。多数地区缺乏土壤监测必备的仪器和人员,尤其是基本农田和集中式饮用水水源地等重点区域,存在监测站点布置过少、监测项目少、监测数据流通信息不畅、专业技术人员缺乏等诸多问题。

　　再次,修复技术不成熟。我国现有的土壤污染修复技术大多数仍处于实验阶段,有些还只仅适用于实验室的小规模实验,与工程的实际推广尚有一定的差距。同时,现有修复技术成本较高,修复设备与药剂大部分仍然依赖进口。

　　最后,防治资金短缺。土壤污染防治对资金的需求量很大,其目前主要由政府买单,而政府财力的相对有限性使防治资金的来源受到很大限制。尤其对于无主的污染场地,其大多数位置偏远,开发利用价值不大,地方政府配套资金积极性不高,中央资金的杠杆作用难以有效发挥。

12.3　我国土壤生态修复面临的挑战和政策建议

12.3.1　土壤生态修复面临的主要挑战

　　近年来,我国接连爆发出各类土壤污染事件,土壤污染备受关注。但在当前的中国,土壤生态修复仍然是个新行业。当前,土壤生态修复不光在技术上,整个市场的适应能力都有很大的局限性。总体上,土壤生态修复领域主要面临五大挑战:

　　1)需要大量的人才、技术和设备;

　　2)行业亟待规范监督,监管政策急需出台;

　　3)缺少国家和地方导则、标准和技术准则体系,如缺乏土壤环境质量标准以及技术性和专业性的技术导则和手册等;

　　4)地方管理人员亟待培训相应的管理知识;

　　5)从业人员及公司亟待行业风险培训及考核。

12.3.2　土壤生态修复对策建议

　　土壤是人类赖以生存和发展的物质基础,由于经济的发展和人们不合理的生产生活方式的影响,世界上许多国家都经历了土壤污染,对人类生命、健康和财产造成了严重损害和威胁。面对危机,世界各国纷纷通过立法等手段防治土壤污染。土壤环境保护和污染治理的途径与措施主要有以下几点。

(1) 严格执行土壤污染防治行动计划

《土壤环境保护和污染治理行动计划》经过了几十稿的修改完善,2015年5月由环保部提交至国务院进行审核。2016年5月28日,国务院印发了《土壤污染防治行动计划》(简称"土十条"),这一计划的发布被认为是土壤修复事业的里程碑事件。

"土十条"划定了重金属严重污染的区域、投入治理资金的数量、治理的具体措施等多项内容。而且对于土壤污染进行分类(总的分为农业用地和建设用地)监管治理和保护,对于土壤污染治理责任和任务也将逐级分配到地方政府和企业,争取到2020年使土壤恶化情况得到遏制。

总体要求:全面贯彻党的"十八大""十九大"生态文明建设精神,按照"五位一体"总体布局和"四个全面"战略布局,牢固树立创新、协调、绿色、开放、共享的新发展理念,认真落实党中央、国务院决策部署,立足我国国情和发展阶段,着眼经济社会发展全局,以改善土壤环境质量为核心,以保障农产品质量和人居环境安全为出发点,坚持预防为主、保护优先、风险管控,突出重点区域、行业和污染物,实施分类别、分用途、分阶段治理,严控新增污染、逐步减少存量,形成政府主导、企业担责、公众参与、社会监督的土壤污染防治体系,促进土壤资源永续利用,为建设"蓝天常在、青山常在、绿水常在"的美丽中国而奋斗。

工作目标:到2020年,全国土壤污染加重趋势得到初步遏制,土壤环境质量总体保持稳定,农用地和建设用地土壤环境安全得到基本保障,土壤环境风险得到基本管控。到2030年,全国土壤环境质量稳中向好,农用地和建设用地土壤环境安全得到有效保障,土壤环境风险得到全面管控。到21世纪中叶,土壤环境质量全面改善,生态系统实现良性循环。

主要指标:到2020年,受污染耕地安全利用率达到90%左右,污染地块安全利用率达到90%以上;到2030年,受污染耕地安全利用率达到95%以上,污染地块安全利用率达到95%以上[①]。

(2) 健全土壤环境保护法律规范体系

健全土壤环境保护法律规范体系、转变土壤环境保护立法观念、完善土壤环境质量标准、构建土壤环境保护法律制度;以下几方面需重点加强:

1) 健全土壤环境保护法律规范体系;
2) 转变土壤环境保护立法观念;
3) 完善土壤环境质量标准;
4) 构建土壤环境保护法律制度。

(3) 进一步开展土壤污染状况详查工作

在已有土壤污染状况调查基础上,进一步开展土壤污染状况详查,摸清土壤环境质量状况,以利于土壤生态修复总体方案的实施。

---

① 环境保护部.国务院关于印发土壤污染防治行动计划的通知.https://baike.baidu.com/item/%E5%9C%9F%E5%A3%A4%E7%8E%8E.2016-05-31.

（4）实施土壤修复工程

参考"十二五""十三五"保护规划，未来土壤修复工作应分步启动、重点区域优先保护：一是对农用土壤和集中式饮用水水源地土壤实行优先保护；二是对土壤重金属、持久性有机污染物等实行源头控制，落实好重金属污染防治等相关规划；三是对受污染土壤的使用进行风险评估与管控；四是开展污染土壤治理修复试点示范，逐步建立土壤污染治理修复技术体系，有计划、分步骤地推进土壤污染治理修复。

（5）加强土壤环境监管

强化土壤环境监管职能，建立土壤污染责任终身追究机制；加强对涉及重金属企业的废水、废气、废渣等处理情况的监督检查，严格管控农业生产过程中的农业投入品乱用、滥用问题，规范危险废物的收集、储存、转移、运输和处理处置活动，以防止造成新的土壤污染。

（6）为土壤污染生态修复提供稳定的资金保障

资金筹措、管理、使用制度的完善是决定《土壤污染防治法》能够得以有效实施并达到最终目标的重要保障。2015年我国土壤修复市场规模已超过400亿元，据预测，2020年土壤修复市场规模将达到1 500亿元。

综上所述，不论是从国家战略，还是地方重大需求方面考虑，我国开展土壤生态修复工作已经迫在眉睫。国内外成功的经验与案例已提供了丰富的借鉴，近年来我国相关高校、研究机构在土壤生态修复方面做了大量工作，有着较为成熟的修复设计方案与工作基础。土壤的植物生态修复已成为国内外土壤环境污染治理研究领域的前沿课题，对于我国土壤生态修复具有十分重要的实践意义，应给予其大力支持与扶持。建议设立我国土壤污染生态修复专项基金与专项攻关课题，建设土壤污染生态修复规模化示范工程基地，为我国土壤生态修复提供强有力的科技支撑，促进环境效益、社会效益、经济效益的协调发展。

第13章
气候变化与中国韧性城市发展对策研究[①]

13.1 韧性城市发展的背景与意义

13.1.1 韧性城市的概念和内涵

城市韧性(urban resilience)指的是城市系统和区域通过合理准备、缓冲和应对不确定性扰动,实现公共安全、社会秩序和经济建设等正常运行的能力。包括4个主要组成部分,即基础设施韧性(infrastructural resilience)、制度韧性(institutional resilience)、经济韧性(economic resilience)和社会韧性(social resilience)。

综合而言,韧性城市必然具备这样的能力:在气候变化背景下能吸收针对其社会、经济和技术系统的未来冲击和压力,同时仍然能够维持其基本功能、结构、系统和地位,即当灾害或者新的挑战发生时,城市能够迅速地调整发展状态,保存自己,并且保持发展活力,最本质的特征是具有自我依赖性和处理危机的能力。

13.1.2 城市适应气候变化的研究与实践进展

自20世纪70年代提出气候变化及其对人类社会可能产生的影响起,国际社会与科学界就开始讨论人类社会应如何响应全球变化,并采取相应的对策。具体研究方向也从70年代提出的预防和阻止转移到80年代提出的减缓,直至目前所普遍认同的适应。适应性已成为全球变化科学的核心概念之一。联合国政府间气候变化专门委员会(IPCC)的历次评估报告也将适应作为人类应对全球气候变化的核心概念和途径。IPCC将适应定义为自然、人文系统对现状、未来气候变化的响应和调整。适应气候变化即减少脆弱性,增强抵抗力,是一种长期的、持续的调整能力。当前气候变化适应性研究主要集中在框架梳理和适应对策的制定两个方面。吴建国(2009)提出需要从自然适应和人为适应两个方面开展生物多样性适应性研究;崔胜辉(2011)将适应性研究途径分为敏感性-脆弱性-适应性框架、暴露-适应能力-脆弱性框架与韧性-脆弱性-适应性框架。目前国内对于某一城市气候变化适应性的定量评估(即适应度研究)比较缺乏,仅有少数学

---

① 本章项目主要参加人员:王祥荣、谢玉静、李瑛、徐艺扬、李昆、彭国涛、凌焕然、钱敏蕾、李响等。

者开展了相关领域的研究。崔利芳等（2012）以大连、咸阳为例构建气候变化适应度评价系统，判定了区域气候变化适应度；Dulal（2014）从气候信息系统、基础设施和制度的有效性3个方面评估了气候变化适应度。

城市作为复杂的巨系统，其在变得越来越强大的同时，也变得越来越脆弱，任何子系统被破坏或不适应新变化，都可能给整个城市带来致命的危机，甚至毁灭，如极端气候带来的干旱和洪涝侵扰；重大自然灾害，如汶川地震、海地地震和日本福岛海啸带来的城市毁灭；韧性城市强调系统适应不确定性的能力，是一种安全无忧的途径。

13.1.3 中国城市适应气候变化的现状与问题

中国也是世界上自然灾害最频繁、损失最大的国家，地域间自然条件差异化程度极高，经常遭受各种自然灾害与人为灾害的影响。这些灾害的不确定性与破坏性给人们带来了巨大的生命和财产损失。2013年中国因自然灾害带来的经济损失近4 210亿人民币，约占当年GDP总量的0.75%。近些年，灾害损失占生产总值的百分比总体在下降，客观上反映了我国抗灾防灾水平的提高，但由于经济开发和土地利用强度今非昔比，经济损失的绝对值仍然相当高。由于城市需要容纳高密度的人口和经济活动，这些负面影响将会被逐渐放大。另外，一些以往经常被人们忽视的缓速扰动，如气候变化、经济依赖、能源危机，甚至非理性城市化等，正直接或间接地影响着城市，同样成为城市发展不确定性的重要影响因素。尤其是上海位于长江入海口，处于长江、东海和陆地三相交汇处，极易受到由气候变化引发的海平面上升、极端气候事件等的影响。上海特有的高度集中的人口、资源和经济特征将进一步放大气候变化所造成的损失。

目前中国城市在处理这些"不确定程度高""可预知性较低"的变化和扰动时，往往显得十分被动。在气候变化背景下，极端天气和气候事件频发，脆弱的城市防灾能力导致风险叠加和放大效应。2012年7月21日北京暴雨、2013年夏季上海持续酷热高温、2013年10月浙江余姚洪水，以及2014年秋冬季节蔓延全国大片城市地区的严重雾霾天气等，如果不及时对其予以重视，提升城市整体的灾害风险应对能力，未来还会有更多不可预知的灾难发生。同时《中国应对气候变化国家方案》指出我国气候条件差、自然灾害较为严重、生态环境脆弱、能源结构以煤为主、人口众多、经济发展水平较低，受到全球气候变化带来的不利影响，并且这种影响在未来有扩大的趋势。因此，我国历来十分重视气候变化影响的评估工作。中国气候变化影响评估工作历程见表13-1。

表13-1 中国气候变化影响评估工作历程

时　间	相　关　工　作
1980年	与世界气候研究计划（WCRP）等四大计划建立相对应的中国委员会
1990年	在国务院环境保护委员会下设立国家气候变化协调小组
"八五"期间	在"国家攀登计划"和"国家重点基础研究发展计划"中开展了一系列的与全球气候变化预测、影响和对策研究相关的重大项目。1994年成立国家气候中心，2002年以后该机构全面开展了与气候变化相关的监测评估工作

（续表）

时　间	相　关　工　作
1998年	设立国家气候变化对策协调小组，为各级政府的应对策略提供指导
2007年	成立国家应对气候变化领导小组，由国务院总理担任组长
2008年	国家应对气候变化领导小组的组成成员扩展到20个，由国家发展与改革委员会承担具体工作
2013年	发布了《国家适应气候变化战略》，这是中国第一份国家层面的适应战略，表明国家对适应问题的重视进一步加强，并开始着力推进适应工作的顶层设计
2014年	国家发展和改革委员会、住房和城乡建设部共同编制《城市适应气候变化行动方案》
目前	国内涉及气候变化研究的国家和部门重点开放实验室超过100个，相关数据库有130多个

13.2　气候变化背景下城市脆弱性评价方法

脆弱性评价主要关注以下问题：研究对象面临的主要扰动是什么；脆弱性较高/低的单元具有什么典型特征；研究区域（内）的脆弱性时间、空间格局；决定脆弱性格局的因素；如何降低评价单元的脆弱性。目前，脆弱性评价的研究在自然灾害脆弱性、全球环境变化脆弱性、生态环境脆弱性等研究领域成果相对较多，一些定量或半定量的脆弱性评价方法已经被提出并得到应用，根据脆弱性评价的思路，将脆弱性评价方法分为以下四类。

（1）模型模拟法

采用模型进行模拟预测是当前最常用，也是发展最迅速的研究方法之一，特别是在定量评价研究中，模型的应用更是必不可少。该方法基于对脆弱性的理解，首先对脆弱性的各构成要素进行定量评价，然后从脆弱性构成要素之间的相互作用关系出发，建立脆弱性评价模型。

（2）指标评价法

利用指示物种或系统对气候变化的响应，或者以能够反映系统状况及其敏感性、适应能力等的指标来衡量脆弱性，是目前脆弱性评价中较常用的一种方法。例如，美国国际开发署（USAID）资助的饥荒早期预警系统（FEWS）研究、南太平洋应用地学委员会（SOPAC）确定的环境脆弱性指标（EVI）等。与脆弱性评价研究相类似的生态系统健康评价也多从系统的活力、组织结构和韧性等几个方面确定能够反映系统健康状况的特征指标对其进行评价。

（3）图层叠置法

近几年来，随着GIS技术的日益普及和完善，应用GIS技术评估自然和人文系统的脆弱性已呈上升趋势，图层叠置法就是基于GIS技术发展起来的一种脆弱性评价方法，根据其评价思路，可分为两种叠置方法：① 脆弱性构成要素图层间的叠置；② 针对不同扰动的脆弱性图层间的叠置。

（4）对比研究

对比研究方法的关键之处在于如何确定脆弱性评价的参照基准，或气候变化的阈值。目前的研究通常是使用自行定义的基准点阈值作为评价标准进行对比，如AIR–CLIM项目定义了"危急气候条件"作为气候变化阈值,即依据NPP对气候变化的响应情况,将NPP划分成可接受和不可接受范围,采用不同气候因子组合输入模型计算NPP(主要为气温和降水),若NPP的变化超出可以接受的范围,此时的气候条件即为危急气候条件。也有学者通过建立敏感性、适应能力与脆弱性的函数关系,假定不同的系统适应能力,来定量评价生态系统的气候变化脆弱性。对比研究还可以以历史资料或历史事件为参照,即在历史上寻求气候在时间或空间上的相似性作对比,这种方法也可以获取很多有价值的信息。

在实际研究中,多种方法常被结合使用,尤其是在评价生物地理影响的时候,模型用来模拟生态系统对气候变化的响应情况,而指标评价则用来确定系统的脆弱程度。

13.3　国际韧性城市典型案例分析与经验借鉴

2012年5月IPCC发布了《管理极端事件和灾害风险,推进气候变化适应》特别报告,提醒国际社会气候变化将增加灾害风险发生的不确定性,未来全球极端天气和气候事件及其影响将持续增多增强。这一警示绝非空穴来风,在气候变化背景下,许多极端事件超出了人类知识和经验的范畴,即使是拥有完备的防灾减灾和应急管理能力的发达国家也难免应对失措。在遭遇到台风、洪涝等极端气候事件的打击下,美国、英国、荷兰等国家的城市决策者意识到应对气候灾害风险的重要性,先后制订了城市防灾计划或适应计划,其中的经验和教训值得中国借鉴。

13.3.1　英国——提前防范的忧患意识

英国在全球气候变化政策立法领域一直积极扮演着先行者和领导者的角色。由于其成立了专门的"能源和气候变化部",地方适应行动与国家适应战略得以密切衔接、反哺互动。早在2001年,伦敦就建立了由政府、企业和媒体广泛参与的"伦敦气候变化伙伴关系",任命专职官员负责制订伦敦适应计划。2002年制订了"英国气候影响计划"(UKCIP)以推动适应气候变化研究,拥有哈德利气候预测和研究中心、Tyndall研究中心等全球领先的气候变化模型、影响评估和政策研究团队,注重研究支持和经验积累,以推动扎实、长效的行动设计。

伦敦遭受洪水、干旱和热浪的风险较高,这些气候事件对伦敦的健康、环境、经济和基础设施等跨领域问题都造成了影响。因此,《伦敦气候变化适应计划》提出了34条应对这些气候事件和相关问题的行动。主要行动措施如表13-2所示。

表13-2　《伦敦气候变化适应计划》主要行动内容

主要自然灾害	主要行动措施
洪　水	1)提高对如何改变伦敦洪水风险和气候变化的认识,并提高管理洪水风险的能力; 2)降低最重资产和脆弱社区的洪水风险,尽最大努力保护伦敦最脆弱的资产; 3)提高公众对洪水的意识,以及个人应对洪水和恢复的能力,提高伦敦抵御洪水事件的弹性

（续表）

主要自然灾害	主要行动措施
干　旱	1）用战略的眼光处理伦敦的水资源问题； 2）减少伦敦用水的需求量； 3）改善应对干旱的措施
热　浪	1）确定伦敦应对热浪敏感区和脆弱区； 2）通过增加城市绿地和植被的数量来应对伦敦温度的上升； 3）减少过热天气的风险，降低在新的和现有的基础设施中对机械制冷的需求； 4）确保伦敦有一个强大的应对热浪计划

13.3.2　荷兰——港口城市的探索

作为一个1/4国土位于海平面以下的国家，数百年来荷兰一直在与不断升高的海水争夺生存空间。有"水城"之称的荷兰第二大城市鹿特丹，其城市韧性的建设大到数百米高的防水堤坝，小到屋顶上的一株绿植，远到未来的浮动房屋，近到已改造完成的水城广场，无处不在。鹿特丹正逐步从"防水治水"发展到谋求"与水共生"之道，《鹿特丹气候适应战略》（Rotterdam's Adaptation Strategy）（表13-3）应运而生。

表13-3　《鹿特丹气候适应战略》概况

战略目标	1）城市和港口具有抵御洪水的能力； 2）城市及其居民将尽可能小的受到干旱或暴雨的影响； 3）居民了解气候变化，知道该如何适应气候变化； 4）增强城市经济发展和塑造强劲的三角洲城市形象
战略要素	稳健性（robustness）、韧性（resilience）、意识（awareness）
战略实施	1）Maeslantkering风暴潮屏障（堤坝和污水系统组成）投入运行； 2）增加具有适应能力的公共空间——在街道和屋顶上投资建设绿色基础设施； 3）提供更多地表水储空间——水广场、默兹河潮汐公园； 4）无护堤地区基于多层安全防护措施，包括预防、空间适应和灾害管理； 5）在城市水安全和热浪影响方面提高鹿特丹公民和企业的意识

13.4　我国韧性城市的发展战略与方法

从我国城市发展实践来看，我国已实现快速推进的城市化过程由农村社会向城市社会转型，但与国外城市相比，我国城市所承载的超大的人口规模，以及持续的工业化与城镇化给城市带来的资源环境问题使我国城市面临更复杂和更严峻的挑战。近年来频发的地质灾害、特大暴雨、夏季持续高温、雾霾天气、沿海城市的台风威胁、资源型城市与区域的资源枯竭等各种不确定性因素和现实问题正考验着我国城市的适应力和韧性。除了受自然灾害、气候变化等外部干扰的胁迫以外，城市系统本身的结构特征也表现出一定的脆弱性，如城市空间骨架的过度拉大、城市经济对土地财政的过度依赖、城市交通等基础设施的保障不足、工业化城市面临的环境污染、城市绿地与公共空间资源的缺失、大量流动人口的社会福利与身份认同等，城市面临的外部胁迫性因素和内部结构性因素的双重扰动进一步加大了城市的脆弱性。如何有效消化并吸收内外部干扰，提高城市面对不确定性因素的响应能力、适应能力与恢复能力，是实现国家新型城镇化道路必然面对的现实问题。依据发达国家对于全球城市管理者应对气候变化、提升城市竞争力、实现可持续发展的经验，我国韧性城市发展战略与方法有以下几项途径。

第一，加强风险危机和公共安全预警监控系统建设，积极开展城市公共安全规划与评估工作。建立危机预警机制，及时搜集和发现危机信息，科学研究判断危机信息，并及时向公众发布防范预警举措。一是加强风险危机管理关口前移。积极建立健全公共安全预警监控系统建设，从根本上防止和减少风险源和致灾因子的产生，防患于未然。二是加强城市公共安全科技支撑研究。借助遥感、测绘、地质勘测、气象，充分利用本地科技资源优势，加强韧性城市基金项目立项资助研究。

第二，调整产业结构，提高面对风险与危机的抵御和恢复能力。产业结构是反映一个国家经济发展水平高低的标准。第三产业及高新技术产业的比例决定了经济发展的导向，满足了节约资源和保护环境的双重要求。因此，应从现实基础出发，加大对高新技术产业的投资，主张技术创新，寻求产业转型和战略升级，合理引导高端产业、高新技术产业、低能耗低污染产业，并加大投资力度。

第三，加强城市基础设施的完备度和冗余度建设。基础设施作为城市社会生产和居民生活的物质工程设施，能保证国家或地区社会经济活动的正常运行。在自然灾害和恐怖袭击来临时，基础设施作为承载体，会受到最直接的冲击。而基础设施系统的快速恢复对城市功能的正常运作至关重要。因此，不仅要加强基础设施建设的坚固性和完备性以抵抗外来冲击，还要保证基础设施有一定程度的冗余备份，在某些基础设施受损时，冗余系统能维持正常的功能运作。

第四，强化信息沟通机制建设，促进政府、媒体、社会民众在危机管理中的良性互动。在信息时代，政府要完成的首要的治理变革就是要创造一种让媒体公正介入危机事件的秩序，保持新闻的自由度，告知公民以真相，完善社会的纠错机制和自我修复机制，动员社会力量尽快参与危机应对。一是妥善处理政府与媒体的关系，政府应主动及时与媒体沟通，注重公共安全信息的及时发布与正面引导。同时要注重加强对媒体的监管，对涉及公共安全的信息发布保持慎重。二是媒体作为政府和公众的代言人，要加强自我约束，发挥建设性作用，切忌以讹传讹。三是政府要加强与公民和非政府组织的合作，整合和发挥危机应对的多元主体作用。总之，在危机发生后，政府应给民众更多的信心，民众应给政府更多的信任，媒体要扮演好政府与民众沟通的桥梁，形成政府、媒体、社会民众的良性互动。

以上述方法策略为基础，探讨城市在处理复杂的、不可预知的、难以确定的气候变化扰动时应采取的系统应对手段。相比于传统的城市应变应急研究，韧性城市的研究更具有系统性、长效性，也更加尊重城市系统的演变规律。传统的应急应变策略重心在于短期的灾后规划，呈现出典型的破坏之后在最短时间内恢复到原始状态的工程思想，没有充分考虑利益相关者在城市调整过程中所扮演的角色和所要创造的价值。相比之下，韧性城市的研究思想则强调通过对规划技术、建设标准等物质层面和社会管治、民众参与等社会层面相结合的系统构建过程，全面增强气候变化下城市系统的结构适应性，从而长期提升城市整体的系统韧性。总而言之，韧性城市所要解决的主要问题是社会生态系统应对不确定扰动的适应能力。

13.5　上海城市韧性案例研究

　　上海位于长江入海口，处于长江、东海和陆地三相交汇处，极易受到由气候变化引发的海平面上升、极端气候事件等的影响。高度集中的人口、资源和经济将进一步放大气候变化所造成的损失。因此，以上海为例，分析气候变化与城市发展各系统间的耦合关系，开展上海韧性城市评估和战略研究，不仅对上海探索全球气候变化和快速城市化背景下的生态文明建设、可持续发展道路具有重要的战略意义，同时对于国内外同类型城市气候变化韧性研究具有重要的借鉴意义。

　　采用"主题层－要素层－指标层"3个层次结构构建典型城市气候变化适应能力评价指标体系，从基础设施发展、经济应对能力、公共服务水平和环境保障等方面进行评价，其涵盖了城市应对气候变化的主要适应性措施：① 结合上海自身实际情况及指标数据的可获得性进行专家咨询，最终确定典型城市气候变化适应能力评估指标；② 在气候变化适应能力评估指标体系递阶层次框架的基础上，通过专家对各级指标的两两比较的结果，建立判断矩阵，并对不同专家判断结果赋予不同权重，从而确定各级评价指标的权重；③ 各指标的量纲不同，因此，为了提高各指标，以及各时间段的可比性，需要对原始指标进行归一化处理，得出全部的评价指标标准化处理数据，以此进行定量化评价。

13.5.1　上海基础设施韧性评估

　　基础设施韧性评价主要涉及交通及防汛两个领域，以及气象灾害预警和消防。结合气候变化适应能力评估指标体系框架，采用"主题层－要素层－指标层"3个层次结构，从建设情况、维护与管理、预警及应急3个方面，构建上海基础设施韧性评价指标体系（表13-4）。

表13-4　上海城市基础设施韧性评估指标体系

主题层	要素层	指标层	单位	指标说明
基础设施韧性	建设情况	公路工程合格率	%	反映了市政公路工程质量安全的程度、工程质量安全度越高，其抵御极端气候的能力就越强
		海上航标正常率	%	恶劣的气候和环境条件会引起浮标位移、漂移丢失和被撞沉、航标灯损坏等，维护航标的正常运行是维持航海安全的必要保证
		防洪堤长度	千米	反映城市应对气候变化引发的洪涝灾害的能力
		城市排水管道长度	千米	反映城市应对气候变化引发的洪涝灾害的能力

（续表）

主题层	要素层	指 标 层	单 位	指 标 说 明
基础设施韧性	维护与管理	江堤、海堤检修	—	及时对江堤海塘受损部分进行检修维护，才能保障其正常的抵御能力
		养护疏通排水管道长度	千米	管道等基础设施的及时疏通、清捞和维护可以保障其正常的排水能力，在洪涝灾害时可以更好地发挥作用
		清捞检查井数量	座	
	预警及应急	气象灾害预警时效	小时	反映预警能力的提高，为城市的及时响应提供充裕时间
		单位面积消防站数量	座/平方千米	反映城市安全保障能力和应急管理能力，在灾害事件发生后，尽可能将损失降低到最少
		海事搜救成功率	%	

（1）基础设施建设情况

根据数据获取情况对基础设施建设情况进行分析。

从各个指标进行分析，上海道路工程合格率总体维持在90%以上，整体情况较好，但2009～2011年合格率呈逐年下降趋势。2001～2006年海上航标正常率呈波动增长趋势，2006年达到最高值，在2007年降低到最低值，后呈现较为平稳的增长，但航标正常率均维持在99%以上，整体状况良好。防洪堤长度2002～2007年呈现下降趋势，2007～2010年呈现较为平稳的增长趋势，2010～2011年呈现快速增长，总体呈波动变化。城市排水管道长度呈现稳定的增长趋势，2010～2011年其增长速度明显加快。

（2）防汛领域要素气候变化韧性空间评价

借鉴国内外先进研究，结合上海的基本情况，开展针对上海防汛领域气候变化韧性的空间评价，选取江堤标准、海堤标准、排水能力和轨交站点出入口台阶高度达标率4项指标评估上海市防汛领域气候变化下的韧性。

1）江堤标准

根据上海市水务局的相关信息，黄浦江防汛墙全长490千米，其中下游段（市区）298千米，按千年一遇潮位设防；上游干流及支流段192千米，按50年一遇防洪标准设防，黄浦江两岸已形成从吴淞口到江浙地界的全封闭线。上海江堤分布图如图13-1所示。江堤标准越高，韧性越高。

2）海堤标准

上海海堤分布如图13-2所示。上海市已建成一线海塘523.484千米，其中达到200年一遇潮位加12级风标准的共有114.775千米，占22%，韧性高；达到百年一遇潮位加11级以上风防御标准的共296.273千米，占56.6%，韧性较高；其余111.417千米则是百年一遇潮位加不足11级风的防御能力，占21.3%。全市523千米一线海塘中的崇明、长兴、横沙三岛和宝钢、浦东国

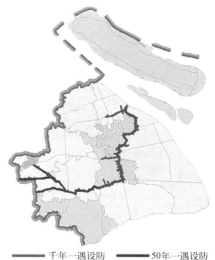

——千年一遇设防　——50年一遇设防

图13-1　上海江堤分布示意图

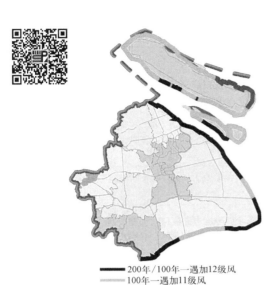

图13-2　上海海堤分布示意图

际机场、化学工业区、上海石化等重要地段是防御的重中之重。

3）排水能力

泵站工程在解决当今洪涝灾害、干旱缺水、水环境恶化三大水资源问题中起着其他水利工程不可替代的作用，承担着防洪、供水、除涝等重任，在城市气候变化韧性建设中，占有非常重要的地位。根据上海市水务局提供的相关资料，获取上海2006年部分区域的排水泵站分布信息及圩区分布信息，从而计算出上海部分区域的排水能力（排水能力=各区域排水泵站个数/圩区面积），得到的上海静安区、杨浦区、虹口区、徐汇区、长宁区、闵行区等的排水能力分布图（图13-3）。由图13-3可见，静安区、普陀区、杨浦区等的排水能力建设较强，韧性相对较强；宝山、徐汇、长宁各区的排水能力相对较弱，面对暴雨洪涝等灾害时其韧性较弱，需要加强该区

域的防洪基础设施建设。

4）轨交站点出入口台阶高度达标率

上海是典型的感潮河口城市，地下轨道出入口台阶是抵御积水倒灌的主要途径，台阶高度达标率越高，其抵御极端气候的能力就越强，气候变化韧性也越强。

图13-4为各区（县）轨道交通出入口台阶高度的达标情况分布图。由图13-4可知，浦东区、松江区、黄浦区、虹口区轨交站点出入口台阶高度达标率处于较高水平，都在0.9以上，韧性较高；而青浦区、闸北区的达标率都在0.5以下，其中，青浦区的站点出入口台阶达标率仅为0.1，必须加强地下轨交站点防汛管理，尽快完善不达标出入口的台阶建设工作。

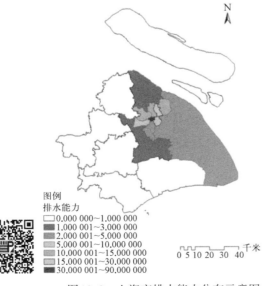

图13-3　上海市排水能力分布示意图

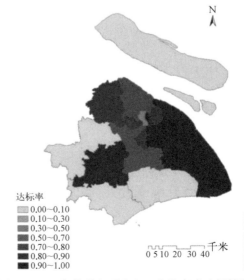

图13-4　上海轨道交通出入口台阶高度达标情况

13.5.2　上海经济应对能力韧性评估

气候变化下的经济韧性主要从经济总量与结构、投资力度、经济效率和技术创新4个方面进行衡量。构建评估指标体系，如表13-5所示。

表13-5　上海城市经济应对能力韧性评估指标体系

主题层	要素层	指　标　层	单　位	指　标　说　明
经济应对能力	经济总量与结构	人均GDP	万元/人	用来反映经济状况，一般经济水平越高，应对气候变化的能力越强
		第三产业比例	%	城市发展的经济结构指标，经济结构的调整是城市应对气候变化的重要适应措施
		高新技术产业占比	%	
	投资力度	交通运输及市政建设投入占比	%	反映上海提升城市设施水平，提高应对能力的指标
		环保投入占GDP比例	%	用来反映上海对环境的治理能力
		单位面积农田粮食产量	吨/公顷	通过提升农作物种植的效率和产出抵消气候变化可能带来的农作物减产问题，保障粮食供给
	经济效率	人均日居民生活用水量（负向指标）	升/天	通过节水措施的应用和居民、企业意识的提高，降低用水量，提高利用效率，应对气候变化可能带来的水资源危机
		单位用水量工业产值	万元/立方米	
		单位能耗工业产值	万元/吨标准煤	通过生产技术改进，企业意识的提高，节约能源，应对气候变化引发的能源用量增加问题
	技术创新	R&D投入占GDP比例	%	通过科学技术的创新，新技术的不断推广应用，提升城市应对气候变化的能力
		已推广应用科技成果占比	%	

（1）经济总量与结构

变化趋势见图13-5。从各指标的变化而言，人均GDP在2011年达到最高，2001年最低，2001～2011年呈持续增长态势。第三产业比例在2009年最高，2004年最低；高新技术产业占比则在2004年最高，2011年与2001年占比持平；近年来，上海高新技术重点领域产业产值基本达到10%以上增长，但增长速度低于工业总产值。第三产业比例和高新技术产业占比是城市发展的经济结构指标，经济结构的调整是城市应对气候变化的重要适应措施。总体而言，2001～2011年各指标呈增长态势，上海第三产业比例表现为波动上升的趋势，高新技术产业占比则表现平稳。上海经济水平持续提高，应对气候变化的能力增强；经济结构调整和技术进步使得经济增长方式得到转变，降低资源和能源消耗，推进清洁发展，加强技术支撑，提高了经济结构方面对气候变化的韧性。

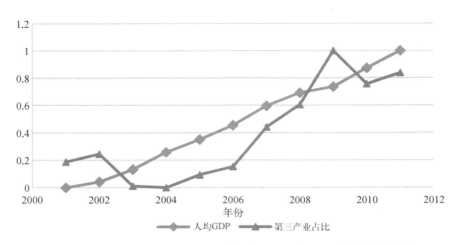

图13-5 上海2001 ～ 2011年应对气候变化的经济总量和结构变化情况

（2）投资力度评价

变化趋势如图13-6所示。从各指标进行分析,交通运输及市政建设投入占比反映上海提升城市设施水平,是提高应对能力的指标,投资力度越大,其抵御风险、适应气候变化的能力越大。2001 ～ 2011年上海交通运输及市政建设投入占比稳中有升,基础设施建设不断完善,气候变化适应性逐渐增强。环保投入占GDP比例是反映上海对环境治理能力的指标;当该指标达到2% ～ 3%时,才能控制环境污染的目的,环境质量有望得到明显改善。2001 ～ 2011年上海环保投入占GDP比例维持在3%左右,高于全国平均水平,其中2001年和2003年达到最高。环保投入实际金额增长速度低于GDP增长,所以该指标在2011年达到最低值;统计资料显示,近年来,上海对环保的重视程度逐渐增强,环保产业得到了较快速发展,适应性有所提高,但与发达国家相比,环保投入仍需加强,才能满足发展中的环境保护需求,扭转当前环境恶化的趋势,进一步提高气候变化的适应性。

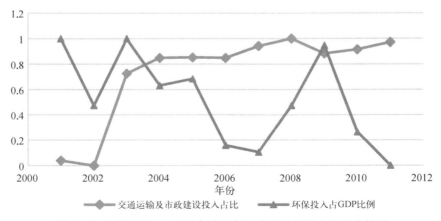

图13-6 上海2001 ～ 2011年应对气候变化的投资力度变化情况

（3）经济效率发展评价

变化趋势如图13-7所示。就各指标进行分析，单位面积农田粮食产量（吨/公顷）属于经济效率指标，表示通过提升农作物种植的效率和产出抵消气候变化可能带来的农作物减产问题，保障粮食供给。2001～2011年上海单位面积农田粮食产量呈现波动变化，总体为上升趋势，提高农作物种植效率抵消了耕地面积减小的影响，保障了粮食供给；但近年来，上海耕地面积逐年下降，应坚守生态红线，保障耕地，并加大科技投入，保障粮食生产，确保粮食产出，以增强气候变化的适应性。

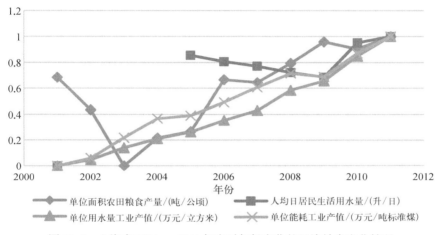

图13-7　上海市2001～2011年应对气候变化的经济效率变化情况

人均日居民生活用水量（升/日）及单位用水量工业产值（万元/立方米）：水资源利用是提高气候变化适应性的关键领域之一。通过节水措施的应用，以及居民、企业意识的提高，降低用水量，提高利用效率，应对气候变化可能带来的水资源危机。由图13-7可以看出，近年来上海居民人均日生活用水量呈下降趋势，且低于往年预测水平；2001～2011年单位用水量工业产值明显提升，表明水资源利用效率得到提升，应对气候变化的适应能力得到加强。

单位能耗工业产值（万元/吨标准煤）：能源领域是应对气候变化的重点领域之一。经济发展带来能源消耗增加，通过生产技术改进，企业意识的提高，节约能源，应对气候变化引发的能源用量增加问题。2001～2011年上海能耗总体上升，但单位能耗工业产值稳步上升，万元工业增加值能耗大幅降低，能源利用效率提高，对气候变化适应性起到了提升的作用。

（4）技术创新发展评价

变化趋势如图13-8所示。R&D投入占GDP比例逐年增加，已推广应用科技成果占比也呈上升趋势。这表明，科学技术的创新，以及新技术的不断推广应用，提升了城市应对气候变化的能力。按照国际惯例，R&D投入占GDP比例的2%是"创新驱动"的标志之一，而上海已"先行一步"，高于全国平均值。国际上根据驱动力不同，将一个国家或地区的社会发展分为资源驱动、资本驱动和创新驱动。显而易见，"靠山吃山，靠水吃水"的资源驱动型，以及依靠盖高楼、建马路拉动社会经济发展的资本驱动型，已无法满足上海增强城市国

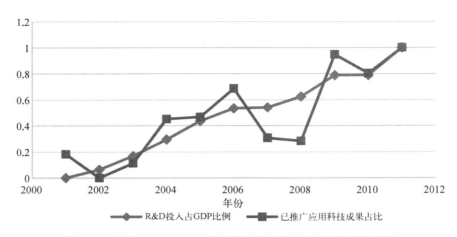

图13-8　上海2001～2011年应对气候变化的技术创新变化情况

际竞争力的需求、无法适应气候变化的挑战。要想率先进入"创新驱动城市"的行列，R&D投入必须超过GDP总量的2%。目前世界上主要发达国家的R&D投入强度普遍在2%以上，早在2006年，芬兰、以色列等中小型科技强国已超过3%。2011年上海R&D投入占GDP比例为3.11%，迈入了"创新驱动"的门槛。

13.5.3　上海公共服务水平韧性评估

气候变化下的公共服务水平从社会保障、医疗卫生及教育、风险分担与转移3个角度切入分析，构建评估指标体系如表13-6所示。

表13-6　上海公共服务水平韧性评估指标体系

主题层	要素层	指 标 层	单 位	指 标 说 明
公共服务水平	社会保障	城镇居民生活保障最低标准	元	反映城市整体生活水平的提高，一般生活水平越高，应对气候变化的能力越高
		养老床位占60周岁及以上老年人比例	%	老年人为脆弱人群，通过改善老年人的生活水平和社会保障水平，降低城市的暴露度和脆弱性
		获得政府补贴的老年人数	万人	
	医疗卫生及教育	医疗机构密度	个/平方千米	从医疗机构数量的角度，反映城市应对气候变化的医疗水平
		普通高等学校录取率	人/万人	反映公众应对气候变化的能力，一般文化程度越高，公众应对能力或提升应对能力的潜力越强
	风险分担与转移	保险保费收入	亿元	反映公众运用风险转移措施应对气候变化引发灾害意识的提高
		保险赔付支出	亿元	反映保险公司的赔偿力度，赔偿力度越大，公众的损失相对越小

公共服务水平及其要素层的变化趋势见图 13-9。从各指标的变化而言，养老床位占 60 周岁及以上老年人比例、保险保费收入在 2010 年达到最高，其他指标均在 2011 年最高；除卫生机构数量以外，其他指标均在 2001 年最低。普通高等学校录取率在 2003 ～ 2008 年呈现波动变化状态，在 2003 ～ 2004 年呈现快速上升趋势，在 2004 年和 2005 年相对平稳，在 2005 ～ 2006 年又呈现快速下降趋势，2007 年的录取率基本与 2002 年相平。总体而言，2001 ～ 2011 年各指标呈现出持续增长的趋势，上海在应对气候变化的公共服务水平上呈现出较大幅度的提升。医疗卫生及教育水平在 2004 ～ 2007 年发展较为缓慢，2008 年开始呈现稳步提高的发展态势，主要受普通高等学校录取率变化的影响。整体公共服务水平以 2001 年的水平最低，以 2011 年的水平最高，应对气候变化的能力逐渐增强。

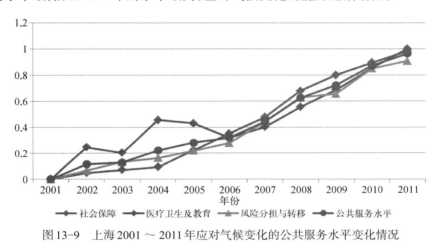

图 13-9　上海 2001 ～ 2011 年应对气候变化的公共服务水平变化情况

13.5.4　上海市热岛扩散模式分析

上海热岛扩散模式分析主要研究方法包括地表温度反演、热岛强度（UHI）分级、温度植被指数（TVX）空间构建。

对 1997 ～ 2009 年上海热岛强度的分布状况进行分析。结合土地利用/覆盖类型图可以看出，热岛强度较强的区域通常具有较高的建设用地比例，如中心城区、城区边缘及新城区域；而林地、耕地和水域比例较高的区域则呈现出较低的热岛强度，这说明城市化进程是城市热岛形成的主要影响因素。通过计算中心区、近郊区、远郊区的平均地表温度（图 13-10）可以看出，在上海的多数年份，地表温度呈现出中心—近郊—远郊的梯度趋势。

在城市化进程中，城区和郊区的热环境随着下垫面结构的变化而变化，建设用地中大量使用的建筑材料改变了自然地表的格局和热力学特征，使得地表温度升高。另外，高热岛强度普遍分布在工业区和人口密集区，说明城市中的人为热排放也是造成热岛效应的主要原因。绿地的降温效应能增强城市在应对高温和热岛效应中的韧性：绿色植被能通过蒸腾作用把吸收的太阳辐射能由显热变为隐热，继而达到降温作用；此外，少量太阳辐射通过植物的光合作用被转化为化学能，使得可用于加热下垫面的空气能量减少，从而产生降温效应。对于以草本植被为主的农田，在吸收太阳辐射能和转化热量方面都不如乔灌木组成的绿地，因此，农田降温效应次于绿地。

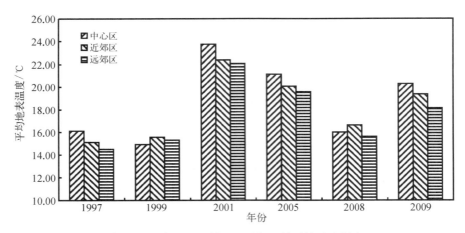

图13-10　中心区、近郊区、远郊区的平均地表温度

为系统分析1997～2009年上海热岛扩散的模式，假设热岛强度等级为四级（2℃＜ΔT≤3℃）和五级（ΔT＞3℃）的区域分别为次高温区及高温区，对热岛现象较明显的1997年、2001年、2005年、2009年的高温区分布状况进行研究，可将其变化特征概括为以下几种模式（图13-11）。

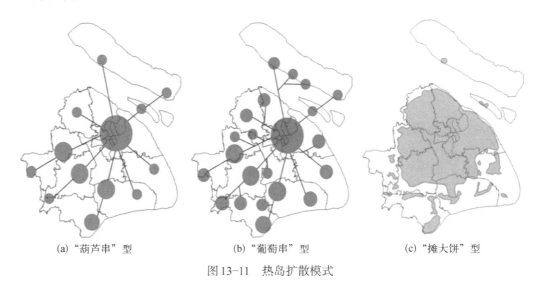

(a)"葫芦串"型　　　　　　(b)"葡萄串"型　　　　　　(c)"摊大饼"型

图13-11　热岛扩散模式

1997年，高温区和次高温区主要分布于中心城区，并沿主城区周边呈环状结构向外增长，覆盖到近郊区的嘉定区、青浦区、松江区、南桥镇等，以及远郊区的崇明县、金山区、陈家镇、枫泾镇等。这些区域形成的热岛沿着中心城区与卫星城镇之间的主干道形成了"葫芦串"型热岛分布模式。

2001年，高温区及次高温区比例有所上升，其所覆盖区域围绕中心城区呈圈状扩散，并有明显的北拓趋势。此时城市建成区的温度不再平稳分布，而是凸显了大量高温区。随着新城和新市镇的不断建设，原有的"葫芦串"型模式逐渐演变为"葡萄串"型模式，北部的明珠湖、向化镇、凤凰镇，东部的惠南镇、奉城镇，西部的华新镇、徐泾镇，西南部的朱泾镇等成为新的热场分布点。到了2005年，全市高温区面积比例有所减小，青浦区、张江高科技园区、奉贤区减少尤为明显，而沿中心城区一带的闵行区、浦东新区、宝山区却有所增大。高温区面积减少与2000～2004年上海大力加强绿化建设密切相关。2004年上海新建公共绿地1 529公顷，绿化覆盖率达到36%，人均公共绿地面积达到10平方米，建成400米环城绿带、闵行区体育公园、梦清园等16块大型公共绿地，这对缓解全市热岛效应起到了积极作用。

在城市化建设过程中，上海建设中心逐渐从中心城区扩张至近郊区及远郊区，全市的热中心也随之从城区蔓延至郊区各新城及新市镇。到了2009年，全市高温区和次高温区呈现出网络状大面积扩展趋势，散状分布的热中心遍布中心区、市区边缘，并蔓延至郊区各卫星城镇，中心城区和郊区的热场连成一体，形成"摊大饼"型的发展趋势。

近年来，欧洲和北美发展迅速的绿色基础设施理念，提供了社会、人口和生态发展挑战下的城市规划新模式。绿色基础设施建设符合生态文明建设要求下的社会、生态、经济及人口等各方面发展的功能组成内容，而且可以给城市提供一种增加"绿色"部分以满足可持续发展需求的新途径。在城市绿化用地有限的前提条件下，可通过对绿色基础设施的合理配置及规划，达到生态效应和社会效应共赢的目的。例如，可以借鉴美国、日本、加拿大、德国等国家的经验，通过政策鼓励来发展屋顶绿化技术，也可通过对城市绿地空间分布的合理布置（如调整其总体覆盖率、布局、形状和个体面积），选择具有最大降温效应的绿地配置方式来缓解热岛效应。城市绿色基础设施建设需要立足现状，通过对城市绿色资源的整合和分析，并兼顾城市未来的发展需要，建成巨型城市绿色空间网络，同时合理规划，避免无序新建造成的经济浪费。

13.5.5　环境保障——湿地生态系统韧性评估

上海位于长江入海口，拥有丰富的滩涂湿地资源，也是我国重要的河口滩涂分布区。上海滩涂湿地占上海湿地总面积的95%左右，是上海最重要的湿地类型，主要分布在崇明岛、横沙岛、长兴岛边滩，杭州湾北岸，宝山区、浦东新区边缘，以及九段沙湿地等区域。在建构上海滩涂湿地生态系统韧性评价指标体系（表13-7）的基础上，以地理信息系统空间分析技术与模型计算和分析相结合，采用Robert湿地恢复潜力估算模型，对上海滩涂湿地生态系统韧性进行评估。

表13-7　上海滩涂湿地生态系统韧性评价指标体系

目标层	准则层	指标层	权重	数据来源及简要说明
上海滩涂湿地生态系统韧性评价	社会 0.097 4	人口密度	0.047 6	数据取自第六次全国人口普查数据，其中九段沙湿地的人口数据取自相关文献，并主要为流动性渔民人口统计数据；崇明东滩人口用陈家镇人口数据；南汇边滩用芦潮港镇、老港镇、机场镇和芦潮港农场人口数据
		土地利用	0.152 9	滩涂湿地土地利用分布数据来自2011年的土地利用分布序列数据；在韧性评价过程中，将土地利用类型按演变分析分为五种，即滩涂、水体、绿林地、耕地和建筑用地，并将其划分为相应的5个评价等级
		圈围比例	0.145 5	滩涂圈围的面积与滩涂土地资源总面积的比例

（续表）

目标层	准则层	指标层	权重	数据来源及简要说明
上海滩涂湿地生态系统韧性评价	水文 0.347 3	综合水质标示指数	0.118 9	数据来自上海滩涂湿地生态系统已有的调查和健康评价研究,是通过 WQI 综合水质指数法对水质进行综合评价得出来的结果
		河网密度	0.059 0	用滩涂土地利用数据,通过 GIS 空间分析来提取河网图层,并对其进行矢量化,获取研究区河网线(河网中心线),将河网线总长度与区域总面积相除,得出河网密度数据
	土壤 0.183 9	SQI 指数	0.127 1	滩涂土壤(沉积物)质量指数,数据取自已有研究,是在 2011 年对土壤环境进行调查所获得数据的基础上,利用土壤质量指数法对滩涂湿地土壤质量进行综合评价得出来的结果
	植被 0.160 1	NDVI 指数	0.067 2	数据来自 Landsat 4-5 TM 遥感影像数据,并通过 GIS 分析来获取
		外来物种互花米草的比例	0.103 7	滩涂湿地外来物种互花米草的面积与滩涂植被总面积的比例
	多样性 0.211 3	底栖动物多样性指数	0.108 6	生物多样性数据包括底栖动物、浮游植物和浮游动物多样性指数;
		浮游植物多样性指数	0.036 7	采用 Shannon-Wiener 指数公式分别对上海滩涂湿地底栖动物、浮游植物和浮游动物多样性进行统计分析得出来的结果,主要根据 2011 年的相关调查数据来获取
		浮游动物多样性指数	0.032 8	

　　主要对崇明东滩、南汇边滩和九段沙湿地的生态系统韧性进行评估。利用 Robert 湿地恢复潜力估算模型,对上海滩涂湿地中的三种滩涂湿地生态系统韧性进行估算,并将结果按照如下韧性等级(表 13-8)对滩涂湿地韧性等级进行分析。评估结果见图 13-12。

表 13-8　上海滩涂湿地生态系统韧性等级

级别	高度韧性	较高韧性	中度韧性	较低韧性	低度韧性
标准	>90	90～70	70～50	50～20	20～0

　　由韧性评价结果可见,这三种湿地的韧性等级分布有较大的区别。

　　1)崇明东滩的韧性等级主要为中度韧性和较低韧性,其韧性等级所对应区域面积比例分别为 74.65% 和 25.35%。大部分建筑用地、部分滩涂和部分耕地所对应区域韧性较低,而大部分滩涂和耕地区域所对应的韧性为中度韧性。

　　2)南汇边滩的韧性等级主要为较低韧性和低度韧性,其韧性等级所对应区域面积比例分别为 65.88% 和 32.12%。低度韧性区域大部分都为建筑用地类型的区域,而大部分滩涂、耕地和水体区域韧性为较低韧性。

　　3)九段沙湿地的韧性等级主要为较高韧性和中度韧性,其面积比例分别为 16.77% 和 83.23%。因为九段沙湿地还没有受到开发建设的影响,其土地利用类型没有变化,整个区域都属于滩涂类型。因此,其韧性分布情况与土地利用类型分布情况没有可比性。但较高韧性等级的区域主要为 NDVI 指数大于 0.6 的区域。

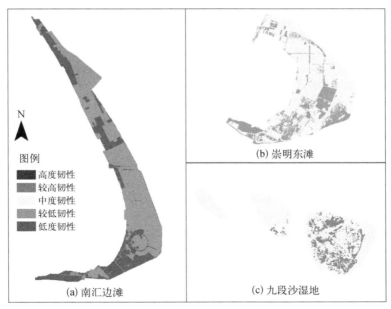

图13-12　上海滩涂湿地生态系统中三种湿地的韧性等级分布示意图

　　对比以上三种湿地的韧性分布情况，韧性最高的是上海滩涂湿地中作为唯一的江心沙洲的九段沙湿地，而作为大陆边滩的南汇边滩湿地生态系统的韧性情况不容乐观。原因是，其受到城市化、滩涂围垦等的影响，土地利用方式带来的威胁较大，而且已在土地利用类型转移分析中发现大部分滩涂转变为耕地，农业使用的农药也是湿地中水体污染的主要原因；圈围现象很严重，南汇边滩90%以上的区域已被圈围；再者，外来物种互花米草入侵对南汇边滩韧性的影响也较大，在指标标准化过程中发现，南汇边滩在这一指标上的得分较低；同时南汇合并到浦东新区以后，浦东新区不断地对其进行开发，周围工业区开发对南汇边滩水质和土壤的污染较为严重，而且人口也越来越聚集，人口的增长对湿地恢复带来的压力也很大，这些原因使南汇边滩最难恢复。

　　而作为岛屿边滩的崇明东滩韧性整体上为中等韧性，影响其韧性的主要因素为圈围和土壤污染，但这两者都比南汇边滩的情况好很多。至于九段沙湿地，影响其韧性的主要因素为外来物种互花米草入侵和生物多样性。在九段沙湿地生物多样性方面，其多样性指数不如其他两种湿地，甚至还相当低，其原因可能是，九段沙湿地是新出现的滩涂湿地，对于生物来说其周围环境还不能成为较好的生活环境。

我国特大型城市生态化转型
发展实证研究

第 *14* 章
研究进展及方法比选

14.1 研究进展

  特大型城市生态化转型不仅对城市综合发展具有重要意义,而且有利于提高国家或社会文明进程的可持续性。城市生态化转型的主要目标是,以生态资源承载能力和环境容量为基点,最终实现人口、经济、资源环境的均衡循环发展,使之符合生态文明城市的内涵要求(于丹,2004)。

  生态化转型的程度及效果需要进行科学的测评,虽然目前国内外尚无较成熟的生态化转型评价方法及指标体系,但20世纪60年代以来,国内外学术界建立的可持续发展、生态文明建设、生态现代化、生态城市、宜居城市等(张文辉,2012;刘国等,2007;李文华和刘某承,2007)评价方法对于我国特大型城市生态化转型的评价具有重要的参考价值。在国外的相关研究和实践中,形成了一些较为权威的可持续发展评价指标体系,如环境可持续性发展指标(ESI)、环境绩效指数(EPI)、人类发展指数(HDI)、世界发展指标(WDI)等(张坤民和杜斌,2002)。阿拉伯马斯达尔、瑞典哈马碧(孙蕊,2013)等城市也相继推出了各具特色的生态城市建设指标。在评价方法上,Carnelissen 等(2001)引入模糊集理论,开发了基于经济、生态和社会可持续发展指标的模糊数学评价模型。Noorbakhsh 和 Sagar(1998)对人类发展指数进行了讨论,Noorbakhsh 还对此提出了修正。Merkle 等(2000)从生态系统角度出发研究了建立生态系统影响/效应指标的方法。Hanley 等(1999)对 Scotland 地区的绿色国民生产总值、真实储蓄、社会经济福利指数(ISEW)、真实发展指数和人类发展指数等指标进行计算和时间序列分析,从而评估其区域发展的可持续性。

  随着生态化转型相关理论与实践模式研究的深入,国内学者也提出了省域、区域、城市等多套城市生态文明建设评价方法(指标体系)。例如,马道明(2009)提出利用“五位一体”构建生态文明城市评价指标体系,即从城市社会生态、城市经济生态、城市人居生态、城市交通生态和城市环境生态5个方面共同发展,并采用模糊评价模型建立评价等级;申振东等(2009)从生态环境保护、经济发展、社会进步和生态文明度4个方面确立了生态文明指标,并对贵阳生态文明指标体系进行了量化研究;陈晓丹等(2012)采用层次分析法(AHP)构建了经济发达城市生态文明建设的评价指标体系,并对北京、上海、广州、深圳4个城市进行了实证研究,验证了该体系的实用性;蔺雪春(2013)明确了城市生态文明的具体评价指标,并建构了相应的评价指数模型;其他学者分别对厦门(黄茹,2012)、武汉(张欢等,2014)、上海(沈露莹等,2010)等特大型城市的生态文明建设、生态城市评价或转变经济发展方式评价指标体系进行了研究，并建立了评价模型。

在实践层面，国家环保总局（现生态环境部）继2003年印发了《生态县、生态市、生态省建设指标》（试行）、2007年颁布了其修订稿（张伟等，2014）之后，于2013年5月发布了《国家生态文明建设试点示范区指标》（试行）文件，这些评价标准的出台有力地推动了各区域的生态文明建设进程。另外，贵阳市作为国内生态文明城市建设的先行者，于2007年12月发布了《关于建设生态文明城市的决定》；2008年贵阳出台了国内首部生态文明城市指标体系，采取综合指数法对生态文明城市的建设进程进行监测，将评价对象分为生态经济、生态环境、民生改善、基础设施、生态文化、廉洁高效6个方面，分解33项定量化的评价指标，并确定了目标值，使人们对生态文明城市建设看得见、摸得着，有利于激发全社会参与到建设生态文明城市中来。与其他指标体系不同的是，该体系引入了生态文化和廉洁高效两个评估对象，具体涉及生态文明宣传教育普及率、文化产业增加值占GDP比率、居民文娱消费支出占总支出比率、行政服务效率、廉洁指数和市民满意度6个指标。从一定程度上生态文明评价体系由环境引向了人。2009年10月，贵阳市人大常委会通过了《贵阳市促进生态文明建设条例》；2013年3月30日，经贵州省第十二届人民代表大会常务委员会第一次会议批准，推出了《贵阳市建设生态文明城市条例》，该条例共分五章五十条，包括总则、规划建设、保障措施、法律责任及附则，明确了建设生态观念浓厚、绿色经济崛起、城乡环境宜人、生态文化普及、生态制度完善、市民和谐幸福、政府清廉高效的生态文明城市发展目标。"生态文明贵阳会议"已升格为全国唯一一个以生态文明建设为主题的国家级国际论坛——生态文明贵阳国际论坛，2020年前贵阳将建成全国生态文明示范城市。修改后的条例进一步明确了城市发展方向、目标与路径，实行更加有利于生态文明建设的制度安排，形成更加有利于生态文明建设的制度合力，健全完善法规制度，增强制度规范约束刚性，对于保障和促进生态文明城市建设，巩固生态文明建设成果，促进经济社会又好又快、更好更快发展具有重要意义。这是全国首部生态文明建设地方性法规，为我国城市生态文明建设起到了较好的推动作用，其他不少城市，如南京、厦门、福州、杭州、嘉善、成都和苏州等，也相继推出了各自的生态文明建设评价指标体系。

总体而言，国内外现有的生态型城市、生态文明建设、经济转型等评价方法为特大型城市生态化转型的建设和发展提供了量化标准的借鉴，在引导生态化转型建设不断深入、完善、扩展和提升上产生了积极的作用。但由于研究对象的限制，这些指标体系不能有效地剖析各种类型的城市（如特大型城市）生态环境与社会经济发展的突出矛盾，不能反映特大型城市与中小城市及其他区域资源环境问题的特殊性，也不能很好地通过评价来指导特大型城市生态文明政策的实施。

相关国际城市生态化转型评价指标体系的研究已有一定的基础，对国内当前特大型城市的生态化转型评价及方法构建具有以下几点启示。

1）国际上各种评价指标体系所关注的核心问题一般包括全球气候变化、能源和水资源、生物多样性保护、效率（社会、经济）、社会公平和保障、生活质量、环境质量、全球/区域合作等主题。这与国内的研究有一定的差别，考虑的主题与侧重点也不尽相同。

2）生态化转型指标体系应具有阶段性，根据特大型城市的发展情况，循序渐进地提高城市各个领域的生态文明程度。

3）可供选择的评价指标数量众多，但关键是要挑选出最敏感、最具有代表性和适用性的指标,而各指标之间的相互关联度要小,避免重复。

4)建立评价指标体系有利于掌握特大型城市生态化转型建设过程中各相关领域的变化趋势,发现其瓶颈问题,指导其政策和决策的制定;通过指标体系评估结果的公开发布,提高公众对城市生态化转型的关注程度,鼓励公众共同参与。

14.2　评价方法比选

运用情景分析法建立特大型城市生态化转型初级阶段、中级阶段和成熟阶段3个不同发展阶段,运用政策仿真模型,从人口、资源、环境、经济、发展的系统耦合关系分析出发,对不同情境下的城市生态化转型评价方法进行定性和定量的分析、比较,得出不同发展阶段最适宜的评价方法,建立一套具有中国特色的特大型城市生态文明建设评价模型。

14.2.1　特大型城市生态化转型评价指标体系研究

(1) 基于不同情境的城市生态化转型评价指标体系研究

在总结归纳国际特大型城市的生态化转型评价方法的基础上,应结合中国社会发展现状,研究三种情景,即不同经济发展模式、不同城市规模和不同自然资源条件之间生态环境问题的区别,以及生态化转型的发展重点。以此为抓手,开展不同情境模式下的时间和空间角度的城市生态化转型评价指标体系研究,提出具有针对性的评判标准,图14-1是我国特

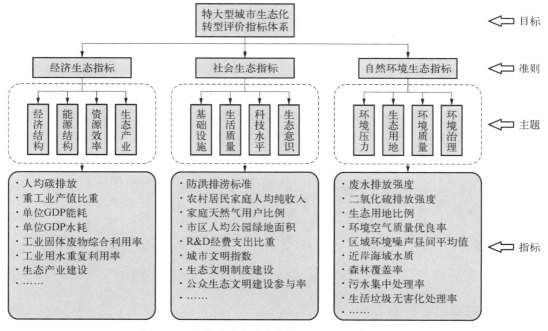

图14-1　特大型城市生态化转型评价指标体系结构

大型城市生态化转型评价指标体系结构建议图。

考虑到我国地域辽阔,东、中、西部以及南、北方差异巨大,应以我国西北、华北、东北、华中、华南、西南等典型生态功能大区为研究对象,选取典型的特大型城市,研究其近20年来的自然－经济－社会复合系统的运行情况与未来发展趋势,设立不同的发展情景,根据不同研究区域可持续发展的资源约束条件,分别构建适用于不同典型区域的特大型城市生态化转型指标体系并对其进行评价。

(2) 基于不同对象的城市生态文明评价指标体系研究

在梳理生态化转型进程中,要处理政府部门、企事业单位和公众间的相互关系,针对各参与群体的特点,明确生态化转型评价的不同侧重点及管理目标,选取最适宜该群体的管理途径及评价方法,开展基于不同研究对象的生态化转型评价指标体系研究。

(3) 基于不同强度的城市生态化转型评价指标体系研究

按照不同的强度可将特大型城市生态化转型评价指标分为约束性指标和预期性指标。依照当前中国城市生态化转型过程中主要问题的轻重缓急,确定相应的约束性指标和预期性指标。随着城市生态化转型进程的推进,其面临的问题也将发生改变。通过不同发展情景的模拟,确定未来评价指标体系中的约束性指标和预期性指标。

第15章
我国特大型城市生态化转型发展案例研究

15.1 上海

15.1.1 城市概况

上海市现状人口超过2 470万,陆域面积为6 340.5平方千米,另有约9 000平方千米的海域空间,城乡二元化结构明显;中心城区人均土地面积不足60平方米,耕地面积逐年下降;目前上海生态用地占比与国际大都市一般水平相比差距较大,生态空间总量减少的趋势仍比较明显,且分布也不均衡;自然资源与能源缺乏,生态赤字为生态承载力的1.8倍,属于水质型缺水城市;虽然空气环境质量总体有所改善,但热岛效应、灰霾、$PM_{2.5}$及中心城区NO_x污染情况突出。在转型发展过程中,上海面临土地资源、水资源、能源、绿地系统等"硬件"问题,也有公众参与、立法执法和循环经济不足等"软件"上的瓶颈。

15.1.2 环境现状

据《2018年上海市环境状况公报》报道,2018年上海市环境空气质量指数(AQI)优良天数为296天,较2017年增加21天,但是臭氧污染仍较突出。2018年,上海市主要污染物排放总量进一步下降,生态环境质量持续改善;2018年上海市AQI优良天数为296天,较2017年增加21天;AQI优良率为81.1%,较2017年上升5.8个百分点。细颗粒物($PM_{2.5}$)年均浓度为36微克/立方米,较2017年下降7.7%,较基准年(2015年)下降32.1%;可吸入颗粒物(PM_{10})年均浓度为51微克/立方米,较2017年下降7.3%;二氧化硫(SO_2)年均浓度为10微克/立方米,较2017年下降16.7%;二氧化氮(NO_2)年均浓度为42微克/立方米,较2017年下降4.5%。上述四项污染物浓度均为历年最低;SO_2已连续五年达到国家环境空气质量年均一级标准,PM_{10}已连续四年达到国家环境空气质量年均二级标准。

但是,$PM_{2.5}$和NO_2均未达到国家环境空气质量年均二级标准;臭氧在污染日中首要污染物占比达50.7%,臭氧污染仍较突出。《2018上海市生态环境状况公报》显示,在空间分布上,由于上海市主导风向为东南风,$PM_{2.5}$和PM_{10}受区域输送和二次生成影响,总体呈西高东低的分布态势;SO_2全面达标,浓度总体较低;NO_2总体呈由市中心向周边区域递减的趋势,浦西地区浓度总体高于浦东地区,与机动车聚集度基本一致。

1）地表水方面。2018年上海水体环境质量进一步改善，氮磷污染问题有所缓解，但仍为主要污染指标。2018年，上海市地表水环境质量较2017年进一步改善。全市主要河流的259个考核断面中，水质达到Ⅱ～Ⅲ类的断面占27.2%，Ⅳ～Ⅴ类断面占65.8%，劣Ⅴ类断面占7.0%，主要污染指标为氨氮和总磷。与2017年相比，全市主要河流劣Ⅴ类断面比例下降了11.1个百分点，氨氮、总磷平均浓度分别下降了31.4%和1.9%。上海市4个在用集中式饮用水水源地水质全部达标（达到或优于Ⅲ类标准）。上海市近年来不断加大截污治污力度，地表水环境质量持续改善，但氮磷仍为影响全市地表水环境质量状况的主要污染指标。

2）地下水方面。原上海市规划国土资源局开展的地下水水质2018年监测结果显示，上海市13个国家级地下水监测点中，水质为Ⅲ类、Ⅳ类、Ⅴ类的数量分别为1个、10个和2个，分别占7.7%、76.9%、15.4%。上海地区地下水水质总体保持稳定。

3）海洋环境方面。上海市海域2018年符合第一类、第二类海水水质标准的监测点位占10.8%，符合第三类、第四类标准的监测点位占18.4%，劣于第四类标准的监测点位占70.8%，主要污染指标为无机氮和活性磷酸盐。长江河口水域水质优良且总体稳定，但由于海水水质标准与地表水水质标准存在较大差异，劣于第四类海水水质标准的现象较为普遍。

4）声环境、辐射环境质量方面。《2018年上海市环境状况公报》显示，2018年上海总体声环境、辐射环境质量情况良好。

15.1.3　城市现存问题

总体来看，上海转型发展过程中还存在以下问题。

1）上海属于典型的河口城市，1～3级生态脆弱区超过1 000平方千米，应对气候变化的能力十分脆弱。

2）上海人口超过2 470万，中心城区人口密度偏高。

3）城乡二元化结构明显，陆域面积为6 340.5平方千米，中心城区人均土地面积不足60平方米；有近9 000平方千米的海域面积未得到充分重视，上海劣Ⅳ类水质海域面积占监测面积的50%以上；随着南汇新城、奉贤新城、金山新城等城镇群的建设和发展，上海周边将形成"沿海城镇密集带"，海洋环境污染负荷总量将呈增大趋势。

4）城市热岛效应，灰霾，中心城区NO_x、$PM_{2.5}$污染情况突出；交通污染、工业排放、周边区域秸秆焚烧等都是主要成因。

5）人均碳排放量在世界上千万级人口城市中名列前茅，仍然是"高碳发展"发展模式。

6）水资源、水环境面临区域环境的严峻挑战，属于典型的水质型缺水城市，在617.9千米长的河道中，Ⅴ类和劣Ⅴ类水河长共占70%，河道水质现状不容乐观。

7）绿化建设未达到有生命的城市基础设施的重视高度；总量不足，分布不均，功能完善、布局合理的绿化网络仍未形成，目前上海森林覆盖率仅为13.53%，与国内外同类型城市相比仍然有很大差距；绿地被侵占、被破坏、"重建轻管"现象仍然很普遍。

因此，必须通过建构生态文明建设指标体系，进一步引领方向、提升生态文明建设的战略地位,从最突出、最紧迫、对民生影响最大的环境问题入手,深入、持久地推进生态文明建设。

15.1.4　上海生态化转型与绿色发展的重要举措

1. 总体思路

生态化转型和环境管理比较成功的城市都是根据自身的自然特点打造符合自身发展的环境生态模式。克利夫兰依托大湖、绿地改善其自然生态,重新开发过去的废弃工业用地、集中组团式利用新土地,最大限度地减少土地开发的成本。库里蒂巴也同样利用原有的水资源、山地和林木改善其自然环境质量,开发其景观价值。

上海在完善城市管理措施、寻求绿色转型发展的进程中,要紧密结合"四个中心"和国际大都市建设的城市战略目标,按照"五位一体"的总体战略部署,以促进"人与自然和谐共生"的城市生活为理念,以城市禀赋特质为基础,以国际先进水平为标杆,以"先行先试"的制度创新和先进技术创新应用为支撑,按照绿色、循环、低碳的发展要求,通过优化空间、节约资源、完善制度、保护环境,切实有效地将可持续发展要求、生态文明理念渗透到城市发展综合建设系统中。

换言之,就是要通过阶段性目标和重点措施,达到经济社会各项指标的生态化。因此,上海城市环境管理的新思路归纳为"两大抓手""三带镶嵌""四轮驱动""五制一体"。"两大抓手"是指将空气污染的综合防治和水资源的保护利用作为上海污染控制和资源能源利用的两项核心内容来抓,以此带动生态文明的建设和绿色发展,从而实现"生态上海""美丽上海";"三带镶嵌"是指上海环境管理建设应紧紧围绕自然带、经济带和人文生态带进行,寻求人与自然的和谐共生;"四轮驱动"是指上海的环境管理要从规模、结构、布局、体制4个方面入手,做到"规模上控制,结构上调整,布局上优化,体制上创新",全面带动环境保护与社会经济的提升和发展;"五制一体"指的是建设"美丽上海",要靠制度先行,包括建立健全生态文明考核评价制度、国土空间开发保护制度、资源有偿使用制度、生态红线与生态补偿制度、生态保护责任追究与损害赔偿制度。

2. 主要突破口

一是积极探索创新驱动、转型发展中的经济与环境"双赢"之路。用绿色发展、循环发展、低碳发展的理念统领资源开发和经济建设,推进新型工业化、信息化、城镇化、农业现代化同步提升,不断增强上海经济的综合竞争力。

二是发展循环经济与绿色交通。大多数国际城市的发展从不缺乏重工业的作用,即使在生态城市的建设过程中也不缺少其存在,但是它们较好地处理了工业与居民生活区、绿色生态区的关系,发展绿色环保的循环经济产业,既保护环境,又发展经济和城市。在城市建设中,以步行道和自行车道作为道路网络和公共交通系统的重要组成部分,使得居民生活方便、快捷、经济的同时,还保护了环境。

三是完善相应法规、规划、制度和标准,严格"三线一单"的约束,即严格实行生态红线管控制度,严守环境质量底线,严格控制资源利用上线,提高环境准入门槛。

四是建立、完善生态文明建设绿色评估考核体系,发挥好考核的"指挥棒"作用。

3. 重要举措

（1）控制城市发展规模，维持生态承载安全水平

1）以资源生态承载力控制城市发展规模

树立"底线思维"，严格控制城市人口规模、经济发展规模和建设用地规模，使经济发展与生态资源承载力相适应。

一是力争维持现状，建设用地不增加。加强对区域资源生态承载能力的研究，提出上海今后阶段的城市发展合理规模。积极通过盘活存量、控制增量，提升土地资源开发利用效率、优化土地利用布局。

二是加强城市人口规模控制。均衡上海人口、资源和环境的匹配，结合产业结构升级和落后产能的淘汰，逐步控制上海人口规模，确保人口规模处于合理、可控范围，防范由人口规模超载引起的污染物过量排放和公共服务资源匮乏情况。同时引导人口合理分布，明确各功能区域相适应的政策导向，推进各功能区域差异化发展，努力缩小区域之间、城乡之间的环境差距。

2）以节能减排控制资源消耗与污染排放规模

严格控制能源消费总量，化解产能过剩，加快发展节能环保产业和循环经济。加强工业、建筑、交通等重点领域的能效管理，使主要用能单元的能耗强度及碳排放强度明显下降，同时有效控制总量增长，切实降低一次能源消费比例，提高清洁能源比例，促进能源结构低碳化。加强中水回用，提高水资源利用效率和效益；优化用水结构，以技术创新提升用水效率，使全市用水强度明显下降，用水总量不突破限值。

在减排方面，全面加强结构、工程、管理减排力度，扎实完成化学需氧量、氨氮、二氧化硫、氮氧化物四项污染物总量减排的约束性指标，并协同控制与上海环境质量密切相关的总磷、挥发性有机物和 $PM_{2.5}$ 排放总量。

（2）优化布局，加强区域空间环境管制

1）划定城市生态红线，加强空间环境管制

综合城市主体功能区划、环境功能区划和生态功能区划，分析城市生态空间基本格局，以《上海市环境保护和生态建设"十三五"规划》和《上海市2015—2017年环境保护和建设三年行动计划》为指导，结合《上海市主体功能区规划》要求，划定城市生态红线、蓝线、黄线与绿线，分类提出空间生态环境管制要求，实行不同区域的分类指导、分区管理，编制新一轮《上海城市环境总体规划》；严格实行红线控制，坚决锚固生态空间。丰富完善城市总体规划体系，将生态红线、空间环境分区管制等内容融入新一轮城市总体规划的修编中，使环境保护在空间布局上真正纳入城市建设规划体系中。

2）加强土地资源集约利用，提高空间利用效率

继续坚定不移推进工业向园区集中。贯彻"工业向园区集中"的思想，严格控制在104个工业区块以外新建有污染的项目，引导工业区块以外现存企业逐步向规范化工业区块集中，减少、整合零星工业用地，形成以104个保留工业区块为主体的布局优化、产业集聚、土地集约的工业布局框架。同时在工业区块内，积极进行老工业企业的升级改造，引导工业企业按照产业基地发展定位的划分进行分类集聚，逐步形成生产资源高效配置、产业链良性循环的现代化产业园区发展格局。

逐步推进农业生产用地集约化利用。积极鼓励农业生产用地的整理、归并和集约化经营，引导农业生产向规模化、现代化、科技化和生态化转型，从而提升农业生产的环境监督、管理水平，减少农业污染。

3）完善城市生态网络体系，构建生态安全格局

完善生态网络，构建大都市景观生态格局。认真落实《上海市基本生态网络规划》，建设市域"环、廊、区、源"的城乡生态网络空间体系，以生态理念促进城市绿地、园林、湿地和耕地的融合发展，构建与国家化大都市相符的景观生态格局，进一步增加建成区绿化覆盖率，提升城市环境品质。

建设生态屏障，构建生产生活安全格局。针对重要高速公路、城市高架、轨道交通等交通干线，重要通航水道、主要河道，通过绿色隔离廊道、隔音墙、防护林等方式，建设必要的生态屏障，保障居民生活生态安全。针对位于工业园区、工业企业附近的居住区，通过强化绿色生态隔离带的建设，减少企业生产带来的环境影响，降低生态安全事故风险。特别是针对杭州湾沿岸的石化、化工产业带，要与周边金山城区做好合理规划，加强生态屏障建设，防范环境事故对居民的影响。

4）合理调整城市功能布局，促进生产生活协调

针对当前上海部分生产与生活功能不协调、矛盾突出的地区，通过研究分析，逐步进行城市功能布局的合理调整，强化环境整治，促进区域生产、生活协调。

针对宝山南大、吴泾等历史遗留问题较多、厂群矛盾突出的地区，一方面，要积极推进居民动迁和污染企业搬迁工作，缓解区域环境矛盾；另一方面，要加强环境综合整治和绿色景观建设力度，提高环境管理水平。

对于规划选址不合理、环境安全事故频发的高桥石化区，应加快研究整体搬迁对策，尽快实施整体撤离，并在之前加强环境风险管理，杜绝环境安全事故发生。

（3）调整结构，加快转变经济发展方式

1）促进优胜劣汰，优化工业产业结构

全面推进产业转型升级。强化环境准入标准，严格限制高污染、高消耗和高风险行业发展，大力发展先进制造业和高端服务业，推动经济结构向轻型化转变，同时带动人口素质结构持续提升；针对重点行业制定严格的污染物排放标准和清洁生产评价指标，明确污染物排放强度、碳排放强度和能耗限值等要求，推动传统生产方式转型，积极推动钢铁行业调整转移，大力推动化工行业布局调整。

加快淘汰落后产能。通过完善落后生产能力退出机制，制定高耗能高排放行业、工艺和设备的淘汰目录，制订淘汰计划及配套政策，有力、有序推进104个工业区块外分散落后污染企业的调整退出，结合本市有关规划和政策，按布局、行业从资源消耗、污染排放、环境风险、信访矛盾等方面提出调整退出的原则、标准、目录，按轻重缓急分阶段落实淘汰计划名单，聚焦政策，稳步推进，重点优先淘汰小化工、橡胶塑料制品、纺织印染、金属表面处理、金属冶炼及压延、皮革鞣制、金属铸锻加工等污染企业。

提升工业园区环境管理水平。工业园区的规划发展与管理应以"LCA"生命周期理论和"生态产业园区"理论为指导，在104个工业区内测评已有项目和拟引项目的生命周期，提高环境准入标准，设置环境质量阈值、制作环境负面清单、测评园区环境承载力、构建工业生产的"食物链"，将上一工艺链环的"废弃物"变"废"为宝，作为下一工艺链环的原材料，

在集中供热、供水、处理废弃物的基础上，探索形成互惠共生的"产业生命共同体"，创新上海产业生态的环境管理机制，提升其绿色发展的水平。

构建资源循环产业链体系。按照"减量化、再利用、资源化"的原则，在全产业大力发展循环经济，加快构建覆盖全社会的资源循环产业链体系，加快完善再生能源回收体系，继续开展并扩大生态工业示范园区创建范围，提高工业中水回用率和产业废物综合利用率，全面推进生活垃圾分类回收制度，加大畜禽粪尿还田和秸秆综合利用力度；大力支持绿色经济和生态产业，进一步推行合同能源管理，鼓励绿色食品和有机农产品行业，推广并扶持节能、节水、低碳产品和相关企业，着力推动节能减排装备制造和相关服务产业的发展，促进资源循环利用和生态修复等环保产业的有效成长。

2）加强集约经营，提升生态农业水平

推进养殖业向规模化经营模式转变。鼓励引导规模化、标准化畜禽场建设，推动种养结合农业生产模式的发展。加大畜禽场粪尿生态还田、建设一批规模化畜禽养殖标准场粪尿生态还田工程和沼气综合利用示范工程，进一步推动循环农业发展。加强畜禽散养户管理，推进畜禽散养户向养殖小区、合作社等规模化经营模式转变，以村为单位建立畜禽散养户治理示范项目。建设标准化水产养殖场5万亩，探索研究人工湿地等水体净化工程，改善水域生态环境；进一步加强黄浦江上游、淀山湖等主要养殖水体的渔业资源增殖放流工作。

着力提高种植业组织化水平。培育一批经营规模大、服务能力强、产品质量优、民主管理好、社员得实惠的农民专业合作社，促进规范化管理、标准化生产、品牌化经营。通过示范与带动，加强控制化肥农药污染，切实减轻农业面源污染。从提高耕地质量和农田环境质量、加强农产品安全监管、修复生态链和促进资源循环利用出发，从源头、过程和末端3个方面控制化肥农药污染，继续推进农作物秸秆机械还田，建立和完善秸秆收集体制，在商品有机肥加工、食用菌培养基料和饲料、新型建材、再生资源和再生能源等领域积极推进秸秆综合利用。

3）优化能源结构，推进低碳发展战略

继续优化能源结构，开展清洁能源替代。实现能源供应和消费的低碳化是未来上海的必然选择，一方面，将严格控制煤炭总量，基本实现煤炭消费"零增长"，消费量控制在5 800万吨以内，在一次能源中的比例下降到40%左右；另一方面，必须大力推广使用清洁能源，继续加快建设天然气主干管网，完善天然气输配管网系统，实现全市管道气的天然气化，提高天然气比例，积极发展非化石能源（包括新能源，以及外来水电、核电等）。特别关注落实中小燃煤（燃重油）工业锅炉及炉窑的清洁能源替代。

提高外供比例，加快新能源建设步伐。在上海本地电力发展受资源、环境限制，且可再生能源难以大范围推广的情况下，引进市外清洁电力是促进本市能源低碳化发展的重要途径，原则上上海不再布局新的纯燃煤电厂。近期可大力增加天然气的供应及使用比例，同时逐步推广分布式供能系统，并加快对智能电网的研究储备和试点示范，中长期应大力拓展风能、太阳能和生物质能利用。

（4）深化治理，提升生态系统服务功能

1）严守环境质量底线，加强环保重点领域治理

在水环境方面，完善系统性、协调性相统一的水污染防治体系。强调水污染防治措施的

联动性,稳步推进污水厂提标改造,加快污水纳管收集;基本实现污泥规范化处置,落实臭气防治措施,加强纳管企业废水排放和污水污泥处理设施运行监管;深入排查沿河沿湖各主要污染源,实施水量与水质统一管理;同步推进中心城区泵站改造和郊区河道整治,加强水系沟通,争取消除河道黑臭,改善水体富营养化问题;进一步完善地表水环境质量监测体系,建立科学、简明的水环境质量评价体系;倡导生态循环的农业发展模式,加强农业面源污染控制,建立全过程监督管理体系,科学使用化肥农药,控制农药化肥施用量,加强畜牧养殖场标准化改造,完善粪尿收集、利用体系;加强农村污水及生活垃圾处理基础设施建设;加大饮用水水源保护力度,切实提高饮用水水源风险防范能力;坚持陆海统筹、江海兼顾,加强海洋环境保护,着力推进污染控制、风险预防和生态修复。

在大气环境方面,重点强化多源协同控制的大气污染防治体系。从能源、产业、交通、建设、农业、社会生活六大领域,协同推进重点防治措施;按照空气质量新标准和实施特别排放限值的要求,编制空气质量达标规划,按轻重缓急和技术经济可行性稳步推进;根据上海空气污染现状,建立复合大气污染监测体系,筹建长三角预警预报中心;加大关注,重视对臭氧污染的监测布点。以重点行业、重点企业为突破口,重点加强长三角区域联防联控,推进清洁能源替代,在钢铁、电力和重化工行业优先减少化石燃料使用;禁止新建钢铁、建材、焦化、有色等行业的高污染项目,严格控制石化、化工等项目,禁止在规划工业区块以外新改扩建有污染的工业项目;在完成脱硫改造的基础上,全面完成电厂脱硝改造和燃煤(重油)锅炉清洁能源替代或关停,大力推进燃煤电厂高效除尘改造,重点行业、企业挥发性有机物治理和中小锅炉限期淘汰。着力加强流动源污染防治,设置机动车进沪环保门槛,利用泊车位“倒逼”控制本地机动车总量;重点加强对外地集装箱运输车等重型流动源的污染监控与防范,加快机动车环保监测升级改造,坚持“公共交通优先”战略,加快在公益性行业推广清洁能源车,新车提前实施国 V 排放标准,黄标车实现全面淘汰,基本建成本市营运性车辆简易工况法检测网络;积极探索推进船舶、飞机等的减排工作,建设和完善港口岸电供电系统,实现船舶岸电供应;在巩固中心城区扬尘控制管理长效机制的基础上进一步加大郊区城镇化地区的扬尘控制力度,加强秸秆禁烧工作。

在固体废物方面,完善安全可靠的固体废物处置和管理体系。按照“完善体系、优化布局、提升能力、强化监管”的原则,加快推进危险废物重点处置设施建设和布局优化调整,对危险废物的产生、运输、储存、处置等各环节实施规范化的管理,研究落实危险废物产生单位自行处置的监管机制,确保危险废物得到全面安全处置。深化大宗一般工业固体废物管理,提升资源化利用水平。按照“减量化、资源化、无害化”原则,逐步建立生活垃圾全过程分类系统,提升生活垃圾资源化水平,完善城镇生活垃圾处理设施体系,加强停用填埋场地生态修复和设施周边的污染防治。

在土壤环境方面,逐步健全土壤污染控制法规、标准和技术规范体系。加强区域土壤环境现状调查,进行全面普查,摸清土壤污染状况,制定土壤综合治理规划、土壤环境保护规划和土壤环境功能区划;逐步构建完善土壤环境安全评估与修复体系,突出相关法规、标准、政策、机制等方面的制度设计,细化标准,重点建立棕色地块利用的土壤环境风险评估、修复机制与技术规范;建立土壤环境质量常规监管体系和土壤环境监测网络,提升土壤环境的监测管理能力,积极开展典型土壤污染场地的整治修复工作;落实土壤环境保护和修复的牵头部门,加强职能部门联动,建立政策设置、资金投入、运行机制和政策保障等一体的上海土壤保护管理对策。

在地下水环境方面,全面启动摸底调查,加强技术储备。对上海全市地下水环境现状开展全面摸底调查,发现环境问题,分析污染原因,提出相应对策;积极开展地下水环境安全评估、修复技术与规范的研究与实践探索。

2)强化生态系统保护,提升生态服务

加强自然生态保护区和湿地的管理保护力度,拓展生物多样性基础空间,促使野生物种数量恢复和生境重建,实行滩涂开发的跟踪评估制度和生态补偿机制。宜对上海不断增长的滩涂湿地采取"动态平衡、(湿地)略有增长"的策略;健全湿地保护法制,依法保护上海湿地资源,维护上海生态安全,是加强对自然保护区、湿地公园和禁猎区的有效管理;进一步开展实地生态修复和实地资源调查监测;加强宣传教育,提高整个社会的湿地保护、生态保护意识,通过共同参与来关心支持湿地保护事业,形成全社会保护意识。

持续推进崇明世界级生态岛的建设进度,逐步完善崇明岛环境基础设施,进一步改善环境质量,使之成为真正的世界级生态岛。

落实中央部委对海洋环境保护的具体要求,使上海海域功能区水质逐渐好转,近海海域环境逐步修复。

完善绿地林地系统建设。结合旧城区改造,特别是黄浦江、苏州河沿岸地区开发,加快公共绿地建设;结合城镇体系规划和小城镇建设,以生态城镇发展为核心,提高郊区城镇绿化水平;结合市域产业布局调整,特别是市级大型产业基地的建设,形成具有鲜明产业特点的绿化格局;结合郊区农业产业结构调整,实施退耕造林计划;结合重大工程项目和重大基础设施建设,推进配套绿化建设步伐;结合郊区"三个集中"政策,将归并、置换出的城镇和农村居民点用地,以及散、乱工业点用地等,集中造林;结合自然保护区和风景名胜区的保护,有计划地造林增绿;结合滩涂资源的开发、利用,因地制宜拓展生态湿地,大面积造地增绿;有效调整绿地布局,完善绿地类型,科学配置绿地植物群落,提高绿地植物养护水平,丰富各级绿地的生物多样性和历史文化内涵,提升绿化质量,强化林地保护利用,推动郊野公园建设,塑造上海城市特色。

严格遵守城市生态规划,切实增强各级领导干部执行规划的法律意识,树立规划的法律权威,绝不允许在经济社会过程中片面地追求经济利益和眼前实际利益,擅自侵蚀、蚕食现状绿地和规划绿地。在中心城区土地确实十分紧缺的现实条件下,制订相关政策,推动成片增绿,保证年均新增绿地;推进屋顶绿化、垂直绿化、沿口绿化、棚架绿化等立体绿化;严格执行新建居住区绿化配套比例,促进社会建绿,不断改善中心城区的生态环境,减缓热岛效应,提升宜居条件。

(5) 突出创新,完善生态文明制度体系

1)完善地方环境法制建设体系

进一步加快环保立法步伐。重点解决关系本市发展的环境保护重点难点问题和市民关心的热点问题,包括餐饮业、土壤污染、固体废物、噪声污染防治,尽快发布《清洁空气法》,开展船舶、飞机污染物排放控制地方条例等;着手开展《环境损害赔偿法》的研究和实行,建立环境损害鉴定评估机制,为落实环境责任提供强有力的技术支撑,严格追究污染者的环境责任,切实解决长期困扰环境保护的违法成本低的问题。

加大环境执法力度。通过区域和行业限批、限期治理和联合执法等手段,严厉打击各类违法行为,加快淘汰污染严重的落后生产工艺和企业。创新执法方式,充实基层执法力量,完善部门联动执法机制,严厉查处破坏生态、污染环境的案件,加强重点用能单位的专项监察,加大对投资项目开工建设、投入生产和使用过程的节能环保检查,健全生态环境保护责任追究制度;加强生态建设领域的法律服务工作,做好生态建设领域的法制教育和宣传。

制定船舶、飞机污染物排放控制的地方条例。企业除需要按《船舶污染物排放标准》(GB 3552—1983)、《污水综合排放标准》(DB 31/199—2009)、《大气污染物综合排放标准》(GB 16297—1996)等标准排放以外,对污染物总量的控制,还需强化和完善排污费制度或排放权交易制度;政府应尽快出台船舶、飞机污染物排放控制的地方条例政策,制定排放标准,鼓励船舶靠岸期间使用岸电、要求进港船舶燃烧轻柴油;明确监管部门,严格控污治污;改革现有排污费制度,实行分段收费;对港口和空港的污染排放进行调查研究,建立有效的污染监测和监管体系,建立可靠的排放清单,为管理部门研究制定污染减排措施和政策提供依据。

2)构建生态文明协调推进和保障机制,深化环境管理和决策

健全拓展生态文明建设组织协调机制。按照五位一体格局要求,完善并提升本市现有环境保护与环境建设协调推进委员会平台,拓宽并深化环保三年行动计划工作内容和推进机制,坚持以“政府主导,部门联动,全社会共同参与”为要旨,整合全社会资源和力量,形成生态文明建设的合力;按照“条块结合”的原则,“条”上强化专项工作组组长单位牵头制和责任单位负责制,“块”上加强基层力量,完善乡镇、街道环境管理责任体系,通过多方面的推进手段维护机制的有效运作;加强生态文明建设的顶层设计和统筹管理,在计划实施方面要讲求行业指导,以及跨行业、跨部门的协调与合作。

加强生态环境区域协作一体化共建机制。切实推进长三角区域环境合作,加快污染源信息共享和联防联控,建立区域环境信息共享、会商和发布平台。重点推进太湖流域水环境综合治理,加快长三角地区燃煤电厂烟气脱硫和脱氮改造,实现危险废物和危险化学品管理资质互认制度,深化区域突发环境事件防范和应急联动机制,切实加强联合检查和执法力度,加强农村面源污染控制,进一步深化“区域限批”“流域限批”政策,维护地区整体环境的同步发展和有效统管。

建立完善生态文明综合考评机制。研究建立以目标导向和标准约束为主的生态文明建设评价指标体系,保障生态文明建设有序快速推进;积极开展生态区、镇和村等创建工作强化生态文明建设的绩效考核,把生态文明指标纳入各级政府领导干部的考核体系,将考核结果作为干部选拔任用、管理监督的重要依据,对领导干部任期的资源消耗、环境损害、生态效益建立问责制,并对评优创先活动实行生态文明建设一票否决制。

提升重大决策环保参与机制。从规划层面开展环境保护总体规划,与国民经济发展规划及土地规划实现“三规合一”,同时广泛开展并切实提升规划环评和政策环评的决策地位,做到建设项目或者区域开发生态环境“一票否决制”。增强环保决策的话语权和行政执法权。

深入强化公众参与机制和透明监督体制。推进生态环境信息公开制度,完善新闻发布和重大生态环境信息披露制度,推进城市环境质量、重点污染源、饮用水水质、企业环境安全信息公开,强化公众生态环境知情权。在规划制定过程中,以及在建设项目立项、实施、评估

等环节,增强公众的参与程度,维护公众的切身利益。建立健全生态环境公众监督举报制度和听证制度,完善企业环保诚信体系,健全突发环境事件的公共媒体互动体系,鼓励社会舆论监督。推动环保公众参与立法实践,引导和培育生态文明建设领域的各类社会组织,充分发挥民间团体和志愿者的积极作用,为生态文明社会建设创造良好氛围。

加大环境保护财政保障力度。调整公共财政支出结构,把生态环保事业作为公共支出的重点,安排生态文明建设项目专项资金,重点用于解决上海在生态环境上亟须解决且具有实际操作意义的难点和焦点问题。加大财政资金投入力度,深化生态文明建设财政资金稳定增长机制。采取政府、集体、个人和引进外资等多渠道、多层次、多方位的方式筹集生态文明建设资金,完善投入保障机制。

加强重要科学技术和政策的攻关。推进能源、水、空气、土壤、温室气体、辐射等统计监测核算技术的研究能力建设,提高科研成果的转换应用水平。构建市区(县)两级资源互补共享的监测体系和信息化应用支撑体系,提高全市在节能环保方面的监测、监察和信息化能力。强化生态风险预防和应急管理能力建设,完善预案、预警、响应、处置、信息报送等制度的建设,并加强相关信息化辅助决策能力。

3)创新环境经济调控政策

制定、落实并进一步完善污染减排、工业结构和布局调整、生活垃圾源头减量、循环经济等补贴或激励政策;深化推进资源环境价格改革,完善水、电、气等生产生活资源的价格体系和排污收费制度,加快资源环境价格改革,全面推行合同能源管理,开展节能量、水权、排污权、碳排放权有偿使用和交易的试点,并深入研究相关推广实施的机制;开展环境污染责任险试点和环境损害赔偿诉讼等工作;完善排污许可证制度,建立"系统综合管理"的污染源监管机制;加大对郊区生态保护的投入,完善生态补偿制度,健全水源保护和其他敏感生态区域保护的财政补贴和转移支付机制;探索利用绿色信贷、绿色证券和绿色保险等经济手段。

4)建立重点领域生态补偿机制

建立生态补偿机制应坚持以下基本原则:统筹区域协调发展,责、权、利相统一;突出重点,分步推进,从实际出发,因地制宜,创新体制机制,因地制宜;政府主导与市场调控相结合,积极引导社会各方参与,充分应用经济手段和法律手段,探索多渠道、多形式的生态补偿方式。突出基本农田、重点流域、水源地和重要生态湿地、生态公益林等生态补偿重点,逐步加大补偿力度,完善补偿机制;建立生态补偿专项资金,根据具体情况制定和细化补偿标准;完善生态补偿保障措施,加强监督,确保生态补偿资金落到实处;生态补偿资金拨付、使用、管理具体办法由财政部门会同相关部门另行制定。搭建协商平台,完善支持政策,引导和鼓励开发地区、受益地区与生态保护地区、流域上游与下游通过自愿协商建立横向补偿关系,采取资金补助、对口协作、产业转移、人才培训、共建园区等方式实施横向生态补偿;积极运用碳汇交易、排污权交易、水权交易、生态产品服务标志等补偿方式,探索市场化补偿模式,拓宽资金渠道;推进生态补偿标准的研究,在分配生态补偿资金时,实行因素分配和考核奖惩相结合的方式,加大对上游地区的扶持力度。

(6) 强化引导,培育绿色低碳生活方式

1)加强环境保护宣传教育

推广生态伦理、生态善恶、生态责任等生态价值与生态行为观。加强生态文明主题、生态文明成就和生态文明典型宣传,增强生态文化教育人才和骨干队伍建设,把生态文明作为素质教育的重要内容纳入公民教育体系,通过课程和培训使生态文化广泛深入社会个体,提高全社会的资源节约、生态保护意识。充分发挥媒体阵地和公益组织的作用,加强对生态文明主题、成就和典型的宣传,鼓励动员全社会共同参与节能节水减排的生态义举。积极推进环境教育地方立法,依法保障环境宣传教育实施;通过环境日、地球日等重要节日,组织开展系列主题活动,打造活动品牌;通过开展绿色创建、环境教育基地等形式,普及环境保护法律知识和科学知识,在全社会形成生态价值观、道德观、文化观和消费观,提高公众参与环境保护的意识和能力;开展企业法人环境教育,扎实推进企业环境监督员上岗培训,鼓励企业将员工环境教育纳入年度培训计划。积极协调电视、广播、报纸、网络等媒体,使其共同承担环境保护公益宣传的社会责任。

2)丰富公众绿色参与平台

开展绿色社区、绿色学校、绿色企业、绿色家庭等多层面的绿色创建活动,发挥带动效应,引导生活方式向低碳简约转变;鼓励社区和社会环保组织开展形式多样的环境保护科学知识宣传活动。强化非政府组织(NGO)等社会组织对社会监督及低碳理念的引导作用,倡议公职人员以身作则,带头开展抵制浪费和绿色生活的实践,并做好宣扬和普及工作,为公众树立建设生态文明的榜样及信心。

3)倡导绿色消费与生活方式

通过广泛的媒体宣传、社会活动、学校教育和企业培训等方式,宣传生态文明观念,培育绿色消费文化,鼓励节能环保型产品生产和流通,引导公众选择低碳节水产品,逐渐形成理性节制的消费模式,摒弃过度包装、使用一次性用品等高碳行为,倡议绿色出行等健康的生活方式,促使社会形成节约环保的优良氛围;大力支持企业开展"绿色供应链管理示范",在各行业普遍推广,在政府层面率先执行绿色采购要求,禁止采购能效低的产品和国家明令淘汰的产品及设备,从而影响企业的采购行为,进而对上游生产行为产生约束意义。

15.1.5　上海生态化转型与绿色发展的政策建议

1. 上海环境管理与绿色发展政策机制创新思路

生态文明建设是在人与人、人与自然统筹、协调、全面可持续发展思想的指导下,走向社会经济文明形态和良性发展模式的理想形式。其建设的全过程要融入经济建设、政治建设、文化建设和社会建设的各个方面,需要一个顶层设计来指导和引领,制定全面、系统的体制机制来保障,而后分步实施。对"顶层设计"的呼唤,实际上是对重新考量、梳理和认识现行环境管理制度、机制体系模式和相关政策法规的呼唤。重点要从环境监测、监督、治理、应急处置管理、效益评价等方面设计相应的体系架构及内容,既有刚性的约束,又有柔性的激励。在机制建设上要有破有立。所谓"立",是要成立跨部门的生态文明建设组织协调和指导机构;"破"则是要打破政府部门绝对主导、单向推动的管理模式,通过法律法规的制定和约束,明确公众、企业的社会责任,激励全社会广泛参与,真正形成政府主导、以企业为主体、市场有效驱动、全社会共同参与的推进生态文明建设的新格局。

换言之,就是要通过各种方式的激励和约束,达到经济社会各项指标的生态化。因此,上海生态化转型与绿色发展激励和约束机制建设的途径为"一单三线""两点支撑""三带镶嵌"四轮驱动""五化一体"。"一单三线"是指将环境准入负面清单和生态保护红线、环境质量底线、资源利用上线,作为准入门槛,以及必须坚守的原则、底线;"两点支撑"是指将激励和约束作为机制建设的两项核心内容,支撑起上海的环境管理与绿色发展;"三带镶嵌"是指上海城市环境管理与绿色发展的激励和约束举措紧紧围绕自然带、经济带和人文生态带开展,追求人与自然的和谐共生;"四轮驱动"是指要充分发挥政府、企业,以及非政府组织、社会公众的职能、责任与义务,共同协调推动上海的城市环境管理与绿色发展;"五化一体"指的是上海环境管理与绿色发展的激励和约束机制应该坚持理念先进化、目标绿色化、结构协调化、举措合理化、效益生态化。

2. 上海环境管理与绿色发展的激励机制

(1) 构建市场化碳减排机制,鼓励发展低碳经济

在上海循序渐进实行碳排放总量控制,合理分配排放额度。形成"增排有成本,减排有鼓励,减排投融资有回报"的正向激励。在操作上采用先增量后存量的方式,对历史排放存量暂不设控制指标,对新增排放进行总量控制。在额度分配上,基准排放仍可免费供应,超过基准排放的部分以拍卖方式供应,并根据经济发展、环境状况及排放权市场价格变化动态调整。加快建立"总量控制+配额交易"的市场化碳减排机制,逐步构建与国际接轨的、统一的碳交易市场,尽快推出碳交易试点,同时做好碳排放量及排放基准核定核查等基础工作。重视并发挥金融支持碳减排的作用。引导金融机构以碳资产抵押贷款、参与碳债券、碳基金和股权投资等多种形式,对减排活动给予资金支持。通过贴息、担保和税收优惠等方式,发挥好财政对金融资金和社会资金的引导作用。

(2) 健全公众参与机制,树立自然生态价值观

在市财政中设立上海生态建设公众奖励基金,按年度评选市民模范,予以奖励;同时配套制定公众参与奖励办法,完善环境管理与绿色发展公众参与立法,有效发挥公众监督作用,使公众参与环境管理拥有真正的法律保障,从根本上鼓舞公众的参与热情;以生态理念引导公众价值取向、生活方式和消费行为的转型,在全社会形成保护生态环境的强大合力;重视发挥宗教界在环境管理建设中的积极作用。

将绿色发展思想写入教科书,深入机关、学校、社区等,让环境管理教育体系更加制度化、系统化、大众化。此外,思想认知和思维方式是一切行为选择和决策方式的根源,因此,改变现有的思维方式,建立新的生态型发展观、价值观也是环境管理与绿色发展的根本要求,要树立"生态有价、环境有价、资源有价"的绿色发展观,从每个公民抓起,逐步培育尊重自然、顺应自然、保护自然的自发意识,其中既需要培育、教育、宣传和灌输引导,也需要有润物细无声的文化熏陶和整个环境氛围的浸润。

(3) 研究制定生态补偿政策,加强流域联防联控

补充制定相应的生态补偿政策,提高生态补偿标准,丰富生态补偿方式。优先制定上海农村秸秆回收利用补偿政策、清洁能源替代使用补偿政策、生态林建设中失地农民的生态补偿政策、船舶临港岸电的电价补偿政策,以及对海水淡化企业的直购电扶持政策等,研究安排对城市污水处理厂污泥处理处置的专项补偿费用,探索生活垃圾分类收集处理流程体系的财政资金补助机制。生态补偿可以通过直接补偿(财政转移支付、项目支持)和间接补偿(开征税种、征收基金)相结合的方式,从国家、区域、产业3个层面建立有稳定管理机制和固

定资金来源的生态补偿机制。

　　进一步完善重点流域环境在线监测系统,联网后输入统一的数据信息平台,加大对源头污染的控制力度,做到上下游联合防控,明晰污染事故责任主体,设立流域污染治理生态补偿基金,重点解决重点区域、流域联防联控过程中的"量度难、问责难、补偿难"问题。

(4) 设立绿色发展基金,转变资源利用方式

　　多渠道筹措设立绿色发展项目基金;从上海财政土地出让基金中提出2%左右作为固定基金,补贴土壤和固体废物治理,重点应针对土壤重金属和放射性问题,以及固体废物的减量化、资源化和无害化问题。

　　发展循环经济,加强再生资源利用,坚守资源利用底线,提高资源利用的集约化、规模化和产业化水平。按照布局合理、产业集聚、土地集约、生态环保的原则,在有条件的地区加快投资建设一批高起点、高标准的循环利用产业园区,大力推动专业企业入园集聚发展,打造行业上下游企业相互衔接、共生代谢、环境友好的再生资源综合利用产业链;制定上海再生资源行业发展规划,推进网络体系建设,引导形成城镇回收网络、分拣加工中心和集散市场、产业基地三级层次分明、功能齐全、有机组合的废旧商品回收利用网络体系。

(5) 推行化石能源替代,制定清洁能源规划

　　加快调整能源消费结构,控制燃煤消费总量与比例。控制石油的消费增长与幅度,增加非化石能源和天然气的消费比例,充分利用上海的区位优势,统筹国际、国内两个市场,保障天然气供应和使用。

　　研究制定《上海市清洁能源规划》,推进煤炭的清洁开发和高效利用;推行煤炭等化石能源替代行动,适当压缩煤炭使用占比,在钢铁、电力和重化工行业优先减少化石燃料使用,积极拓展能源结构,鼓励太阳能、风能等清洁能源的合理利用;采用国际通用办法,按可替代能源的比价计算天然气定价,调整天然气消费结构,扩大天然气消费市场,加快其在交通工具中的应用。

(6) 奖励环境公益诉讼,扩大环境信息公开范围

　　设立上海环境管理公益专线,开通相关职能部门的专用微博、专属网站,实时接受市民对环境污染事件的投诉和举报,对确实影响生态环境的有效公益诉讼行为予以一定额度的奖励,倡导全社会加入生态监督,使环境管理与绿色发展公开化、大众化;在媒体和报刊上及时发布上海环境指数、污染状况、前10位重大排污单位等重要的环境信息,定期抽样统计调查市民对上海生态环境的满意程度。

(7) 鼓励生态产业与技术研发,坚守生态用地红线

　　着力推进产业绿色发展、循环发展、低碳发展,鼓励节约资源和保护环境的生态产业和生产方式,加快节能环保技术的研发,特别重视和加强节约使用化石能源技术、材料、产品的研究开发和推广应用,充分发挥科技创新对生态文明建设的支撑作用;对通过示范确实有显著生态环境效益的科技成果予以重奖,并由政府出面,协助推广。

3. 上海生态化转型与绿色发展的约束机制

(1) 加强大气污染防治,加大自然生态系统和环境保护力度

目前上海以个人和局部利益损害生态环境的问题还未根本扭转,空气质量、水质等个

别单项指标仍未达标；必须坚决治理当前人民群众反映最为强烈的大气环境污染问题，同时加大对水、土壤等自然生态环境系统的治理和保护力度，针对性地制订治理行动计划，切实提高生态环境质量和水平，积极应对气候变化；加强对上海大气污染形成的基础性研究，提高上海大气环境监测预警能力，建立大气污染监测预警机制，制定更为严格的排放标准和监管措施，将重污染天气纳入上海市政府突发事件应急管理中；研究实施上海机动车总量控制政策，加速淘汰黄标车，研究控制外地牌照机动车入沪的方法；提升油品品质，大力发展绿色交通；建立土壤污染防治统一协调机制，控制工业源污染和农业面源污染，重点强化老旧化工区域的土壤污染治理与修复；加强崇明三岛河口地区、黄浦江上游地区及郊野公园的生态保护和建设，制定具体的行动办法，努力将崇明三岛升级为国家级生态文明示范岛。

（2）推行生态红线控制，建立绿色发展绩效考核机制

目前上海生态用地占比与国际大都市一般水平相比差距较大，生态空间总量减少的趋势仍比较明显，且分布也不均衡。生态空间正逐步被蚕食，并有继续恶化的趋势；在上海重要的生态功能区、陆地和海洋生态环境敏感区、脆弱区等区域划定生态红线，制定生态红线管制要求并严格落实，适当扩大森林、湖泊和湿地的保护面积。以《上海市主体功能区规划》为基础，以限制开发区及禁止开发区为依据，落实上海市生态保护红线规划及实施。

当前上海全市生态空间接近底线，必须树立"底线思维"，建立"倒逼"机制，力争未来保持3 226平方千米建设用地不增加，严守生态红线，锚固生态空间。将生态空间管控纳入绿色发展绩效考核中；按照评估指标体系的内容与要求，构建绿色发展绩效考核机制，完善监督机制，发挥好考核的"指挥棒"作用。

（3）深化产业经济结构调整，优化产业空间布局

按照"创新驱动、转型发展"的要求，深化产业和经济结构调整，改变目前上海第二产业布局分散，第三产业提升不够的现状，以金融、航运等核心产业功能为抓手，强化产业资源配置；禁止高能耗、高污染项目上马；对已有高能耗、高污染行业，通过产业升级、技术革新、结构重组等方式加速战略性调整改革，从根本上解决结构性污染问题，使经济发展同资源环境的承载能力相适应。制订详细计划，限期对外高桥石化进行搬迁，并做好搬迁的后续安置及环境恢复工作；研究规划建立宝钢工业集中区、金山卫化工园区等产业集中区，促进金山石化产业升级，配套相应的环保基础设施及产业链，加强工业园区日常的环境监管工作。

（4）控制能源消费总量，淘汰落后产能

上海人口众多，也因此产生更多能耗，交通、水电气热等供应压力日益增大，必须采取措施合理控制能源消费总量。下大决心化解产能过剩，加快发展节能环保产业和循环经济；到2015年基本淘汰市域范围内的中小燃煤锅炉，2017年全面淘汰中小燃煤锅炉。目前上海的钢铁、石化、建材、水泥等产业集高能耗、高排放、产能过剩于一体，长期积累的深层次结构问题突出，产能过剩与下游有效需求放缓并存；必须做好对存量的产能过剩能力整合或淘汰工作，加快征收资源税和环保税步伐，用经济手段化解问题，减少为图暴利而盲目继续投资的冲动。

（5）完善相关法律法规，提高部分行业环境标准

修订《上海市实施〈中华人民共和国大气污染防治法〉办法》，将成熟的环境经济政策纳入立法,加大对破坏生态行为的法治力度;修订完善土壤标准,研究出台《上海市土壤污染防治条例》;研究制订上海环境管理与绿色发展的宣传教育相关法规及其配套措施、上海推进环境管理与绿色发展的实施办法。

(6) 建立严格的产业环境准入制度和空间环境准入制度

深化环保行政审批制度改革,严格项目环保审批,限制高污染、高能耗项目的施工建设;加大上海建设项目环境影响评价文件的抽查监督力度,严格规范环保验收;分区域分行业研究制定更为严格的地方环境标准,提高环境准入门槛。

根据《关于规划环境影响评价加强空间管制、总量管控和环境准入的指导意见(试行)》,建立严格的产业环境准入制度和严格的空间环境准入制度,明确全市禁止和限制生产的产业门类和空间区域,通过实行严格的环保倒逼机制,从源头控制污染排放,倒逼产业结构调整和布局优化,加快改善人居环境质量,防范环境安全风险。

建立严格的产业环境准入制度:通过列表的方式,提出上海规划范围内禁止准入及限制准入的行业清单、工艺清单、产品清单等环境负面清单,尤其是高耗能、重污染项目。多部门联动,凡列入负面清单的项目,投资主管部门不予立项,金融机构不得发放贷款,土地、规划、住建、环保、安监、质监、消防、海关、工商等部门不得办理相关手续;执行严格的污染物排放标准。在严格执行国家和省现行环境标准的基础上,针对上海实际需要,研究制订和落实行业、区域更严格的污染物排放规定和能耗规定;出台建设项目污染物排放总量管理规定,将建设项目污染物排放总量指标作为项目环评审批的前提条件,严控新增排放量;守住环境质量底线和资源利用上线。

建立严格的空间环境准入制度:对重点地区的开发活动进行限制。严控生态保护红线,在已经划定的生态红线保护区内、一级管控区内,严禁一切形式的开发活动;在二级管控区内,严禁有损生态功能、对生态环境有污染影响的开发建设活动。

建立重点生态功能区产业准入负面清单制度:根据上海市生态功能区划,以不同重点生态功能区的资源环境承载能力为基础,以列表形式明确规定禁止准入和限制准入的产业名录,并依照清单对区域产业进行规划管理,防止各种不合理的开发建设活动导致生态功能发生退化。要科学把脉区域生态资源环境,着力开展产业准入指标体系建设,加强环境准入负面清单制度支持体系建设;着力推进环境准入负面清单动态管理工作,充分发挥政府、企业、环保组织和公众环境准入负面清单制度建设中的作用,定期、及时对现有清单进行修订。

实行严格的环保审批制度:保障“三线一单”的落实。对未完成污染减排任务、未落实环保限期治理要求,以及配套环保设施未建成等的区域(企业),不予受理其新(扩)建项目审批;实施规划环评与项目环评联动,对未依法进行规划环评的开发区(工业集中区),暂停审批该区域内的具体建设项目。建立健全环境准入制度考核机制,把环境准入制度的执行情况作为环保考核的重要内容,纳入各级领导干部实绩考核中。建立责任追究制度,对盲目决策、把关不严并造成严重后果的,依法实行严格问责。

(7) 注重政策管理效率,推进主体功能区建设

进一步明确政府各部门的监管职能,做到权责分明,避免“多分管,无人管”的管理现象,提高管理效率;通过加大政策力度、突出政策重点、优化政策组合、注重政策合力、提高政策效率等举措完善推进上海主体功能区建设,以引导优化开发区域提升行业竞争力,促进

加快转型期间上海新型工业化进程。

按照《上海市主体功能区规划》要求,结合《上海城市总体规划》(2017—2035年)《上海市土地利用总体规划》(2006—2020年),严把四类功能区域关口(都市功能优化区、都市发展新区、新型城市化地区和综合生态发展区),进一步完善各功能区的功能定位,落实划定限制开发区域及禁止开发区域,以此引导产业布局,促进人口分布、经济布局与资源环境承载能力相适应,增强城市可持续发展能力;加强区域统筹,促进区(县)差异化发展;缩小城乡之间、区(县)之间基本公共服务和人民生活水平的差距,主动融入长三角区域一体化协调发展,构建上海大都市圈,打造具有全球影响力的世界级城市,构建由"主城区-新城-新镇-乡村"组成的城乡体系和"一主、两轴、四翼、多廊、多核、多圈"的空间结构,实现创新驱动、转型发展。

(8) 优化国土空间开发格局,建立节约用地机制

上海不到全国国土面积的0.1%,却承载了全国1.7%的人口和4%左右的生产总值。目前上海6 340.5平方千米的土地,已使用面积约为2 900平方千米,而土地资源紧缺,人口在不断增加;以此趋势,到2020年,难以保证3 500平方千米的生态用地;建设用地结构不尽合理,工业用地占城市建设用地的比例为30%,与国际先进城市相比偏高;城市防汛、应急避难用地严重不足;必须以主体功能区定位为依据,加快优化国土空间开发格局,努力提高单位土地产出率;将其主体功能区规划与部门、地区发展规划结合,与专项规划、重大项目布局衔接,细化落实办法,强化规划的权威性和执行力;整合上海涉及国土空间开发的各类规划,合理划分层次,实现陆海、区域、城乡统筹发展;成立上海国土空间安全管理机构,完善国土规划评估跟踪机制。

按照"生态用地保底线,建设用地守红线,工业用地进内线"的要求,修订上海土地管理相关办法,建立节约用地机制,强化对招商引资中变相占地的惩罚,狠抓土地节约集约利用,特别是提高农村集体建设用地的集约化水平。

(9) 加强水源水资源管理,优化水资源配置

对上海来说,水质型缺水将长期持续,涵养水源的紧迫性更加突出。受上游来水质量和咸潮的影响,长江口水源的运营、维护面临严峻挑战,黄浦江上游水源在一定时期内具有不可替代性,迫切需要在长江口和黄浦江上游恢复并扩大水源涵养空间。因此,迫切要求实行最严格的水源水资源管理制度,通过优化水资源配置,加强水资源节约保护,实施水生态综合治理,完善水生态保护格局,实现水资源可持续利用。同时,加强黄浦江上游、青草沙水源地的保护和用水总量管理,积极推进水循环利用;继续推进污水处理厂的提升改造,提高污水处理厂的处理能力和出水标准。成立水源地及地下水保护协调机构,加强饮用水水源地、地下水质监测网络和自动化信息传输系统建设,加大污水处理力度,提高中水回用能力。

(10) 完善海洋生态环境法规制度,遏制海岸带污染

细化海洋污染物排放技术标准,梳理并健全完善上海关于海洋生态环境保护的法规条例,以控制船舶污染、河流入海污染为重点,综合考虑增订上海海洋生态环境保护实施细则,以及上海防治海洋工程建设项目污染损害海洋环境管理条例,重点是以经济发展全球化为牵引,比照国际标准调整处罚额度,细化量化处罚标准,尽快完成海洋生态环境保护法规体系;加大对违反海洋生态环境保护法规行为的处罚力度。

港口航道建设应统筹考虑海洋环境和海防需要,严格港口建设的环境评审;树立"防治兼顾、以防为主"的海洋生态环境保护理念,立足于以罚促防,将法治监督与社会监督相结合,加强岸线巡查和管控,全面遏制新时期海岸带发展模式带来的生态环境退化。

4. 上海生态化转型与绿色发展的保障机制

(1) 加强政府引导,明确环境管理与绿色发展定位

实现政府工作重心从主导到引导的根本性转变,加强政府科学引导企业、非政府组织、公众参与环境管理与绿色发展的职能,不断提高市民的生态文明观念,充分调动各方力量,共建更绿的上海。

上海作为长三角一线城市,在新的"创新驱动,转型发展"时期,必须明确自身定位,摆脱"辐射区域"的思想,融入服务长三角发展的新角色,全面构筑长三角城市群融合机制。

(2) 健全政法体系,加大执法监督力度

健全环境管理政法体系,理顺不同法律法规之间的关系,充分发挥政策法规体系的基础性约束作用,广泛宣传上海"三年环保行动计划"、生态网络规划、"十三五"环境保护规划等相关法规、规划,制定和完善上海的环境管理与绿色发展法规,制定优惠扶持政策,鼓励企业和事业单位、个人参与。加大环境管理执法监督力度,建立健全执法机构,稳定执法队伍,严格执法,强化法律监督,依法惩治各种损害生态环境的行为,将环境管理与绿色发展纳入法制化、规范化、制度化的轨道中。

(3) 建立预警系统,完善生态监管制度

加强对上海全市范围内的森林资源、湿地资源、生物多样性、水土流失、土壤重金属含量、农业面源污染、工业及生活污染、水资源、气候变化等的监测和预警。发挥专家作用,组建环境管理与绿色发展专家咨询小组,对全市重大建设工程,以及监测、预警情况进行咨询、分析,为深化环境管理与绿色发展提供科学决策依据。

(4) 做好污染防治,构建应急响应机制

协调各部门做好污染防治,从源头抓起,加强末端治理;围绕产业升级和工业布局调整策略,制定相应的产业引导政策,鼓励发展无污染和清洁生产的产业,严格限制高能耗、重污染的企业上马,加大污染企业搬迁工作力度。提升针对突发性环境事件的应急响应和处理能力,制定完善应急预案,构建各部门联动的立体化应急响应机制。

(5) 多渠道筹集资金,完善投入保障机制

采取政府、集体、个人和引进外资等多渠道、多层次、多方位的方式筹集环境管理与绿色发展资金。市级财政每年安排一定数量的环境管理与绿色发展资金,用于重点工程建设和重点措施推进。对于经济社会效益明显的项目,按照"谁投资、谁受益"的原则,广泛吸纳外埠、外资、民营等社会资金。对于生态效益明显的项目,采用政府、部门、集体、个人及外资相结合的办法,广辟资金渠道,保证项目建设的顺利开展。采取优惠的投资导向政策,大力引进国外资金,鼓励外商直接投资于先进设备制造、技术开发、生态信息服务、重大生态建设和环境污染治理工程等。

15.2　南京①

15.2.1　城市概况

南京地处长江三角洲核心区,是江苏省省会、东部地区重要的中心城市、特大城市,也是长三角辐射带动中西部地区发展的重要门户城市、"一带一路"战略与长江经济带战略交汇的节点城市。从充分对接国家"一带一路"、长江经济带、长三角一体化等重大区域战略和新型城镇化战略的全局出发,结合建设现代化国际性人文绿都的战略需求,来构建开发保护南京的空间战略格局。

1. 自然条件

2016年南京土地总面积为988.05万亩,其中农用地、建设用地、未利用地亩,分别占南京土地总面积的62.83%、28.64%、8.53%。林木覆盖率为29.86%,城市建成区绿地率为40.2%,人均公园绿地面积为15.8平方米,风景名胜区、省级以上森林公园分别为12家、13家,是中国四大园林城市之一,并且南京境内硫铁矿和锶矿品位高、储量大,在开采完毕后,跟进了绿色矿山建设,拥有5家国家级绿色矿山试点单位。

2. 社会经济条件

2016年南京常住人口为827万人,城镇化率达到62%。市区建成区面积为773.79平方千米,城市功能日益完善,江北新区、副城、新城、新市镇等规划建设不断取得进展。建成美丽乡村示范片区1 400平方千米,农村面貌显著改观。

近年来,南京城市综合实力不断增强,在全省率先形成了"三二一"产业发展格局。2016年地区生产总值为10 503.02亿元,居全国第11位。按常住人口计算,全年人均生产总值为127 264元,达到中上等收入国家和地区水平。全社会固定资产投资5 533.56亿元,全年一般公共预算收入为1 142.60亿元。全年全体居民人均可支配收入为44 009元,按常住地分,城镇居民人均可支配收入和农村居民人均可支配收入分别为49 997元和21 156元,其具备了进入生态环境实现"转折"的经济基础条件(《南京市主体功能区实施规划》)。2016年南京以第二产业、第三产业为主,金融业、文化产业、旅游业等现代服务业成为其国民经济支柱产业。战略性新兴产业提速发展,七大类14个重点领域新兴产业实现主营业务收入6 800亿元,增长了13%。现代农业发展水平跃居全省第一。

3. 相关城镇体系规划

自改革开放以来,南京已经进行了《南京市国民经济和社会发展第十三个五年规划纲要》,结合《长江三角洲城市群发展规划》、《南京市城市总体规划》(2011—2020年)、《南京市土地利用总体规划》(2006—2020年)、《南京市生态红线区域保护规划》等,2017年8月南京开展了《南京市主体功能区实施规划》。

---

① 参加本案例研究人员：王祥荣、丁宁、李昆、朱敬烽等。

规划中提出构建"中心提升、南拓北展、东向融合、西向辐射"城镇化格局。"中心提升"主要指主城区、河西新城、南部新城、麒麟科技创新园（生态科技城）、板桥新城等综合服务功能提升；"南拓"主要指东山副城、空港枢纽经济区、溧水副城、高淳副城建设，辐射带动宁杭生态经济带发展；"北展"主要指国家级江北新区建设；"东向融合"主要指仙林副城、江海港枢纽经济区、汤山新城建设，推动宁镇扬协同发展；"西向辐射"主要指充分发挥东部地区重要的中心城市、特大城市的集聚辐射作用，积极推进长江经济带建设，辐射带动中西部地区发展（图15-1和图15-2）。

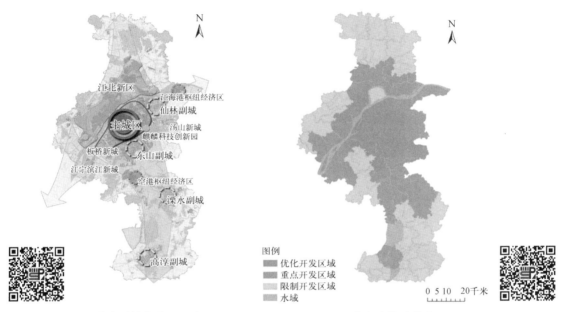

图15-1　南京城镇化格局示意图　　　　　　图15-2　南京主体功能分区

资料来源：中国城市发展网，http://www.chinacity.
org.cn/csfz/csjs/355662.html

生态城市是一个由许多相互依存、相互制约的因素构成的复杂系统，主要包括社会生态子系统、经济生态子系统、基础设施子系统和自然生态子系统，这4个子系统相互交织、相互联系，共同形成以一定规律组合的相辅相成的共生系统。因此，生态市建设的指标体系一般也涵盖了上述4个子系统。南京市环境保护局根据国家生态市建设的指标体系，结合南京的实际情况和特点，确定了南京生态市建设的经济发展、资源与环境、社会进步三大类28（33）项指标，并分别提出至2010年、2015年和2020年的规划指标值，详见表15-1。

表15-1　南京生态城市建设规划指标值（陈洋波等，2004）

子 系 统 层	单 项 指 标	单 位	目 标 值	权 重
经济发展	人均GDP	元/人	32 000.0	0.031 6
	人均财政收入	元/人	5 000.0	0.043 1
	单位GDP水耗	立方米/万元	20.0	0.033 0

（续表）

子系统层	单项指标	单 位	目标值	权 重
经济发展	单位GDP能耗（标准煤）	吨/万元	1.4	0.028 3
	第三产业占GDP比例	%	45.0	0.041 3
	从业系数	%	60.0	0.036 9
	人均生活用电	千瓦时/人	500.0	0.034 5
资源与环境	城市人均公共绿地面积	平方米	10.0	0.055 4
	建成区绿地覆盖率	%	40.0	0.048 5
	城市污水处理率	%	85.0	0.055 4
	工业废水排放达标率	%	100.0	0.057 3
	工业固体废物综合利用率	%	90.0	0.057 3
	空气优良天数	天	330.0	0.059 3
社会进步	文教卫生投入占GDP的比例	%	2.0	0.038 7
	科技投入占GDP的比例	%	2.5	0.036 5
	城市化水平	%	70.0	0.057 6
	城镇居民恩格尔系数	%	40.0	0.034 4
	农村恩格尔系数	%	40.0	0.033 7
	人均公共藏书	册/人	3.0	0.028 7
	城镇登记失业率	%	3.0	0.027 0
	万人拥有病床数	张/万人	100.0	0.029 3
	城乡居民人均收入比	%	80.0	0.039 5
	城镇居民人均居住面积	平方米	20.0	0.034 4
	农村居民人均居住面积	平方米	40.0	0.033 7
	公众对城市环境的满意度	%	90.0	0.038 0

15.2.2　数据来源

指标数据来自2008～2012年各年份《南京统计年鉴》《南京市环境状况公报》《南京市水资源公报》《南京市国民经济和社会发展统计公报》《中国城市统计年鉴》《中国统计年鉴》《中国海洋环境状况公报》，以及南京市统计局、南京市水务局、国家统计局提供的相关资料。

15.2.3　基于PSR模型的现状分析

本节基于构建的PSR指标体系，结合南京生态建设规划指标，对南京建立了城市生态文明综合指数评价指标体系（表15-2），对南京的生态文明建设现状进行了评估，评价结果如图15-3所示。

表15-2　南京生态文明建设评价指标

目标层	准则层	主题层	指 标 层	权 重	指标方向
城市生态文明综合指数	压力指标	社会压力	人口密度/(人/平方千米)	0.379 1	负向
			工业产值比例/%	0.336 7	负向
		资源压力	单位GDP能耗/(吨标准煤/万元)	0.414 2	负向
			单位GDP水耗/(立方米/万元)	0.585 8	负向
		环境压力	废水排放强度/(吨/万元)	0.424 1	负向
			烟粉尘排放量/(吨/万元)	0.575 9	负向
	状态指标	环境状态	API<100的天数/天	0.225 1	正向
			区域环境噪声昼间平均值/分贝	0.145 1	正向
			主要骨干河道优于Ⅲ类水比例/%	0.177 7	正向
			近岸海域优于Ⅲ类海水比例/%	0.296 5	正向
			森林覆盖率/%	0.155 6	正向
			绿化覆盖率/%	0.155 6	正向
		人居状态	居民家庭人均纯收入/元	0.328 7	正向
			每万人拥有执业(助理)医师/人	0.209 7	正向
			恩格尔系数/%	0.328 7	正向
			人均公园绿地面积/(平方米/人)	0.157 9	正向
	响应指标	经济响应	环保投资占GDP比例/%	0.288 6	正向
			R&D投入占GDP比例/%	0.329 1	正向
			工业固体废物综合利用率/%	0.198 4	正向
			工业用水重复利用率/%	0.183 9	正向
		环境响应	生活垃圾无害化处理率/%	0.279 7	正向
			新增立体绿化面积/万平方米	0.445 4	正向
			污水集中处理率/%	0.274 8	正向
		社会响应	家庭天然气用户比例/%	0.248 8	正向
			每万人拥有公交车数量/辆	0.151 3	正向
			生态规划完善程度/%	0.289 4	正向
			公众生态文明建设参与率/%	0.310 5	正向

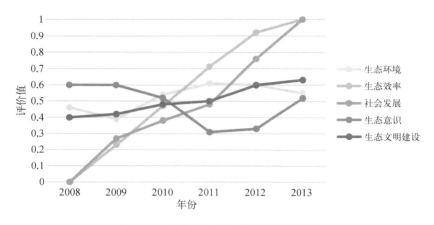

图15-3   南京市生态文明建设评价结果

15.2.4   生态文明建设压力评估

1. 城市服务功能不足

在经济发展过程中,产业结构的演变通过资源的消耗程度、环境影响程度和生产废弃物排放对南京生态文明建设产生重要影响。第一产业对土地资源的依赖性最大,第二产业对资源、能源的依赖性最大,对环境的污染也最严重,第三产业对资源的消耗程度较小,对环境的破坏强度也较小,提高第三产业的比例有利于推动城市生态文明建设,实现可持续发展。南京是中国服务外包基地、国家软件出口创新基地和全国重要区域金融商务中心,其金融商务中心地位在长三角仅次于上海,作为省会城市和副省级市,南京第三产业发展突出,城市发展水平较高,但第三产业所占GDP的比例与南京应承担起的城市服务功能仍不匹配(重庆市环境保护局,2015),南京第三产业的发展仍然任重道远。

2. 第三产业层次不高

南京的发展还存在产业层次不高的问题,以第三产业为例,南京的第三产业中占主导地位的是商贸、交通等传统服务业,而信息传输、计算机服务和软件业等现代服务业的比例低,服务业的产业层次有待进一步提升。南京生态文明建设需要以智慧型技术提升产业层次,大力发展先进制造业和现代服务业,实现从源头上切断污染源,打造美丽南京。

3. 重化工业比例高,环境压力大

石化、电子、汽车和钢铁产业是南京的四大支柱产业,均属于重化工业,重化工业是污染大户,其发展高度依赖能源和原材料,受国际、国内环境和国家宏观调控政策的影响较大。能耗高、污染多的行业和企业所占比例高,给南京生态文明建设带来了重重压力。

4. 生态文明建设状态评估

(1) 土地利用格局较为清晰,土地资源底线约束更加趋紧

大都市土地利用特征明显,城镇和产业用地高度集中于沿江、沿宁连、沿宁高等地区,主

城以商服、居住用地为主,近郊以产业、新市镇、基础设施用地为主,远郊以生态农业用地为主。土地产出效益相对较好,2016年单位建设用地第二产业和第三产业增加值为543.3万元/公顷。但是,部分地区发展空间受限严重,后备土地资源不足,未利用地按常住人口算约为0.1亩/人。土地开发强度达到28.6%,高于全省7.6个百分点,接近国际通例设置的30%警戒线,城乡建设用地增长较快,农村居民点布局分散,低效、闲置用地依然存在,土地节约集约利用程度有待进一步提高。

(2) 水资源利用效率稳步提升,水资源保障能力有待加强

2016年全市实际总用水量约为42亿立方米,严格控制在考核目标45亿立方米红线内。单位GDP用水量约为40.4立方米/万元,降幅为7.37%,高于省定5%的目标;万元工业增加值用水量约为11.43立方米/万元,降幅为4.91%,高于省定4%的目标。但是,水质型、季节型缺水等问题依然存在,集中式饮用水水源地达标建设和保护任务较重,备用水源地尚未建成。降水多集中在夏季,汛期降水占全年降水量的70%左右,降水量年内分布不均、南北区域分布不均,且年际变动较大。

(3) 生态系统结构总体稳定,局部地区敏感脆弱

生态环境质量总体稳中趋好,生态红线区域面积达到1 551平方千米,占国土面积的23.5%,绿色空间布局初步形成,主要污染物排放量有所下降,主要水体水质基本稳定。但是,生态空间连通性不够、分布不够均匀,生态空间建设难度较大,雾霾天气天数全年比例较大,流域性水污染问题尚未根本解决,部分区域土壤污染治理与修复任务艰巨,环境风险和自然灾害防范形势严峻,环境质量现状与群众强烈期盼之间的矛盾、优质生态产品供给与需求之间的矛盾较为突出。

(4) 集聚发展特征明显,城乡区域统筹任务艰巨

人口与产业集聚分布,经济总量分布格局与区域功能定位更加相符,单位土地人口承载水平相对较高,人口密度达到1 250人/平方千米,是全省平均水平的1.6倍。但是,人口布局与资源环境承力在空间上不够协调,新区、新城、新市(镇)人口集聚能力不强,产城融合发展格局尚未形成,江南江北、城乡之间的经济发展水平、居民收入水平、基础设施建设、基本公共服务和社会保障等方面的差距明显,人口老龄化问题较为突出。

5. 生态文明建设响应评估

(1)"环保优先"方针有效落实

"十一五"以来,南京市委市政府先后出台了一系列环保文件,将环保优先方针化为确定全市经济、社会发展的战略导向,将生态文明建设作为城市发展的目标定位和价值取向,有效促进了环保工作的健康发展。

(2) 环境治理力度不断加大

南京实施了蓝天行动、清水行动等一揽子环保工程,在区域联防联控、遏制扬尘污染、机动车尾气污染、改善水环境等方面取得了积极进展。重要生态功能保护区得到优先保护,林木覆盖率达27.6%,人均公共绿地面积达13.9平方米,居全国同类城市前列。环境基础设施不断完善,基本实现了城镇生活污水处理厂全覆盖,危险废物处理处置水平明显提高,城市生活垃圾无害化处理能力进一步增强。环保资金投入力度逐年加大,环境管理决策的技术支撑体系不断完善。

15.2.5   南京生态化转型路径分析

针对目前南京城市建设存在的主要问题,结合南京经济社会条件、城市特点,对照南京生态城市建设的战略定位、量化指标,为了更好地建设生态城市,提出了南京生态化转型发展的思路。

1. 加快完善生态文明的顶层设计

始终遵循节约资源和保护环境的基本国策,在立法、规划、环评、投入、考核等方面切实做到环保优先。严格实施生态文明建设规划,加强生态文明建设规划与相关规划的协调衔接,实现生态文明建设规划与国民经济和社会发展规划、城市总体规划、土地利用总体规划、城市环境总体规划的"多规融合"。完善生态文明建设的综合决策机制,健全评价考核、行为奖惩、责任追究等机制,严格落实环保"一票否决制"。建立健全最严厉的环境执法体系,强化环境执法监察,严格环保执法,依靠刚性有力的环保法制调节和规范社会行为。

2. 坚定推动产业绿色发展

一是着力调整优化产业布局。充分发挥规划对产业布局的战略引领作用,实现发展各阶段的经济开发、土地利用和生态环境保护的统一。二是优化调整产业结构。以产业高端化、园区生态化和企业生产清洁化为重点,推动产业结构调整和内涵升级,改变高投入、高消耗、高污染的生产方式。三是铁腕整治污染企业。依法关停搬迁环境污染严重、安全隐患突出、不符合规划布局的企业,实现江南绕城公路以内的工业企业"退城入园"。四是有效确保环境安全。以石油、化工行业环境风险防控、土壤与重金属污染防治等为重点,着力防范环境风险。

3. 细化实施蓝天计划

一是继续严格煤炭总量控制。既要通过淘汰落后产能、实施"煤改气"等措施大力削减存量,又要通过扩大禁燃区范围、推进燃煤锅炉清洁能源改造等措施,削减煤炭消费量。另外,还要通过限制主要耗煤行业产能、实施煤炭消费等量替代制度等政策措施,严控煤炭增量。二是严控城市扬尘污染。坚持长效管理,强化督察考核,铁腕开展工地扬尘控制。三是加强工业企业废气污染防治。进一步提升工业企业污染防治水平,强化工业废气治理,有效治理化工异味污染问题。四是加强机动车排气污染防治。研究制定机动车总量控制政策,适时出台机动车限购调控措施。加快淘汰黄标车,制定外地高污染车辆限行政策,禁止低于国Ⅳ排放标准的外地车辆进入中心城区。

4. 着力实施清水计划

一是确保饮用水水源地水质安全。进一步清理水源地环境违法设施,排除水源地环境隐患。健全水源地联动管理机制,完善水源地应急预案和水质监测体系。开展重要集中式饮用水水源地达标建设,推动石臼湖、金牛湖两大备用水源地方案论证与工程实施。二是完善污水处理系统建设。以提升污水接管率和污水处理能力为重点,加快推进污水处理系统建设,镇级污水集中处理实现全覆盖。污水处理厂全部安装在线监测设备,确保稳定投运和达标排放。三是实施城乡水环境综合整治。推进雨污分流工程和黑臭河道整治工程,继续实施水环境综合整治,加强护城河、清江河、龙江河等黑臭河道治理,集中整治入江排污口及入江河道,强化沿江化工园和主要化工企业治理。

5. 着力加强生态保护与建设

一是严守生态红线。严格实施生态空间管制,确保生态红线区域占全市国土面积的22%。尽快出台生态红线管理办法,对生态红线区域实行分级分类管理。二是提升生态绿化品质。继续完善绕城公路和绕越高速公路两侧的绿化带,加大对荒山生态林、河道生态涵养林和湖泊生态涵养林的保护建设,加快化工园区、工业集中区与生态敏感区之间的绿色隔离带建设。三是加强农村生态保护。推动农村环境综合整治目标责任制试点,实现农村环境综合整治全覆盖。

6. 确保固体废物妥善处置

一是安全处置危险废物。提高危险废物处置能力,推动化学工业园、江宁铜井、浦口星甸静脉产业园等危险废物处置设施建设。强化危险废物风险管理,防止危险废物随意倾倒和非法转移,着力解决历史遗留的危险废物污染问题。二是加强重金属污染治理与土壤修复。开展涉重企业污染专项整治,切实加强关停搬迁企业、涉重企业污染场地生态修复工作。三是提高生活垃圾处置水平。推进生活垃圾分类收集,加快江北垃圾焚烧厂、江南垃圾焚烧厂等生活垃圾无害化处理项目建设进度,配套建设飞灰填埋场和卫生填埋场。

7. 积极倡导绿色生活方式

逐步建立与国际接轨的城市基础设施和运行服务体系,加快培育绿色市场,引导民众采用绿色生活方式和消费模式。加快构建绿色交通体系,打造以轨道交通为骨干、以地面公交为主体的公共交通网络。积极推广绿色节能建筑,积极实施绿色建筑示范点的应用推广。大力倡导低碳消费行为,在公用设施、宾馆、商厦、写字楼、体育场馆、居民住宅中推广高效节电照明系统,推动各大商贸流通企业积极开展"商品包装简化""限制生产使用塑料购物袋"等活动。

15.2.6　南京生态化转型的具体措施

1. 制度层面

进一步健全生态市建设的体制,加强生态市的协同机制建设。① 建立健全重大项目建设的环境影响战略评价机制,实行环境保护"一票否决制"。② 改革干部任用考核制度,把环境指标作为政绩考核的重要指标。③ 建立环境公益诉讼制度,保护公众环境权。④ 加强生态市的协同机制建设,包括地域、流域之间的协同机制,城乡之间的协同机制,环保部门与各有关部门(工商、公安、规划、建委、纪委、园林、市政公用、市容、海关等)的对口协作机制。

2. 发展层面

转变经济增长方式,以发展循环经济为重点,构建生态产业。① 广泛推行清洁生产,发展绿色产业、环保产业，实现经济增长方式从高消耗、高污染向资源节约和环境友好转变，形成产业竞争新优势，使经济建设与生态环境建设相协调。② 积极构建循环经济发展平台，根据不同产业的特点，确定实施循环经济的重点和途径，逐步建立覆盖面广、运行效率高、经济效益好的循环经济发展体系，借助科技进步和循环经济的示范效应，推进企业内部、企业之间、工业园区的循环经济建设。③ 调整、优化现有产业布局，加快重化工业区和生活居住区之间的绿化隔离带、防护林、生态廊道的建设。

3. 环境保护层面

深化"绿色南京"战略，加大城市生态环境治理、建设的力度。① 增加绿化面积，优化布局，提高城市绿化率，实施立体绿化，构建绿色生态廊道。② 将乡村环境保护纳入南京环境保护和生态建设的总体规划，大力发展生态农业，使之成为城市生态环境的绿色屏障。③ 加强对城区水环境保护和管理的力度，加强水环境基础设施建设，加强饮用水水源地的保护，严禁水源地的污染排放。④ 进一步净化空气，提高空气质量，从源头治理空气污染，加强机动车尾气专项治理，推广绿色燃料。⑤ 建立先进的垃圾处理厂，采用先进的垃圾气化发电技术，变废为宝，减少垃圾填埋对土地的占用和对环境的污染。

4. 文化层面

强化生态理念，以倡导生态文明为重点，构建生态文化体系。① 进一步强化以人为本、可持续发展的生态理念，以绿色、健康、生态为主题，突显南京城市的特色。② 开展生态文明宣传、教育工作，倡导节俭、环保，增强居民生态意识，逐渐转变不可持续的消费方式和生活方式。③ 推广江心洲经验，大力发展生态农业旅游、农业观光旅游，加强对旅游景点和线路的整合，实现生态资源的应有效益。

15.3　重庆

重庆位于我国西南部、长江上游地区，地跨东经105°11′ ～ 110°11′、北纬28°10′～32°13′的青藏高原与长江中下游平原过渡地带。地界渝东、渝东南临湖北和湖南，渝南接贵州，渝西、渝北连四川，渝东北与陕西和湖北相连。辖区东西长470千米，南北宽450千米，全市辖区面积为82 402.95平方千米，其中主城建成区面积为647.78平方千米。

15.3.1　环境现状分析

1. 水环境

1）长江干流：长江干流重庆段总体水质为优。15个监测断面中，Ⅰ～Ⅲ类水质的断面比例为100%。

2）长江支流：长江支流总体水质为良好，114条河流196个监测断面中，Ⅰ～Ⅲ类、Ⅳ类、Ⅴ类和劣Ⅴ类水质的断面比例分别为82.6%、9.7%、3.6%和4.1%（图15-4）；水质满足水域功能要求的断面占86.7%。库区36条一级支流72个断面水质呈富营养的断面比例为27.8%。其中：嘉陵江流域47个监测断面中，Ⅰ～Ⅲ类、Ⅳ类、Ⅴ类和劣Ⅴ类水质的断面比例分别为68.1%、10.6%、8.5%和12.8%；乌江流域21个监测断面中，Ⅰ～Ⅲ类和Ⅳ类水质的断面比例分别为90.5%和9.5%。

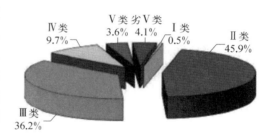

图15-4　2017年长江支流水质类别分布
资料来源：《2017年度重庆市环境状况公报》

3）饮用水源地：重庆市集中式饮用水源地水质良好。64个城市集中式饮用水源地水质达标率为100%。

2. 空气环境质量

据《2017年重庆市环境状况公报》报道，2017年重庆市空气质量优良天数为303天，比2016年增加2天，其中优的天数为98天，良的天数为205天；超标天数为62天，其中重度污染的天数为6天，无严重污染。环境空气中细颗粒物（$PM_{2.5}$）、可吸入颗粒物（PM_{10}）、二氧化硫（SO_2）、二氧化氮（NO_2）的年均浓度分别为45 $\mu g/m^3$、72 $\mu g/m^3$、12 $\mu g/m^3$、46 $\mu g/m^3$；一氧化碳（CO）浓度（日均浓度的第95百分位数）和臭氧（O_3）浓度（日最大8小时平均浓度的第90百分位数）分别为1.4 mg/m^3和163 $\mu g/m^3$；其中SO_2和CO浓度达到国家环境空气质量二级标准，$PM_{2.5}$、PM_{10}、NO_2和O_3浓度分别超标0.29倍、0.03倍、0.15倍和0.02倍。38个区县（自治县）及两江新区、万盛经开区中，武隆区、城口县、云阳县、酉阳县和彭水县的六项大气污染物浓度均达到国家二级标准，率先实现城市空气质量达标，占全市区县评价单元总数的12.5%。重庆市酸雨频率为15.3%，降水pH范围为3.69～8.55，年均值为5.59。

3. 声环境

2017年，重庆市城市区域环境噪声平均等效声级为53.5分贝（A），同比下降0.3分贝（A）；道路交通噪声平均等效声级为66.0分贝（A），同比下降0.1分贝（A）。26个区及两江新区、万盛经开区区域环境噪声平均等效声级53.5分贝（A），道路交通噪声平均等效声级为66.3分贝（A）；12个县（自治县）区域环境噪声平均等效声级为54.6分贝（A），道路交通噪声平均等效声级为65.7分贝（A）。

4. 固废

截至2017年，重庆市运行的城镇生活垃圾处理场（厂）共57座，其中主城区4座，主城以外城市生活垃圾处理场33座，小城镇生活垃圾填埋场20座。2017年，重庆市共无害化处理生活垃圾685.2万吨，日均1.9万吨/天。其中主城区271.85万吨，日均7 448吨/天。重庆市城市生活垃圾无害化处理率保持100%，建制镇生活垃圾无害化处理率达到95.2%。

2017年，城市生活污水处理厂共产生污泥71万吨（含水率80%），其中主城区41万吨，无害化处置率100%，远郊区县30万吨，无害化处置率75%。

15.3.2　生态环境质量

1. 园林绿化

重庆市建成区绿地面积达到 59 085 公顷，绿化覆盖面积达到 63 249 公顷，公园绿地面积达到 27 828 公顷。重庆市建成区绿地率为 37.56%，绿化覆盖率为 40.21%，人均公园面积（含暂住人口）为 16.33 平方米。主城区建成区绿地率为 36.91%，绿化覆盖率为 39.11%，人均公园面积（含暂住人口）为 17.77 平方米。

2. 森林与草地

截至 2016 年底，重庆市林地面积 6 718 万亩，森林面积 5 747 万亩，森林覆盖率 46.5%，林木蓄积 2.13 亿立方米。

重庆市天然草地面积 212.69 万公顷，占幅员面积的 25.81%，其中可利用草地面积 188.47 万公顷，部分草丛草地正向灌丛草地、疏林草地演变。重庆市水土流失总面积 28 707.71 平方千米，占全市幅员面积的 34.84%。流失类型主要为水力侵蚀，其中轻度侵蚀面积 10 101.74 平方千米，占 35.19%；中度侵蚀面积 9 242.02 平方千米，占 32.19%；强烈侵蚀面积 4 881.34 平方千米，占 17.00%；极强烈侵蚀面积 3 340.18 平方千米，占 11.64%；剧烈侵蚀面积 1 142.43 平方千米，占 3.98%。年土壤流失总量 9 097.17 万吨，平均侵蚀模数 3 169 吨/（平方千米·年）。

3. 自然保护区与生物多样性

重庆市共有自然保护区 58 个，面积 80.6 万公顷，占幅员面积的 9.78%。其中，国家级自然保护区 7 个，市级自然保护区 18 个，区县级自然保护区 33 个。重庆市有市级以上森林公园 89 个，新增 1 个。重庆市共有风景名胜区 36 处，分布在 31 个区县（其中，主城区 6 处），面积 4 558.42 平方千米，占市域面积 5.53%。其中，国家级风景名胜区 7 处，面积 2 147.30 平方千米，占市域面积 2.60%；市级风景名胜区 29 处，面积 2 411.12 平方千米，占市域面积 2.93%。武隆喀斯特世界自然遗产地核心区面积 60 平方千米、缓冲区面积 320 平方千米，金佛山喀斯特世界自然遗产地核心区面积 67.44 平方千米，缓冲区面积 106.75 平方千米。全市现有野生维管植物 6 000 余种，其中中国特有植物 498 种，珍稀濒危及国家重点保护野生植物 85 种，受威胁种类 355 种。现有野生脊椎动物 866 种，无脊椎动物 4 300 余种，其中中国特有动物 206 种，国家 I 级重点保护陆生野生动物 11 种，国家 II 级重点保护陆生野生动物 54 种，IUCN 红色名录全球濒危野生动物 27 种。

15.3.3　重庆生态化转型的 SWOT 分析

1. 优势

（1）政策开放，吸引国内外投资

重庆作为西部唯一的直辖市，是长江经济带内陆最具开放性的城市。两江新区建设、国际金融结算中心打造等使重庆直接与国际接轨，加之直辖市本身具备的国家政策优势，重庆成为长江经济带国际国内投资热选，为重庆经济发展注入强劲动力（图 15-5）。

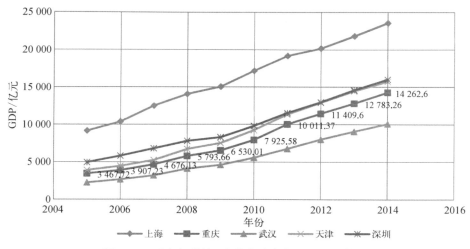

图15-5 重庆与其他4个特大城市的GDP增长情况

(2) 区位明显,推动经济飞速发展

重庆东邻湖北、湖南,南靠贵州,西接四川,北连陕西,地处长江经济带"龙尾",是长江经济带和丝绸之路经济带的战略支点,是三峡经济带和西南地区承东启西、左传右递的区域性轴心,连接东、中、西部的重要桥头堡,连接东部沿海和广袤的内陆,是长江经济带乃至全国由东向西、由沿海向内地,沿大江大河和陆路交通干线,推进东部沿海地区与中西部内陆地区梯度发展、协同发展的纽带。

2. 劣势

(1) 二元经济结构严重

重庆作为一个老牌的重工业城市,工业经济相对发达,对GDP的贡献较大。但其现代服务业发展却相对滞后。另外,重庆农村人口占多数,三农问题依然严峻,一次产业占比在五大城市中最高(图15-6)。这在一定程度上影响了第三产业的贡献率(图15-7)、工业废水

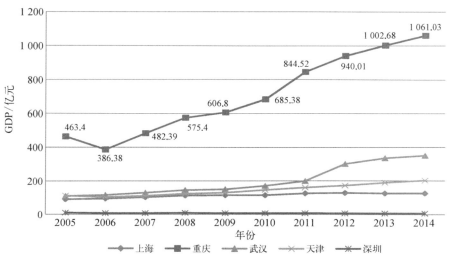

图15-6 重庆与其他4个特大城市的第一产业增长情况

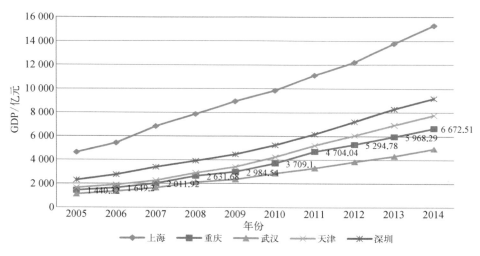

图 15-7   重庆与其他 4 个特大城市的第三产业增长情况

排放达标率、森林覆盖率和教育文化卫生等经济发展潜力指标。

（2）地形复杂，地貌多样

重庆地势从南北两面向长江谷倾斜，起伏较大，多呈现"一山一岭""一山一槽二岭"的地貌。地质多为"喀斯特地貌"构造，因而溶洞、温泉、峡谷、关隘多。因此，重庆的交通基础设施建设成本高，交通基础设施条件相对较差。

3. 机遇

（1）"一带一路"倡议引领重庆发展

"一带一路"倡议不仅有助于西部地区加快形成衔接南、北方，横贯东、中、西部的对外经济走廊，而且统筹兼顾国际国内两个市场与两种资源，释放开发开放与创新创造的活力。重庆作为丝绸之路经济带的重要战略支点、海上丝绸之路的产业腹地和长江经济带的西部中心枢纽，要明确自身的优势与作用，特别是拥有黄金水路、三峡水库的地理优势条件，更好地坚持六大发展路径。

（2）补齐基础设施滞后短板

重庆建设直辖市以来，虽然基础设施建设速度加快（图 15-8～图 15-10），但历史欠账太多，难以适应国家中心城市的功能发挥，这是重庆经济社会发展的一大短板。近几年来，重庆在不断加强基础设施建设的同时，2013～2014 年其基础设施建设投资年均增长 18.68%。

4. 挑战

人口规模持续增长、人口总量控制面临挑战（图 15-11）。2015 年重庆全市常住人口达到 3 016.6 万人，总量居全国第 20 位，较 2014 年增长了 0.8%、25.2 万人，增量居全国第 15 位，领先陕西、贵州等西部主要省份，与近 10 年年均 20 万～25 万人的增长量基本持平。

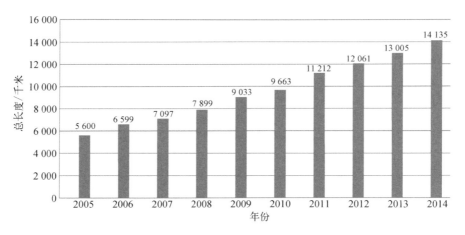

图15-8 重庆排水管道总长度

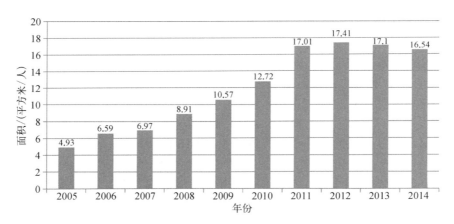

图15-9 重庆人均公园面积

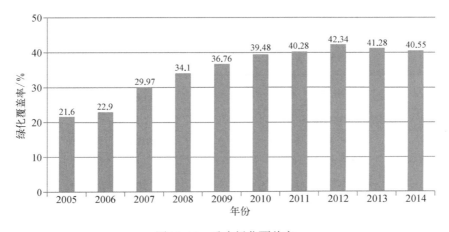

图15-10 重庆绿化覆盖率

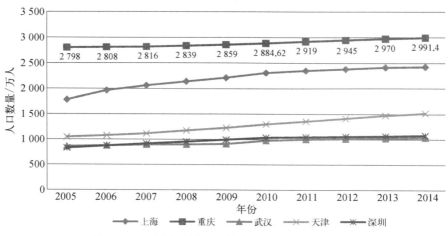

图15-11　重庆与其他4个特大城市的人口增长情况

15.3.4　重庆文明生态建设指标体系

2016年9月28日重庆市人民政府根据《中共重庆市委关于制定重庆市国民经济和社会发展第十三个五年规划的建议》(渝委发〔2015〕24号)、《重庆市国民经济和社会发展第十三个五年规划纲要》(渝府发〔2016〕6号)、《中共重庆市委重庆市人民政府关于加快推进生态文明建设的意见》(渝委发〔2014〕19号)、《中共重庆市委重庆市人民政府关于深化拓展五大功能区域发展战略的实施意见》(渝委发〔2016〕16号),发布了《关于印发重庆市生态文明建设"十三五"规划的通知》[①],提出要牢固树立保护生态环境就是保护生产力、改善生态环境就是发展生产力的理念,坚持把加强生态文明建设摆在更加突出位置,坚持把绿色作为全市发展的本底,坚持走生态优先、绿色发展之路,提出"五个决不能"的底线要求,认真实施五大功能区域发展战略,深入实施五大环保行动,环境质量持续改善,生态安全得到有效保障,生态文明建设从认识到实践发生深刻变化,全市一体化科学发展的良好局面加快形成。

其主要目标如下(表15-3)。

表15-3　重庆"十三五"生态文明建设约束性指标

类别	指 标 名 称		2015年实际值	2020年目标值	增减幅度
生态空间	1. 生态保护红线占全市辖区面积的比例/%		37	37	保持
	2. 森林增长	林地面积总量/万亩	6 300	6 300	保持
		森林覆盖率/%	45	46	提高1个百分点
		森林蓄积量/亿立方米	2	2.4	增加20%

---

① 重庆市人民政府.2016.关于印发重庆市生态文明建设"十三五"规划的通知.http://www.cqta.gov.cn/zwgk/szfwj/system/2016/09/28/000003050.html.

（续表）

类别	指标名称		2015年实际值	2020年目标值	增减幅度
生态空间	3. 城市绿地	建成区绿地率/%	36.9	38.9	提高两个百分点
		建成区绿化覆盖率/%	39.9	41	提高1.1个百分点
节约低碳	4. 单位地区生产总值能耗降低/%		—	【15】	下降15%
	5. 单位地区生产总值二氧化碳排放降低/%		—	【16】	下降16%
	6. 单位地区生产总值用水量降低/%		—	【29】	下降29%
	7. 净增建设用地总量/公顷		—	<【75 000】	
	8. 大宗工业固体废弃物综合利用率/%		83	85	提高两个百分点
环境质量	9. 长江干流水质（类）		Ⅲ	Ⅲ	保持
	10. 空气质量	主城区$PM_{2.5}$年均浓度/（微克/立方米）	57	45.6	下降20%
		主城区空气质量优良天数比率/%	80	82	提高两个百分点
	11. 耕地土壤环境质量点位达标率/%		73.5	≥73.5	保持
污染治理	12. 主要污染物排放总量减少	COD_{Cr}/%	—	【7.2】	下降7.2%
		SO_2/%	—	【7.1】	下降7.1%
		氨氮/%	—	【8.8】	下降8.8%
		氮氧化物/%	—	【6.9】	下降6.9%
		重点行业挥发性有机物/%	—	【13】	下降13%
	13. 生活污水集中处理率/%	城市	91	95	提高4个百分点
		乡镇	—	85	
	14. 城镇生活垃圾无害化处理率/%		90	95	提高5个百分点

注：① 带【】为5年累计数；② 单位地区生产总值用水量降低、单位地区生产总值能耗降低、单位地区生产总值二氧化碳排放降低、主要污染物排放总量减少、主城区$PM_{2.5}$年均浓度5项指标为预计数，最终以国家下达数为准。

1）到2020年，全市国土空间和生态格局更加优化，生态系统稳定性明显增强，资源能源利用效率大幅提高，绿色循环低碳发展取得明显成效，生态环境质量总体改善，重点污染物排放总量继续减少，生态文明关键制度建设取得决定性成果，生态文化日益深厚，建成长江上游生态文明先行示范带的核心区，基本建成碧水青山、绿色低碳、人文厚重、和谐宜居的生态文明城市，使绿色成为重庆发展的本底，使重庆成为山清水秀的美丽之地。

2）五大功能区域生态空间格局更加优化，筑牢长江上游重要生态屏障。构建起科学合理的国土空间格局、城镇化格局、产业发展格局、生态空间格局，划定并严守生态保护红线，全面提升生态系统的稳定性和生态服务功能。全市林地面积不低于6 300万亩，森林面积不低于5 600万亩，湿地面积不低于310万亩，森林覆盖率稳定在46%以上，森林蓄积量达到2.4亿立方米，森林火灾受害率不高于0.3‰。城市建成区绿地率达到38.9%，绿化覆盖率达到41%，道路成荫率达到90%。

3）绿色循环低碳发展水平不断提升，进一步夯实绿色发展本底。产业结构和布局持续优化，全市第一产业、第二产业、第三产业结构更加合理，服务业增加值比例稳步提高。水资源、能源、土地资源、矿产资源得到节约集约利用。单位地区生产总值能耗、水耗和碳排放量进一步降低,重点污染物排放总量持续减少,完成国家下达的重点污染物总量减排、节能降耗和控制温室气体排放任务,净增建设用地总量控制在75 000公顷内,大宗工业固体废弃物综合利用率达到85%,主要资源产出率大幅提升。

4) 环境质量持续改善,三峡库区水环境安全得到有效保障。污染防治水平不断提升,工业污染源全面达标排放,环境质量持续改善,环境安全得到保障。主城区环境空气质量优良天数比率达到82%,PM$_{2.5}$年均浓度比2015年下降了20%,重污染天气保持在较少水平。长江干流水质达到Ⅲ类,重点湖库水质全面改善,污染严重的水体较大幅度减少,城市建成区和重点支流消除黑臭水体,城镇集中式饮用水水源水质安全;所有区县(自治县)污水、垃圾处理到位,建制乡镇(含撤并乡镇)以上污水、垃圾处理设施和工业园区污水处理设施尽快实现全覆盖。全市耕地土壤环境质量达标率不低于现有水平。

5) 生态文明法治水平进一步提高。地方法规标准体系更加健全,执法监管能力明显提升,环境司法保护取得新进展,法治意识不断增强,公众合法环境权益得到依法维护,形成更加良好的生态文明法治环境。

6) 生态文明制度体系日益健全。产权清晰、多元参与、激励约束并重、系统完整的制度体系基本形成,自然资源资产产权和用途管制、生态保护红线管控、资源有偿使用、生态补偿、生态环境保护责任追究和损害赔偿等制度不断健全。完善综合考核评价体系,优化行政监督管理方式和手段,综合运用行政、法律、技术、经济手段,以及更多运用市场机制推进生态文明建设。

7) 生态文化日益深厚。生态文明宣传教育、文化创建活动广泛开展,全社会节约意识、环保意识、生态意识不断增强,绿色低碳的生产生活方式和消费模式成为政府、企业和社会公众的广泛共识和自觉行动。

15.4　天津

天津位于华北平原东部,海河流域下游,北依燕山,东临渤海,与北京毗邻,市域面积为11 917.3平方千米,拥有153千米的海岸线,是我国北方最大的沿海开放城市。截至2014年底,全市常住人口达到1 288万人,GDP超过15 726.93亿元,人均GDP达到105 231.34美元,经济实力不断增强。

15.4.1　环境状况

1. 水环境现状

根据《2014年天津市环境状况公报》,2014年其共监测25条河流,全长1 360千米,其中干涸河长占监测总长度的5.1%,Ⅲ类水质河长占监测总长度的12.3%,Ⅳ、Ⅴ类水质河长占监测总长度的21.7%,劣Ⅴ类水质河长占监测总长度的60.9%。主要污染指标为COD$_{Cr}$、生化需氧量和高锰酸盐指数。

在主要水库中，尔王庄水库为中营养，于桥水库、团泊洼水库、北大港水库为轻度富营养。于桥水库总体为Ⅲ类水质，综合营养状态指数为52.2，处于轻度富营养状态。

全市饮用水水源地宜兴埠泵站水质符合国家饮用水水源水质标准，水质达标率保持100%。引滦河道水质状况良好。

全市近岸海域环境质量监测点位中，Ⅱ类、Ⅳ类水质点位分别占30%和40%，劣Ⅳ类点位占30%。主要污染因子为无机氮和石油类。2014年近岸海域功能区水质达标率为33.3%。

2. 大气环境现状

如图15-12所示，2014年全市空气中$PM_{2.5}$年平均浓度值为83微克/立方米，超过国家标准1.4倍，SO_2年平均浓度值为49微克/立方米，低于国家标准年平均浓度标准（60微克/立方米），NO_2年平均浓度值为54微克/立方米，超过国家标准年平均浓度标准（40微克/立方米）0.4倍，PM_{10}年平均浓度值为133毫克/立方米，超过国家标准（70微克/立方米）0.9倍。空气中CO 24小时平均第95百分位浓度值为2.9毫克/立方米，低于国家24小时平均浓度标准，O_3日最大8小时滑动平均的第90百分位浓度值为157微克/立方米，低于国家年平均浓度标准。自2013年国家实行《环境空气质量标准》（GB 3095—2012）以来，天津SO_2、PM_{10}、$PM_{2.5}$和CO有所下降，NO_2持平，O_3略有上升。

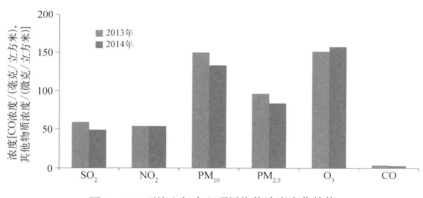

图15-12　环境空气中六项污染物浓度变化趋势

全年$PM_{2.5}$来源中区域传输贡献占22%～34%，本地污染排放贡献占66%～78%。在本地污染贡献中，机动车、燃煤、工业生产、扬尘为主要来源，分别占20%、27%、17%和30%，餐饮、汽车修理、畜禽养殖、建筑涂装等其他排放约占6%。全市大气降水pH范围为3.91～8.24，酸雨频率为6.1%。

3. 污染物排放现状

天津主要污染物排放情况为，COD_{Cr}排放总量为21.43万吨；氨氮排放总量为2.45万吨；SO_2排放总量为20.92万吨；氮氧化物排放总量为28.23万吨。

4. 声环境现状

天津建成区区域环境噪声昼间平均值为53.8分贝（A），建成区区域环境噪声昼间声级范围为50.4～56.5分贝（A），其中国控点位平均值为53.9分贝（A），市控点位平均值为53.8分贝（A）。建成区道路交通噪声昼间平均值为65.6分贝（A），道路交通噪声昼间声级范围为62.7～69.3分贝（A），其中国控点位平均值为67.5分贝（A），市控点位平均值为64.7分贝（A）。城市功能区声环境质量中1类区、2类区、3类区昼间、夜间等效声级和4a类昼间等效声级年平均值符合《声环境质量标准》（GB 3096—2008），4a类区夜间等效声级年平均值超过国家标准。

15.4.2　生态环境质量现状

2013年全市生态环境质量级别为良，生态环境质量指数（EI）为56.18，从区域分布看，滨海新区、西青区、东丽区、蓟州区和宁河区生态环境状况良好。

据《2018年天津市生态环境状况公报》显示，2018年度天津全市生态环境保护工作取得明显成效，环境质量得到有效改善。具体为：

1）空气质量持续向好。2018年，全市$PM_{2.5}$平均浓度52微克/立方米、同比下降16.1%，重污染天数10天、同比减少13天，主要污染物浓度较2013年总体呈现下降趋势，其中SO_2、NO_2、PM_{10}、$PM_{2.5}$、CO分别下降79.7%、13.0%、45.3%、45.8%、48.6%。

2）水环境质量总体稳定。2018年，南水北调中线曹庄子泵站为Ⅱ类水质，引滦供水期间于桥水库为Ⅲ类水质，满足饮用水源水质要求。全市20个国家考核断面中，优良水体比例为40%，同比增加5个百分点，劣Ⅴ类比例降至25%，同比减少15个百分点，均优于国家考核要求。城市建成区基本消除黑臭水体，入海河流水质有所改善。

3）声环境质量保持稳定。2018年，全市居住区、混合区、工业区及交通干线两侧区域昼、夜间等效声级年均值均未超过国家标准。全市建成区区域环境噪声昼、夜间平均声级分别为54.5分贝（A）和46.5分贝（A）；全市建成区道路交通噪声昼、夜间平均声级分别为65.7分贝（A）和57.5分贝（A）。

4）辐射环境质量总体良好。2018年，对全市21家相关单位进行了放射性废物、废源的收贮，收贮废放射源42枚。全市大气、水体、土壤等介质中的放射性核素浓度处于正常水平，环境天然放射性水平与往年相比无明显变化，电磁辐射水平保持稳定。4个实现全国联网的辐射环境自动站保持平稳运行，监测数据实时向社会公布。

5）生态环境状况总体稳定。全市生态环境质量级别为良好，从区域分布看，蓟州区、宝坻区、宁河区生态环境状况位居全市前列。

15.4.3　天津生态化转型措施

1. 加强环境管理体系建设

目前天津形成了包括环境监察、环境管理、环境质量监测、污染源监管、规划计划、环保标准、法律法规的编制和执行在内的综合环境管理体系，并引入信息化手段，建立了企业自行监测数据发布、建设项目环评信息公开、污染源环境监管信息公开等平台，落实了环境管理的新老八项制度，并建立了多部门环境管理协同机制，涉及城市环境管理的方方面面。

2. 生态城市建设

天津的生态城市建设可以追溯到2001年。当时,考虑到天津实际情况和生态市建设任务的艰巨性,生态市建设分为两步走,第一步是用3年的时间创建国家环境保护模范城市;第二步是全面开展生态市建设。2005年天津通过了原国家环境保护局的创模验收。2006年即正式提出了创建生态城市的目标,同年由国务院批准的《天津市城市总体规划》明确了天津的城市定位,即"天津是环渤海地区的经济中心,要逐步建设成为国际港口城市、我国北方经济中心和生态城市",并编制了《天津生态市建设规划纲要》,将生态市建设纳入法制化轨道。2010年7月国家发展和改革委员会印发了《关于开展低碳省区和低碳城市试点工作的通知》,将天津列为低碳城市试点地区之一。之后,天津制定了国家低碳城市试点工作实施方案;为提高应对气候变化的能力和低碳经济发展水平,天津还专门制定了《天津市应对气候变化和低碳经济发展"十二五"规划》,统筹谋划"十二五"时期天津应对气候变化与低碳经济发展的战略和措施,为天津建设低碳城市,完成温室气体控制目标,提升应对气候变化的综合竞争力,推动经济发展方式转变和经济结构调整指明方向。

3. 天津生态市建设"十二五"规划[①]

2012年10月15日天津市环境保护局发布《天津市生态市建设"十二五"规划》,指出"十二五"时期是全市工业化和城市化进程快速推进的历史阶段,经济、人口将保持快速增长,生态资源的占用更加明显,生态资源的短缺与社会发展对生态资源需求的矛盾更加突出,生态功能逐步锐减与人的生态意识觉醒之间的矛盾更加明显,是社会进程从快速增长到科学发展的重要转折阶段,也是天津生态市建设的关键时期。《天津市生态市建设"十二五"规划》的编制,旨在谋划好这个阶段生态市建设的发展战略、工作目标和重点任务,制定相应的政策措施,进一步改善天津生态环境质量、推动区域社会经济与环境协调发展、建设生态宜居高地。

(1) 总体目标

从开创科学发展新局面的战略高度,树立绿色、低碳可持续发展理念,以环境改善优化经济发展,以生态建设打造宜居高地,通过生态安全、资源效率、污染物总量三条底线的设定,形成全市"五带、四廊、三区"的基本生态格局(一个基本格局、三条底线、五大体系),加快转变经济发展方式,提高生态文明水平,构建资源节约、环境友好的生产方式和消费模式,为把天津建设成为独具特色的国际性现代化宜居城市打下良好基础。

(2) 规划目标

1) 高效利用自然资源

保障水资源与节水。构筑多水源优化配置体系,确保水资源供需平衡;实现引滦、引江双水源保障;继续推进海水、再生水等非常规水资源利用,非常规水资源利用率达到20%;力争2.44亿立方米的生态用水量,比2010年翻一番;全面推进节水型社会建设,水资源利用效率明显提高,单位工业增加值取水量耗降到11立方米左右,整体节水水平处于全国较为领先水平。

① http://www.tjhb.gov.cn/env/program_and_plan/planning_plan/201410/t20141022_1977.html.

优化能源结构与节能。优化能源消费结构,形成清洁可再生能源与传统能源相互衔接、相互补充的利用模式;结合产业结构调整推动高碳产业低碳化,严格限制高耗能产业发展;构建高效、可持续的能源消费体系。

高效利用土地资源与节地。推进土地综合整治、污染及退化土壤修复治理,提高土地集约化利用水平。

2)持续增强生态环境服务功能

加强重点生态功能区建设。以湿地、林地和各类受保护地区为重点,开展生态修复,遏制生态退化趋势。到2015年,全市湿地覆盖率大于15%,受保护地区占区域面积比例高于12%。

划定基本生态控制线,构建覆盖全区域的"五带、四廊、三区"的生态安全格局。"五带"包括蓟运河、潮白新河、海河—北运河、独流减河、子牙新河5条河流生态带,"四廊"包括西部防风固沙生态廊道、津蓟高速生态廊道、唐津高速生态廊道、东部滨海生态廊道,"三区"包括蓟北山地生态功能区、大黄堡—七里海和团泊洼—北大港重要生态功能区。

有效控制主要污染物排放。完成国家下达的减排任务,加强重点行业污染全防全控,切实改善环境质量,城市环境空气质量全年好于或等于Ⅱ级标准的天数占全年监测天数的比例大于等于85%,大气主要污染物(PM_{10}、SO_2、NO_2)年均值达到国家Ⅱ级标准,全市水体消除黑臭、实现水清,主要河流水质达到功能区标准;有效防范环境风险,全力保障环境安全。

3)建立资源节约、环境友好的生态产业体系

加强清洁生产,推进重点行业生态化转型。围绕临港石化、重型装备制造业、冶金、电子信息等主导产业等构建循环经济产业集群,实现产业的层次提升与闭合循环。到2015年,应当实施强制性清洁生产的企业通过验收的比例达到100%,重点行业资源环境效率达到国内领先水平。

推进生态工业园区建设,促进北方环保科技产业基地新跨越,将天津建设成为环渤海地区,乃至全国生态产业发展的典范。到2015年,建成1个国家级生态工业示范园区,推动3～5个国家级生态工业示范园区建设。

4)创建生态适宜城市

制定绿色低碳的交通发展政策,推进公共交通建设,鼓励居民绿色出行;依托天津双核发展廊道和滨海地区,建设绿色社区示范区,创建全市生态宜居社区的典范;以绿色建筑示范,打造全寿命周期内节能、环保宜居的绿色建筑,带动全市绿色建筑发展。到2015年,全市公共交通分担率达到30%以上,市级绿色社区比例高于10%。

5)提高全社会生态文明素质

加强历史文化遗产保护,推进文化创新,促进传统文化与现代文化的交互融合;普及生态文化教育,开展生态文化实践,鼓励绿色采购和绿色办公,构建资源节约、环境友好的生产方式和消费模式。到2015年,中小学环境教育普及率达到100%,市级绿色学校在中小学中所占比例高于25%。

(3)指标体系

《天津市生态市建设"十二五"规划》指标体系由自然资源保护体系、生态环境保护体系、生态产业体系、生态人居体系和生态文化体系五大类,共38项指标组成。

15.5　深圳[①]

深圳作为我国改革开放的窗口、探索市场经济体制的"试验场",是我国发展最快的城市,又常被称为"基本按规划建设起来的城市"——既能够实现高速的社会经济发展,又能够保证城市规划的贯彻执行。这在很大程度上反映出深圳城市发展对外部环境具有较强的适应能力,即具有较好的韧性。

1. 相关规划

1979年以来,深圳城市规划实践在编制、执行与管理城市规划过程中发挥着其刚性。例如,《深圳经济特区总体规划》(1986—2000)(简称《86版总规》)确立了稳定、切实的城市空间发展结构,直接对接道路交通、公园绿地建设等系统性工程项目,有效引导了城市总体建设与发展;同时《86版总规》还编制了近中期建设规划,确定先期实施的重点项目,以及项目详细规划蓝图,使总规直接"落地",保证了规划的严格执行。为保证资源的可持续利用,《深圳市城市总体规划》(1996—2010)(简称《96版总规》)将城市非建设用地纳入规划研究范畴,此类非建设用地规划在2000年以后转化成为更为严格的刚性控制手段——深圳首先于2005年在全市层面划定了基本生态控制线,之后又在2007年将刚性控制内容扩展为"四区五线",用以保护城市战略型资源。

在城市规划成果与规划管理过程中,也应具有对社会经济发展变化的灵活适应性,即弹性。在深圳城市规划成果中,最能够体现弹性规划思想的即为"带状组团结构"。这一结构在1982年首先提出,随后在《86版总规》中得以延续与深化,即将深圳划分为六大组团;每个组团"自成一市",各种功能就地平衡;组团之间用绿化带进行隔离,通过东西向的主干道相串联。《深圳市城市总体规划》(2010—2020)(简称《07版总规》)通过加强关外组团的东西向联系,形成了"网络+组团"的空间结构,进一步提升了系统的稳定性与组团发展的灵活适应性。

2. 生态文明建设评价指标体系

深圳结合特区经济发达及快速城市化发展特色,围绕生态格局、生态经济、生态环境、生态文化与制度4个方面,提出了包括31项规划指标在内的指标体系,包括19项控制型指标、12项引导型指标,其中生态特色指标4项,如表15-4所示。

表15-4　深圳市生态文明建设目标指标体系

一级指标	二级指标	序号	三 级 指 标	单 位	指标类型	目标值 (2020年)
生态格局	生态安全	1	受保护地占国土面积比例	%	控制型	不低于现有水平
		2	生态用地比例	%	控制型	≥64

---

① 参加本节调研人员:王祥荣、孙伟、李镕汐、刘亚风、方清等。

（续表）

一级指标	二级指标	序号	三级指标		单　位	指标类型	目标值（2020年）
生态格局	生态安全	3	生态恢复治理率		%	控制型	≥98
		4	本地物种受保护程度		%	控制型	≥90
	城市宜居	5	新建绿色建筑比例		%	引导型	≥90
		6	公众对城市环境的满意率		%	引导型	≥85
生态经济	资源节约	7	单位面积土地产出GDP		亿元/平方千米	引导型	≥9.1
		8	单位工业用地产值		亿元/平方千米	控制型	≥55
		9	单位GDP水耗		立方米/万元	控制型	10
		10	单位GDP能耗		吨标准煤/万元	控制型	0.366
		11	清洁能源占一次能源消费比例		%	引导型	≥60
	产业绿度	12	高技术产业增加值占GDP比例		%	引导型	≥40
		13	碳排放强度		千克/万元	控制型	≤450
		14	主要污染物排放强度	化学需氧量	千克/万元	控制型	≤0.47
				氨氮			≤0.05
				二氧化硫			≤0.05
				氮氧化物			≤0.45
生态环境	环境质量	15	地表水环境功能区水质达标率		%	控制型	100
		16	近岸海域环境功能区水质达标率		%	控制型	100
		17	PM$_{2.5}$年均浓度*		微克/立方米	引导型	≤27
		18	土壤环境功能区达标率		%	控制型	100
	环境建设	19	城市再生水利用率*		%	引导型	≥60
		20	再生资源循环利用率		%	控制型	≥65
		21	污染土壤修复率		%	控制型	≥80
		22	绿化覆盖率*		%	控制型	≥45
		23	生态环保投资占财政收入比例		%	控制型	≥15
生态文化与制度	意识行为	24	生态文明知识普及率		%	控制型	≥95
		25	绿色出行率		%	引导型	≥70
	制度建设	26	环境影响评价率		%	控制型	100
			环保竣工验收通过率				
		27	碳交易与排污权交易制度		—	引导型	健全
		28	环境损害赔偿与风险评估制度		—	引导型	健全
		29	生态补偿制度		—	引导型	健全
		30	生态文明建设党政实绩考核制度		—	控制型	健全
		31	信息公开与公众参与制度		—	引导型	健全

*指标为深圳特色指标。

按照国家生态文明建设的有关要求,基于上述指标对深圳生态文明建设现状进行评估,结果表明深圳生态经济类指标在人均产出、地均产出、能耗、水耗方面处于国内领先水平,但是与国际上发达国家仍有较大的差距。

3. 经验与启示

深圳城市规划中的刚性与弹性实践在发展过程中逐步形成了良好的协同与制衡关系,实现了环境管理过程中韧性规划、区间控制和动态组织的三大核心方法。

深圳韧性规划主要体现在城市总规(如"带状组团结构"和超前的空间规模预测)、城市详细规划(如早期的工业区规划和城中村改造项目,近年提出的城市发展单元规划和城市更新单元规划)、地方性规划法规与标准(如弹性控制地块容积率)、项目组织与管理(如城市规划的滚动式修编、规划项目实施管理过程中的修订程序、规划项目审核环节的群体决策制度)等方面。为实现城市空间的韧性、发展奠定耐久的空间结构基础,深圳韧性规划主要采用以下技术手段:① 获取充足的空间资源;② 构建开放的空间骨架;③ 采用模块化的空间组织方式。为发展提供多样的空间选择,深圳实行了区间控制,即采用"区间式"的规划控制方法,主要采用以下手段:① 简化规划控制指标体系;② 设定区间控制规划指标;③ 有条件地调整规划指标的浮动范围。为提升韧性规划应对环境变化的主动性、及时性和准确性,深圳采用动态的规划项目组织方式,以实现贯穿城市空间发展过程的整体韧性,动态组织的技术手段主要包括:① 滚动式的项目组织;② 过程式的规划实践。

可以看出,深圳在城市规划过程中构建了"多维韧性"的规划控制体系,提升了城市空间规划建设的时效性及城市的韧性:在物质空间设计方面,建构具有耐久性与韧性的空间结构,为城市空间发展奠定舒展的物质骨架;在规划控制管理方面,制定适当宽松的规划指标体系,为各类市场开发活动提供自由发挥的舞台;在规划实践组织方面,开展连贯的、过程式的规划行动,赋予规划实践灵活的应变能力;在生态文明建设方面,提出了控制与补偿的评价指标体系。多管齐下、相互配合,使城市规划与城市空间更加从容地抵抗或适应环境变化,为生态文明建设与绿色发展提供强有力的支撑。

15.6　杭州

杭州是浙江省省会,位于中国东南沿海、浙江省北部、钱塘江下游、京杭大运河南端,是浙江省的政治、经济、文化和金融中心,长三角中心城市之一,长三角宁杭生态经济带节点城市,中国重要的电子商务中心之一。截至2015年,杭州下辖9个区、两个县,代管两个县级市,总面积为16 596平方千米,建成区面积为701.8平方千米,常住人口为901.8万人,城镇化率为75.3%。2015年全市实现生产总值10 049.95亿元,其中第一产业增加值为287.69亿元,第二产业增加值为3 909.01亿元,第三产业增加值为5 853.25亿元,分别增长了1.8%、5.6%和14.6%。人均生产总值(户籍)为139 653元,按国家公布的2015年平均汇率折算,为18 025美元。至年末,全市常住人口为901.8万人,比上年末增加了12.6万人,其中城镇人口为679.06万人,占比75.3%,比2014年提高了0.2个百分点。

近年来,杭州环境管理和生态规划与建设取得了一定的成果,主要措施如下。

1. 总规修编

(1) 以"美丽中国先行区"为目标

充分发挥历史文化、山水旅游资源优势,发展科教事业,建设高技术产业基地和国际重要的旅游休闲中心、国际电子商务中心、全国文化创意中心、区域性金融服务中心。更加关注城市的可持续发展,更加关注国际化与城乡一体化。

(2) 划定城市边界,防止城市无序蔓延

作为全国划定城市开发边界试点城市,杭州率先划定城市开发边界,也就是明确哪些区域"能建"、哪些区域"不能建"——划分了适建区、限建区和禁建区三类地区,其中禁建区(55%)和限建区(10%)加起来占市区面积的65%,这是生态保育空间,在防止城市无序蔓延、吞噬耕地和生态空间以及限制盲目开发等方面具有重要作用,从而引导城市向集约、紧凑、更健康的方向发展。

控制建设用地增长,引导建设用地从"量"的扩展转向"质"的提升;适当调整用地规模,城市建设用地增长30平方千米,重点保障"十三五"期间的重大平台和重点区域的用地需求。

实行空间分类治理,分别对开发边界内新建开发建设空间、已建抵消空间、城镇内部生态景观廊道空间进行管控;在开发边界以外,则针对现状建设用地的属性、位置、合法性的实际情况进行拆减或留用。

(3) 城乡统筹,统一规划

优化调整"一主,三副,六组团"的城市空间结构,把城镇和乡村地区一并纳入规划,加强城乡统筹;对部分中心进行了调整,来实现基本公共服务的均等化和产业重心的转移。

(4) 保护历史遗产,控制城市建筑高度

全面、系统地保护古城历史环境风貌和历史文化遗产,把西湖文化景观、大运河(杭州段)、临安城遗址、良渚遗址等保护规划内容纳入总规中,并对景观的保护、周边的建设活动做出明确限制。杭州既要保持并延续城湖合璧、灵秀精致、山水城相依的历史风貌,又要发展并营造拥江而立,疏朗开放,城、景、文交融的大山水城市特色。

(5) 绿地建设：一圈、两轴、六条生态带

构建"一圈、两轴(钱塘江、运河)、六条生态带"的生态景观绿地系统。中心城区人均绿地与广场用地为16.6平方米,杭州绿地及水系建设和管理举措见表15-5。

表15-5　杭州绿地及水系建设和管理举措

分　类		主　要　举　措
公园绿地	主城	每个行政区建设两个以上面积为3万～5万平方米的区级公园; 加快实施沿路、沿河绿色廊道建设,城市主要道路按每千米不少于1 000平方米绿地的要求,设置块状绿地; 合理配置居住区级公园和社区公园,逐步达到半径500米范围内能见到不小于5 000平方米,半径300米范围内能见到不小于1 000平方米的绿地; 充实、完善西湖风景名胜区现有公园和景点,加快环西湖绿地建设; 适当改造现有公园和广场,结合历史文化遗存建设公园,结合旧城更新增加绿地,重点建设一批市级公园

（续表）

分　类		主　要　举　措
公园绿地	副城	合理配置居住区级公园和社区公园,完善道路、滨水绿地; 重点建设一批市级公园和区级公园
	组团	每个组团建设一个面积为5万~10万平方米的公园
郊野公园		依托农田、河流及自然山体,在主城与副城及组团之间设置6个郊野公园,分别为新街大型苗木园、城北运河郊野公园、乔司北郊野公园、湘湖南体育休闲公园、东明山森林公园、中泰-闲林郊野公园
绿道		形成省级、市级干线,市级支线,社区级四级绿道网络; 居民5分钟步行可达绿道; 建设"三江两岸"绿道,长度为230千米,沿线分级合理设置驿站
河网水系		在钱塘江水源保护区、苕溪水源保护区内,建设生态涵养林; 保护西溪湿地、钱塘江江海湿地、东塘三白潭湿地、闲林湿地、北湖泛洪湿地、南湖泛洪湿地和丁山湖湿地7片湖泊湿地

2. 制订行动计划,建设"美丽杭州"

深入贯彻环境立市战略,全面落实"杭改十条"和"杭法十条",着力建设"三美杭州",努力打造美丽中国先行区和"两美"浙江示范区,明确制订行动计划,将生态建设、环境管理、绿色发展的具体实施项目和举措落实到各个责任单位,并取得了一定的成效。杭州围绕建设成为美丽中国样本的目标,在环境管理和绿色发展上干在实处,走在前列。

15.7　武汉

武汉是我国华中地区超大型城市和湖北省省会、中部六省唯一的副省级市和国家中心城市,长江经济带核心城市,全国重要的工业基地、科教基地和综合交通枢纽,其生态文明建设工作在华中地区具有重要的带动作用。武汉地处江汉平原东部、长江中游。世界第三大河长江及其最大支流汉江横贯市境中央,将武汉中心城区一分为三,形成武汉三镇(武昌、汉口、汉阳)隔江鼎立的格局。市内江河纵横、湖港交织,水域面积占全市总面积的1/4,构成了武汉滨江滨湖的水域生态环境。全市下辖13个市辖区、3个国家级开发区,总面积为8 494.41平方千米,2016年常住人口为1 076.62万人,全市城镇化率为79.7%[①]。武汉在取得社会经济巨大成就的过程中,也面临着资源环境消耗代价过大的困境,主要表现在城市环境空气质量较差,水资源污染严重,单位GDP的能耗、水耗和三废排放过高,城区人口密度过高,交通拥挤、住房拥挤等方面。

张欢等(2015)首先以国家制定的相关国家标准、规划、政策为评价标准,提出了特大城市生态文明建设指标体系框架(表15-6),在此基础上对武汉2006 ~ 2011年生态文明建设

---

① https://baike.baidu.com/item/%E6%AD%A6%E6%B1%89/106764.

完成情况进行了评价①，对指标层各指标2006～2011年的指标值进行了无量纲处理；其次运用层次分析法和熵值分析法相结合的方法确定各指标层权重；再次采用多层次综合评价的方法对武汉2006～2011年生态文明准则层和目标层进行评价；最后根据评价结论，总结武汉生态文明建设的成就、特征，提出了推进武汉生态文明建设的对策建议。

表15-6　我国特大型城市生态文明评价指标体系

目标层	准则层	指　标　层		属　性	计　算　方　法	评　价　意　义
特大型城市生态文明评价指标体系	生态环境的健康度X_1	城区环境空气二氧化硫含量	X_{11}	逆指标	统计指标	城区环境空气质量
		城区环境空气可吸入颗粒物含量	X_{12}	逆指标	统计指标	
		污水排放量占水资源总量比例	X_{13}	逆指标	污水排放总量/水资源总量	水环境状况
		全年降水pH年均值	X_{14}	中间指标	统计指标	降水质量
		城区环境噪声平均值	X_{15}	逆指标	统计指标	噪声污染
特大型城市生态文明评价指标体系	资源环境消耗强度X_2	单位GDP能耗	X_{21}	逆指标	统计指标	能源和水资源利用强度
		单位GDP水耗	X_{22}	逆指标	统计指标（不含第一产业水耗）	
		单位GDP废水排放量	X_{23}	逆指标	废水总量/GDP（2005年物价）	环境排放强度
		单位GDP废气排放量	X_{24}	逆指标	废气总量/GDP（2005年物价）	
		单位GDP固体废物排放量	X_{25}	逆指标	固体废弃物总量/GDP（2005年物价）	
	面源污染的治理效率X_3	工业粉尘去除率	X_{31}	正指标	统计指标	工业部门污染治理效率
		工业废水排放达标率	X_{32}	正指标	统计指标	
		工业固体废物综合利用率	X_{33}	正指标	统计指标	
		城市生活污水集中处理率	X_{34}	正指标	统计指标	居民部门污染治理效率
		城市生活垃圾无害化处理率	X_{35}	正指标	统计指标	
	居民生活宜居度X_4	森林覆盖率	X_{41}	正指标	统计指标	城市生态绿地状况
		城区绿化覆盖率	X_{42}	正指标	统计指标	
		城区人口密度	X_{43}	逆指标	常住非农人口/建城区面积	城市拥挤状况
		城区人均道路面积	X_{44}	正指标	统计指标	
		城区人均住房面积	X_{45}	正指标	统计指标	

研究结果表明。

① 张欢，成金华，冯银，等.2015.特大型城市生态文明建设评价指标体系及应用——以武汉市为例.生态学报，35（2）：547-556.

1. 生态环境健康度评价

从武汉2006～2011年的生态环境健康度评价结果来看：① 2006～2011年其城区环境空气SO_2含量一直优于目标值，2011年完成的标准值高达154%，成效突出；② 城区环境空气PM_{10}含量除2011年到达目标值的100%以外，2006～2010年均低于城区环境空气Ⅱ类区标准，说明武汉治理环境空气PM_{10}控制成效明显；③ 其污水排放量占水资源总量比例评价值，除2010年由于降水较多，完成目标值的150%以外，其他年份均没有完成目标值，这说明武汉污水排放规模过大，污染排放超过水资源自净能力；④ 其全年降水pH平均值除2011年完成目标值的102%以外，但其他年份没有完成目标值，武汉降水总体呈酸雨状态；⑤ 2007年、2008年和2009年城区环境噪声均值评价超过100%，其他年份没有达到标准，需要治理噪声污染。

2. 资源环境消耗强度评价

从武汉2006～2011年资源环境消耗强度评价结果来看：① 2006～2011年其单位GDP能耗虽然进步明显，但均没有达到国家国民经济"十二五"规划目标，需要采取措施进一步降低单位GDP能耗；② 2006～2011年其单位GDP水耗降低明显，2011年达到万元GDP耗水40吨标准（不含第一产业），说明武汉节约用水成效明显；③ 2009～2011年其单位GDP废水排放量均控制在20吨以下标准，说明武汉废水排放控制效果较好；④ 2006～2011年其单位GDP废气和单位GDP工业固体废物排放较高，评价值均低于100%水平，武汉需要加强控制单位GDP废气和单位GDP工业固体废物排放规模。

3. 面源污染治理效率评价

从武汉2006～2011年面源污染治理效率评价结果来看，其2006～2011年工业粉尘去除率、工业废水排放达标率、工业固体废弃物综合利用率、城市生活污水集中处理率、城市生活垃圾无害化处理率都有很大进步。2011年武汉工业粉尘去除率、工业废水排放达标率、工业固体废弃物综合利用率、城市生活污水集中处理率、城市生活垃圾无害化处理率分别完成100%处理率的99.35%、99.21%、97.58%、92.2%和90.24%。工业部门"三废"治理效率较高，居民部门城市生活污水集中处理率、城市生活垃圾无害化处理率均只有92.2%和90.24%，需要进一步提高。

4. 居民生活宜居度评价

从2006～2011年武汉居民生活适宜度评价结果来看：① 2006～2011年其森林覆盖率和城市绿化覆盖率均没有达到国家园林城市和现代城市标准，2011年其评价值分别只有目标值的95.71%和92.93%，需要加强建设；② 2006～2011年其城区人口密度仍然过大，超过每平方千米5 000人目标，2011年评价值为目标值的91.66%，需要进一步优化和扩大城区土地利用规模；③ 武汉城区人均道路面积建设效果明显，2011年评价值为102.25分；④ 武汉城区人均住房面积与武汉《"十一五"住房与房地产业发展专项规划》"十二五"期末人均36平方米的标准仍有很大差别，2011年评价值为89.58%，需要进一步加强建设。

5. 综合评价

从2006～2011年武汉综合评价结果来看,武汉生态文明综合评价完成度逐步上升,2010年和2011年评价值分别为99.08%和99.18%,逐步接近生态文明各指标综合评价的目标值。从准则层评价值来看,完成生态文明目标值的准则层指标是生态环境健康度2009年、2010年和2011年的评价值,评价值分别为103.31%、119.25%和108.51%。资源环境消耗强度、环境污染治理效果、居民生活宜居度3个准则层指标没有完成国家生态文明建设目标,需要加强建设。

6. 政策建议

综合来看,武汉2006～2011年生态文明建设成效明显,各年评价结果基本反映了武汉历年资源环境问题的主要方面和生态文明建设状态,这对于指导武汉进一步推进生态文明建设具有指导意义和参考价值。具体来讲,武汉生态文明建设需要进一步加强以下几个方面的建设。

1）在生态环境保护方面,武汉要进一步优化控制环境空气质量,特别是控制环境空气中PM_{10}的含量;要控制废水排放规模,通过废水资源的净化和无害化处理,循环利用废水资源;采用多种途径控制环境噪声分贝值,减少环境噪声污染;通过措施降低大气中硫化物的含量,提高降水pH。

2）在资源能源节约方面,由于武汉单位GDP能耗、单位GDP废气排放量和单位GDP工业固体废物排放量仍有一定改进空间,武汉要从总量控制和强度控制两个方面,严格控制高能耗、高污染工业项目,控制机动车和工业企业废气排放等多种措施,进一步降低单位GDP能耗、单位GDP废气排放量和单位GDP工业固体废物排放量。

3）在面源污染治理方面,由于武汉工业"三废"治理效率较高,武汉面源污染治理的重点应是对城市生活污染和生活垃圾进行治理。武汉应扩大生活垃圾的处理能力,提高城市生活污水集中处理率和城市生活垃圾无害化处理,循环利用可再生利用的城市生活"矿产"。

4）在城市宜居建设方面,一方面,虽然近几年武汉市森林覆盖率和建城区绿化覆盖率取得了一定成绩,但仍然偏低,武汉不仅要进一步增加森林覆盖面积和建城区绿化面积,以提高其生态资源存量,提高城市宜居度;另一方面,武汉人口密度仍然过高,城市人均道路面积和人均住房面积还处于拥挤阶段,武汉要扩大和优化城市空间,降低人口密度,提高城市居民的住房面积。

15.8　成都

成都是四川省省会、副省级市,中国西南地区的科技、商贸、金融中心和交通枢纽,国家重要的高新技术产业基地、商贸物流中心和综合交通枢纽,西部地区重要的中心城市。成都位于四川盆地西部,成都平原腹地,境内地势平坦、河网纵横、物产丰富、农业发达,自古就有

"天府之国"的美誉。截至2015年末,成都市域总面积为14 605平方千米,全市建成区面积为1 006.7平方千米,常住人口为1 572.8万,城镇人口为640万,城镇化率为70.3%。

近年来成都努力通过打造"世界生态田园城市"和"世界韧性城市"来加快城市的生态化转型进程。

1. 成都新型生态城市建设及定位——"世界生态田园城市"

为了实现建设"世界现代田园城市"的目标,成都制定了三步走战略:第一步,建设成为"新三最"城市;第二步,初步建成"世界现代田园城市",争取步入世界三级城市行列;第三步,基本建成世界城市,争取步入世界二级城市行列。

"世界现代田园城市"的核心思想是"自然之美、社会公正、城乡一体"。这些都与霍华德的田园城市理念相吻合,为了顺利实施,成都也制定了九项建设和管理原则:第一,布局组团化。首先是成都全域内总体布局的组团化,其次是建设项目的组团化。第二,产业高端化。高端产业、高附加值、高投入、高产出,发展高新技术产业与现代制造业、现代服务业、都市农业。第三,建设集约化。资源利用集约化、城镇建设集约化、产业发展集约化、农村发展集约化。第四,功能复合化。城市区域功能复合、建设项目功能复合、地上与地下空间复合利用、强化中心。第五,空间人性化。空间尺度、功能、设施的人性化。第六,环境田园化。生态屏障、城在田中、园在城中、小城镇与居民点居住环境田园化、道路及河流绿化、林盘建设。第七,风貌多样化。空间轮廓、建筑风格、文化的多元化,打造地方标志。第八,交通网络化。强化枢纽、构建全域综合交通网络。第九,配套标准化。配套项目、配套设施的标准化。

此后成都又将"世界现代田园城市"理念更新为"世界生态田园城市",进一步与新型生态城市理念相符合。

2. "世界生态田园城市"的实践推进及初步成果

2009年至今,成都"世界生态田园城市"建设已经进展了数年时间,在诸多方面取得了很大进展(表15-7)。

表15-7　成都"世界生态田园城市"建设和管理举措及成果

领　域	举　措	成　　果
环境生态	沿用"一区、两带、六走廊"式的城乡空间发展格局,配合功能分区理念使分区发展	成都全域划分为:两带生态及旅游发展区、优化型发展区、提升型发展区和扩展型发展区四大区域; 全域内形成了多中心、组团式、网络化的城乡空间布局,以及人性化、生活化的城乡空间结构; 距离达成"青山绿水抱林盘,大城小镇镶田园"目标的新型城乡形态越来越近
经济社会	城乡统筹一体化	成都的城乡居民收入大幅提升,社会保障体系越来越健全,城乡覆盖率提高,城乡基础设施建设齐全,城乡公共服务类事业水平提高等措施,都为成都的生态城市建设、和谐社会建设提供了保证
宜居城市建设	实施城市改造项目	旧城区改造取得了突破性进展。例如,成都"北改"项目是成都最大的民生工程,其中的曹家巷改造更是引起了全国广大社会群众的关注,对成都的城市改造起到了巨大的宣传和推动作用;成都于2012～2013年对二环路进行改造,大大缓解了成都市内交通的拥堵情况,给人民生产生活带来了便捷

（续表）

领　域	举　措	成　　果
交通体系建设	交通体系改造	市内交通体系日趋完善，除公路的改造以外，地铁线路也在紧锣密鼓的建设当中； 铁路方面，成渝成西高铁建成通车，成都到西安的高铁线路也在建设当中；青白江区也正在建设成为亚洲第一集装箱中心站； 航运方面，2015年双流机场旅客吞吐量达到4 220万，位居全国第四，自成立以来每年均居中国十大繁忙机场之列

　　成都"世界田园生态城市"建设取得了举世瞩目的成效，但是也存在着不足。成都在新型生态城市建设过程中，最近两年在环境生态方面提升较快，这与成都加强环境管理、加大对环境保护和人文生态景观的保护措施密不可分。从经济指标看，成都的经济发展水平逐年高速增长，但是第三产业所占比例、研发投入比率普遍不高，这在一定程度上制约了成都的经济生态建设。在社会发展方面，近年来成都的就业率提升缓慢；随着人口的增多，建成区面积不断扩大，没有做到充分集约利用现有城市土地，而是不断扩展城郊和小城镇土地，加大了城市蔓延。在人居生态系统方面，人口的增加导致城市基础设施的人均占有量减少，对城市的承载能力提出了新的要求，成都在打造宜居城市的方针下，应该加大对人居方面的政策投入。

3. 灾后重建——全球韧性城市，防灾减灾样本

　　自2008年"5·12"汶川地震后，成都成立了以市政府负责、30余个部门和单位为成员的减灾委员会，建设了自然灾害应急指挥信息化平台，规划建设了1 000余个应急避难场所；建设了救灾物资储备仓库；组建了综合应急救援大队，建设了西部地区最大、最先进的灾害应急救援培训基地，完善了区（市、县）地震应急指挥系统，建设了中国首个地震烈度速报台网，以及地质环境信息系统等防灾减灾设施。目前成都开建35个应急避难场所，力争建成完善的应急避难场所网络。2011年5月11日，在日内瓦举行的第三届联合国减少灾害全球平台大会上，联合国减灾战略署把"灾后重建发展范例城市"殊荣授予了成都，这是我国首个获此殊荣的城市。

　　2011年8月，第二届世界城市科学发展论坛暨首届防灾减灾市长峰会在成都召开，包括成都在内的10个城市共同加入"让城市更具韧性"运动中，讨论并通过《让城市更具韧性"十大指标体系"成都行动宣言》（简称《成都行动宣言》）和《城市可持续发展行动计划》。《成都行动宣言》的内容包括：加强合作，包括提供各种与"让城市更具韧性十大准则"（表15-8）有关的优秀经验及合作机会，并与其他城市分享成功应用的工具、方法和法令；将减灾韧性指标与城市发展规划结合起来；组织公共意识宣传教育活动；建立国际机制，履行义务；加强城市层面的灾害和应急管理，协调利益相关者及市民团体，使其成为应急管理的必要组成部分，并且应该更加关注那些极易遇到危险和应对能力有限的城市贫民。该宣言将为城市防灾减灾提供实际操作指导，助推各国城市防灾减灾体系的建立和完善。成都还与联合国减灾能力建设处签署了《防灾减灾应急救援培训基地建设》意向书。

表 15-8　"让城市更具韧性十大准则"

序号	内　　　容
1	以市民团体和民间社团的参与为基础,成立专门机构开展协调工作,以了解和降低灾害风险; 建立地区联盟,确保各部门了解其在降低灾害风险和相关准备方面的职责与分工
2	制定专项降低灾害风险预算并出台鼓励性措施,鼓励私人、企业等社会各界和公共部门投资,以减少其所面临的风险
3	掌握关于危险和隐患的最新资料、编制风险评估报告,并制定城市发展规划和决策; 确保公众可随时获得该市灾害抗御能力相关信息及计划,并与公众就相关内容开展充分讨论
4	投资兴建并维护能够降低风险的关键基础设施(如泄洪设施),并在需要时做出相应调整,以应对气候变化
5	评估每所学校和卫生保健设施的安全性,并进行必要的升级维护
6	实施并执行实际可行的风险防范建筑法规和土地使用规划原则; 确定供低收入市民避难的安全区域,并且针对非正式居住区开发可行的升级项目
7	确保学校和当地社区开展有关降低灾害风险的教育课程和培训
8	保护生态系统和天然缓冲区,以减轻洪水、风暴和其所在城市可能遭受的其他危害;以良好的降低风险的做法为基础,适应气候变化
9	在所在城市装设预警系统并培养有关人员应急管理能力,定期开展公众应急演习
10	确保灾后重建以满足受灾人口的需求为重心。在相关设计与实施中预先计划并纳入受灾人口和社区组织的需求,包括家园重建和生活保障

资料来源:成都日报.成都的韧性感动世界.http://www.cdrb.com.cn/html/2011-05/12/content_1269810.htm,2011-05-12.

2016年2月29日《成都市生态文明建设2025规划》正式发布,确定了生态文明建设的总体目标:到2025年,实现生态文明建设由体系建设向融合发展的深化,生态优势转变成竞争优势,实现生产空间集约高效、生活空间宜居适度、生态空间山清水秀的目标,城市价值全面提升,可持续发展能力全面增强。在生态环境质量改善方面,到2025年,全市森林覆盖率达到41%以上,PM_{10}和$PM_{2.5}$年均浓度分别小于90微克/立方米、50微克/立方米。

15.9　西安

西安是陕西省省会,位于中国西北地区东部。南依秦岭,北临黄河流域最大支流渭河,东西长约204千米,南北最大宽约116千米,面积为10 108平方千米。西安属于暖温带大陆季风气候,四季分明,夏季湿热,秋季凉爽、多雨。全年平均气温为13.3摄氏度,年日照时数为1 684 ~ 2 243小时,年平均降水量为740.4毫米,降水集中在7 ~ 10月,占全年总降水量的60%上。2014年西安常住人口为862.75万人,全年出生人口为8.70万人,人口的自然增长率为4.64‰。在总人口中,城镇人口626.44万人,占72.61%,乡村人口为236.31万人,占27.39%。西安工业以先进制造业为主,重点发展通用专用设备、汽车、航空航天、生物医药、输变电设备、新材料新能源、食品加工等优势产业。截至目前,全市共有20个工业园区,其中省级工业园区8个,市级工业园区两个,区(县)级工业园区10个。区(县)工业园区总规划面积为477.11平方千米,其中工业规划面积为297.12平方千米,占总规划面积的62.27%。

根据生态文明的含义和生态市建设的总体思路,王晓欢等(2010)提出了西安的生态文明建设3(系统层、子系统层、单项指标层)×3(经济发展、社会进步、环境保护)评价体系,其中包括25个单项指标,如表15–9所示。

表15–9　西安生态文明建设评价体系及指标权重(王晓欢等,2010)

子系统层	单 项 指 标	单 位	目 标 值	权 重
经济发展	人均GDP	元/人	32 000.0	0.031 6
	人均财政收入	元/人	5 000.0	0.043 1
	单位GDP水耗	立方米/万元	20.0	0.033 0
	单位GDP能耗(标准煤)	吨/万元	1.4	0.028 3
	第三产业占GDP比例	%	45.0	0.041 3
	从业系数	%	60.0	0.036 9
	人均生活用电	千瓦时/人	500.0	0.034 5
环境保护	城市人均公共绿地面积	平方米	10.0	0.055 4
	建成区绿地覆盖率	%	40.0	0.048 5
	城市污水处理率	%	85.0	0.055 4
	工业废水排放达标率	%	100.0	0.057 3
	工业固体废物综合利用率	%	90.0	0.057 3
	空气优良天数	天	330.0	0.059 3
社会进步	文化、教育、卫生投入占GDP的比例	%	2.0	0.038 7
	科技投入占GDP的比例	%	2.5	0.036 5
	城市化水平	%	70.0	0.057 6
	城镇居民恩格尔系数	%	40.0	0.034 4
	农村恩格尔系数	%	40.0	0.033 7
	人均公共藏书	册/人	3.0	0.028 7
	城镇登记失业率	%	3.0	0.027 0
	万人拥有病床数	张/万人	100.0	0.029 3
	城乡居民人均收入比	%	80.0	0.039 5
	城镇居民人均居住面积	平方米	20.0	0.034 4
	农村居民人均居住面积	平方米	40.0	0.033 7
	公众对城市环境的满意度	%	90.0	0.038 0

基于上述指标对西安生态文明建设进行评估,将各指数与我国生态文明城市建设的目标值进行比较,结果显示,西安经济发展方面已符合生态文明城市的标准,生态文明综合指标略高于标准值,但是环境保护指标、社会进步指标和综合指数较低,说明西安生态文明建设受环境和社会发展的影响较大,建设生态文明仍然任重道远。

总体而言,西安的生态文明建设还应从建设模式和运行机制等方面强化。

1)采用生态文明建设"四位一体"理念模式,充分发挥政、企、学、民的主观能动性,实现全民参与生态文明建设,形成环境的可持续发展。

2)制定以"四位一体"为指导思想的生态文明建设区域评价体系。

3)建立生态文明建设中的信息公开与共享制度,促进各部门、区域和民众相互之间的交流与合作。

4)建立自愿有偿使用制度和生态补偿制度。确保西安经济、环境、社会各方面的全面协调,共同发展。

15.10　国内案例指标体系小结

从前述案例研究的情况看,尽管国内不少城市在生态化转型、生态文明建设与绿色发展方面开展了积极的实践,现有指标体系日趋完善,但我国区域发展水平各异,而生态文明建设又是一个漫长而复杂的过程,因此,现行指标体系仍然存在着很多不足。主要表现在如下几个方面。

(1)区域功能定位不清晰

原环境保护部发布的指标体系虽然从不同尺度提供了相关标准,但我国地域差距较大,仅有一套标准难以适应发展水平各异的各地区。多数研究仅参考国家颁布的统一标准,未因地制宜,易造成实施难度过高或抑制区域发展的后果。在指标体系的实证研究上,也存在着指标体系目标定位不够准确、目标同质化等现象。

(2)指标制定缺乏针对性

针对不同类型城市(如特大型城市或中小型城市),我国暂未颁布相应的指标体系。全国各区域指标体系框架的构建也缺乏特色指标,需要加强区域本地化特征,如沿海城市可以考虑增加海洋环境功能指标,工业城市需要多考虑清洁生产类指标等。另外,生态文明建设同样注重生态制度、生态文化方面的内容,如何解决此类指标较难量化、不易统计的问题,也是指标实施过程中的重点和难点。

(3)理论研究多于实际运用

从目前情况看,我国生态文明建设指标体系的构建多处于理论研究阶段,付诸实践的指标体系不多。由于目前我国仍处于生态文明建设的探索阶段,生态文明建设的相关理论、规划、设计和机制还不够成熟,在指标体系的实践过程中也存在着一系列问题,有待于进一步完善和发展。

转型中国,任重道远,既是国际社会发展趋势,更是我国资源环境现实和现代化城市发展道路之需,只要我们坚持生态优先、科学引领、绿色发展,就一定能到达希望的彼岸。

主要参考文献

安徽省环境保护厅.2015.2014安徽省环境状况公报.合肥：安徽省环保厅.

白杨,黄宇驰,王敏,等.2011.我国生态文明建设及其评估体系研究进展.生态学报,20：6295-6304.

北京市环境保护局.2015.2014北京市环境状况公报.北京：北京市环境保护局.

蔡建明,郭华,汪德根.2012.国外韧性城市研究述评.地理科学进展,卷缺失(10)：1245-1255.

蔡永海,谢滟檬.2014.我国生态文明制度体系建设的紧迫性、问题及对策分析.思想理论教育导刊,02：71-75.

陈洪波,潘家华.2012.我国生态文明建设理论与实践进展.中国地质大学学报(社会科学版),05：13-17,138.

陈吉宁.2017.长江经济带生态环境保护面临四个问题[EB/OL].http://www.xinhuanet.com/politics/2017lh/2017-03/09/c_129505753.htm[2017-03-09].

陈劭锋,刘扬,李颖明.2014.中国资源环境问题的发展态势及其演变阶段分析.科技促进发展,03：11-19.

陈晓丹,车秀珍,杨顺顺,等.2012.经济发达城市生态文明建设评价方法研究.生态经济,(7)：52-56.

陈洋波,陈俊合,李长兴,等.2004.基于DPSIR模型的深圳市水资源承载能力评价指标体系.水利学报,(7)：98-103.

陈正.2009.中国生态环境现状的统计评价分析.统计与信息论坛,03：13-19,46.

崔大鹏.2009a.低碳经济漫谈.环境教育,(7)：13-21.

崔大鹏.2009b.低碳经济——人类发展的必由之路.生命世界,(2)：17-19.

重庆市环保局.2015.2014重庆市环境状况公报.重庆：重庆市环境保护局.

重庆市环保局.2018.2017重庆市环境状况公报.重庆：重庆市环境保护局.

崔胜辉,李旋旗,李扬,等.2011.全球变化背景下的适应性研究综述.地理科学进展,30(9)：1088-1098.

刁尚东,刘云忠,成金华.2013.广州市生态文明建设评价研究.统计与决策,(17)：61-63.

杜勇.2014.我国资源型城市生态文明建设评价指标体系研究.理论月刊,(4)：138-142.

方创琳.2014.中国城市群研究取得的重要进展与未来发展方向.地理学报,.8：1130-1144.

福建省环境保护厅.2015.2014福建省环境状况公报.福州：福建省环境保护厅.

傅国伟.2012.中国水土重金属污染的防治对策.中国环境科学,2：373-376.

傅思明.2012.生态文明建设与路径选择.环境教育,12：17-18.

甘肃省环保厅.2015.2014甘肃省环境状况公报.兰州：甘肃省环境保护厅.

高吉喜.2014a.国家生态保护红线体系建设构想.环境保护,(Z1)：18-21.

高吉喜.2014b.论生态保护红线划定与保护.成都：2014中国环境科学学会学术年会.

高珊,黄贤金.2010.基于绩效评价的区域生态文明指标体系构建——以江苏省为例.经济地理,30(5)：823-828.

谷树忠,胡咏君,周洪.2013.生态文明建设的科学内涵与基本路径.资源科学,01：2-13.

顾朝林.2011.城市群研究进展与展望.地理研究,5：771-783.

顾钰民.2013.论生态文明制度建设.福建论坛（人文社会科学版），06：165-169.

广东省环境保护厅.2015.2014广东省环境状况公报.广州：广东省环境保护厅.

广西壮族自治区环境保护厅.2015.2014广西壮族自治区环境状况公报.南宁：广西壮族自治区环境保护厅.

贵州省环保厅.2015.2014贵州省环境状况公报.贵阳：贵州省环境保护厅.

国家发展改革委员会.2019.国家发展改革委关于印发《2019年新型城镇化建设重点任务》的通知.http://www.gov.cn/guowuyuan/2019-04/09/content_5380627.htm［2019-4-8］.

国家海洋局.2011.2010年中国海洋环境状况公报.北京：国家海洋局.

国家海洋局.2014.2013年中国海洋环境状况公报.北京：国家海洋局.

国家海洋局.2015.2014年中国海洋环境状况公报.北京：国家海洋局.

国家林业局.2014.第八次全国森林资源清查结果.林业资源管理，01：1-2.

国家统计局.2012.2012中国统计年鉴.北京：国家统计局.

国家统计局.2013.2013中国统计年鉴.北京：国家统计局.

国家统计局.2014.2014中国统计年鉴.北京：国家统计局.

国土资源部.2012.2011年中国国土资源公报.北京：国土资源部.

国土资源部.2014.2013年中国国土资源公报.北京：国土资源部.

国土资源部.2015.2014年中国国土资源公报.北京：国土资源部.

国务院.2010.国务院关于印发全国主体功能区规划的通知.http://www.gov.cn/zwgk/2011-06/08/content_1879180.htm［2018-11-18］.

国务院发展研究中心"我国环境污染形势分析与治理对策研究"课题组，高世楫，李佐军，陈健鹏.2015.中国水环境监管体制现状、问题与改进方向.发展研究，02：4-9.

海南省环境保护厅.2015.2014海南省环境状况公报.海口：海南省环境保护厅.

韩红霞，高峻，刘广亮，等.2004.英国大伦敦城市发展的环境保护战略.国外城市规划，19（2）：60-64.

韩艳红.2017.南京市生态文明建设思路浅探.南京晓庄学院学报，（4）：120-123.

韩颖，汪炘.2009.南京市生态城市建设的现状、问题及对策.污染防治技术，22（2）：34-39.

河北省环境保护厅.2015.2014河北省环境状况公报.石家庄：河北省环境保护厅.

河南省环境保护厅.2015.2014河南省环境状况公报.郑州：河南省环境保护厅.

贺海峰.2013.生态保护红线如何"落地".决策，（12）：5.

黑龙江省环境保护厅.2015.2014黑龙江省环境状况公报.哈尔滨：黑龙江省环境保护厅.

洪大用.2013.关于中国环境问题和生态文明建设的新思考.探索与争鸣，10：4-10，2.

胡鞍钢.2001.中国生态环境问题及环境保护计划.安全与环境学报，06：49-54.

湖北省环境保护厅.2015.2014湖北省环境状况公报.武汉：湖北省环境保护厅.

湖南省环境保护厅.2015.2014湖南省环境状况公报.长沙：湖南省环境保护厅.

环境保护部，国土资源部.2014.全国土壤污染状况调查公报（2014年4月17日）.环境教育，06：8-10.

环境保护部，国土资源部.2014.《全国土壤污染状况调查公报》.2014.

环境保护部.2008.关于发布《全国生态功能区划》的公告.http://www.gov.cn/gzdt/2008-08/02/content_1062543.htm［2018-11-18］.http://cn.chinagate.cn/environment/2014-02/11/content_31431598.htm［2017-11-18］.

环境保护部.2011.2010中国环境状况公报.北京：环境保护部.

环境保护部.2012.2011中国环境状况公报.北京：环境保护部.

环境保护部.2013.2012中国环境状况公报.北京：环境保护部.

环境保护部.2014.2013中国环境状况公报.北京：环境保护部.

环境保护部.2015.2014中国环境状况公报.北京：环境保护部.

环境保护部.2014.解读《国家生态保护红线——生态功能基线划定技术指南（试行）》.中国资源综合利用，（02）：13-17.

郇庆治.2013.论我国生态文明建设中的制度创新.学习论坛，08：48-54.

黄洁，齐涛，张国钦，等.2014.中国三大城市群城市化动态特征对比.中国人口·资源与环境，（7）：37-44.

黄勤，曾元，江琴.2015.中国推进生态文明建设的研究进展.中国人口·资源与环境，02：111-120.

黄蓉生.2015.我国生态文明制度体系论析.改革，01：41-46.

黄沈发，黄宇驰，胡冬雯，等.2013.上海推进生态文明建设的形势与战略任务.上海环境科学，32（5）：185-188，198.

吉林省环境保护厅.2015.2014吉林省环境状况公报.长春：吉林省环境保护厅.

江苏省环境保护厅.2015.2014江苏省环境状况公报.南京：江苏省环境保护厅.

江西省环境保护厅.2015.2014江西省环境状况公报.南昌：江西省环境保护厅.

蓝文全.2015-8-14.新加坡：坚持生态发展理念.海南日报.

李大秋，杜世勇，张战朝，等.2013.山东省城市化进程大气环境问题分析.中国环境监测，05：6-11.

李干杰.2014."生态保护红线"——确保国家生态安全的生命线.求是，（02）：44-46.

李井海.2014.基于实施视角下的生态保护红线规划探索——以成都为例：城乡治理与规划改革.海口：2014中国城市规划年会.

李平星，陈雯，高金龙.2015.江苏省生态文明建设水平指标体系构建与评估.生态学杂志，34（1）：295-302.

李克强.2010.树立绿色低碳发展理念提高生态文明建设水平.共产党员，23：4.

李克强.2013.建设一个生态文明的现代化中国——在中国环境与发展国际合作委员会2012年年会开幕式上的讲话.理论参考，02：5-7.

李昆，李兆华，陈红兵，等.2013.丹江口水库上游武当山剑河水质空间差异性分析.湖泊科学，05：649-654.

李昆，刘化吉，王玲，等.2011.农业面源污染的成因和对策.农村经济与科技，11：17-18，44.

李昆，王玲，焦栗，等.2013.武当山剑河流域水污染源解析.台湾农业探索，01：73-77.

李昆，王玲，李兆华，等.2015.丰水期洪湖水质空间变异特征及驱动力分析.环境科学，04：1285-1292.

李鸣.2007.生态文明背景下环境管理机制的定位与创新.特区经济，08：290-292.

李若帆，吴佳明，王亚男.2014.基于生态文明建设层面的生态保护红线划定实践——以《天津市生态用地保护红线划定方案》为例.城市，（12）：55-58.

李伟.2013.关于环境保护措施的探讨.黑龙江科技信息，16：179.

李文华，刘某承.2007.关于中国生态省建设指标体系的几点意见与建议.资源科学，（5）：2-8.

李响，钱敏蕾，徐艺扬，等.2015.基于区域气候与城市发展耦合模型的气候变化适应度评价——以上海市为例.复旦学报（自然科学版），02：210-219.

李勇，余天虹，赵志忠，等.2015.珠三角土壤镉含量时空分布及风险管理.地理科学，03：373-379.

辽宁省环境保护厅.2015.2014辽宁省环境状况公报.沈阳：辽宁省环境保护厅.

林强.2004.中国的土壤污染现状及其防治对策.福建水土保持，16（1）：25-28.

刘静.2011.中国特色社会主义生态文明建设研究.北京：中共中央党校.

刘某承，苏宁，伦飞，等.2014.区域生态文明建设水平综合评估指标.生态学报，34（1）：97-104.

刘若宇.2015.基于PSR模型的生态城市评价指标体系的构建研究.能源环境保护,29(5):61-64.

刘彦随.2013.中国土地资源研究进展与发展趋势.中国生态农业学报,01:127-133.

刘彦随.2015.土地综合研究与土地资源工程.资源科学,01:1-8.

刘豫.2014.中国土壤环境保护立法研究.兰州:兰州大学:25-34.

陆健.2017.浙江:严守生态环境高压线.http://epaper.gmw.cn/gmrb/html/2017-05/23/nw.D110000gmrb_20170523_7-01.htm[2017-11-18].

陆君,舒荣军,李响,等.2013.黄山市太平湖流域水资源承载力分析.复旦学报(自然科学版),06:822-828.

陆宁,张旭,张诗青,等.2015.2008～2012年中国30个省域建筑业与资源环境协调发展评价.干旱区资源与环境,12:13-18.

吕红迪,万军,王成新,等.2014.城市生态保护红线体系构建及其与管理制度衔接的研究.环境科学与管理,(01):5-11.

吕连宏,罗宏.2012.中国大气环境质量概况与污染防治新思路.中国能源,01:18-21.

吕忠梅.2014.论生态文明建设的综合决策法律机制.中国法学,03:20-33.

骆永明.2009.中国土壤环境污染态势及预防、控制和修复策略.环境污染与防治,12:27-31.

马英杰,赵丽.2013.我国近岸海域污染防治法律体系建设.环境保护,41(1):19-22.

内蒙古自治区环境保护厅.2015.2014内蒙古自治区环境状况公报.呼和浩特:内蒙古自治区省环境保护厅.

宁夏回族自治区环境保护厅.2015.2014宁夏回族自治区环境状况公报.银川:宁夏回族自治区环境保护厅.

欧阳志云,郑华,岳平.2013.建立我国生态补偿机制的思路与措施.生态学报,03:686-692.

庞金华.1995.上海土壤元素含量的变化与评价.热带亚热带土壤科学.4(1):47-52.

钱敏蕾,李响,徐艺扬,等.2015.特大型城市生态文明建设评价指标体系构建——以上海市为例.复旦学报(自然科学版),04:389-397.

钱敏蕾,徐艺扬,李响,等.2015.上海市城市化进程中热环境响应的空间评价.中国环境科学,02:624-633.

秦伟山,张义丰,袁境.2013.生态文明城市评价指标体系与水平测度.资源科学,08:1677-1684.

青海省环境保护厅.2015.2014青海省环境状况公报.西宁:青海省环境保护厅.

山东省环境保护厅.2015.2014山东省环境状况公报.济南:山东省环境保护厅.

山西省环境保护厅.2015.2014山西省环境状况公报.太原:山西省环境保护厅.

陕西省环境保护厅.2015.2014陕西省环境状况公报.西安:陕西省环境保护厅.

上海市环境保护局.2015.2014上海市环境状况公报.上海:上海市环境保护局.

上海市环境保护局.2018.2017上海市环境状况公报.上海:上海市环境保护局.

上海市人民政府办公厅.2015.关于本市郊野公园建设管理的指导意见[EB/OL].http://www.shanghai.gov.cn/nw2/nw2314/nw2319/nw11494/nw12331/nw12343/nw31885/u26aw39395.html[2015-08-11].

邵超峰,鞠美庭,张裕芳,等.2008.基于DPSIR模型的天津滨海新区生态环境安全评价研究.安全与环境学报,8(5):87-92.

申庆贵.2014.生态保护红线划定应注意的问题探讨.成都:2014中国环境科学学会学术年会.

深圳市人民政府,2013.关于进一步规范基本生态控制线管理的实施意见[深府(2013)63号文].

https://wenku.baidu.com/view/76202d1dec630b1c59eef8c75fbfc77da26997ad.html?from= search〔2017-11-18〕.

深圳市人民政府.2015.深圳市基本生态控制线管理规定(2005)〔EB/OL〕.http://www.szpl.gov.cn/main/csgh/zxgh/stkzx/145a.htm〔2015-08-11〕.

沈月琴,汪淅锋,朱臻,等.2011.基于经济社会视角的气候变化适应性研究现状和展望.浙江农林大学学报,28(2):299-304.

石崧,凌莉,乐芸.2013.香港郊野公园规划建设经验借鉴及启示.上海城市规划,(05):62-68.

史贵涛,陈振楼,许世远,等.2006.上海市区公园土壤重金属含量及其污染评价.土壤通报,37(3):490-494.

史可庆.2011.基于PSR框架模型的南四湖健康评价.水资源研究,32(2):28-30.

水利部.2013.2012中国水资源公报.北京:水利部.

水利部.2014.2013中国水资源公报.北京:水利部.

水利部.2015.2014中国水资源公报.北京:水利部.

四川省环境保护厅.2015.2014四川省环境状况公报.成都:四川省环境保护厅.

苏洁琼,王烜.2012.气候变化对湿地景观格局的影响研究综述.环境科学与技术,35(4):74-81.

孙蕊.2013.国外生态城市建设指标解析及对中国的借鉴.北京规划建设,(5):13-17.

孙爽.2014.国外如何防范治理土壤污染.时事报告.

孙钰.2007.生态文明建设与可持续发展——访中国工程院院士李文华.环境保护,(21):32-34.

覃盟琳,农红萍,牛建农.2007.立体绿化——创建节约型城市的重要途径立体绿化.中国城市林业,5(5):12-15.

天津市环境保护局.2015.2014天津市环境状况公报.天津:天津市环境保护局.

天津市生态环境局.2019.2018年度天津市生态环境状况公报.天津:天津市生态环境局.

王灿发,江钦辉.2014.论生态保护红线的法律制度保障.环境保护,(Z1):30-33.

王从彦,潘法,唐明觉,等.2014.浅析生态文明建设指标体系选择——以镇江市为例.中国人口·资源与环境,11(24):149-153.

王德,吴德刚,张冠增.2013.东京城市转型发展与规划应对.国际城市规划,28(6):6-12.

王德辉.2009.中国生物多样性保护面临问题及其对策探讨//环境保护部、联合国环境规划署.中华人民共和国环境保护部、联合国环境规划署.第五届环境与发展中国(国际)论坛论文集.中华人民共和国.

王兰.2013.纽约城市转型发展与多元规划.国际城市规划,28(6):19-24.

王如松.2013.生态整合与文明发展.生态学报,01:1-11.

王寿兵,陈雅敏,许博,等.2010.废水排污权交易率问题初探.复旦学报(自然科学版),05:648-652.

王寿兵,许博,陈雅敏,等.2010.省际煤炭贸易中的污染转移评估方法及实证.中国人口·资源与环境,11:84-90.

王巍,赵桂燕,卞纪兰.2015.中国环保投资与经济增长关系的协整分析.对外经贸,03:133-135.

王祥荣.2012.建设资源节约型和环境友好型社会的理论与政策研究.上海:复旦大学出版社.

王祥荣,凌焕然,黄舰,等.2012.全球气候变化与河口城市气候脆弱性生态区划研究——以上海为例.上海城市规划,06:1-6.

王祥荣,谢玉静,蔡元镜,等.2015.特大型城市上海生态化转型发展的路径与重点举措.上海城市规划,03:76-81.

王祥荣,谢玉静,李瑛,等.2016.气候变化与中国韧性城市发展对策研究.北京:科学出版社.

王祥荣.2013.大力弘扬生态文明　推进环境保护工作深入发展.吉林环境,04:39-42.

王祥荣.2014.完善激励和约束机制,促进上海生态文明建设.科学发展,04:100-108.

王晓欢,王晓峰,秦慧杰.2010.西安市生态文明建设评价及预测.城市环境与城市生态,23(2):5-8.

王新程.2014.推进生态文明制度建设的战略思考.环境保护,06:37-41.

王原,黄玫,王祥荣.2010.气候和土地利用变化对上海市农田生态系统净初级生产力的影响.环境科学学报,03:641-648.

王原.2010.城市化区域气候变化脆弱性综合评价理论、方法与应用研究.上海:复旦大学.

魏超,叶属峰,过仲阳,等.2013.海岸带区域综合承载力评估指标体系的构建与应用——以南通市为例.生态学报,33(18):5893-5904.

魏君仙,罗文峰.2013.基于DPSIR模型的城市生态可持续发展评价.环境科学与管理,38(2):184-190.

魏晓双.2013.中国省域生态文明建设评价研究.北京:北京林业大学.

吴建国,吕佳佳,艾丽.2009.气候变化对生物多样性的影响:脆弱性和适应.生态环境学报,18(2):693-703.

吴明红.2012.中国省域生态文明发展态势研究.北京:北京林业大学.

吴之凌.2015.城市生态功能区规划与实施的国际经验及启示——以大伦敦地区和兰斯塔德地区为例.际城市规划,30(1):95-100.

西藏自治区环境保护厅.2015.2014西藏自治区环境状况公报.拉萨:西藏自治区环境保护厅.

习近平.2003.生态兴则文明兴——推进生态建设打造"绿色浙江".求是,13:42-44.

习近平.2013.生态省建设是一项长期战略任务.西部大开发,03:5.

习近平.2015.抓住机遇立足优势积极作为系统谋划"十三五"经济社会发展.党建,06:1.

肖杰,叶宏,佟洪金,等.2015.关于"生态保护红线"的思考.四川环境,34(3):49-52.

新疆维吾尔自治区环境保护厅.2015.2014新疆维吾尔自治区环境状况公报.新疆:新疆维吾尔自治区环境保护厅.

熊鸿斌,刘进.2009.DPSIR模型在安徽省生态可持续发展评价中的应用.合肥工业大学学报,32(3):305-309.

熊跃辉.2014.发挥环保标准在生态保护红线中的支撑作用.环境保护,(Z1):22-25.

徐艺扬,钱敏蕾,李响,等.2015.基于DPSIR的太平湖流域(黄山区)生态安全综合评估.复旦学报(自然科学版),04:407-415.

徐振强,王亚男,郭佳星,等.2014.我国推进韧性城市规划建设的战略思考.城市发展研究,(5):79-84.

杨邦杰,高吉喜,邹长新.2014.划定生态保护红线的战略意义.中国发展,(01):1-4.

杨启乐.2014.当代中国生态文明建设中政府生态环境治理研究.上海:华东师范大学.

杨天翔,张韦倩,樊正球,等.2013.基于鸟类边缘种行为的景观连接度研究——空间句法的反规划应用.生态学报,16:5035-5046.

姚佳,王敏,黄宇驰,等.2015.我国生态保护红线三维制度体系探索——以宁德市为例.生态学报,(20):6848-6856.

叶荣,胡雪峰,潘斌,等.2007.上海宝山城市表土重金属累积的空间分布规律.土壤,39(3):393-399.

于骥,何彤慧.2015.对生态保护红线的研究——宁夏生态保护红线划定的问题和思考.环境科学与管理,(01):173-176.

俞伟伟.2008.中美绿色建筑评价标准认证体系比较研究.重庆:重庆大学.

云南省环保厅.2015.2014云南省环境状况公报.昆明:云南省环境保护厅.

张春华.2013.中国生态文明制度建设的路径分析——基于马克思主义生态思想的制度维度.当代世界与社会主义,02：28-31.

张风春,刘文慧,李俊生.2015.中国生物多样性主流化现状与对策.环境与可持续发展,02：13-18.

张风春,朱留财,彭宁.2011.欧盟 Natura 2000：自然保护区的典范.环境保护,(06)：73-74.

张高丽.2013.大力推进生态文明　努力建设美丽中国.求是,24：3-11.

张浩,刘钰,范飞,等.2011.城乡梯度带生态空间组织模式与生态功能区划研究——以大杭州都市区为例.复旦学报(自然科学版),02：231-237.

张浩,王祥荣,包静晖,等.2000.上海与伦敦城市绿地的生态功能及管理对策比较研究.城市环境与城市生态,13(2)：29-32.

张欢,成金华,陈军,等.2014.中国省域生态文明建设差异分析.中国人口·资源与环境,06：22-29.

张劲松.2013.生态文明十大制度建设论.行政论坛,02：5-10.

张坤民,杜斌.2002.环境可持续性指数：尝试评价国家或地区环境可持续能力的指标.环境保护,(08)：24-29.

张坤民,温宗国,彭立颖.2007.当代中国的环境政策：形成、特点与评价.中国人口·资源与环境,17(2)：1-7.

张坤民.2010.中国环境保护事业60年.中国人口·资源与环境,20(6)：1-5.

张伟,张宏业,王丽娟,等.2014.生态城市建设评价指标体系构建的新方法——组合式动态评价法.生态学报,34(16)：4766-4774.

张小敏,张秀英,钟太洋,等.2014.中国农田土壤重金属富集状况及其空间分布研究.环境科学,35(2)：692-699.

张永凯.2006.熵值法在干旱区资源型城市可持续发展评价中的应用.资源与产业,8(5)：1-6.

张悦,林爱梅.2015.我国环保投资现状分析及优化对策研究.技术经济与管理研究,04：3-9.

赵其国,周生路,吴绍华,等.2006.中国耕地资源变化及其可持续利用与保护对策.土壤学报,04：662-672.

赵志凌.2010.发展低碳经济：未来世界竞争的重要战略——国内外低碳经济发展概况.改革与开放,1：7-9.

浙江省环境保护厅.2015.2014浙江省环境状况公报.杭州：浙江省环境保护厅.

郑华,欧阳志云.2014.生态保护红线的实践与思考.中国科学院院刊,(04)：457-461.

中国工程院,环境保护部.2011.中国环境宏观战略研究.北京：中国环境科学出版社.

中国环境与发展国际合作委员会,中共中央党校国际战略研究所.2007.中国环境与发展：世纪挑战与战略抉择.北京：中国环境科学出版社.

中国科学院可持续发展战略研究组.2008.2008中国可持续发展战略报告：政策回顾与展望.北京：科学出版社.

中华人民共和国国务院.2015.全国生态功能区划(2008).http：//www.mep.gov.cn/gkml/hbb/bgg/200910/t20091022_174499.htm.[2015-08-11].

中华人民共和国国务院.2015.中华人民共和国自然保护区条例(1994).http：//www.gov.cn/gongbao/content/2011/content_1860776.htm.[2015-08-11].

周根娣.1994.上海市农畜产品有害物质残留调查.上海农业学报,10(2)：45-48.

周生贤.2012.建设美丽中国走向社会主义生态文明新时代.环境保护,(23)：8-12.

朱翠华,张晓峒.2012.经济发展与环境关系的实证研究.生态经济,(3)：48-53,62.

诸大建.2011.中国发展3.0：生态文明下的绿色发展——深化中国生态文明研究的10个思考.当代经济,(11)：4-8.

Alexander D E. 2013. Resilience and disaster risk reduction: an etymological journey. Natural Hazards and Earth System Science, 13(11): 2707-2716.

Brownlie D E, Villiers C, Driver A, et al. 2005. Systematic conservation planning in the cape floristic region and succulent Karoo, South Africa: enabling sound spatial planning and improved environmental assessment. Journal of Environmental Assessment Policy and Management, 7(2): 201-228.

Butzer K W. 1980. Adaptation to global environmental change. Professional Geographer, 32: 269-278.

Cifdaloz O, Regmi A, Anderies J M, et al. 2010. Robustness, vulnerability and adaptive capacity in small-scale social-ecological systems: the pumps irrigation system in Nepal. Ecology and Society, 15(3): 39-68.

Costanza R, d'Arge R, de Groot R, et al. 1997. The value of the world's ecosystem services and natural capital. Nature, 387: 253-260.

Dietmar H. 2003. Case Study of Eco-city Erlangen, Germany. Germany: Internet Conference on Ecocity development: 2-6.

Dulal H B. 2014. Governing climate change adaptation in the Ganges basin: assessing needs and capacities. International Journal of Sustainable Development & World Ecology, 21(1): 1-14.

Eakin H, Lemos M C. 2006. Adaptation and the state: Latin America and the challenge of capacity-building under globalization. Global Environmental Change, (16): 7-18.

Engle R F. 2002. Dynamic conditional correlation-a simple class of multivariate GARCH models. Forthcoming in Journal of Business and Economic Statistics, 20: 399-350.

European Environmental Agency. 2001. Environmental Signals 2001.

George C. 1996. Williams, Adaptation and Natural Selection. Princeton: Princeton University Press.

Gunderson L H. 2003. Adaptive dancing: interactions between social resilience and ecological crises // Navigating Social-Ecological Systems: Building Resilience for Complexity and Change. Cambridge: Cambridge University Press: 33-52.

Halec J D, Sadler J. 2012. Resilient ecological solutions for urban regeneration. Proceedings of the Institution of Civil Engineers Engineering Sustainability, 165(1): 59-67.

He J, Bao C K, Shu T F. 2011. Framework for integration of urban planning, strategic environmental assessment and ecological planning for urban sustainability within the context of China. Environmental Impact Assessment Review, (6): 549-560.

Holling C S. 1973. Resilience and stability of ecological systems. Annual Review of Ecology and Systematics, 147: 1-23.

Institute of Governmental Studies. Building resilient regions, the University of California Berkeley. http: // brr.berkeley.edu /rci /site /sources.［2015-09-01］.

IPCC. 2001. Climate change 2001, impacts, adaptation and vulnerability, contribution of Working Group II to be the Third Assessment Report of the Intergovernmental Panel on climate change //McCarthy J J, Canziani O F, Leary N A, et al. Cambridge, United Kingdom: Cambridge University Press: 1032.

IPCC. 2007. Intergovernmental panel on climate change. The Forth Assessment Report of the IPCC .

Janseen M A, Schoon M L. 2007. Scholarly networks on resilience, vulnerability and adaptation within the human dimensions of global environmental change. Global Environmental Change, (11): 240-252.

Liao K H. 2012. A theory on urban resilience to floods — a basis for alternative planning practices. Ecology and Society, 17(4): 48.

Livey J, Smithers J. 2004. Community capacity for adaptation to climate-induced water shortages: linking institutional complexity and local actors. Environmental Management, 33(1): 36–47.

Lombardi D R, Leach J M, Rogers C D, et al. 2012. Designing resilient cities: a guide to good practice. Book/report/proceedings.

Mayunga J S. 2007. Understanding and Applying the Concept of Community Disaster Resilience: A Capital-based Approach. Summer Academy for Social Vulnerability and Resilience Building: 1–16.

Meeting of the minds. Globally Standardized Indicators for Resilient Cities. http: //cityminded.org/ portfolio/globally-standardized-indicators-resilient-cities.［2015–09–01］.

Moser S C, Yarnal B. 2009. Now more than ever: the need for more societally relevant research on vulnerability and adaptation to climate change. Applied Geography, 30(4): 464–474.

Richard R. 1987. Eco-city Berkeley—building cities for a healthy future. North Atlantic Books: 42–45.

Sharifi A, Murayama A. 2013. A critical review of seven selected neighborhood sustainability assessment tools. Environmental Impact Assessment Review, (38): 73–87.

Smit B, Burton I. 1999. The science of adaptation: a framework for assessment. Mitigation and Adaptation Strategies for Global Change, 4: 199–213.

Smit B, Wandel J. 2006. Adaptation, adaptive capacity and vulnerability. Global Environmental Change, 16 (3): 282–292.

Smith J B, Ragland SE, Pitts G J. 1996. A process for evaluating anticipatory adaptation measures for climate change. Water, Air, and Soil Pollution, (92): 229–238.

UNDP. Regional Bureau for Arab States. Arab Climate Resilience Initiative. http: //www.arabclimateinitiative. org/consultations.html.［2015–09–01］.

Walker B, Holling C S, Carpenter S R, et al. 2004. Resilience, adaptability and transformability in social-ecological systems. Ecology and Society, 9(2): 5.

Wang C H, Blackmore J M. 2009. Resilience concepts for water resource systems. Journal of Water Resources Planning and Management, 135(6): 528–536.

Wang R, Wang X R. 2004. Studies on the Ecosystem Services of Urban Existing and Development. Beijing: Meteorological Press: 220–227.

Wang X R, Yan S Y, Zhang H. 2004. Study on the Water Restoration and Eco-Planning for the Cities in South Bank of Lake Tai, China// 王如松等. 城市生存与发展的生态服务功能研究. 北京: 气象出版社: 220–227.

Watson R T, Zinyowera M C, Moss R H. 1996. Climate Change 1995: Impacts, Adaptations and Mitigation of Climate Change: Scientific-Technical Analyses. Contribution of Working Group II to the Second Assessment Report of the Intergovernmental Panel on Climate Change. Cambridge: Cambridge University Press.

Wu Y C, Teng Y, Li Z, et al. 2008. Potential role of polycyclic aromatic hydrocarbons (PAHs) oxidation by fungal laccase in the remediation of an aged contaminated soil. Soil Biology and Biochemistry, 40(3): 789–796.